IO-Link

Schlüsseltechnologie für Industrie 4.0

Band 1: Anwendung

Joachim R. Uffelmann, Peter Wienzek, Dr. Myriam Jahn

IO-Link

Schlüsseltechnologie für Industrie 4.0

Band 1: Anwendung

3. Auflage 2020

Vulkan Verlag

Bibliografische Information der Deutschen Nationalbibliothek

Die Deutsche Nationalbibliothek verzeichnet diese Publikation in der Deutschen Nationalbiblio- grafie; detaillierte bibliografische Daten sind im Internet über www.dnb.de abrufbar.

IO-Link - Band 1: Anwendung
Schlüsseltechnologie für Industrie 4.0
Joachim R. Uffelmann, Peter Wienzek, Dr. Myriam Jahn
3. Auflage 2020
unveränderter Nachdruck 2025

ISBN: 978-3-8356-7439-4 (Print)
ISBN: 978-3-8356-7440-0 (eBook)

Friedrich-Ebert-Straße 55, 45127 Essen, Deutschland
Telefon: +49 201 820 02-0, Internet: www.vulkan-verlag.de

Projektmanagement: Simon Meyer, Vulkan-Verlag GmbH, Essen
Lektorat: Wolfgang Mönning und Annamaria Weinert, Vulkan-Verlag GmbH, Essen
Herstellung: Nilofar Mokhtarzada, Vulkan-Verlag GmbH, Essen
Umschlaggestaltung: Daniel Klunkert, Vulkan-Verlag GmbH, Essen
Titelbild: © Adobe Stock #208731449 von ipopba
Satz: Veronika Koppers, Vulkan-Verlag GmbH, Essen
Druck: mediaprint solutions GmbH, Paderborn

Eine digitale Erfolgsgeschichte – „Made in Germany“.

Dr.-Ing. Gunther Kegel
Vorstandsvorsitzender Pepperl+Fuchs SE
Präsident des Zentralverbands der Elektrotechnischen Industrie - ZVEI

Migration ist das Zauberwort jeder disruptiven Technologie, die auf Fabriken und Anlagen trifft, die - vor Jahren errichtet - auch in zehn Jahren noch ihren Dienst tun sollen. Technologische Disruption vollzieht sich in der industriellen Realität deshalb mit großer zeitlicher Verzögerung, es sei denn, man verfügt über eine neue, disruptive Technologie, die auf den bestehenden Installationen aufsetzt, sie Zug um Zug, Gewerk für Gewerk ersetzt und dabei von Anfang an zumindest einen Teil des neuen Nutzens generiert. Einen solchen Migrationspfad gab es z. B. in der Prozessindustrie, als man schon in den 90er-Jahren des letzten Jahrhunderts ein digitales Übertragungsprotokoll rückwirkungsfrei auf das vorhandene Analogsignal der 4...20 mA-Schnittstelle aufmodulierte. Jeder Anwender konnte so nacheinander oder zeitgleich die Feldgeräte, die prozessnahen Komponenten, das Leitsystem und die Softwareanwendungen, z. B. „Process Asset Management Software“, auf den neuen Standard umrüsten und hatte trotzdem jederzeit den vollen bisherigen Funktionsumfang und einen ersten Zusatznutzen. Wer beispielsweise die Feldgeräte durch neue, sogenannte HART-Transmitter austauschte, konnte im existierenden Leitsystem nach wie vor die analogen 4...20 mA-Signale der HART-Transmitter verarbeiten, war aber unmittelbar in der Lage durch HART-Handbediengeräte digital mit jedem einzelnen HART-Transmitter zu kommunizieren. So war es in den Anlagen erstmals möglich, über digitale Kommunikation mit dem Feldgerät jeweils Parametrier- oder Diagnosedaten auszutauschen. Der Austausch der Feldgeräte gegen HART-Transmitter vollzog sich deshalb in wenigen Jahren und so wurde die Vorbereitung zur digitalen Kommunikation in kurzer Zeit fast flächendeckend geschaffen. Die später eingeführten Feldbusprotokolle Profibus-PA und Foundation Fieldbus verfügten über keinen Migrationspfad, sondern erforderten einen Bruch mit der bisher installierten Technik gleichzeitig auf allen Ebenen. Ein Grund für die enttäuschend langsame Adoptionsrate dieser nächsten Technologie.
Das Analogon zu HART in der Prozessindustrie ist IO-Link in der Fertigungsindustrie. Hier, wo 10.000 von meist eher einfachen Positionssensoren in Maschinen und Anlagen ihren Dienst tun, brauchte es auch einen Migrationspfad von der installierten zur neuen Technik. Mit IO-Link – einem ebenfalls auf die existierende binäre Schaltleitung

aufmodulierten, digitalen Signal – existiert ein Migrationspfad, der auch einen stufenweisen Umbau der Automatisierungstechnik erlaubt, aber in jedem Umbauschritt zumindest einen Teil des Zusatznutzens der digitalen Kommunikation mittels IO-Link bereits generiert.

Mit der fortschreitenden Digitalisierung der Fertigungsindustrie wächst jetzt die Bedeutung der digitalen Kommunikation mit mehr oder weniger einfachen Positionssensoren weiter rasant und IO-Link wird zunehmend zu einer „enabling technology“ für die digitale Transformation von Maschinen und Anlagen. Wer einen vollständigen digitalen Zwilling in allen Facetten ständig und in Echtzeit mit der physikalischen Realität abgleichen will, braucht eine digitale Kommunikation zu allen Sensoren und Signalgebern, braucht IO-Link. Mit entsprechenden Soft- und Hardwarebausteinen bzw. Gateways lässt sich IO-Link schon heute mit nahezu allen anderen Kommun ikationssystemen und Protokollen verknüpfen und in der Profibus Nutzerorganisation hat IO-Link eine Heimat gefunden, in der die technische Standardisierung und Begleitung der Technologie hohe Investitionssicherheit für Hersteller und Anwender garantiert und der Standard gleichzeitig, erfolgreich auf der gesamten Welt ausgerollt wird.

Eine digitale Erfolgsgeschichte – „Made in Germany“.

Die intelligent-vernetzte Produktion

Hartmut Rauen
Stellvertretender Hauptgeschäftsführer des VDMA

Industrie 4.0 erfordert Veränderungen auf allen Unternehmensebenen und über die gesamte Wertschöpfungskette hinweg. Mit Industrie 4.0 ist eine neue Denkweise in der Organisation von Abläufen verbunden. Am Ende zählt für die Unternehmen der Mehrwert. Die Frage der Wirtschaftlichkeit rückt in den Fokus. Aus ambitionierten Innovationsprojekten müssen wettbewerbsfähige Lösungen für den Weltmarkt entstehen.

Die Sicherstellung der Interoperabilität ist die strategische Schlüsselkomponente, mit der das souveräne und nachhaltige Wertschöpfungsnetzwerk umgesetzt wird. Sie ermöglicht gerade den kleinen und mittelständischen Unternehmen die Teilhabe an neuen digitalen Strukturen. Multilaterale und branchenübergreifende, digitale Prozessbeziehungen, verbunden mit neuen Plattformökonomien, werden das Tagesgeschäft des Maschinenbaus beeinflussen.

Der Maschinenbau ist ein Integrator neuster Technologien. Als dieser ist er Enabler für Endanwender und ermöglicht für den Betreiber gewinnbringende Anwendungen. Vom Markt angewendete und akzeptierte Kommunikationstechnologien wie IO-Link geben den Firmen Investitionssicherheit. Die Kosten zur Entwicklung von kundenspezifischen Schnittstellen werden reduziert. Die Hürde zur Integration von Maschinen in bestehende und neue Anlagen wird herabgesetzt. Maschinen und Anlagen agieren flexibel, effizient und ressourcenschonend miteinander (Stichwort Nachhaltigkeit). Die innovativen Produkte des Maschinenbaus können so vom Kunden einfacher angenommen werden. Sie erleichtern die Integration dieser in die intelligent-vernetzte Produktion der Zukunft.

Die Umsetzung der Interoperabilität wird mit der Idee des „Plug & Play“, also der Möglichkeit zum vereinfachten Zusammenschluss der Maschinen und Anlagen, vom VDMA intensiv vorangetrieben. Wir entwickeln hierzu die Weltsprache der Produktion. Mit der Universal Machine Technology Interface (UMATI) wird für den Maschinenbau dieses Leistungsversprechen angestrebt. Dahinter verbergen sich standardisierte Informationsschnittstellen – und das für jeden einzelnen Sektor des Maschinenbaus einzeln ausdefiniert auf Basis von OPC UA Companion Specifications. Diese standardisierten Informationen müssen vom intelligenten Sensor bis in die Cloud einheitlich transportiert werden. IO-Link ist bei der Anbindung der Produkte und der Umsetzung von UMATI auf Sensorebene eine wichtige Schlüsseltechnologie.

Die Informationen der intelligenten Sensoren füllen die für die Umsetzung von Industrie 4.0 so wichtige Verwaltungsschale. Die Verwaltungsschale wird als Digitaler Zwilling für Industrie 4.0 die neue Stufe der Interoperabilität über Unternehmensgrenzen hinweg realisieren. In Ihr werden alle Produktinformationen – vom Engineering über die Produktion bis zum Recycling und vom Sensor bis in die Cloud – in einen konsistenten Informationsraum zusammengefasst. Mit ihr kann sich jedes Produkt selbst beschreiben und ganze Datensammlungen über ihren Lebenszyklus mit sich führen. Eine technologieneutrale Zustandsüberwachung (Condition Monitoring), eine vorausschauende Instandhaltung (Predictive Maintenance) und die damit einhergehende steigende Energieeffizienz in der Produktion lassen sich im Sinne der Nachhaltigkeit erfolgreicher realisieren. Die sensorische Datengenerierung und der Einsatz von KI-basierenden Lösungen werden erleichtert, die Wertschöpfungsangebote erweitert und die Souveränität durch freie Gestaltungsräume und Selbstbestimmung erhöht.

Vorwort 3. Auflage

Erstmals haben wir diese 3. Auflage für Sie in zwei Bände aufgeteilt: Der erste Band richtet sich an die Leser, die sich vor allem für die Anwendung interessieren. Dabei ist der Begriff „Anwendung“ weitgefasst. In diesem Band finden Sie sowohl Basiswissen über IO-Link mit einer historischen Einordnung, als auch die Grundzüge der Technik. In diesem Band ist uns besonders wichtig gewesen, die vielfältigen Anwendungen des Sensorik- und Aktorikstandards IO-Link darzustellen. Diese Vielfalt zeigt sich in unterschiedlichen Dimensionen: in unterschiedlichen Branchen des produzierenden Gewerbes, in unterschiedlichen Anwendungsbereichen im Unternehmen bei Entwicklung, Servicemanagement oder in Produktion und Instandhaltung.

Insbesondere spielt IO-Link eine der Hauptrollen in der Anwendung von Industrie 4.0-Technologien. Selbst mit dem weltweiten Standard IO-Link stellen sich durch die fehlenden Standards auf anderen Ebenen von Automatisierungs- und IT-Pyramide noch genug Hindernisse. Ohne IO-Link wäre wahrscheinlich die Umsetzung von Industrie 4.0 und Industrial IoT gar nicht möglich. Man kann also ohne Übertreibung von einer Schlüsseltechnologie für Industrie 4.0 sprechen, die in diesem Band in die Praxis des Shop Floor überführt wird.

Wer allerdings ein IO-Link-Produkt entwickeln will, der sollte – zumindest auch - zu Band 2 greifen.

Dr. Myriam Jahn
Peter K. Wienzek
Joachim R. Uffelmann
Düsseldorf/Essen/Kressbronn, im September 2020

1 Inhaltsverzeichnis

1 Die Idee hinter IO-Link

Die ursprüngliche Idee von IO-Link war, eine einheitliche Sensorparametrierschnittstelle zu entwickeln, die es Herstellern und Anwendern erlaubte, die Geräte zu parametrieren, bevor sie eingebaut wurden. Hieraus entwickelte sich eine permanente Datenschnittstelle als Erweiterung der klassischen 4...20 mA-Stromschnittstelle. Nachdem auch SPS-, Infrastruktur- und Aktor-Hersteller mit im Boot waren, wurden weitere Applikationen erschlossen, die hauptsächlich eine Verdrahtungsvereinfachung zwischen Automatisierungskomponenten und Speicherprogrammierbarer Steuerung im Blick hatten.

Die Einbindung der IO-Link-Informationen in eine IT-Umgebung kam erst mit der Idee der Verbindung von Fertigungstechnologie (OT = Operational Technology) mit serverbasierten Systemen (IT = Information Technology) zu IoT. Die reine Funktion des Sensors als Aufnehmer physikalischer Größen oder Zustände wie Position, Abstand, Druck oder Temperatur (**Bild 1.1**), um die Funktion einer Maschine sicherzustellen, ist

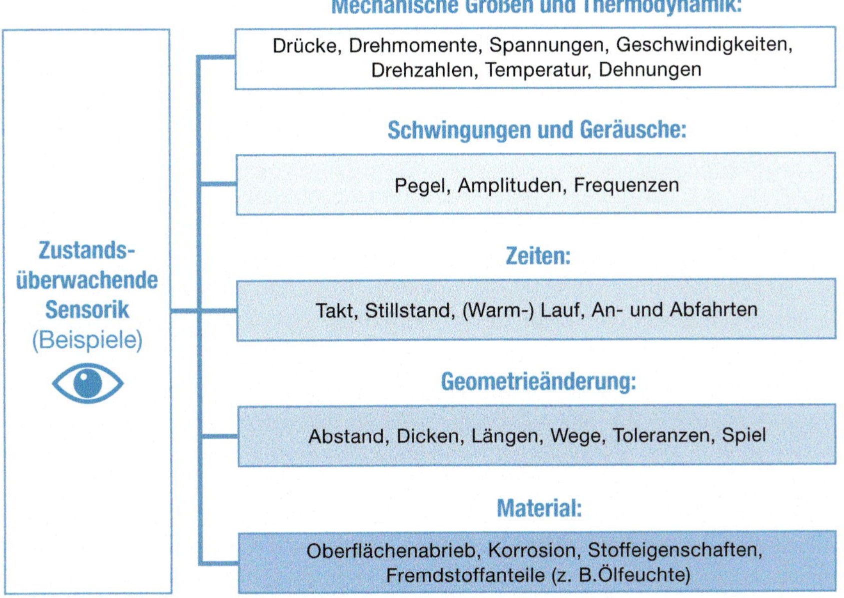

Bild 1.1: Durch Sensoren erfasste physikalische Größen (Aufnahme der Zustände eines Systems)

mit den Anforderungen der vierten industriellen Revolution (Industrie 4.0) nicht mehr genug. Genauso wenig ist ein Aktor mit dem Industrial Internet of Things (IoT) nicht mehr nur ein Ausführer mechanischer Bewegungen.

Sensoren und Aktoren „(...) erzeugen Produktionsdaten, die ausgewertet, überwacht und archiviert werden müssen und sie fordern Auskünfte und Parameter an, anhand derer die Maschinen sich konfigurieren und steuern lassen. Dazu müssen kontinuierlich Produktionsdaten von der Maschine in die Produktionsdatenbank übertragen werden und auf Anfrage der Maschine hin Daten aus der Produktionsdatenbank an die Maschine weitergeleitet werden.“ [Rögner 2010, S. 78]

IO-Link wird nun – fast per Zufall – zur Schlüsseltechnologie für Industrie 4.0. Darüber hinaus zeigen nun die Erfahrungen mit IO-Link, dass, neben den klassischen Devices, zunehmend hybride Geräte entwickelt werden, die sowohl Sensor- wie auch Aktorfunktionalität beinhalten. Beispiele hierfür sind Greifer für die Robotik und Handhabungstechnik, die über IO-Link sowohl ihre Steuerbefehle erhalten, wie auch die genaue Rückmeldung über den Öffnungsgrad der Zangen. Beide Signalrichtungen plus die treibende Energie werden über nur eine Anschlußleitung übermittelt. Somit erhöht sich die Integrationsdichte und verringert sich die Baugröße der Greifer dank IO-Link und sorgt für effizientere Automatisierungskomponenten mit geringerem Formfaktor. Ähnliche Hybridgeräte sind denkbar als Zylinder mit integriertem Wegesensor, Motor mit Drehzahlregelung und Erfassung, Ventile mit analoger Positionsrückmeldung und viele andere mehr. Als Datenquelle zu Industrie 4.0 sind diese Informationen ein wichtiger Schritt auf dem Weg zur digitalen Objekttransparenz; man spricht auch vom digitalen Zwilling.

Die benötigten Produktionsdaten dienen in der Industrie 4.0-Welt zum einen der internen Überwachung der Sensor- oder Aktorfunktion, zum anderen der externen Überwachung der Maschinenfunktion und des Produktionsfortschritts. IO-Link als Standard ist die Antwort auf die Frage, wie diese Informationen ohne Kostensteigerung bei den einzelnen Sensoren und Aktuatoren zusätzlich erhoben und übertragen werden können. Sich an der Informationsquelle auf einen Standard als gemeinsamen Nenner für die Schnittstellenseite von Sensoren und Aktuatoren zu einigen, war überfällig.

Der Ruf nach mehr Standards in der Automatisierungstechnik beim Thema Digitalisierung und „Industrie 4.0“ wird durch IO-Link an der Quelle beantwortet. Sensoren als „Sinnesorgane“ von Maschinen und Anlagen und Aktoren als deren „Gliedmaßen“ haben einen globalen Standard: IO-Link.

Bei IO-Link wird – wie in der IT-Welt – der Messwert digital übertragen: Verfälschte Werte wie bei der analogen Übertragung sind praktisch ausgeschlossen. Größter Vorteil ist die bidirektionale Übertragung von Zusatzinformationen: IO-Link-Sensoren identifizieren und diagnostizieren sich selbst, übertragen Prozessparameter und Messwerte.

Von jedem Schreibtisch mit Internetanschluss aus kann so erkannt werden, welcher Sensor an welcher Position und in welcher Maschine eingebaut ist, ob er Druck oder Temperatur und in welcher Einheit, in °C oder K, misst. Mit der entsprechenden Software findet und versteht man intuitiv und automatisch alle IO-Link-Sensoren und -Aktuatoren in den Maschinen.

Hier entsteht also ein vollautomatisch erzeugtes, virtuelles Abbild der gesamten Anlage als „digitaler Zwilling" – ein echtes Novum, und nur möglich mit IO-Link. Mit IO-Link können – ganz im Sinne von Industrie 4.0 – Sensor- und Aktordaten für IT-Systeme wie SAP verwendet werden, weil Daten semantisch eindeutig beschrieben sind. Transparenz und Prozessoptimierung sind mit IO-Link, kombiniert mit einer universellen IT-Schnittstelle, zu einem Hundertstel des bisherigen Preises einer Schnittstellenprogrammierung möglich.

Mit IO-Link ist das Fundament für eine erfolgreiche Umsetzung von Industrie 4.0 und Digitalisierung für die Fabriken von heute und morgen gelegt.

2 Intelligente Sensorik und Aktorik in der Automatisierungstechnik

Im Zuge der ersten industriellen Revolution („Industrie 1.0") zu Beginn des 19. Jahrhunderts wurde es notwendig, Sensoren zur automatisierten Aufnahme von Informationen zu entwickeln. Selbst in „vor-elektrischer" Zeit gibt es Beispiele für Sensorik, z. B. Fliehkraftregler bei Dampfmaschinen (um 1790), die die Messgröße Geschwindigkeit aufnehmen und direkt zur Regelung der Drosselklappe im Druckrohr nutzen. Hierbei handelt es sich um eine rein mechanische Messwertaufnahme und eine direkt mechanisch gekoppelte Übertragung der Messgröße auf den Aktuator (**Bild 2.1**). Dies stellt bereits eine komplette Regelstrecke dar, die sich im Blockdiagramm nachbilden lässt (**Bild 2.2**). Ein ähnliches Beispiel, schon in der Antike bekannt, ist ein Schwimmer- oder Grenzwertschalter, der den Auftrieb eines bestimmten Flüssigkeitsniveaus nutzt, um ein Zulaufventil zu schließen (**Bild 2.3**).

Die zweite industrielle Revolution („Industrie 2.0") brachte die Elektromechanik. Reedkontakte wurden in den 30er Jahren des vergangenen Jahrhunderts erfunden, die zusammen mit einem Magneten eine höhere Schaltgenauigkeit ergaben (**Bild 2.4**). Diese Lösung eignete sich zum Anschluss an elektromechanische Relaissteuerungen. Allerdings konnte der Schaltpunkt, auch durch Verstellen des Reedschalters, noch nicht ganz genau eingestellt werden. Mechanischer Verschleiß und Verschmutzung je nach Beschaffenheit der zu messenden Flüssigkeit waren weitere Nachteile des elektromechanischen Füllstandssensors im Beispiel.

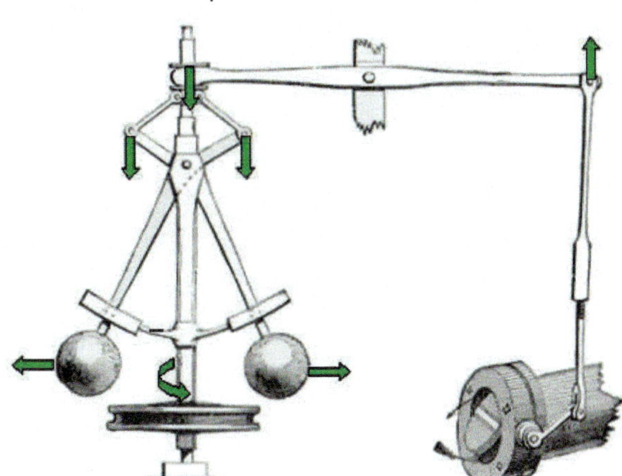

Bild 2.1: Mechanische Erfassung und Übertragung auf einen Aktuator (Fliehkraftregler) (Quelle: Wikipedia)

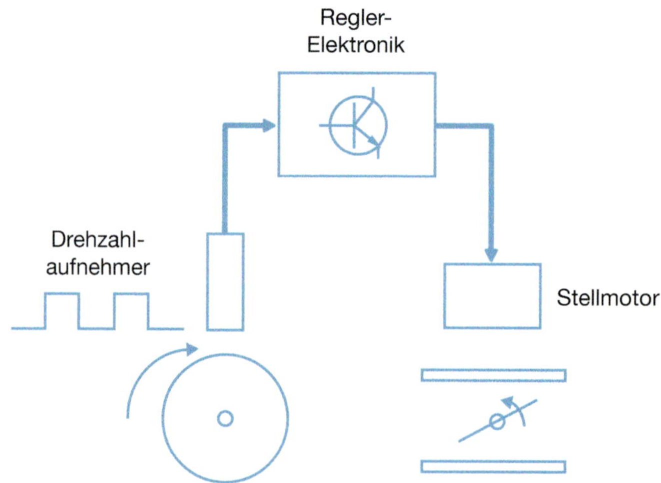

Bild 2.2: Regelstrecke der (mechanischen) Messübertragung im Blockdiagramm (Fliehkraftregler)

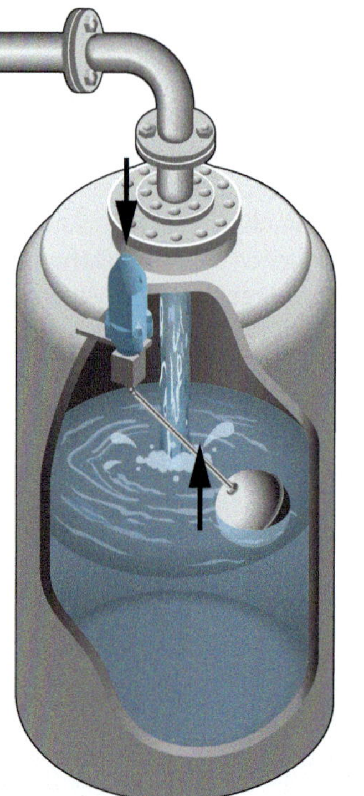

Bild 2.3: Mechanische Erfassung und Übertragung auf einen Aktuator (Füllstand)

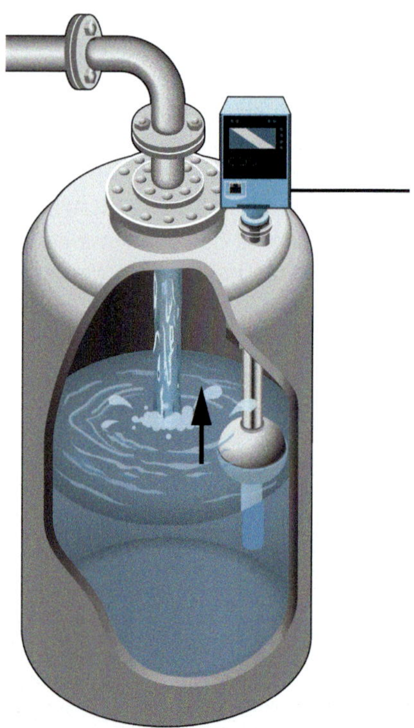

Bild 2.4: Mechanische Erfassung und elektronische Übertragung (Füllstand und Magnetventile)

2.1 Der elektronische Sensor – Industrie 3.0

Zu Beginn der Automatisierung, der dritten industriellen Revolution („Industrie 3.0") in den 70er Jahren des vergangenen Jahrhunderts, stand die Umsetzung einfacher Bewegungssteuerungen mittels pneumatischer, hydraulischer oder elektromechanischer Bausteine. Ziel war es, einfache, immer gleiche, wiederkehrende Arbeitsabläufe mehr oder weniger automatisch zu steuern. In dieser Phase waren Sensoren meist mechanische Endschalter und Aktuatoren meist Magnetventile, Schütze oder Relais und eine Kommunikation zwischen Peripherie und Steuerung nicht notwendig. Selbst einfache Änderungen in der Bewegungssteuerung erforderten aufwendige Umverdrahtung oder Neuverschlauchung oder -verrohrung.

Ende der 1970er Jahre wurden speicherprogrammierbare Steuerungen (SPS) eingeführt und veränderten die Arbeitswelt dramatisch. Aus Elektrikern wurden Elektroniker, aus Installateuren Programmierer. Die SPS ist ein entscheidender Teil von „Industrie 3.0". Steuerungen als „Gehirne" der Anlagen lösen mit maschinennahen Programmen jede Bewegung einer Maschine aus, meist aufgrund von Sensorsignalen und mit Hilfe von Aktoren. Die Maschine erhielt eine eigene Rechnerleistung, ein eigenes Gehirn, so, wie sie Sensoren als Sinnesorgane und Aktuatoren als Gliedmaßen erhielt. Jetzt wurde es möglich, ohne Hardwareänderungen, die wesentlichen Funktionen einer Maschine zu beeinflussen. Vorteil der neuen Technik war eine größere Flexibilität bei der Umsetzung der gewünschten Bewegungsabläufe. Dies konnte nun, ohne Änderung der Verdrahtung oder Verschlauchung, durch Anpassung der Steuerungssoftware umgesetzt werden. Durch die SPS konnten auch komplexere Folgeprozesse in sogenannten Schrittketten durchgeführt werden.

Die digitale Steuerungstechnik bildet bisherige Hardwareregler in Software nach. Dies erhöht die Flexibilität der Regelung auf Kosten der Regelgeschwindigkeit, die nun von Prozessorperformance und Programmiergeschick abhängen (**Bild 2.5**).

Die Geheimnisse des Baus einer effizienten Maschine liegen nicht mehr allein in der Mechanik begründet, sondern vor allem in der Leistungsfähigkeit von Soft- und Hardware der Steuerung und von Sensorik und Aktorik. Die präzise und schnelle Regelung erfordert eine effiziente Programmierung und leistungsfähige Steuerungs-, Aktorik- und Sensorikhardware und eine ebensolche Kommunikationstechnik.

Um die zu Beginn recht teure Mikroprozessorsteuerung besser auszulasten, wurden zunächst mehrere Regelstrecken mit einer gemeinsamen Hardwareplattform betrieben. Es fand also eine Zentralisierung der Steuerung statt, die einen höheren Verdrahtungsaufwand nach sich zog. Im Extremfall wurden ganze Maschinen oder Anlagenteile mit mehreren hundert Metern Ausdehnung von einer zentralen Steuereinheit bedient. Immer kompliziertere Maschinen und Anlagen mit immer mehr Peripheriesignalen und Ein- und Ausgabe- (E/A-) Baugruppen erforderten immer schnellere und teurere

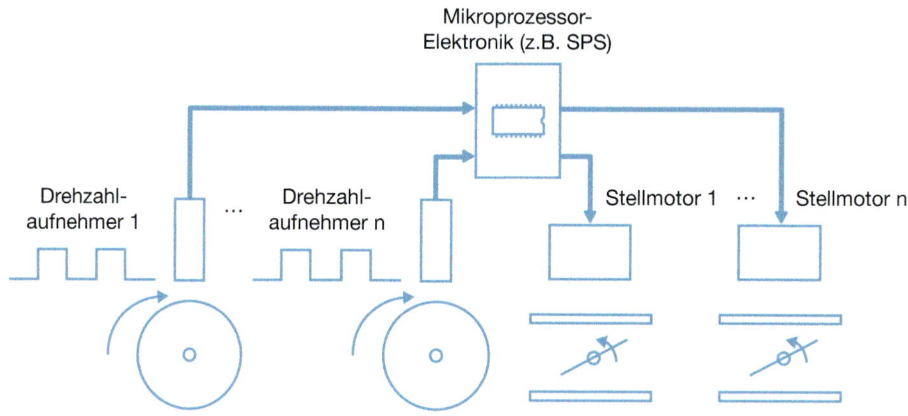

Bild 2.5: Regelstrecken mit SPS

Prozessoren, um die Programmdurchlaufzeit („Zykluszeit“) trotz der Zentralisierung möglichst gering zu halten. Es entstanden hohe Aufwendungen für Inbetriebnahme, Diagnose und Fehlersuche bei immer höherer Softwarekomplexität und unüberschaubarer Verdrahtung mit Hunderten von Klemmstellen und zentralen Schaltschränken mit Steuerungs- und Erweiterungsracks.

Die Sensorik und Aktuatorik veränderte sich mit zunehmendem Einfluss der Elektronik. Aus mechanischen Endschaltern wurden elektronische Näherungsschalter und aus Schützsteuerungen Leistungselektroniken. Im Wesentlichen ging es hierbei um den Einsatz von Elektronik zur Reduzierung von mechanischem Verschleiß und somit für erhöhte Lebensdauer und höhere Anlagenzuverlässigkeit.

2.2 Der „Feldbuskrieg“ der 1990er Jahre und die Automatisierungspyramide

Wie im IT-Bereich entstanden in den 1980er Jahren auch in der Automatisierung vermehrt kommunikative Schnittstellen. Wie die ersten Personal Computer (PC)- Prozessoren interne Peripheriebusse zur flexiblen Einbindung von dezentralen Ein- und Ausgabegeräten und Speicherbaugruppen bekamen, so entstanden erste Feldbusse, um Logik auf dezentrale Module zu verteilen (**Bild 2.6**). Die Dezentralisierung und eine Überleitung der seriellen Punkt-zu-Punkt-Schnittstellen in Punkt-zu-Mehrpunkt-Systeme setzten ein. Hier kam es auf die Identifizierung der einzelnen, an derselben Leitung angeschlossenen Teilnehmer an. Das erste Bussystem wurde erfunden (Rückwandbus der Steuerung).

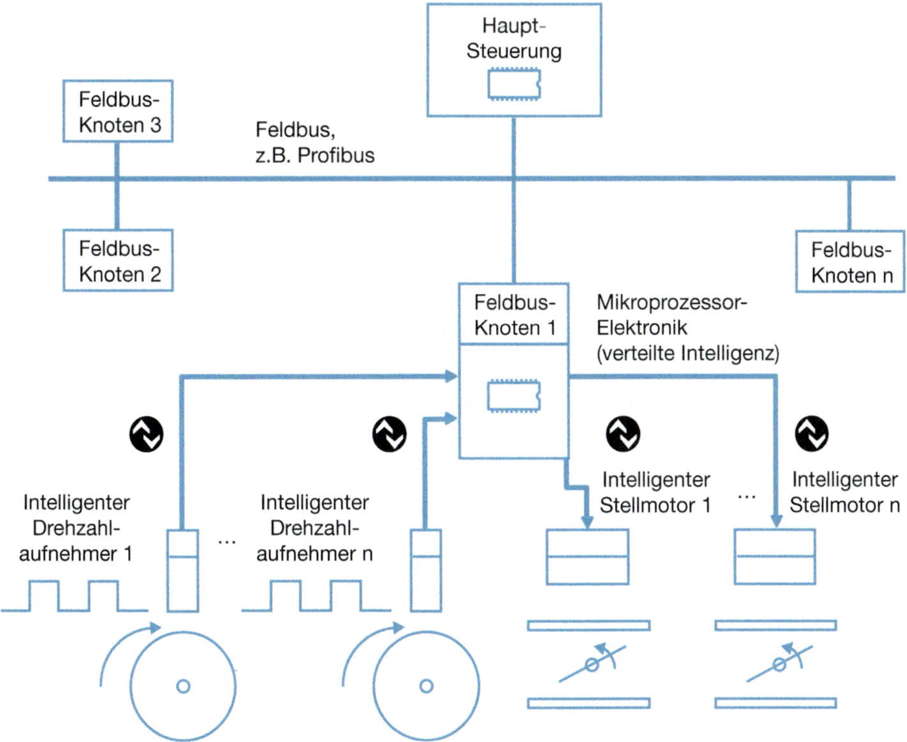

Bild 2.6: Regelstrecken mit Feldbussen

Um in größerer Entfernung von der Steuerung, z. B. bei größeren Anlagen eine Kommunikationsinfrastruktur „im Feld" zu haben, mussten dort ähnlich dem lokalen Rückwandbus der Steuerung dieselben Signale eingesammelt werden. Eine der ersten Entwicklungen war hier 1979 der Modbus. Die Anforderungen an diesen Feldbus waren andere als bei einem reinen Schaltschrankbus. Im Feld können beliebige elektromagnetische Störungen auf den Bus einwirken, hervorgerufen durch Antriebe, Magnetfelder u. v. m. Also musste ein robuster Feldbus her, der Signale über größere Entfernungen einsammelte und störungsfrei zur Steuerung transportierte. Koaxialleitungen als Übertragungsmedium wurden vom Installateur kaum akzeptiert. Heute existent ist noch die RS485-Schnittstelle, eine 2-polige verdrillte und geschirmte Leitung für Entfernungen bis zu 1,2 km.

Diente das Bussystem zunächst nur der dezentralen Verteilung der E/A-Punkte, kamen gegen Ende des vorigen Jahrhunderts intelligente, busfähige Geräte hinzu, die erstmals direkt mit der Steuerung kommunizieren konnten, ohne zwischengeschaltete E/A-Knoten. Da nun aber unterschiedliche SPS-Hersteller in verschiedenen Regionen der Welt eine marktbeherrschende Stellung einnahmen, entwickelten sich unterschiedliche Softwareprotokolle als Quasi-Standards oder regionale Monopole.

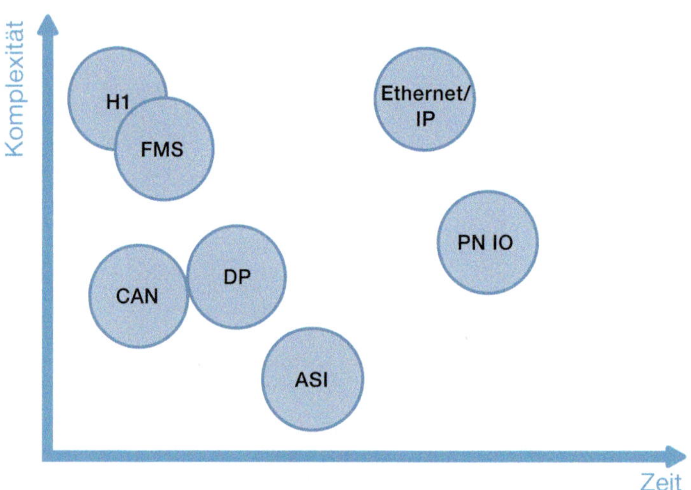

Bild 2.7: Entwicklung von Bussystemen: IP = Idustrial Protocol, PN IO = PROFINET IO, AS-i = Actuator/Sensor interface, DP = Profibus DP, FMS = Fieldbus Message Specification, H1 = Foundation Fieldbus-H1, CAN = CAN-Bus

Dies waren Profibus und Factory Implementation Protocol (FIP) in Europa, Devicenet in Amerika und CC-Link in Japan.

Diese regional unterschiedlichen Quasi-Standards führten zu hohen Kosten für die deutschen und europäischen Maschinenbauer, die in die ganze Welt liefern: Welche Steuerung respektive welcher Feldbus ist der weltweit akzeptierte? Wie können die Kosten für Hardwaredesign, Softwareerstellung und Inbetriebnahme minimiert werden?

Es entstand auf der Seite des Maschinenbauers, aber auch von der Seite der Instandhaltung beim Produzenten der Wunsch nach offenen Standards und nach einem universellen Feldbus von der Steuerungsvernetzung bis zur Sensor- und Aktuatorebene. Dieser Wunsch wurde in die entsprechenden nationalen und internationalen Gremien getragen. Hier zeigte sich schnell, dass die regionalen Lobbyisten einen dominierenden Einfluss hatten. So entstand nach zähem Ringen die IEC 61158 als kleinster gemeinsamer Nenner (vgl. [Gevatter und Grünhaupt 2006, S. 512 ff.]), die die Nutzung von z. B. Foundation Fieldbus, PROFIBUS und deren Derivate erlaubt – ein Ergebnis, das sich mancher Maschinenbauer wohl anders gewünscht hätte (vgl. zur Entwicklung von Bussystemen **Bild 2.7**).

Ein universeller Feldbus, der sowohl unterschiedliche Steuerungen und Feldmodule, als auch Sensorik und Aktuatorik untereinander vernetzt, hätte eher dem gewünschten Ergebnis entsprochen:

- Standardisierte Entwicklertools
- Standardisierte Inbetriebnahmetools

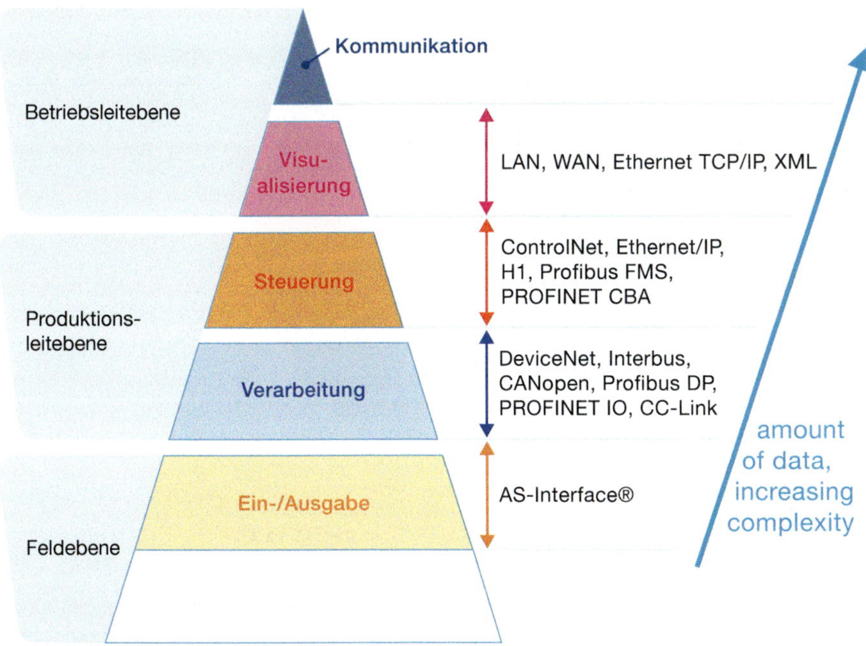

Bild 2.8: Automatisierungspyramide (Quelle: P. Wienzek)

- Standardisierte Hardware
- Standardisierte Schulungen für Inbetriebnehmer und Wartungspersonal.

Leider wird dieser Traum nach heutigen Erkenntnissen wohl ein Traum bleiben. Die Anforderungen der unterschiedlichen Steuerungsebenen der durch die Dezentralisierung mit unterschiedlichen Feldbussen entstandenen Automatisierungspyramide (vgl. **Bild 2.8**) sind einfach zu unterschiedlich hinsichtlich

- Datenmengen,
- Geschwindigkeit,
- Komplexität
- und Kosten.

Für größere Datenmengen reichte die RS485-Physik nicht mehr aus. Also erfand man Echtzeit-Protokolle, die auf der Ethernet-Physik IEEE 802.3 des Inter- und Intranets aufsetzten (Industrial Ethernet). Das wäre eine weitere Chance für einen weltweiten neuen Standard gewesen. Aber wieder dominierten Herstellerinteressen und so entstanden unzählige Protokolle, obwohl der Traum der Kunden von einheitlichen Kommunikationssystemen und Diagnosewerkzeugen bestehen bleibt.

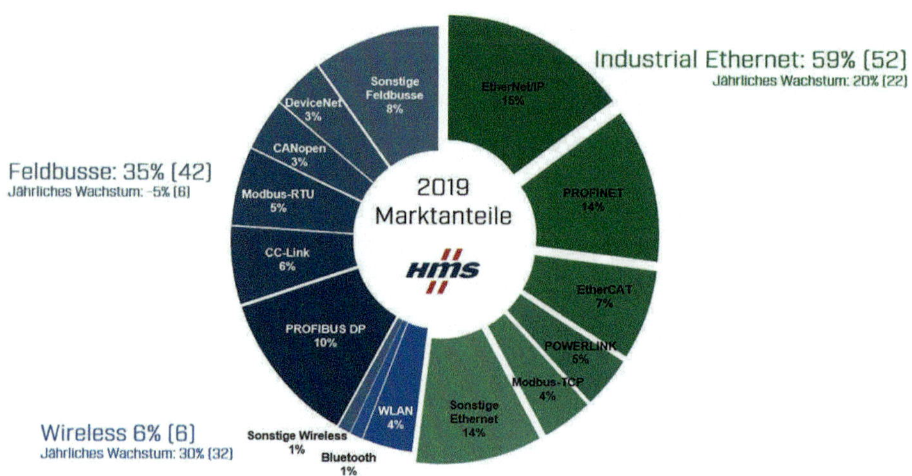

Bild 2.9: Marktanteile für Feldbusse (Quelle: nach HMS Industrial Networks)

Immerhin gibt es für die in der Produktion meist genutzten Feldbusse inzwischen Nutzerorganisationen, die es auch „Fremdherstellern" erlauben, konforme E/A-Baugruppen oder Geräteanschaltungen zu bauen und diese zertifizieren zu lassen.

Dies sind vor allem:

- Modbus, 1979 von Modicon, heute Schneider Electric, initiiert, seit 2007 als Modbus TCP genormt
- Interbus, entwickelt 1987 von Phoenix Contact, seiner Zeit weit voraus und bis heute als schneller Zubringerbus in bestehenden Anlagen im Einsatz
- Profibus/PROFINET, initiiert 1987 u. a. von Siemens, dominiert über die Profibus-Nutzerorganisation (PNO) den europäischen Markt
- AS-Interface (AS-i), initiiert 1990 von Balluff, Baumer, Elesta, Festo, ifm electronic, Leuze electronic, Pepperl+Fuchs, Sick, Siemens, Turck und Visolux, ist konzipiert für Daten und Energie auf einem 2-Draht-Flachkabel
- CANopen, unter der Leitung von Bosch 1993 – 1995 entwickelt, kommt vor allem in mobilen Anwendungen mit standardisierten Anwendungsprofilen, z. B. für Müllfahrzeuge oder landwirtschaftliche Geräte, zum Einsatz
- Sercos, von ZVEI und VDW seit Mitte der 1980er speziell für Aktuatoren, insbesondere Antriebe, entwickelt, wurde 1995 anerkannt; seit 2005 ist Sercos III im Einsatz
- CIP (Common Industrial Protocol) mit Ethernet/IP (2000), DeviceNet, CompoNet und ControlNet, getrieben u. a. von den dominierenden Steuerungsherstellern Allen Bradley (inzwischen Rockwell Automation) und Omron für den amerikanischen bzw. asiatischen Markt

- Foundation-Fieldbus (FF), gegründet 1994 in den USA aus WorldFIP und ISP, dominiert den amerikanischen Markt in der Prozessautomatisierung
- CC-Link, entwickelt von Mitsubishi Electric 1997, dominiert den asiatischen Markt; die Weiterentwicklung auf Ethernet-Basis nennt sich CC-Link IE
- Ethernet POWERLINK, eingeführt 2001 von B&R, die inzwischen zum ABB-Konzern gehören
- EtherCAT, entwickelt von Beckhoff Automation, ist seit 2005 normiert. Das schnelle Bussystem ist mittlerweile vor allem im deutschen Maschinenbau etabliert, wo auf hohe Performance bei zunehmendem Datenbedarf hoher Wert gelegt wird.

Viele der modernen Feldbusse arbeiten heute bereits auf der Ethernet-Basis, die aus der IT-Welt kam. Vorteile sind die höhere Geschwindigkeit und das höhere Datenvolumen. Auch mit dem Industrial Ethernet ist die Vielfalt der Feldbusse leider nicht geringer geworden, auch wenn der Marktanteil der „intelligenteren" Bustechnik insgesamt gegenüber dem klassischen Feldbus ständig steigt (**Bild 2.9**). Das Industrial Ethernet wird sich mit Industrie 4.0 mit noch schnellerer Geschwindigkeit auch in der Automatisierungswelt durchsetzen. Eine noch rasantere Entwicklung wird der Wireless-Technologie vorausgesagt, die heute noch keinen substanziellen Marktanteil an der Kommunikationsinfrastruktur hält. Mehr Daten kann allerdings das Industrial Ethernet oder auch leistungsfähige On-Campus-5G-Netzwerke nur dann aus Sensoren und Aktuatoren entnehmen, wenn der Sensor selbst intelligenter wird.

2.3 Der intelligente Sensor?

Mit der dritten industriellen Revolution („Industrie 3.0") seit den 1970er Jahren und der Dezentralisierung der Automatisierung wurden folgerichtig immer „intelligentere" und dennoch kleinere Sensoren entwickelt. Die Dezentralisierung der Intelligenz wird heute in Form von kleinen programmierbaren Einheiten im Sensor fortgeführt und steht der Zentralisierung in Steuerungen entgegen. Sensoren müssen sich nicht nur als Teilnehmer im Bussystem identifizieren, sondern generieren als „Sinnesorgane der Maschinen" immer mehr Informationen auf immer kleinerem Raum.

Hier spielt die Mikroelektronik eine große Rolle, die für eine Miniaturisierung der Bauelemente auf der Platine und für eine steigende Funktionsdichte sorgt. Zunächst werden die Relaisendstufen durch verschleißfreie Transistorendstufen ersetzt und im nächsten Schritt neue Sensorprinzipien z. B. zur berührungslosen Füllstandsmessung mittels kapazitivem Messprinzip, Ultraschall oder Laserstrahl entwickelt. Der elektronische Füllstandsensor kann elektronisch und somit verschleißfrei messen, hat eine höhere (Wiederhol-)Genauigkeit, mehrere Schaltpunkte mit nur einem Sensor und eine feine Skalierbarkeit für Prozessdaten (**Bild 2.10**).

Bild 2.10: Elektronische Erfassung und Übertragung auf einen Aktuator (Füllstand)

Ein Beispiel für die Entwicklung einer intelligenten, elektronischen Erfassung einer physikalischen Größe geben optische Sensoren. Einfache, binäre Lichtschranken werden besonders im Bereich der Fördertechnik eingesetzt, um festzustellen, ob sich z. B. ein Produkt auf der Förderstrecke befindet (Schaltbit da / nicht da). Hier kann es zusätzlich darauf ankommen, Verschmutzungen, Dejustage, Ausfall der Sendediode und andere kritische Zustände zu erkennen, bevor es zu Anlagenstillständen und Produktionsausfällen kommt. Was unterscheidet also eine intelligente von einer einfachen, binären Lichtschranke? In diesem Falle die Diagnosedaten, also die Möglichkeit, kritische Zustände zu erkennen und zu melden, üblicherweise über ein oder mehrere Schaltbits. Gleichzeitig wird die Funktion des Sensors im laufenden Betrieb geprüft, also ob die Sende-/ Empfangseinheit unabhängig vom zu erkennenden Objekt nur noch ein Dauersignal auf den Schaltausgang sendet oder noch funktionsfähig ist (**Bild 2.11**).

Weitere Informationen eines intelligenten Sensors können seine Einstellungsparameter sein. Die ersten elektronischen Sensoren waren als Ersatz ihrer mechanischen Pendants gedacht, oft mit einem Anzeigedisplay und Bedientasten zur Einstellung der Parameter.

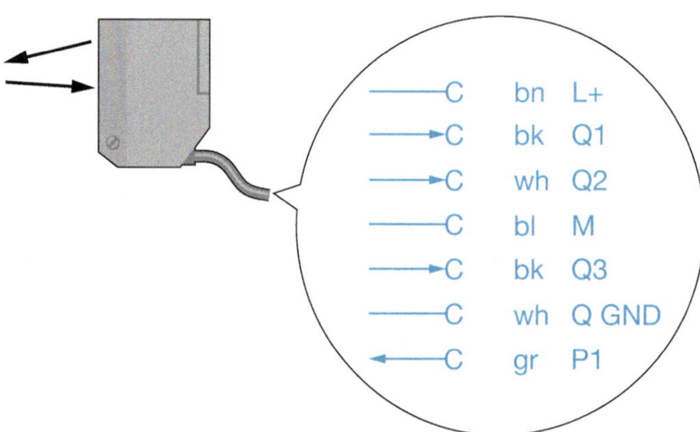

Bild 2.11: Intelligenter optischer Sensor mit Diagnosefunktion

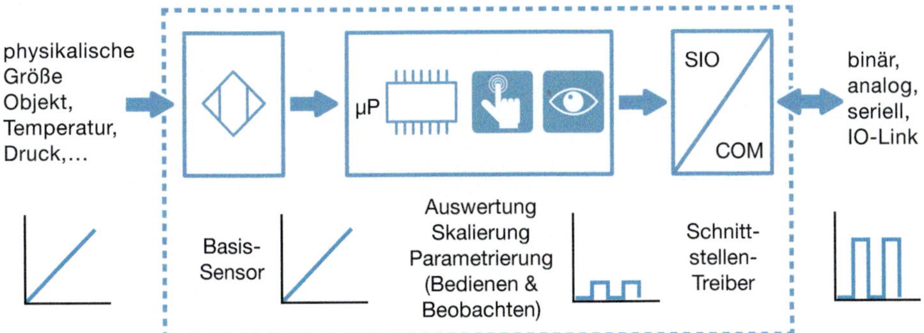

Bild 2.12: Aufbau intelligenter Sensoren

Zur Einstellung der Geräte musste der Bediener also vor Ort zum Sensor gehen und die Einstellungen vornehmen. Bei ausgedehnten prozesstechnischen Anlagen müssen dafür einige Kilometer zurückgelegt werden. Eine Fernparametrierung mittels Übertragung von Parametrierdaten und damit eine bidirektionale Kommunikation war also genauso gewünscht, wie mehr Informationen über den Sensor selbst und den von ihm überwachten Prozess.

Der intelligente Sensor sollte also viele neue Anforderungen erfüllen:

- Identifikation/Tracking nicht nur im Bus-, sondern im Gesamtsystem
- Übertragung der Prozessdaten ans IT-System, wenn notwendig
- Zusätzliche Sensorsignale für Diagnose, z. B. Schaltsignal plus Vorausfall plus Betriebsbereitschaft, zum Host übertragbar
- (Fern-)Parametrierung über Tools, Software vom IT-System oder automatisch bei Gerätetausch, d. h. bidirektionale Kommunikation mit dem Sensor.

Der intelligente Sensor ist der Schlusspunkt einer Entwicklung in der Sensorik, die versucht, all diese Information zur Verfügung zu stellen. Ein intelligenter Sensor besteht aus drei wesentlichen Bausteinen. Im elektronischen Basissensor (Aufnehmer) erfolgt die Umwandlung der physikalischen Messgrößen wie Temperatur, Druck, Strömung, Abstand usw. in eine elektrische Größe, also Spannung, Strom oder Widerstand. In der Regel erfolgt die Umwandlung der zu messenden Größe in ein analoges Signal. Dieses Signal wird in einer Auswerteelektronik skaliert, linearisiert oder als Schwellenwert binär ausgegeben. Der Schnittstellentreiber schließlich passt diesen Wert an die Umgebungsbedingungen an (**Bild 2.12**).

Besondere Merkmale eines intelligenten Sensors sind der Mikroprozessor, der Halbleiterausgang und der Datenport (vgl. **Tabelle 2.1**). Mittels Mikroprozessor konnte die vorher rein analog durchgeführte Schaltungstechnik innerhalb des Sensors sukzessive durch Digitaltechnik ersetzt werden (**Bild 2.13**).

Tabelle 2.1: Innovationsgeschichte der Sensorik

	Sensor	Basissensor (Aufnehmer)	Auswertung	Kommunikation/Schnittstellentreiber	SPS-Anschluss	Fernparametrierung, Diagnose, Skalierbarkeit, Identifikation
Industrie 1.0	mechanisch	mechanisch	mechanische Koppelung	mit Aktor direkt	nein	nein
Industrie 2.0	elektromechanisch	mechanisch	mechanisch-elektrische Koppelung	elektrischer Schaltkontakt	ja	nein
Industrie 3.0	elektronisch	elektronischer Messwert	Auswerteelektronik	elektrischer oder Halbleiterausgang	ja	nein
Industrie 4.0	intelligent	elektronischer Messwert	Mikroprozessorauswertung	Halbleiterausgang und Datenport	ja	ja

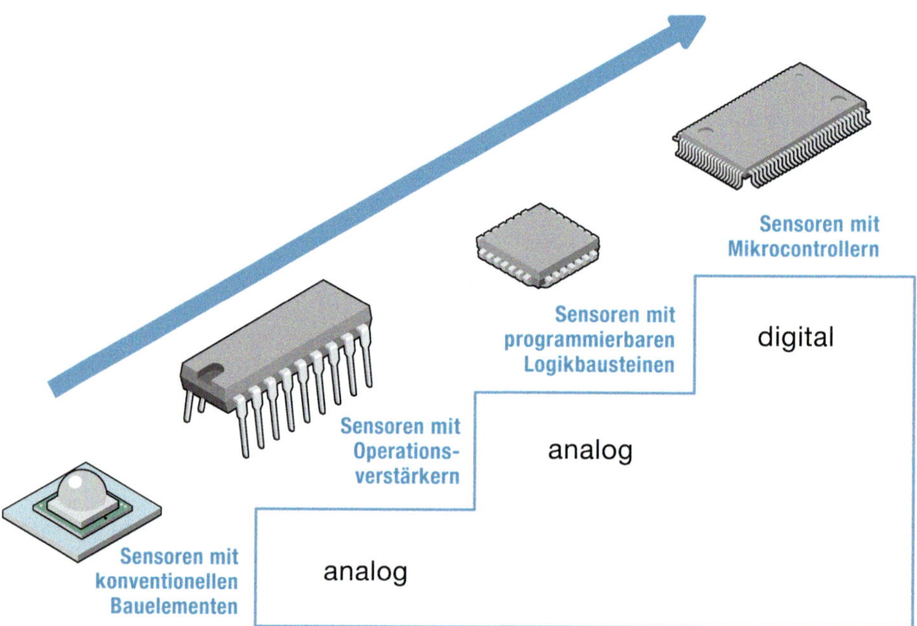

Bild 2.13: Ersatz analoger Schaltungstechnik durch Digitaltechnik

Der Mikroprozessor übernimmt folgende Aufgaben:

- Auswertung der Daten vom Basissensor und eventuelle Weiterverarbeitung durch Algorithmik
- Ansteuerung eines Displays und der Bedienerschnittstelle
- Bereitstellung der Identifikations-, Prozess-, Parametrier- und Diagnosedaten für die SPS
- Bedienen der Kommunikationsschnittstelle mit z. B. IO-Link.

An der Schwelle von reinen Messwertaufnehmern zur intelligenten Sensorik musste ein Weg gefunden werden, die im Sensor verfügbaren Daten zwischen Steuerung und anderen Auswerteeinheiten bidirektional zu übertragen und zwar ohne kostenintensive Verlegung von vielen Signalleitungen und ohne teure Neuverdrahtung.

Um diesen Kommunikationsengpass auf dem letzten Meter zwischen Steuerung, E/A-Modul und Sensor zu überbrücken, haben findige Köpfe im Laufe der Jahre unterschiedliche Lösungen entwickelt. Hier werden nur einige Beispiele angeführt, um zu zeigen, dass IO-Link diese Frage am elegantesten löst und damit zu Recht innerhalb von wenigen Jahren zum weltweiten Standard wurde.

2.3.1 Erste Lösungsansätze für den intelligenten Sensor

Die Anforderungen an kommunikative Geräte, nämlich Identifikations-, Parametrier-Prozess- und Diagnosedaten zu liefern, und der grundsätzliche Aufbau eines intelligenten Sensors sind älter als IO-Link. Somit gab es verschiedene Vorläufer zu IO-Link im Markt. Diese Lösungen sind, aufgrund anderer Spezifikationen oder technologischer Hemmnisse, vielfältig und keineswegs konsistent. Das Spektrum reicht von offenen über regionale bis zu firmenspezifischen Lösungen. Meist haben diese Schnittstellen Vorteile, die auf einzelne Geräte, Gerätefamilien oder Branchen abgestimmt sind.

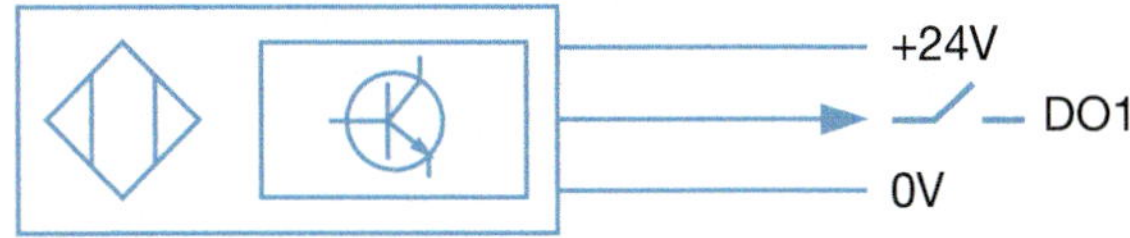

Bild 2.14: Konventioneller Sensor

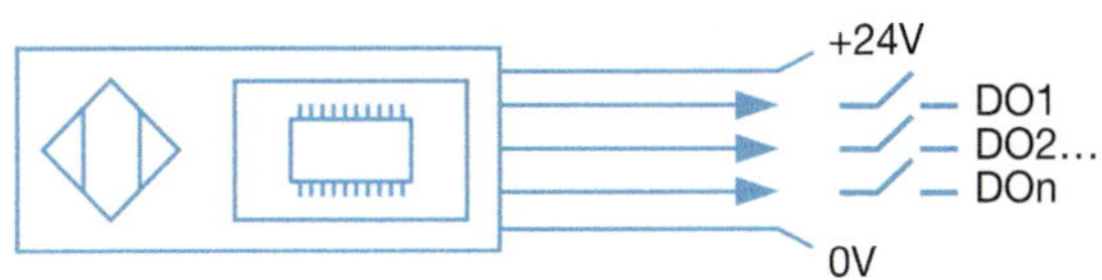

Bild 2.15: Intelligenter Sensor mit paralleler Signalübertragung

Die Übertragung von zusätzlichen Sensorinformationen erfolgt über parallele und/ oder serielle Signale. Konventionelle Sensorik hat einen Analogausgang zur Messwerteübertragung, meist auf Spannungs- (0...10 V) oder Strombasis (0/4...20 mA) oder einen oder mehrere digitale 24 V-Schaltsignale. Bei Letzteren entspricht 24 V DC dem logischen Wert 1 (geschaltet) und 0 V DC dem logischen Wert 0, also nicht geschaltet. Die in der IEC 61131-2 normierte und weltweit akzeptierte 24 V-Schnittstelle ist seit Jahrzehnten in der industriellen Praxis erprobt und hat sich als störunempfindlich erwiesen (**Bild 2.14**).

Der einfachste Weg zur Übertragung zusätzlicher Nutzinformationen (Identifikation, Parametrier-, Prozess- und Diagnosedaten) ist die Nutzung bestehender SPS-Eingänge. Hierzu werden Sensoren mit mehreren parallelen Adern zur Steuerung hin verdrahtet (**Bild 2.15**).

Die parallele Übertragung von digitalen und analogen Signalen bei Sensoren mit Multipolanschluss nutzt bestehende SPS-Eingänge. Sie hat somit den Vorteil, dass sie kompatibel zu allen gängigen Steuerungseingängen ist. Sensoren werden mit mehreren parallelen Adern zur Steuerung hin verdrahtet. Meist ist pro Signalleitung nur ein digitales Informationsbit verfügbar. Ein 10-poliger (Multipol-) Sensor stellt also, neben den zwei Leitungen zur Spannungsversorgung, weitere acht Informationsbits zur Verfügung. Natürlich können das auch Analogsignale sein. Durch die zusätzlichen Ausgänge können Informationen wie Betriebsbereitschaft, Verschmutzung oder weitere Schaltsignale übertragen werden. Die Vorteile zusätzlicher Daten werden aber mit den nachfolgenden Nachteilen erkauft.

Keine besonderen SPS-Eingangskarten sind notwendig, aber bei handelsüblichen SPS-Baugruppen werden die Ein- und Ausgänge mit unterschiedlichen Spannungspotenzialen betrieben. Dies macht im Normalfall Sinn, damit die Aktuatoren separat abgeschaltet werden können. Im Fall von bidirektional kommunizierenden Sensoren, die sowohl Eingangs- als auch Ausgangssignale in einem Gerät kombinieren, ist es erforderlich, beide Potenziale zusammenzuführen. Da Ausgangskarten meist in 8er- oder 16er-Gruppen verfügbar sind, ist der Einsatz dieser Sensoren kostentechnisch nur zu vertreten, wenn sie in entsprechender Anzahl eingesetzt werden. Hinzu kommen die ohnehin aufwendige Parallelverdrahtung mit zusätzlichen Leitungen und mehr notwendigem Platz im Schaltschrank und ein erhöhter Programmieraufwand. Daher haben sich Multipolsensoren nur in wenigen, kritischen Anwendungen durchgesetzt, bei denen z. B. fehlende Diagnosedaten zu teuren Stillständen führen können.

Die serielle Datenübertragung setzt die Sensorsignale mit Zusatzinformationen in einen seriellen Datenstrom um. Die Daten werden dann nicht mehr über parallele Leitungen wie bei Multipolsensoren, sondern zeitlich hintereinander über nur eine Signalleitung übertragen. Da serielle Leitungen üblicherweise bidirektional arbeiten, werden sie im Folgenden mit Port und nicht mit Ausgang bezeichnet. Serielle Ports (**Bild 2.16**) können also Parameter von der Steuerung zum Sensor schicken (schreiben) und in umgekehrter Richtung empfangen (lesen).

Der größte Nachteil rein serieller Ports ist, dass auf der Gegenseite, also z. B. der SPS, herstellerspezifische Module benötigt werden. Aus diesem Grund haben viele Hersteller Sensoren entwickelt, die die Vorteile aus beiden Welten kombinieren (**Bild 2.17**). Diese Kombi-Sensoren vereinen im Prinzip die Vorteile von paralleler und serieller Datenübertragung: klassische digitale oder analoge Ausgänge zum Anschluss an alle gängigen SPS und serielle Ports zur Parametrierung oder Diagnose vor Ort (vgl. **Tabelle 2.2**).

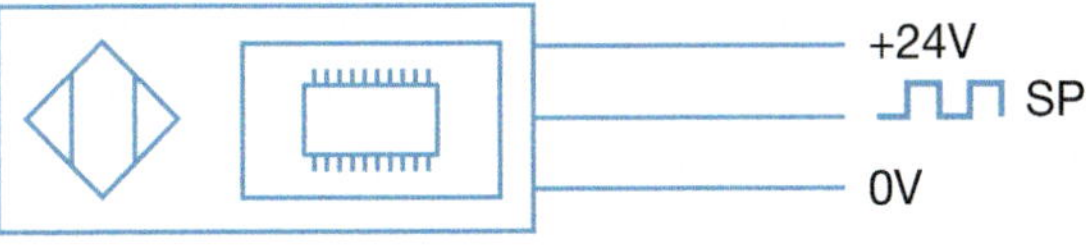

Bild 2.16: Sensor mit seriellem Port

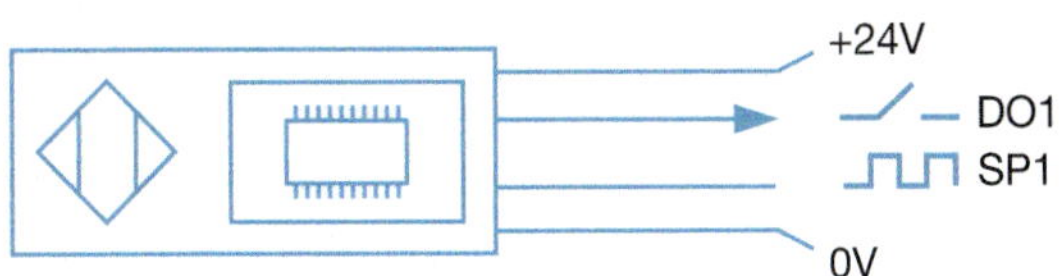

Bild 2.17: Intelligente Sensoren mit paralleler Signalübertragung und seriellem Port

In der Kombination aus bestehender Sensorschnittstelle und seriellem Port können bestehende Sensoren gegen neue intelligente Geräte ausgetauscht werden. Die Parametrierung oder Diagnose kann parallel zur SPS oder einem anderen geeigneten Auswertegerät erfolgen.

Tabelle 2.2: Vor- und Nachteile serieller und paralleler Datenübertragung

	Sensoren mit Datenübertragung	
	seriell	parallel
Geschwindigkeit	je nach Datenrate und -menge	sehr schnell
Datenmenge	mittel bis hoch	gering
Verdrahtungsaufwand	gering	hoch
Kompatibilität	herstellerspezifisch	hoch
Kosten für Maschinenbauer	mittel	niedrig
Kosten für Endkunden	mittel	hoch

2.3.2 Der Pionier: HART-Protokoll

Eine in der Prozessindustrie sehr verbreitete Möglichkeit, z. B. Parametrierdaten an die Sensorik zu übertragen, basiert auf dem HART (Highway Addressable Remote Transducer) -Protokoll. Ursprünglich Mitte der 1980er Jahre von der Firma Rosemount entwickelt, kann sich diese Kommunikationsschnittstelle somit zu Recht als Pionier der intelligenten Feldgeräte betrachten. 1990 erfolgte dann die Übernahme und stetige Erweiterung und Pflege zu einem offenen Standard seitens der Hart Communcation Foundation (www.hartcomm.org). HART kommt aus der Pharma-, Chemie- und Verfahrenstechnik, wo es heute noch weit verbreitet ist; in der Fabrikautomation ist es fast nicht zu finden.

HART-Sensoren haben eine klassische 4...20 mA-Stromschnittstelle, die das eigentliche Prozesssignal überträgt (**Bild 2.18**). Basierend auf dieser robusten Stromschnittstelle, die ursprünglich für Messumformer und einfache Stellungsregler gedacht war, wird ein serieller Datenstrom aufmoduliert. Dieser wird im Halbduplex-Verfahren betrieben und kann z. B. Parametrierdaten zwischen Steuerung und Gerät und in umgekehrter Richtung digitalisiert übertragen. Üblicherweise findet man bereits eine Punkt-zu-Punkt-Topologie, wie sie auch IO-Link aufweist, allerdings kann auch ein zweiter Master, z. B. ein Handdiagnosegerät, gleichzeitig betrieben werden. Es gibt einige ungewöhnliche Ausprägungen der Topologie als Multidrop, Multiplexer oder Busverdrahtung. Alle drei Verfahren sind der Versuch der Teilnehmererweiterung, die

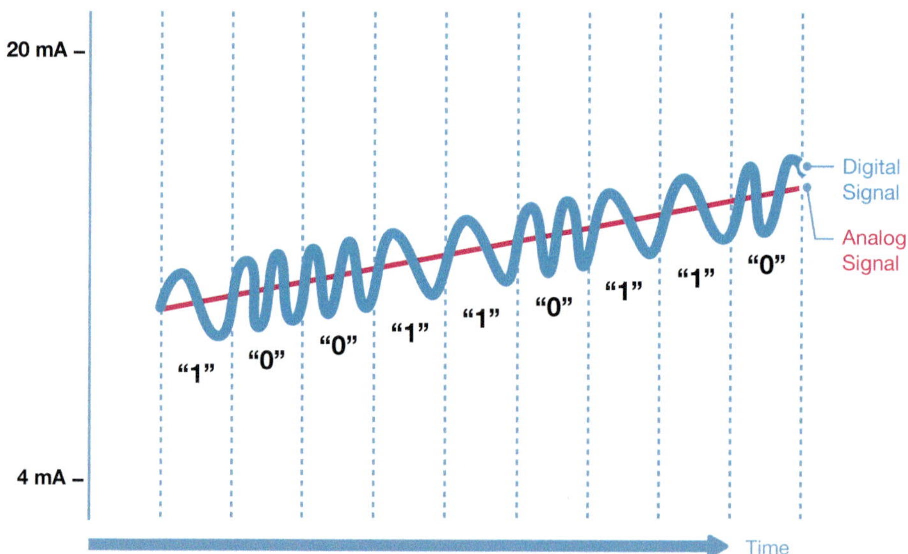

Bild 2.18: HART-Sensor (Quelle: Fieldcomm Group)

sich in der Praxis aber allesamt nicht durchsetzen konnten, weil entweder zusätzliche Komponenten zwischengeschaltet werden müssen oder maximale Bürden nicht überschritten werden dürfen, um die Stromschnittstelle nicht zu gefährden. Heute werden üblicherweise Feldbusmodule, vorrangig mit Profibus-PA-Schnittstelle in Verbindung mit HART-Ports, in prozesstechnischen Anlagen eingesetzt.

Die Vorteile von HART liegen sicherlich in der bekannten und robusten Verdrahtung. Da der Messwert weiterhin über die analoge Stromschnittstelle übertragen wird, können mit einfachen Messgeräten Störungen gefunden werden. Dieser Vorteil kann aber auch zum Nachteil werden, da analoge Übertragungen durch die Vielzahl der Wandlungsverluste auf der Strecke zu verfälschten Werten in der Steuerung führen können. Ein weiterer Nachteil von HART sind die verhältnismäßig langen Reaktionszeiten. Dies mag in Batchprozessen verschmerzbar sein, schließt aber die Anwendung in der Fabrikautomation fast immer aus. Die Kosten der HART-Anschaltung auf Geräteseite liegen höher als bei IO-Link, daher kommt sie vornehmlich in höherpreisigen Geräten zum Einsatz.

2.3.3 Der Busfähige: Beispiel AS-interface (AS-i)

Bei Sensoren mit Busanschluss wird zwischen teureren, komplexen Geräten mit Busanschluss zur Produktionsleitebene (z. B. Profibus mit Verbindung zur zentralen Steuerung) und klassischer Sensorik mit einfachen Sensor-/Aktuatorbussen auf Feldebene unterschieden. In der Praxis gehören heute mehr als 80 % der Geräte der zweiten Kategorie an, haben sich also durchgesetzt. Genau für diese Geräte wollte die AS-i-Nutzerorganisation ein Bussystem bis in den Sensor schaffen (vgl. [Kriesel und Madelung 1994, S. 24 ff.]), als sie 1994 an den Start ging. Dieses Ziel wurde bis heute nicht erreicht.

Über die Ursachen kann man spekulieren; sind es technische oder andere (firmenpolitische) Aversionen, die hier im Weg standen? Als Erstes wäre die geringe Anzahl einbindbarer, intelligenter Sensoren zu nennen, die anfangs auf 31 limitiert, inzwischen auf 62 (AS-i 2.1) erhöht wurde. Schließlich trugen der 30-prozentige Sensoraufpreis und das spezielle Kabel in Verbindung mit einem AS-i-spezifischen Netzteil und einer speziellen Masterkarte in der SPS zum wirtschaftlich geringen Erfolg bei der AS-i-Integration in Sensoren und Aktuatoren bei. AS-i spielt seine Hauptvorteile bei der Verdrahtungseinsparung mit Ein-/Ausgabemodulen aus. Hier gibt es dank der Flachkabel-Schnellmontagetechnik und der Menge möglicher E/As viele Vorteile gegenüber RS485- oder Ethernet-basierten Konkurrenten. Die Inbetriebnahme bei AS-i zeigt sich aber gegenüber einer Punkt-zu-Punkt-Verbindung dann als komplex, wenn die Adressierung der einzelnen Teilnehmer (z. B. Sensoren) erfolgen muss. Die Sensoren identifizieren sich nicht selbst. Identifikationsdaten werden also nicht automatisiert übertragen. Eine automatische Adressierfunktion bei AS-Interface-Master heilt dies, indem sich AS-i-Sensoren bei der Inbetriebnahme automatisch am Bus anmelden und rudimentär identifizieren.

2.3.4 Herstellerspezifisch: Proprietäre Kommunikationsschnittstellen

Aus der Not heraus geboren und in Ermangelung adäquater offener Schnittstellen, machten sich viele Sensor- und Aktuatorhersteller vom Beginn des 21. Jahrhunderts an daran, eigene Parametrierschnittstellen für ihre zunehmend mit mehr Intelligenz ausgestatteten Geräte zu entwickeln.

Ziel dieser proprietären Schnittstellen ist,

- eine Offline-Parametrierung der Geräte durchzuführen oder
- eine Abgleich-Schnittstelle produktionsnah für die Prozessdaten bereitzustellen **und**
- eine Schnittstelle für Diagnose, Trendbestimmung etc. zu schaffen.

Vor der Standardisierung durch IO-Link gab es eine Vielzahl solcher herstellerspezifischen, seriellen Ports. Der größte Nachteil dieser Lösungen ist, dass auf der Gegenseite ebenfalls herstellerspezifische Module benötigt werden. Dies wird durch eine „Blackbox“ geheilt. Diese Blackbox verbindet die Sensoren mit spezieller Schnittstelle mit den normierten Prozessschnittstellen zur Steuerung und mit Parametrierschnittstellen zum PC oder Diagnosegerät hin über serielle, computerkompatible RS232- oder – heute dominierend – USB-Schnittstellen. Meist wird die Parametrierschnittstelle lediglich zur Inbetriebnahme über eine Konverterbox mit dem Sensor oder Aktuator verbunden. Einen Sonderfall stellen Sensoren mit integrierter Blackbox dar, bei denen PC- und Diagnoseschnittstellen bereits am Sensor herausgeführt werden.

Der Nachteil bei der Parametrierung: Hat man Sensoren verschiedener Hersteller im Einsatz, werden mehrere Softwaretools benötigt. Dies ist bei über 150 veränderbaren Parametern für einen normalen Drucksensor durchaus eine Herausforderung, was die jeweilige Kenntnis unterschiedlicher Softwaretools angeht.

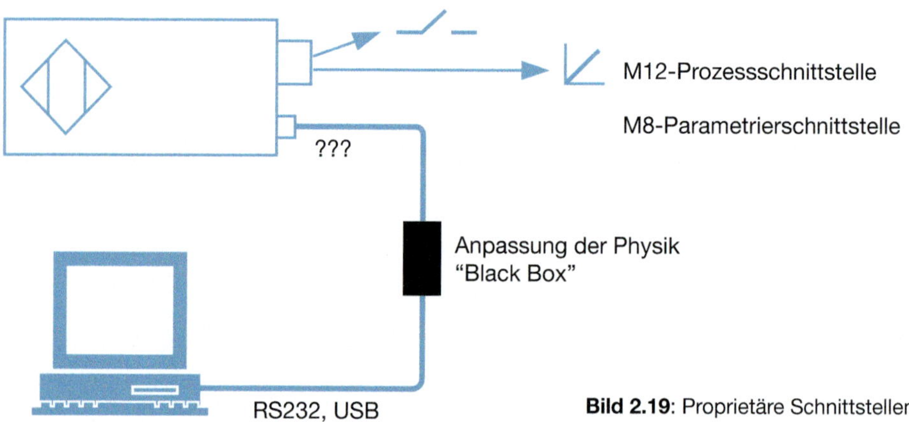

Bild 2.19: Proprietäre Schnittstellen

Wie im Schema in **Bild 2.19** dargestellt, ist diese Lösung außerdem für permanenten Online-Einsatz in der Maschine denkbar ungeeignet. Der Wildwuchs proprietärer Schnittstellen für die Zusatzinformationen führte dazu, dass nur wenige Kunden willig waren, sich auf diese einzulassen, obwohl sie die Zusatzinformationen gerne im Falle der Identifikations- und Parameterdaten zentral verwaltet und im Falle der Prozess- und Diagnosedaten zentral ausgewertet hätten. Der erste Schritt Richtung Standardisierung und Zentralisierung der Konfigurationssoftware für Parameterdaten kam durch die direkten Zugriffsmöglichkeiten über Feldbusse, da die Feldbusschnittstellen der Geräte innerhalb eines Bussystems definiert sind.

Die zentrale Datenhaltung der Parameter vereinfachte sich einhergehend mit der Standardisierung der Daten. Die proprietären Adapter bzw. Softwaretools reduzierten sich damit deutlich. Nachteile zu Beginn dieser Entwicklung waren die noch teuren Sensoren und die benötigte Routingfähigkeit der Kommunikationskomponenten. Somit fanden solche Sensoren oft nur Anwendung in der Prozessindustrie, da dort die Diagnosedaten einen höheren Stellenwert hatten. Der höhere Nutzen durch geringere Stillstandszeiten oder unverfälschte Prozessdaten im Verhältnis zu den höheren Beschaffungskosten einer solchen Sensorik war in der Prozessindustrie zu rechtfertigen.

Durch IO-Link ist es gelungen, Sensoren und Aktuatoren auf einfache Art zentral zu parametrieren und Diagnosedaten aus den Endgeräten erhalten zu können. Darüber hinaus ermöglicht die busunabhängige IO-Link-Definition, ein großes Portfolio an IO-Link-Devices an unterschiedlichen Bussystemen zu betreiben. Der Wunsch ist seit jeher nur noch eine gemeinsame Schnittstelle im Prozess, die Identifikations-, Prozess-, Parameter- und Diagnosedaten online überträgt wie bislang die beschriebene Blackbox-Schnittstelle bei der Inbetriebnahme. Mit IO-Link wird dieser Wunsch erfüllt.

2.4 IO-Link als weltweiter Standard für intelligente Sensorik und Aktuatorik

Ende 2005 entstand im Rahmen einer firmenübergreifenden Arbeitsgruppe der PNO (Profibus Nutzerorganisation, heute PI) die Idee einer Zusammenführung existenter proprietärer Entwicklungen zum IO-Link-Standard. Ziel war der Anschluss konventioneller und intelligenter Sensoren und Aktuatoren an einen SPS-Port. Diese Arbeitsgruppe – in wechselnder Besetzung – arbeitet auch heute noch an den Definitionen, der Hardware- und Software-Integration von IO-Link und an der internationalen Normung. Das große Glück im Gegensatz zu der Entwicklung bei der Feldbustechnik: Obwohl eine deutsche Arbeitsgruppe, sind die mittelständischen deutschen Sensorik-Anbieter führend in der Welt – und konnten mit IO-Link einen weltweiten Standard setzen, noch bevor „Industrie 4.0“ zu einem weltumspannenden Thema wurde. Hier gibt es keine ernstzunehmenden Konkurrenten mit offenem Standardprotokoll wie bei

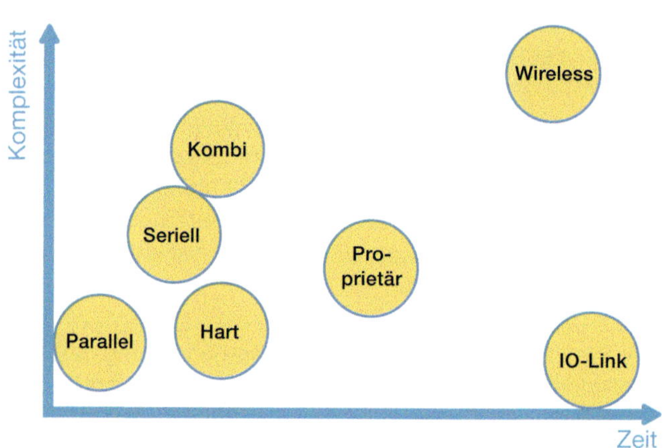

Bild 2.20: Entwicklung von Kommunikationsschnittstellen

den Feldbussen (vgl. zur Entwicklung von Kommunikationsschnittstellen **Bild 2.20**). in den vergangenen 20 Jahren. Hier hat der Einzug von Mikroprozessoren selbst bei „einfachen" Geräten wie Näherungsschaltern und Lichtschranken zu intelligenten Sensoren geführt. Es stehen also geräteintern mehr Signale als das reine Schaltsignal bereit. Ist der Prozessor geräteseitig nicht voll ausgelastet, so kann man zusätzlich Kommunikationsfunktionen hinzufügen.

Die Firmengemeinschaft, die 2005 zusammenkam, analysierte ihre bestehenden Schnittstellen, versuchte das Beste zusammenzuführen und, gewürzt mit einer Prise Marktforschung, entstand so IO-Link. Der Name „IO-Link" ist abgeleitet aus Eingangs- (I wie Inputs) und Ausgangskanälen (O wie Outputs) und deren Kombination in einem gemeinsamen Anschluss (Link) und steht damit für die nun mögliche bidirektionale Kommunikation. „Mit dem Markennamen IO-Link ist ein Kommunikationssystem zur Anbindung intelligenter Sensoren und Aktoren an ein Automatisierungssystem in der Norm IEC 61131-9 unter der Bezeichnung Single-drop digital communication interface for small sensors and actuators (SDCI) normiert." [Wikipedia 2008].

Die grundsätzliche Idee bei IO-Link ist es, existente Sensoren und Aktuatoren preiswert mit einer kommunikativen Schnittstelle nachzurüsten und so das Gesamtsystem mit den Zusatzinformationen eines intelligenten Sensors auszustatten:

- Identifikationsdaten: Der IO-Link-Sensor sagt, wer er ist. Er hat eine eindeutige Nummer, sozusagen einen Namen, den nur er trägt. Darüber hinaus kann er noch Typenbezeichnungen, Kundennummern und weitere identifizierende Daten aufnehmen.
- Parameterdaten: Der IO-Link-Sensor sagt, was er macht: Misst er Temperatur in °C oder K oder doch Druck in bar oder MPa oder beides?

- Prozessdaten: Welchen Verlauf nehmen die Werte, die gemessen werden?
- Diagnosedaten: Funktioniert die überwachte Einheit, funktioniert der Sensor noch?

Bei der Umsetzung der IO-Link-Idee in intelligente Sensoren oder Aktuatoren mit einer standardisierten Kommunikationsschnittstelle ist das geballte Expertenwissen der teilnehmenden Entwickler aus den beteiligten Unternehmen ausschlaggebend und nicht die Einzelinteressen der entsendenden Unternehmen. IO-Link trat an, intelligente Sensorik einfacher zu machen, mehr Plug-and-Play und das zudem herstellerübergreifend.

Die Kernforderungen waren:

- Darstellung von Identifikation, Parametern, Prozess-, Event- und Diagnosedaten
- Bidirektionale Kommunikation
- Einfache und robuste Geräteschnittstelle, sicher gegenüber EMV-Störungen
- Internationale Standardisierung als IEC-Norm und damit Investitionssicherheit
- Interoperabilität: hersteller-, feldbus- und steuerungsunabhängig, somit weltweit einsetzbar, kompatibel zu bestehenden Steuerungen und Feldgeräten und eine einfache Ergänzung in bestehende Anlagen
- Unkomplizierte Nutzung bestehender Infrastruktur, z. B. Anschlussleitungen, Verdrahtung
- Eine universelle Schnittstelle für Sensoren und Aktuatoren; die Differenzierung der E/A-Baugruppen in Eingabe und Ausgabe entfällt
- Minimaler und IT-kompatibler Softwareaufwand
- Wirtschaftlichkeit bzw. Preisgleichheit zu konventionellen Sensoren
- Breite Akzeptanz bei Entwicklern, Herstellern, Maschinenbauern und Anwendern
- Plug & Play.

2.4.1 IO-Link als geniale Idee

Warum nicht die bis dato reine Schaltzustands-24 V-Schnittstelle (Standard IO, SIO) um eine kommunikative Komponente erweitern? Somit wurde in einer zweiten Betriebsart, dem Kommunikationsmodus (COM), auf der gleichen Leitung der serielle Datenstrom übertragen (**Bild 2.21**). Parallele und serielle Übertragung wurde somit in bisher einzigartiger Weise kombiniert, wobei allerdings folgende Regel gilt:

Regel 1: Es kann immer nur eine Betriebsart zur gleichen Zeit aktiv sein. Während der Datenübertragung ist das Schaltsignal auf demselben Pin nicht verfügbar.

Mit dem Ansatz der kommunikativen 24 V-Schnittstelle in zwei Betriebsarten ergaben sich eine Reihe von Vorteilen, die die Kernforderungen von IO-Link nahezu alle erfüllen:

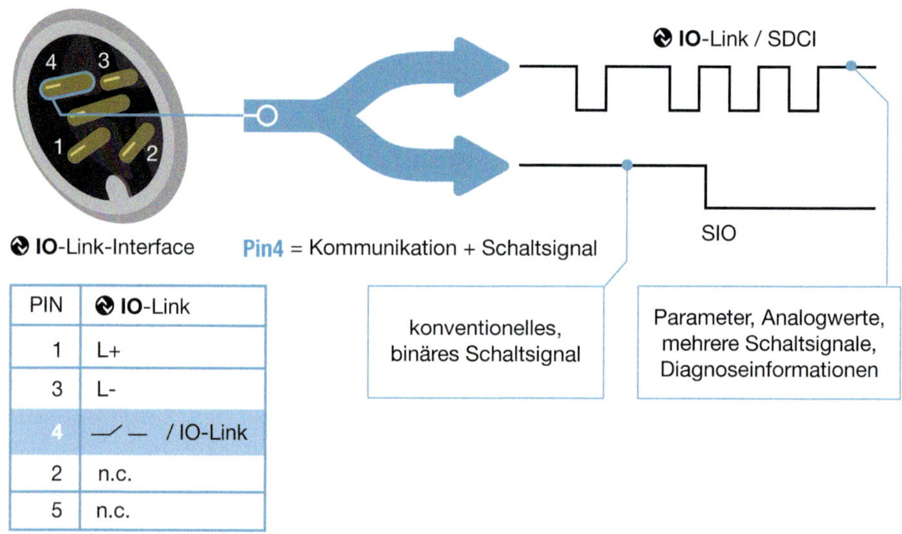

Bild 2.21: IO-Link-Modi

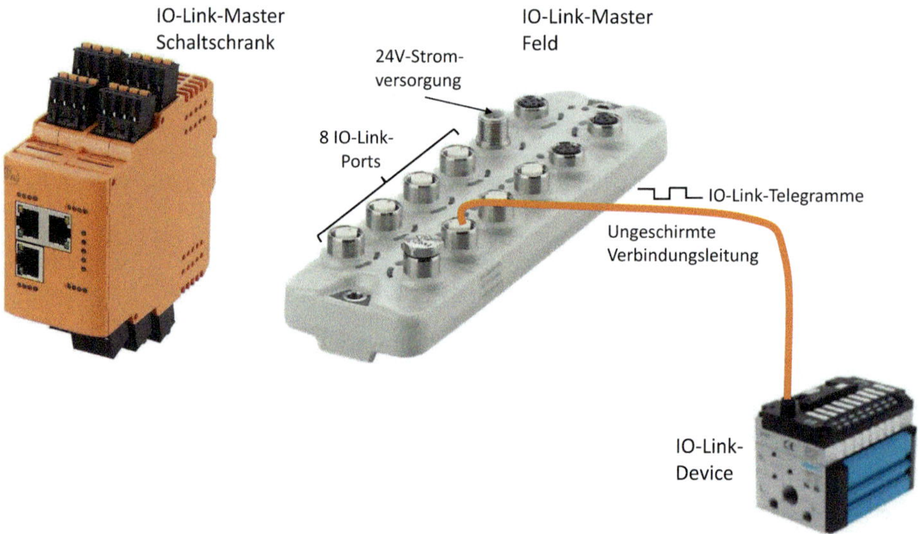

Bild 2.22: IO-Link-Master (Quelle: ifm electronic)

- Basis ist die genormte und millionenfach verbaute 24 V-Schnittstelle und der serielle UART (universal asynchronous receiver transmitter)-Schnittstellenbaustein, der standardmäßig von in Sensoren und Aktuatoren genutzten Mikroprozessoren unterstützt wird
- Interoperabilität und Kompatibilität zu Standardgeräten mit 24 V-Schnittstelle, beliebige Kombination von IO-Link- und Standardgeräten
- Kein Bussystem, daher sehr einfache Inbetriebnahme, keine Adressierung erforderlich
- Breite Akzeptanz bei Entwicklern, Herstellern, Maschinenbauern und Anwendern durch
  - Minimierung der Zusatzkosten auf Geräteseite bei Nutzung bestehender Ressourcen und einfacher Implementierung im Gerät,
  - Minimierung der Zusatzkosten auf Anwenderseite durch Nutzung vorhandener, ungeschirmter Anschlussleitungen und vorhandener Werkzeuge und vorhandenen Know-hows.

Dem standen wenige Nachteile gegenüber:

- Nicht verwendbar für analoge 4...20 mA-Schnittstellen
- Evtl. Störung durch die rechteckigen Flanken des IO-Link-Signals.

IO-Link ist als Kommunikationsstrecke nicht mit einem Feldbus zu vergleichen. Bei IO-Link handelt es sich um eine Punkt-zu-Punkt-Verbindung zwischen Sensoren, Aktuatoren, Hybridgeräten (IO-Link-Devices) und Kombinationsgeräten mit Gateway-Funktion (IO-Link-Master) wie in **Bild 2.22**, die zu Steuerungs- oder Bus-E/A-Modulen führt (**Bild 2.23**).

Unter IO-Link-Devices versteht man diejenigen Geräte, die man an IO-Link-Master oder -Ports anschließt und die, analog zu Slaves bei Master-/Slave-Bussystemen, nur auf Anfrage des Masters hin kommunizieren. Zum Anschluss der IO-Link-Devices können standardmäßige, ungeschirmte Verbindungsleitungen, z. B. mit M12-, M8- oder M5-Steckverbindern oder konfektionierbare Leitungen verwendet werden. Die maximale Leitungslänge sollte für eine gute Datenqualität 20 m nicht überschreiten. IO-Link deckt somit die letzten Meter zwischen der Peripherie und dem E/A-Modul ab.

Regel 2: IO-Link ist eine Punkt-zu-Punkt-Verbindung und benötigt für eine wirtschaftliche Übertragung zur SPS ein übergeordnetes Bussystem.

Da es sich bei IO-Link nicht um einen Bus handelt, gibt es immer nur eine Kommunikation zwischen zwei Teilnehmern, ohne jegliche Kommunikationsmissverständnisse oder -konflikte. Es handelt sich um einen Halbduplex-Betrieb mit definierter Echtzeit je Datenmenge. Sie ist aber unabhängig von der Anzahl der angeschlossenen Geräte, da jedes IO-Link-Gerät eine separate Kommunikationsschnittstelle (IO-Link-Port) zuge-

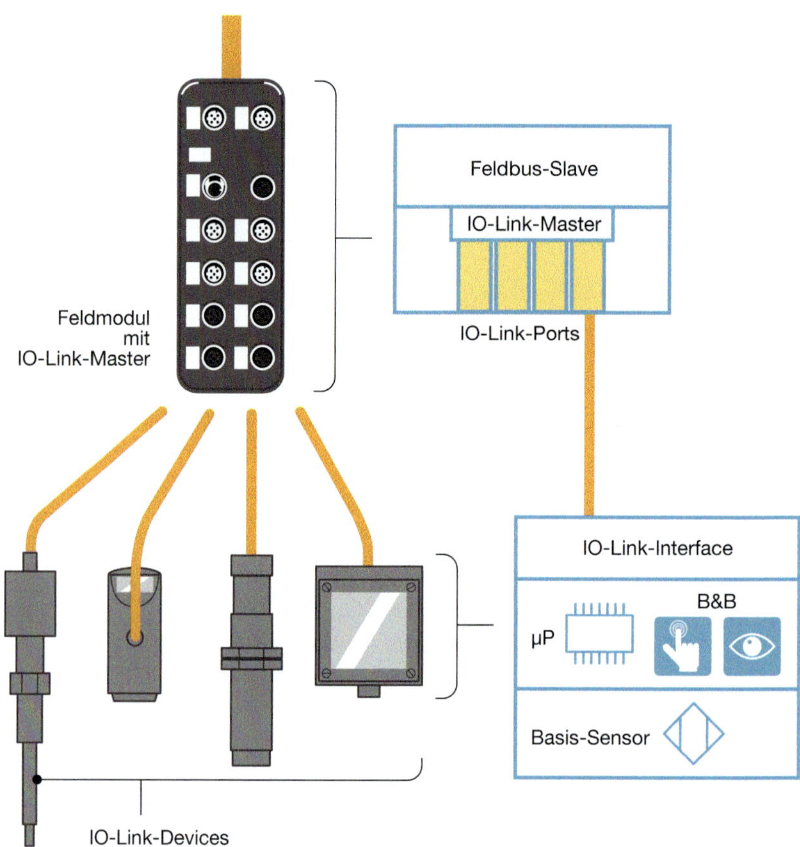

Bild 2.23: IO-Link-Kommunikationsstrecke

wiesen bekommt. Im Gegensatz zu Bussystemen, bei denen sich viele Geräte einen Master teilen, taucht das Problem der Kommunikationskonflikte und veränderlicher Zykluszeiten bei IO-Link nicht auf.

Regel 3: Die IO-Link-Kommunikation ist unabhängig von der Anzahl angeschlossener Geräte, da immer genau ein Gerät mit einem Masterport spricht.

Der IO-Link-Master wird in E/A-Baugruppen oder vornehmlich in Bus- (IP20 für den Schaltschrankeinbau) bzw. Feldmodule mit höherer Schutzart eingebaut (**Bild 2.24**). IO-Link-Master stellen die Schnittstellen (= Ports) für den Anschluss der Devices zur Verfügung. Sie können auch direkt in Steckkarten für SPS- oder andere Steuerungsracks eingebaut werden. Kurz gesagt können IO-Link-Master in Ein-/ Ausgabebaugruppen jeglicher Ausprägung zur Anwendung kommen. Ein großer Vorteil ist die

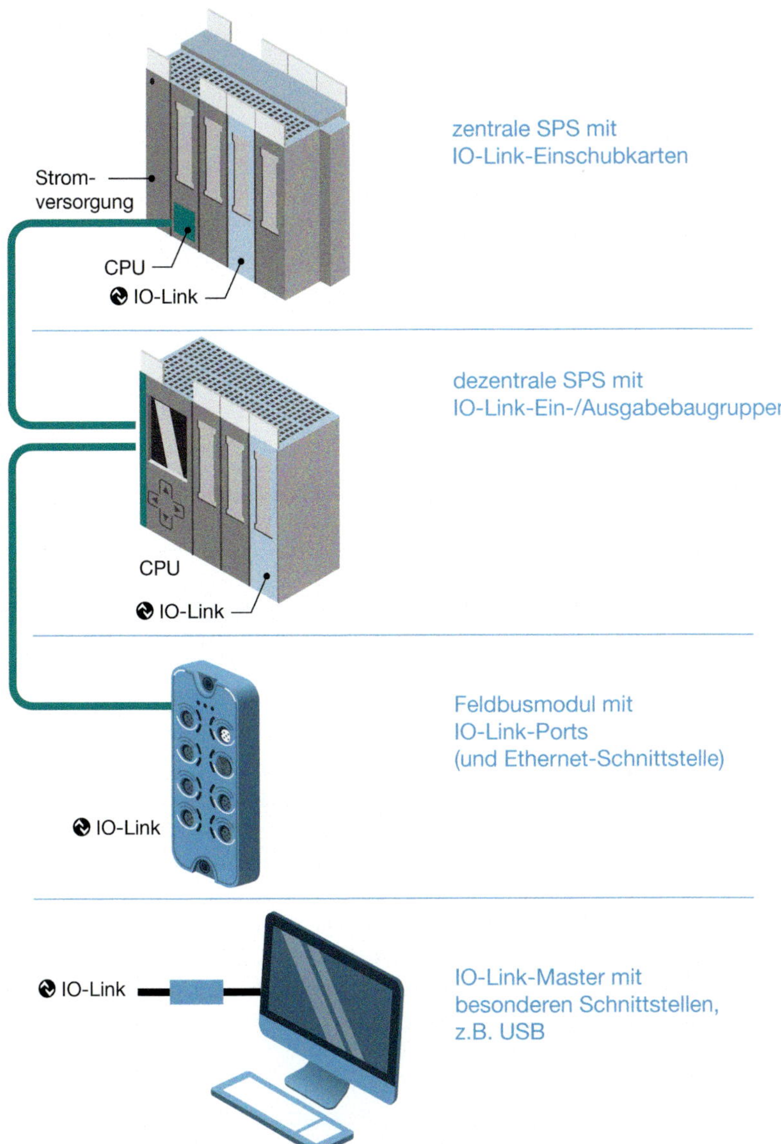

Bild 2.24: Busfähige IO-Link-Master

kombinatorische Nutzung der IO-Link-Ports als Kommunikationsschnittstelle oder normaler digitaler Ein- und Ausgang.

Regel 4: Bei der Auswahl der Feldmodule ist darauf zu achten, dass die verwendeten Geräte auf die Spannungspotenziale und die Strombelastbarkeit abgestimmt sind.

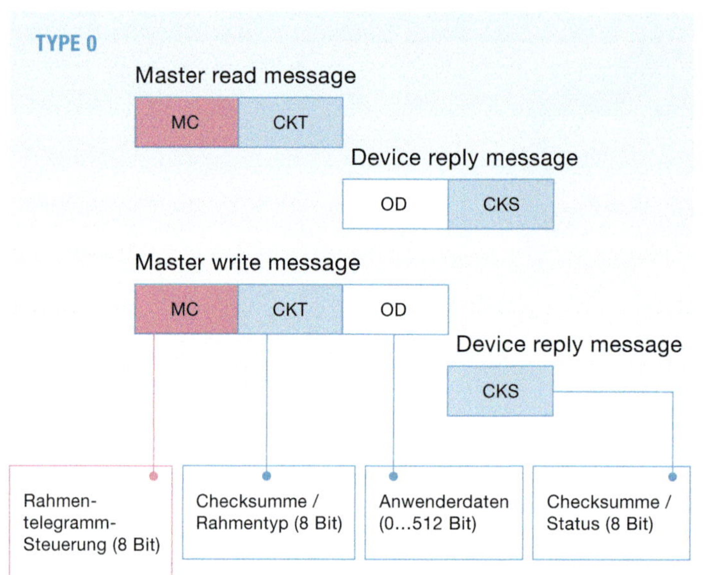

Bild 2.25: IO-Link-Telegramm-austausch

Der Master kann herkömmliche Eingangs- oder Ausgangsmodule ersetzen, da ein IO-Link-Port grundsätzlich wahlfrei als Ein- oder Ausgang konfiguriert werden kann.

Das IO-Link-Telegramm ist sehr einfach aufgebaut und kann trotzdem zyklische, azyklische Daten und Ereignisse (Events) übertragen. Anders als bei einer Buskommunikation benötigt es keine Adresse, da es sich ja immer um eine einfache Punkt-zu-Punkt-Kommunikation zwischen zwei Teilnehmern handelt. Die aktive Kommunikation geht dennoch immer vom Master aus. Das Device kann sich aus eigener Initiative nicht melden. Es findet ein vom Master initiierter, zyklischer Telegrammaustausch nach dem Schema in **Bild 2.25** statt. Azyklische Daten werden mit einem ähnlichen Rahmen über mehrere IO-Link-Zyklen verteilt übertragen. Ein IO-Link-Zyklus umfasst – wie in der Nachrichtentechnik – einen Masteraufruf, die folgende Wartezeit und die anschließende erfolgreiche Device-Antwort, deren letztes Bit das Vorliegen eines Events melden kann.

Die Kommunikationsschnittstelle kann, je nach Ausführung aus einem pragmatischen Ansatz heraus, mit drei möglichen Geschwindigkeiten arbeiten:

- 4.800 Baud (COM1) für die Nachrüstung einfacher Sensorik mit geringer Prozessorleistung,
- 38.400 Baud (COM2) als für die meisten Devices genutzte Schnittstelle,
- 230.400 Baud (COM3) bei größerem Hardwareaufwand für größere Datenmengen oder sehr schnelle Reaktionszeiten.

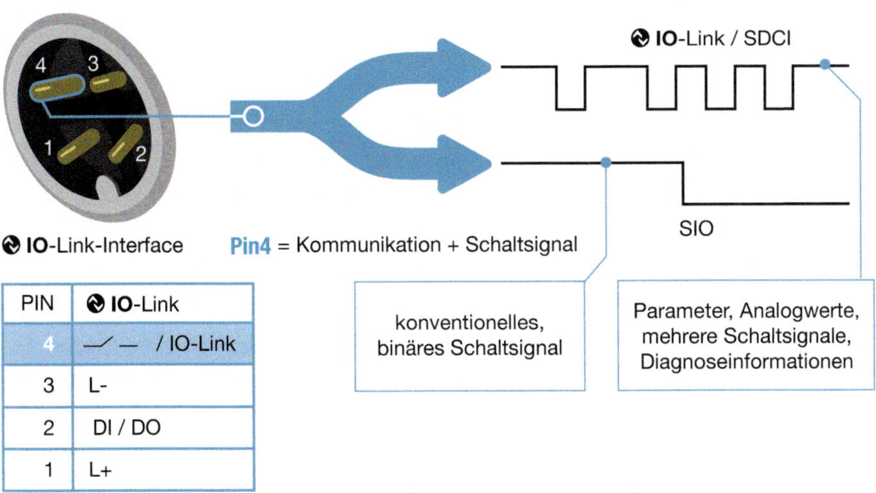

Bild 2.26: Pin-Belegung bei M12

Die Zykluszeit im COM-Modus hängt von der Geschwindigkeit ab. Bei 38,4 kBaud beträgt sie bspw. 2,3 ms für 2 Byte. Der Master versucht zunächst mit größter Geschwindigkeit zu kommunizieren. Beherrscht das Device diese nicht, wird auf die nächstniedrigere zurückgeschaltet, ähnlich dem Fall-Back bei einem analogen Telefonmodem. IO-Link-Master müssen alle Baud-Raten unterstützen. Man sollte dabei nicht vergessen, dass der Flaschenhals bei der gesamten Systemreaktionszeit wohl eher beim Feldbus oder bei der Steuerung liegen wird, deren Übertragungsraten meist langsamer sind.

Regel 5: Die IO-Link-Zykluszeit im COM-Modus richtet sich nach der verwendeten Baudrate, im SIO-Modus bleibt sie zum Standardsensor gleich.

In der IO-Link-Spezifikation ist eine 3-Leiter-Physik (PHY3-W) auf der Geräteseite definiert. Sie basiert auf der Norm IEC 61131-2. Es handelt sich bei IO-Link also um eine Geräteschnittstelle als Ergänzung zur bewährten 3-Leiter-24 V-Binär-Schnittstelle. COM und SIO teilen sich hierbei den Pin 4 bei M12-Belegung (**Bild 2.26**).

IO-Link-Sensoren basieren meist auf Erweiterungen bereits bestehender Geräte mit binären oder analogen Schnittstellen. Manchmal sind die analogen Schnittstellen, also Strom oder Spannung, zusätzlich zu IO-Link ebenfalls noch vorhanden. Die Konfiguration legt fest, wie die Sensoren in der Anlage betrieben werden: Parametrierung beim Hochlauf, danach Rückfall in den Binärmodus SIO oder den permanenten COM-Modus zur Übertragung von Messwerten, Parametern und Events.

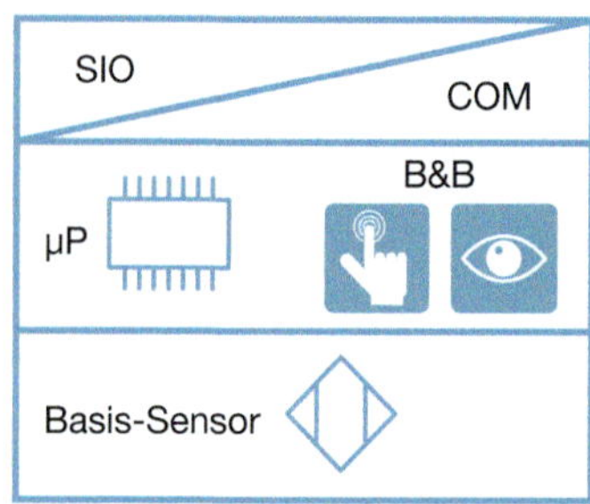

Bild 2.27: Funktion eines einfachen IO-Link-Sensors

Eine einfache IO-Link-Sensor-Variante (**Bild 2.27**) sind Sensoren, die beim Anlagenstart über den COM-Modus parametriert werden. Danach schalten sie in den SIO-Modus zurück, um mit einem oder zwei binären Schaltsignalen betrieben zu werden. Eine weitere Variante sind klassische binäre Geräte, die je nach Parametrierung durch den IO-Link-Master fallweise mit „analoger" Messwertübertragung (Prozessdaten) arbeiten. Ohne besondere Parametrierung arbeitet Pin 4 beim Master wie ein normaler digitaler Eingang zum Anschluss beliebiger binärer Sensoren. Mittels Verarbeiten, Bedienen & Beobachten im COM-Modus können gleichzeitig ein oder mehrere binäre Schaltsignale und ein oder mehrere Messwerte übertragen werden.

Regel 6: An jedem IO-Link-Port können konventionelle Sensoren mit Schaltausgang und IO-Link-Sensoren und -Aktuatoren angeschlossen werden.

2.4.2 Verbindung mit Aktuatoren

Ähnlich wie im Maschinenbau sind im Aktuatorbereich die Innovationszyklen länger als bei der Sensorik. Daher fließen Innovationen später ein. Nichtsdestotrotz entsteht durch feiner abgestimmte und komplexere Prozesse in der Maschine auch bei Aktuatoren ein Bedarf an Identifikation, Feinparametrierung, Prozessdokumentation und Diagnose. Ein gutes Beispiel ist der Einsatz von frequenzgeregelten Antrieben anstelle von Geräten mit festeingestellter Drehzahl. Von den ehemals wenigen Ansteuerparametern wie Start, Stopp, Links-Rechtslauf, Geschwindigkeiten 1 und 2 gibt es bei modernen Umrichtern ganze Tabellenlisten mit Hunderten von möglichen Einstellparametern. Diese sind ohne eine moderne Kommunikationsschnittstelle kaum bedienbar.

Obwohl das Preisniveau der Aktuatorik im Allgemeinen höher ist als das der Sensorik, handelt es sich bei den meisten Aktuatoren um weniger komplexe, preiswerte Geräte wie z. B. Ventile, Magnete oder Schwenkantriebe ohne Feldbusschnittstelle. Hier ist also die Kombination von serieller und paralleler Schnittstelle auf Feldebene ebenso eine Option wie in der Sensorik.

Hinzu kommt, dass immer mehr Geräte nicht mehr eindeutig als reine Sensorik oder Aktuatorik zu klassifizieren sind. Diese neue Form von „Hybridgeräten" beinhaltet

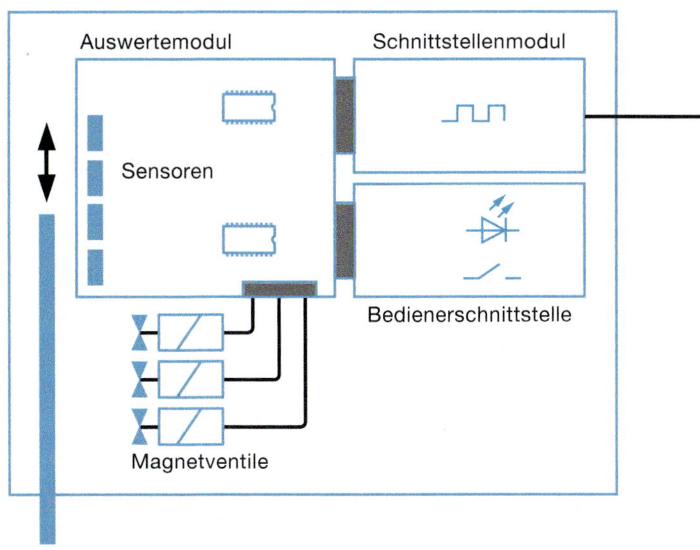

Bild 2.28: Schaltbild Sensor-/Aktor-Hybrid in einer Ventilanschaltung

einen oder mehrere Stellglieder zur Ansteuerung mechanischer Bewegungen, entsprechende Sensoren zur Rückmeldung oder Regelung, entsprechende Prozessoren zur lokalen Datenverarbeitung und eine Kommunikationsschnittstelle.

Sieht man von mikroelektromechanischen Systemen (MEMS)-Lösungen der Mikrosystemtechnik ab, stellt ein intelligenter Ventilkopf ein klassisches Beispiel für einen Hybrid dar. Darin enthalten sind zwei oder drei Magnetventile zur Ansteuerung der Ventilpositionen, induktive Sensoren zur Positionsrückmeldung, eine Logik zur Auswertung der korrekten Ventilfunktion, Hubzähler und eine kombinierte parallele und serielle Schnittstelle. Das Schaltbild in **Bild 2.28** verdeutlicht die Funktionalität.

Genauso wie auf Mikrosystemebene wird die Anzahl integrierter Sensor-/Aktorlösungen sicherlich zunehmen, da mit ausgereifter Technik dezentralisiert wird, also die Steuerung entlastet und Prozessgeschwindigkeiten optimiert werden.

Durch die zunehmende Akzeptanz von IO-Link und die Entstehung von Hybriden rüsten mehr und mehr Hersteller von Aktuatorik ihre bestehenden Geräte auf oder entwickeln neue Geräte gezielt auf die Leistungen von IO-Link hin. Um dieser Entwicklung Rechnung zu tragen, wurde bei IO-Link-Mastern eigens für Aktuatoren der Port-Typ B entwickelt. Beim IO-Link-Master ist Pin 4 immer der IO-Link-Pin. Auf den Pins 1 und 3 ist die 24 V-(Sensor-)Spannungsversorgung vorzuhalten. Die Belegung von Pin 2 ist beim Port Typ A wahlfrei (nicht definiert, digitaler oder analoger Eingang), übernimmt aber bei Port Typ B gemeinsam mit dem zusätzlichen Pin 5 die Aktuatorversorgung (vgl. **Tabelle 2.3**).

Tabelle 2.3: Portvarianten des IO-Link-Masters

IO-Link-Master	Port Typ A	Port Typ B
Einsatz besonders bei	Sensoren	Aktuatoren
Belegung Pin 1	V+(Sensorversorgung)	V+(Sensorversorgung)
Belegung Pin 2	nicht definiert, digitaler oder analoger Eingang (DI oder AI)	U+(Aktuatorversorgung)
Belegung Pin 3	V-(Sensorversorgung)	V-(Sensorversorgung)
Belegung Pin 4	IO-Link, digitaler Eingang oder Ausgang (DI oder DO), konfigurierbar	IO-Link, digitaler Eingang oder Ausgang (DI oder DO), konfigurierbar
Belegung Pin 5	nicht definiert	U-(Aktuatorversorgung)

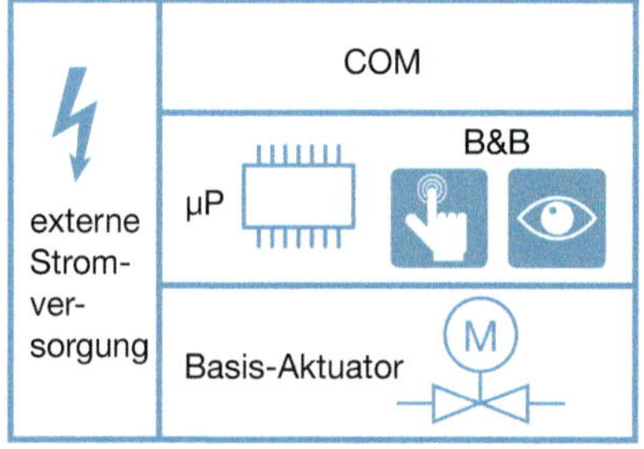

Bild 2.29: IO-Link-Aktuator-Variante

Aus Sicherheitsgründen können Standard-(Nicht-IO-Link-)Aktuatoren nicht ohne spezielle Konfiguration an einem IO-Link-Port betrieben werden, da ein schaltender Ausgang im Extremfall zur Zerstörung des Ports führen könnte. IO-Link-Aktuator-Varianten (**Bild 2.29**) befinden sich standardmäßig im COM-Betrieb, d. h. sie warten auf Kommunikationsanstoß durch den Master zum Start der Aktion. Im azyklischen COM-Betrieb können IO-Link-Aktuatoren mit der kompletten Bandbreite an Parameterdatensätzen versorgt werden. Nach erfolgter Parametrierung schaltet der Master dann in den zyklischen Datenaustausch und steuert den Antrieb an. Mögliche Belegungen des Datenwortes sind: Start/Stopp, Rechts/Links, Geschwindigkeit 1/2 usw.

Daraus ergeben sich folgende Regeln für die Verwendung von IO-Link bei Aktuatoren:

Regel 7: IO-Link-Aktuatoren können nicht an einem normalen digitalen Ausgangsmodul betrieben werden.

Regel 8: Nur an einem IO-Link-Port Typ B können konventionelle Aktuatoren mit separater Aktuatorversorgung durch den Master angeschlossen werden.

Regel 9: IO-Link-Hybride, die mehr als einen Ein- und Ausgang benötigen, müssen im zyklischen COM-Modus arbeiten, damit sie alle Informationen bidirektional verarbeiten können.

Folgende Überlegungen gelten zusammenfassend bei der Entwicklung und Inbetriebnahme von IO-Link, insbesondere von Aktuatoren oder Hybriden:

- Stromversorgung: Kommt der Aktuator mit dem zur Verfügung stehenden Strom (200/500 mA oder mehr, siehe Herstellerangaben) aus IO-Link klar oder ist eine externe Versorgung vorzusehen?
- Not-Abschaltung: In welchen Applikationen und Stopp-Kategorien soll der Aktuator eingesetzt werden? Die IO-Link Port B-Variante erlaubt eine separate, abschaltbare Versorgung auf den Pins 2 und 5. Zu beachten ist, dass nach gängigen Sicherheitsnormen immer zusätzlich die treibende Energie (z. B. Druckluft bei Pneumatikventilen) abgeschaltet werden muss.
- Zeitverhalten: Soll der Aktuator im Normalbetrieb lediglich Start/Stopp enthalten oder über das COM-Protokoll betrieben werden? Bei 16 Bit Ansteuerung sind mindestens 2,3 ms Verzögerungszeit zu erwarten. Bei schnelleren Anforderungen kann mit COM3 eine drastisch schnellere Kommunikation erfolgen, allerdings bildet dann vermutlich der überlagernd Feldbus den zeitlichen Flaschenhals.
- Datenmenge: Das Anlaufverhalten mit dem Herunterladen der Parametersätze ist zeitlich getrennt zu betrachten von der zyklischen Ansteuerung. Meist sind die azyklischen Parameterdaten wesentlich umfangreicher als die zyklischen Prozessdaten.
- Anschlussmöglichkeiten: Bei Bedarf können die Geräte so ausgelegt werden, dass mehrere konventionelle Aktuatoren über eine IO-Link-Schnittstelle mittels IO-Link-E/A-Modulen betrieben werden oder dass zusätzliche Peripherien, z. B. klassische Sensoren, angeschlossen werden können. Dies erhöht die Effizienz und verringert die Verdrahtung in der Maschine.
- Vorsicht: beim Anschluss von Sensorik mit Nutzung von Pin 2 am IO-Link Master B-Port. Da hier eine permanente 24 V-Spannung anliegt, können Sensoren mit Analogausgängen eventuell Schaden nehmen. Hier empfehlen sich 3-Leiter-Anschlussleitungen (nur Pin 1, 3 und 4 belegt). Es sind inzwischen Module verfügbar, bei denen die B-Ports individuell konfiguriert und die Zusatzspannung an Pin 2 abgeschaltet werden kann. In diesem Fall können beliebige 3-, 4- oder 5-adrige Anschlussleitungen verwendet werden.
- Bedienung: Dank der durchgängigen IO-Link-Kommunikation bis in die Leitebene kann in vielen Fällen auf ein Gerätedisplay verzichtet werden. Dies dient der Kosteneinsparung und Verschlankung. Aktuatoren sind oft an schwer zugänglichen Stellen montiert. Mit IO-Link ist dies kein Problem mehr, da die Parametrierung und Überwachung in der Zentrale erfolgt.
- Mechanischer Aufbau: Besonders bei Neuentwicklungen kann der mechanische Aufbau den Kundenwünschen angepasst werden. Interne wie externe Modularität kann zur Optimierung des Herstellungsprozesses wie der Maschinenintegration führen. Die IO-Link-Anschaltung kann sehr kompakt ausgeführt werden und nutzt oft die bestehende Prozessorarchitektur besser aus.
- Kompatibilität: Anhand von Profilen ist es möglich, herstellerunabhängig gewisse Funktionen zu vereinheitlichen, um dem Kunden bei der Programmierung der Anwendung Richtlinien an die Hand zu geben, die für viele Geräte gültig sind.

Tabelle 2.4: Zusammenfassung IO-Link-Kommunikation für Sensorik und Aktuatorik

Übertragungsgeschwindigkeiten	COM1 (4,8 kBit/s) COM2 (38,4 kBit/s) COM3 (230,4 kBit/s)	**Anschlüsse für Devices**	M5, M8, M12-Steckverbinder Einzeladern, weitere Steckverbinder
Port Class A	3-Leiter (mindestens) 4-Leiter (optional)	**Port Class B**	5-Leiter (genau), wie Port Klasse A (3-Leiter) plus separater Aktuatorversorgung auf Pin 2+5
Pin 1+3	Spannungsversorgung +24V/0V	**Pin 1+3**	Spannungsversorgung +24V/0V
Pin 4	SIO-Eingang (konfigurierbar) SIO-Ausgang (konfigurierbar) COM-Modus	**Pin 4**	SIO-Eingang (konfigurierbar) COM-Modus
Pin 2 (optional)	DI-Eingang (konfigurierbar) DO-Ausgang (konfigurierbar)	**Pin 2**	Separate Aktuatorversorgung +24V
Pin 5 (nicht genutzt)	–	**Pin 5**	Separate Aktuatorversorgung 0V
Stromabgabe (Class A)	200/250/500/1000/3600 mA (vgl. Herstellerdatenblatt)	**Stromabgabe (Class B)**	1 A/1,6 A/variabel (vgl. Herstellerdatenblatt)

Eine Zusammenfassung der IO-Link-Kommunikationsschnittstelle unter besonderer Berücksichtigung von Aktuatorik bietet **Tabelle 2.4**.

2.4.3 IO-Link-Geräte – Beispiele

Nach den Grundlagen von IO-Link ist es interessant, einen Blick auf existente Produkte zu werfen. Viele Geräte sind „in aller Stille“ auf IO-Link umgestellt worden, bevor Industrie 4.0 das Augenmerk auf diesen weltweiten Standard lenkte, da die Kosten kaum die für „normale Sensoren“ überstiegen. So hatte die ifm electronic GmbH bereits viele Millionen IO-Link-Sensoren im Feld, ohne dies für die Kunden herauszustellen. Diese Kunden haben intelligente Sensoren „Industrie 4.0-ready“ gekauft und sind heute in der Lage, wesentlich mehr Daten zu nutzen, die IO-Link zur Verfügung stellt. Viele IO-Link-Ideen der Hersteller entstanden aber auch durch Marktanforderungen oder ideenreiches Umsetzen der Basistechnologie von IO-Link in ungewöhnliche Produkte. Die exponentielle Entwicklung bei IO-Link ist sicherlich vielen Faktoren zu verdanken, darunter die vielen marktgerechten Vorteile und die guten Ideen, aber auch und ganz besonders der Beschleunigung durch die vierte industrielle Revolution.

Jede Schnittstelle in der Automatisierungswelt muss – trotz der durch Industrie 4.0 beschworenen Auflösung der Automatisierungspyramide – in das vorhandene System und damit die Automatisierungshierarchie, **Bild 2.30**, integriert werden. Dies ist nicht trivial, da meist Komponenten verschiedener Hersteller in der Anlage oder Maschine

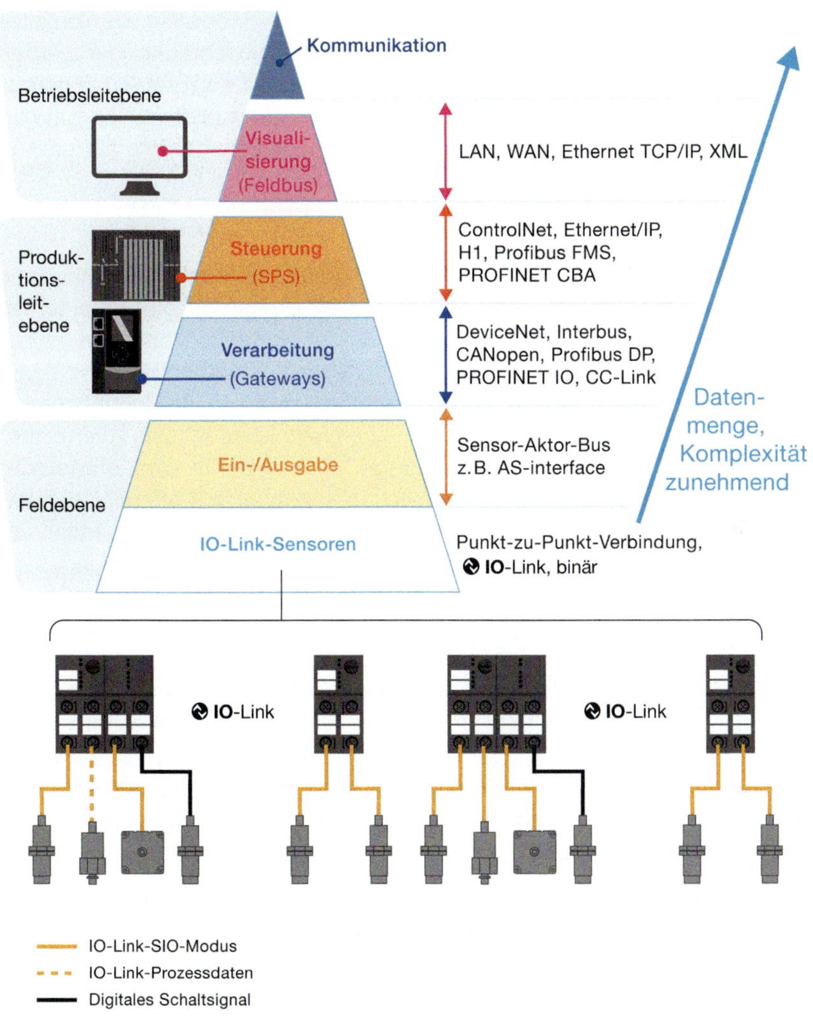

Bild 2.30: Integration von IO-Link in die Automatisierungspyramide

arbeiten sollen. Eine Maschine besteht, neben der Mechanik, aus einer Vielzahl analoger und digitaler Geräte mit unterschiedlichen Schnittstellen. Diese werden über viele individuelle Leitungen mit Ein- und Ausgabebaugruppen der Steuerung verbunden, die im Anwenderprogramm eingelesen, verarbeitet und ausgegeben werden. Anstelle der direkten, parallelen Verdrahtung zur SPS hin kann ein Feldbus zwischengeschaltet werden, der die zentrale E/A-Ebene in dezentrale Module wie Gateways in die Maschine verlagert. Die Automatisierungspyramide bottom-up besteht aus verschiedenen Hardwareebenen, vom Sensor-/Aktuatorbus über den Feldbus und den Fabrikbus bis hinein in die Leitebene. Durch entsprechende Gateways (Hubs, Interfaces) können diese streng hierarchischen Datenflüsse über die Ebenen hinweg transportiert werden. In der klassischen Automatisierungspyramide sind Endgeräte wie Sensoren und Aktuatoren entweder auf binäre oder analoge Signale beschränkt oder werden, wie z. B. Drehgeber, über besondere Schnittstellen direkt mit der Steuerung verbunden. Zwischen Gateway auf Feldebene und Endgerät fand keine bilaterale Kommunikation mehr statt. IO-Link durchbricht nun diese Kommunikationsbarriere auf dem letzten Meter zwischen E/A-Modul und Sensor oder Aktuator und leistet damit einen Beitrag zur Auflösung der strengen Automatisierungshierarchie.

IO-Link-Gateways beinhalten mindestens einen IO-Link-Master und eine Feldbusschnittstelle, die in beiden Richtungen Daten austauschen. Es gibt unterschiedliche Geräte, je nach Einsatz im Feld, Schaltschrank oder Servicekoffer. Da es sich bei IO-Link um ein vergleichsweise junges System handelt, konnten die Schöpfer aus den Fehlern der Vergangenheit lernen. So hat man von Anfang an die Unabhängigkeit von Feldbussen festgeschrieben, mit dem Ziel, eine breite Kundenbasis zu erreichen und regionalen Bedürfnissen Rechnung zu tragen. IO-Link trennt dank standardisierter Gerätebeschreibungsdateien (IO-Link Device Description) und offener Gatewayfunktionen die Anwenderprogrammierung sauber von der Hardwarekonfiguration und löst damit an dieser Stelle bereits die strenge Hierarchie der Automatisierungspyramide auf. Jeder Hersteller von IO-Link-Geräten stellt eine individuelle IO-Link-Device-Description (IODD) zur Verfügung, die benutzt wird, um Devices in Konfigurationstools oder andere Softwareumgebungen einzubinden. Gerade bei der Parametrierung eines Antriebes ist eine ausführliche IODD notwendig, die die wichtigsten Default-Werte bereits enthält, sodass ein sicherer Betrieb des Aktuators gewährleistet ist.

In der IODD, die im Wesentlichen einer XML-Datei entspricht, werden alle das Gerät charakterisierenden Details beschrieben. Hierzu gehören die genaue Identifikation des Gerätes nach u. a. Hersteller, Geräteart, Version und die Spezifizierung der verfügbaren Datenbereiche, geordnet nach Variablen, Parameterdaten, Prozessdaten, Ereignisdaten (Eventdaten) und anwenderspezifischen Daten. Durch die IODD-Einbindung in bestehende Systeme entsteht so eine durchgängig zu bedienende Umgebung unterschiedlichster Geräte.

Die IODD ist bereits von vielen Herstellern genutzt worden, um unterschiedliche Feldbusse mit IO-Link zu verknüpfen:

- Profibus/PROFINET: Da IO-Link eine enge Verbindung zur PNO hat, war die Integration obligatorisch. Es gibt hier standardisierte Datenbereiche und eine Softwareintegration, die die Einbindung eines Profibus-IO-Link-Masters mit angeschlossenen IO-Link-Devices genauso einfach gestaltet wie für andere Profibus/PROFINET-Geräte. Wichtig bei der Integration ist, dass der gesamte IO-Link-Funktionsumfang aus Steuerungssicht verfügbar und einfach ansprechbar ist. Siemens als führender Steuerungshersteller bietet hier fertige Softwarebausteine an, die den Anwendungsprogrammierer entlasten.
- EtherCAT: Das innovative, schnelle Bussystem war das erste, das die komplette Softwareintegration für IO-Link entwickelt hat. Hier können die zusätzlichen Informationen der IO-Link-Sensoren im Zusammenspiel mit IO-Link-Antrieben durch die Performance hervorragend genutzt werden.
- AS-Interface: Anfangs manchmal als Konkurrent zu IO-Link gesehen, hat sich AS-Interface inzwischen als Zubringerbus für einfache binäre und analoge Geräte entwickelt. Auf der anderen Seite kann es Sinn machen, AS-i als schnellen Zubringerbus von der Peripherie zum Feldbus und IO-Link integriert in AS-i Feldmodule zur intelligenten Geräteparametrierung einzusetzen. In Kombination mit IO-Link, das den AS-i Bus um eine Kommunikationsschnittstelle auf dem letzten Meter vom E/A-Modul zum Sensor erweitert, ergibt sich eine rundum gelungene Symbiose. Die IO-Link-Integration im AS-i-Gateway entstammt den Anstrengungen einer Arbeitsgruppe im AS-i-Verein (AS-International). Sie ist veröffentlicht und kann für Entwicklungen verwendet werden. AS-i/IO-Link-Produkte, z. B. von ifm, sind bereits seit 2009 verfügbar.
- CANopen, EtherNet/IP und Modbus TCP: Z. B. können die 4-kanaligen IO-Link-Master-Module von Turck seit 2017 als Gateways für CANopen, EtherNet/IP und Modbus TCP dienen. Aufgrund der recht kompakten Telegramme müssen bei Modbus TCP größere Wertetabellen azyklisch übertragen werden. Bei schnellen Ethernet-Verbindungen ist trotzdem akzeptables Echtzeitverhalten möglich.
- SERCOS III: Die IO-Link-Integration ist 2016 auf der Antriebsseite von Bosch Rexroth vorgenommen worden.
- CC-Link: Z. B. Balluff verfügt über IO-Link-Master, die sich u. a. mit CC-Link verbinden können.
- Foundation Fieldbus: Obwohl sich die Vorteile der digitalen IO-Link-Daten mit schnellem Ethernet gut kombinieren lassen, ist die Dominanz von HART bei diesem auf Prozesstechnik fokussierten Feldbus offensichtlich noch zu stark.

Eine aktuelle Übersicht über die verfügbaren IO-Link-Master und Gateways findet sich auf der Webseite der IO-Link-Community (vgl. [IO-Link-Firmengemeinschaft

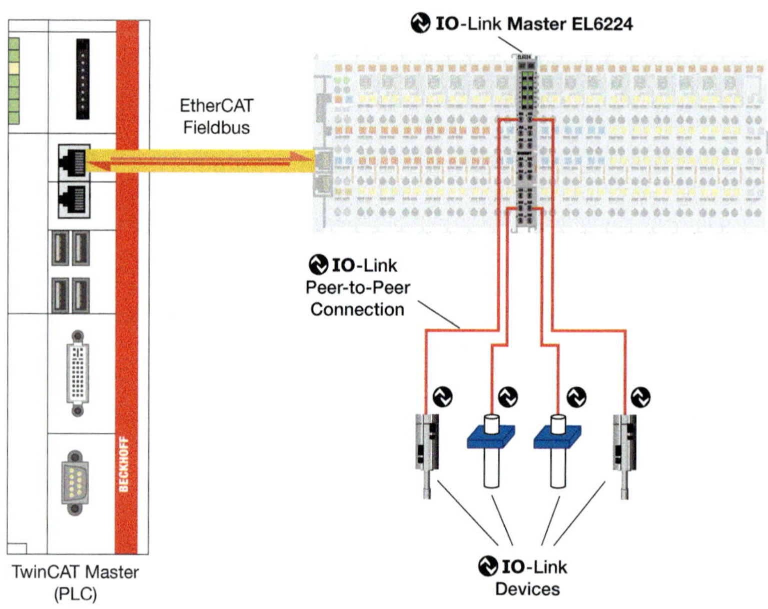

Bild 2.31: IO-Link-Klemme (Quelle: Beckhoff)

Bild 2.32: IO-Link-Master im Zwischenstecker (Quelle: ifm electronic)

2018]). Als Beispiel für eine IO-Link-Masterbaugruppe zeigt **Bild 2.31** ein IP20-Modul der Firma Beckhoff mit Schnittstelle an den internen Peripheriebus der Steuerung.

Als IO-Link-Master mit besonderer Funktionalität kann man Geräte bezeichnen, die neben den spezifizierten Funktionen weitere zusätzliche Eigenschaften haben oder aber aus wirtschaftlichen oder anderen Zwängen abgespeckt und auf bestimmte Funktionen hin optimiert sind. Hierzu zählen auch abgesetzte IO-Link-Master, die z. B. einen IO-Link-Sensor ohne Display um ein Display und weitere Schnittstellen erweitern.

Ein Beispiel für einen abgespeckten IO-Link-Feldmaster mit eingeschränkter Funktionalität ist der M12-Zwischenstecker in **Bild 2.32**. Er kann einfach in bestehenden Anlagen nachgerüstet werden. So ist es möglich, an bestehenden digitalen Eingängen intelligente Sensorik zu betreiben und beim Hochfahren zu parametrieren. Bei einem Austausch der Geräte erfolgt die Parametrierung des neuen Sensors automatisch durch die im Master abgelegten Werte des Vorgängers. Auf der SPS-Hardwareseite und im Steuerungsprogramm muss nichts geändert werden, um diese IO-Link-Benefits zu nutzen.

Bild 2.33: IO-Link-Sensor mit Kombination aus Drucksensor und -transmitter (Quelle: ifm electronic)

IO-Link-Sensoren können unerwartete Zusatzfunktionen enthalten. Daher sollten bei der Planung und Projektierung immer das zugehörige Datenblatt oder die Bedienungsanleitung konsultiert werden. Manche IO-Link-Kombisensoren können z. B. an klassischen SPS-Eingängen als schaltende Geräte mit einem oder zwei Schaltpunkten arbeiten. Werden sie an IO-Link-Ports betrieben, stehen wahlweise auch Messwerte wie bei einem Transmitter zur Verfügung. Dies sorgt für eine Reduzierung der Artikelvielfalt (**Bild 2.33**). IO-Link-Sensoren können heute schon statische Informationen wie Verschmutzung, Fehljustage etc. diagnostizieren. Dynamische Diagnosedaten können hinzukommen: In einem Drucktransmitter, wie dem in Bild 2.33 dargestellten, ist es möglich, einen Historienspeicher anzulegen oder einen Betriebsstundenzähler zu integrieren.

Selbst IO-Link kann mit IO-Link verknüpft werden, obwohl kein Bussystem vorliegt: Nutzt man die zwei zyklischen Bytes des IO-Link-Telegramms zum Anschluss externer, binärer Peripherie, so bekommt man ein Ein-/Ausgabemodul als Device, das direkt an einen IO-Link-Port angeschlossen werden kann. Besonders zu beachten ist hierbei die Stromversorgung des Ports, die üblicherweise auf 200 mA begrenzt ist. Werden Ausgänge genutzt, ist eine externe Spannungsversorgung vorzusehen. Bei manchen Herstellern stehen zum Aufbau eines „IO-Link-Peripheriebusses“ Master mit höherer Stromversorgung zur Verfügung, sodass in einigen Fällen auf die externe Einspeisung verzichtet werden kann (**Bild 2.34**).

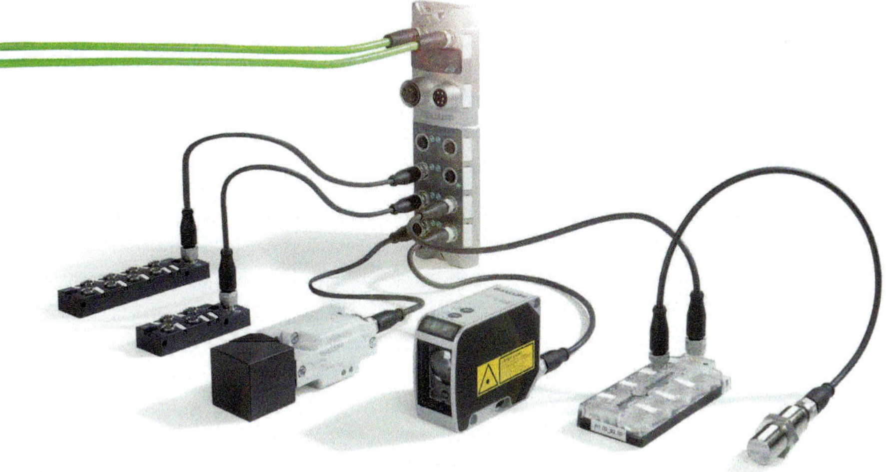

Bild 2.34: IO-Link-E/A-Modul, links unten, angeschlossen am IO-Link-Port eines Feldbusmoduls (Quelle: Balluff)

Bild 2.35: IO-Link-Wächter, M12-Adapter (2DI oder 1AI) (Quelle: Murrelektronik)

Als Sonderform der IO-Module ist es möglich, die IO-Link-Beschaltung in einem Zwischenstecker unterzubringen, der, im feldtauglichen Gehäuse, in die Sensor- oder Aktuatorleitung eingeschleift werden kann (**Bild 2.35**).

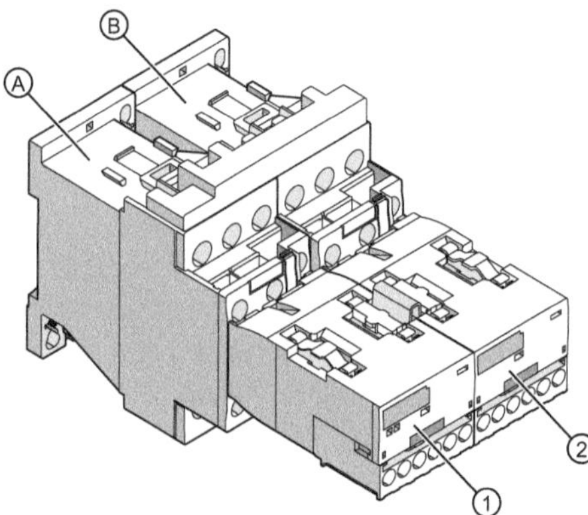

Bild 2.36: Funktionsmodul für IO-Link, Wendestart (Quelle: Siemens)
a Basismodul für IO-Link, Wendestart
b Koppelmodul, Wendestart
A Schütz für Kommunikationsanbindung für Drehrichtung 1 (Rechtslauf)
B Standardschütz für Drehrichtung 2 (Linkslauf)

Motorstarter als Beispiel für Aktuatoren können als Feldgeräte mit einer M12-IO-Link-Schnittstelle ausgestattet sein. Über diese lassen sich die typischen Befehle wie Start, Stopp, Linkslauf, Rechtslauf und Geschwindigkeit 1 und 2 ansteuern. Statusmeldungen wie Betriebsbereitschaft, „Motor läuft" etc. werden im Gegenzug an die Steuerung übermittelt. Von Siemens gibt es kaskadierbare Motoransteuerungen für den Schaltschrank, die auf die Motorschütze gesteckt werden und die Betriebsarten Direktstart, Wendestart und Stern-/Dreieckumschaltung unterstützen (**Bild 2.36**).

IO-Link-Ventilanschaltungen machen aus einfachen Steuerventilen kommunikative Geräte (**Bild 2.37**). Diese Nachrüstelektroniken gibt es von fast allen führenden Pneumatik- und Hydraulikherstellern.

Integrierte Ventile finden beispielsweise in der Lebensmittelindustrie eine breite Anwendung. Als sogenannte Ventilköpfe sind sie eigentlich klassische Hybridgeräte, bestehend aus dem Kommunikationsinterface, mehreren Magnetventilen und zugeordneten Sensoren zur Erfassung der Ventilstellung. Ein Beispiel für einen IO-Link-Ventilkopf zeigt **Bild 2.38**.

Die Vereinfachung der Verdrahtung und Programmierung durch IO-Link lässt sich am Beispiel des Positionierantriebes PSE3 von Halstrup-Walcher, der sowohl mit dem Feldbus Sercos als auch mit IO-Link verfügbar ist, veranschaulichen. Der Antrieb mit Sercos benötigt drei M12-Stecker; bei IO-Link ist es lediglich ein M12-Stecker. Aufgrund der geringeren Anzahl notwendiger Stecker ist die Variante mit IO-Link 13 % kürzer – sprich 100 mm gegenüber 115 mm.

Bild 2.37: IO-Link-Ventilanschaltung 8-fach (Quelle: Parker Hannifin)

Bild 2.38: IO-Link-Ventilkopf (Quelle: Gemü)

Bei der Performance punktet hier der Feldbus: Sercos erlaubt Zykluszeiten von 1 ms gegenüber 8 ms bei IO-Link. Dies bedeutet, dass bei Sollwertvorgabe oder Auffrischraten von Ist- beziehungsweise Status-Werten Sercos zwar schneller ist; in Positionieranwendungen, für die der PSE3 geschaffen ist, wird sich dies in der Praxis jedoch selten auswirken.

Auch die Programmierung von Steuerungssystemen wird vereinfacht, da große Programmteile bei weiteren Feldbussen wiederverwendbar sind. Erste Implementierungen sind vorhanden und werden in Prototyp-Anwendungen bereits genutzt.

2.5 IO-Link in der Automatisierungstechnik – eine Zusammenfassung

Wie im vorigen Kapitel beschrieben, gibt es für IO-Link eine Vielzahl unterschiedlichster Geräte. Der Kreativität von Anwendern und Herstellern sind hier fast keine Grenzen gesetzt; daher kann eine Aufzählung heute nur noch beispielhaft erfolgen, die dem Anwender vielleicht bereits neue Anwendungsmöglichkeiten zur Anlagenplanung und zur Nutzung von Zusatzdaten für Industrie 4.0 aufzeigt. Dem Zweck, zumindest die verschiedenen Ausprägungen an Mastern, Devices und Tools transparenter zu machen, dient **Tabelle 2.5**. In **Tabelle 2.6** werden dagegen noch einmal die grundlegenden Begriffe von IO-Link kompakt unter dem Blickwinkel der Automatisierungstechnik zusammengefasst.

Tabelle 2.5: IO-Link: Verfügbare Technologien und Produkte

Mastertypen	SPS-Einsteckkarten	Kompakt-Steuerung mit integriertem IO-Link-Master	Masterboxen mit USB oder anderen PC-Schnittstellen
	Schaltschrank- oder Feldmodule mit IO-Link-Ports	Feldbus-Slaves als IO-Link-Gateways	IO-Link-Master mit Single-Port zur Anbindung einzelner Devices
Softwaretools	Device-Manager offline	Device-Manager over Ethernet	Funktionsbausteine für SPS, Kommunikationstools
Sensoren	induktive Näherungsschalter	optische Sensoren	Ultraschallsensoren
	Strömungssensoren	Drucksensoren	Temperatursensoren
	Durchflußsensoren	Linearwegsensoren, Drehgeber	Neigungssensoren
	Füllstandssensoren	kapazitive Sensoren	Magnetfeldsensoren
	Nockenschaltwerke	Positionssensoren	RFID-Reader
	Distanzsensoren	Ventilsensorik	Kraftmessung, Wägezellen
Aktuatoren	Motorstarter	Niederspannungs-schaltgeräte	Ventile, Ventilinseln
	Antriebe	Vakuumerzeuger	Ventilansteuerung
Hybridgeräte	Robotergreifer mit Rückmeldung	Ventilansteuerung für Linear- oder Schwenkantriebe	pneumatischer Greifer
E/A-Module	IO-Link-Device mit binären Ein- und Ausgängen	IO-Link-Device mit analogen Ein- und Ausgängen	IO-Link-Device mit weiteren Schnittstellen, Signalkonverter analog/IO-Link
Spezialitäten	IO-Link-Lampe zur Maschinendiagnose	IO-Link-Display zur Anzeige beliebiger Informationen (Device)	IO-Link-Inline-Display zur Anzeige angeschlossener Sensoren
Zubehör	IO-Link-Fuse zur Spannungs-/Stromüberwachung von 24 V-Kreisen	induktive Koppler	IO-Link-Memory-Module
Entwicklertools	Konfigurationsdateien für Feldbusintegration	Software-Treiber, Masterstacks, Devicestacks	Entwicklerboards, Evaluationboards, ASICs, Integrationsunterstützung

Tabelle 2.6: IO-Link: Technische Begriffe und Daten

IO-Link kompakt	Funktion	Beispiele	Bemerkungen
SDCI	Kommunikations-schnittstelle	IO-Link	IO-Link basiert auf SDCI und ist ein geschützter Begriff
IO-Link-Master	Kommunikationsmaster für IO-Link-Devices mit Feldbus-/SPS-Anbindung	Gateway für Steuerung oder Feldbus (2-, 4-, 8-kanälige Feldmodule)	Funktionsweise ähnlich wie Analogmodule
IO-Link-Port	Geräteanschluss für IO-Link-Devices	IO-Link-Anschluss im IO-Link-Master	Port Typ A und B unterscheiden sich der Belegung der Pins 2 und 5
Port Typ A und B	Port Typ A für Sensorik, Port Typ B für IO-Link-Aktuatorik	Port Typ A typ. 200 mA, Port Typ B max. 3,5 A bei M12	Beim Port Typ B mit Klemmenanschluss sind größere Ströme möglich
IO-Link-Device	alle Geräte, die an einen IO-Link-Master angeschlossen werden können	IO-Link-Sensorik, -Aktuatorik, -Hybride, Leuchtmelder, Anzeige- und Bediengeräte	zyklische, azyklische Daten und Events im COM-Modus möglich
SIO-Modus	standardisierte 24 V-Schnittstelle	digitaler Schaltausgang	Modus entspricht Schnittstelle eines konventionellen Sensors
COM-Modus	Kommunikationsmodus für Identifikations-, Prozess-, Diagnose- und Parametrierdaten	Baudraten: COM 1: 4,8 kBaud COM 2: 38,4 kBaud COM 3: 230,4 kBaud	Master müssen alle Baudraten unterstützen.
PHY-3W	3-Leiter-Spannungs-schnittstelle	Versorgung und Kommunikation der Devices	früher Physik 1 (2-Leiter) und 2 (3-Leiter)
Topologie	Punkt-zu-Punkt-Verbindung	Verbindung zwischen Master und Device	IO-Link ist kein Bussystem
Zykluszeit	Zeit zwischen zwei aufeinanderfolgenden Mastertelegrammen und Deviceantworten im COM-Modus	2 ms bei COM2, d. h. alle 2 ms stehen neue Daten zur Abholung bereit	bestimmt Reaktionszeit und Geschwindigkeit des Datenaustausches bei Nicht-Beachtung der Gesamtsystemreaktionszeit
Anschluss-leitung	zwischen Port (Buchse) und Device (Stecker)	Standardsteckverbinder, z. B. M12, M8 oder M5, aber auch andere Anschlussklemmen	Weiterverwendung von vorhandener Verdrahtung möglich
Leitungs-länge	Zwischen IO-Link-Port und -Device	< 20 m	Schirmung ist nicht notwendig

Tabelle 2.6: Fortsetzung

IO-Link kompakt	Funktion	Beispiele	Bemerkungen
Pin-Belegung	Adernfarben bei Inbetriebnahme	Pin 4 (IO-Link): schwarz Pin 3 (0 V): blau Pin 1 (24 V): braun	ausschlaggebend sind die Angaben im Datenblatt
IO-Link-Telegramm	Masteraufruf und Deviceantwort	Startbit+8 Datenbits+Paritybit+Endebit+ Deviceantwort	Deviceadressierung nicht nötig

Tabelle 2.7: Gegenüberstellung verschiedener intelligenter Kommunikationsschnittstellen

	IO-Link	HART	AS-Interface	Proprietäre
Physik	24 V-Spannung	4...20 mA-Stromschleife	30 V-Spannung	meist RS232/ RS485
Datenübertragung	Spannungs-Modulation	Frequenz-Modulation, 1,2 kBit/s	Amplitudenmodulation, AFP, 167 kBit/s	RS232/ RS485
Leitung	3-adrig	2/ 4-adrig, (paarweise) verdrillt, geschirmt	2-adrig parallel, 2 x 1,5 mm²	2-adrig, verdrillt, geschirmt
Leitungslänge	20 Meter, 100 Meter mit Repeater	bis 3 km	200+ Meter	wenige Meter
Teilnehmer	2	2 (16)	63	2
Topologie	Punkt-zu-Punkt (PtP)	meist PtP	frei	PtP
Teilnehmeradresse	nein	notwendig	notwendig	nein
Messwertübertragung	digital	analog	digital	nein
Übertragungszeit pro typischem Messwert	2 ms	13 ms	40 ms	nur für Erstparametrierung
Anwendung	(A-)Zykl. Parametrier-, Identifikations-, Prozess (mess-) und Diagnosewerte, Events	Parametrierdaten, Messwert meist analog über 4...20 mA	Parametrierdaten, Messwert, Events	Parametrierdaten
Norm	IEC 61131-9	IEC 61158	IEC 62026-2	–

Der Grundgedanke von IO-Link ist die Kommunikationsschnittstelle auf 24 V-Basis, die sehr robust und für den Einsatz in industrieller Umgebung ausgelegt ist. Bestehende Anlagenverdrahtungen können weiterverwendet werden, ungeschirmte Leitungen sind der Verdrahtungsstandard. IO-Link ist aufwärts- und abwärtskompatibel, sodass bestehende Anlagen mit IO-Link-Modulen aufgewertet und im Gegenzug auch konventionelle binäre Geräte weiter betrieben werden können. Die nicht notwendige Device-Adressierung lässt einen Device-Austausch ohne weitere Hilfsmittel zu. Die Lösung über die 24 V-Schnittstelle besticht durch ihre Einfachheit mit gleichzeitig unendlich wertvoller, umfangreicher Datenmenge und ist fast als genial zu bezeichnen. Dies zeigt sich auch im direkten Vergleich mit ausgewählten intelligenten Schnittstellen, die als Vorläufer gelten können (vgl. **Tabelle 2.7**).

Die überzeugende Ursprungsidee für die Standardisierung der 24 V-Schnittstelle als einfache Anbindung intelligenter und kommunikativer Sensoren und Aktuatoren an Feldmodule oder Steuerungen stabilisierte die firmenübergreifende IO-Link-Gruppe und der Grundstein für eine überwältigende weltweite Entwicklung wurde gelegt. IO-Link-Sensoren und -Aktoren können viele Zusatzinformationen erfassen, übertragen und verarbeiten. Heute werden sie allerdings – meist aus Kosten-, Prozess- oder Performancegründen – nur rudimentär in der SPS genutzt oder ausgewertet. Seit Industrie 4.0 sind der IO-Link-Standard und die durch ihn standardisiert vorliegenden Daten allerdings von Steuerungsprogrammierern und vor allem in der IT-Welt ausgesprochen gefragt.

3 IO-Link und Industrie 4.0

Es ist keine Option, sondern ein Muss, das Gold des 21. Jahrhunderts zu schürfen: Verfügbare Daten zu erheben und zu nutzen, darüber herrscht in der Industrie längst Konsens. Wenn aus der intelligenten Sensorik und Aktorik IO-Link-Daten zur Verfügung stehen, sind Unternehmen gefordert, herauszuarbeiten, wie sie ihr Gold schürfen: Welche IO-Link-Daten lassen sich in ihrem konkreten Fall erheben und wofür können sie genutzt werden? Oder anders gesagt: Wie kann Industrie 4.0 gelebte Realität werden?

3.1 Industrie 4.0 – die angekündigte Revolution

Die Geschichte von Industrie 4.0 in Deutschland begann 2011 mit dem Wunsch, die reale und die virtuelle Welt miteinander zu verknüpfen, um mehr Transparenz in der Produktion zu schaffen. Drei Professoren haben diese vierte industrielle Revolution ausgerufen, darunter mit Professor Kagermann ein ehemaliger Vorstand von SAP – des einzigen deutschen Software-Unternehmens von Weltbedeutung – und Professor Wahlster, Mitglied des Nobelpreis-Komitees und Vorsitzender der Auswahlkommission für den Hermes Award, des höchstdotierten deutschen Industriepreises.

Was bedeutet eine solche „vierte industrielle Revolution"? Die erste bis dritte – übrigens nicht angekündigt, sondern im Nachhinein als solche tituliert – haben, außer den schon dargestellten Veränderungen in der Automatisierungstechnik, große wirtschaftliche Umwälzungen zur Folge gehabt: Die Erfindung der Dampfmaschine, die Erfindung des Fließbands und die Erfindung der elektronischen Automatisierung haben ganze Industrien obsolet werden und andere entstehen lassen. Für die vierte, angekündigte industrielle Revolution werden ähnliche Effekte vorhergesagt. Vorhersagen sind jedoch bekanntlich die Zukunft betreffend und damit unsicher. Somit ist zwar mittlerweile nahezu sicher, dass es diese vierte industrielle Revolution gibt, aber welche Auswirkungen sie haben wird, ist nach wie vor Gegenstand von wissenschaftlichen Diskussionen.

Die vierte industrielle Revolution basiert auf technischen Möglichkeiten, Cloud und – natürlich – intelligenter Sensorik und Aktorik, die wie zum Teil in den vorangegangenen Kapiteln schon geschildert, seit Jahren oder Jahrzehnten existieren. Erst durch das Zusammenwachsen von Automatisierungs- und Informationstechnik (OT und IT) können jedoch die Potenziale in revolutionärem Umfang gehoben werden. In Deutschland machen produzierende und meist mittelständische Unternehmen über

25 % des Bruttoinlandsproduktes aus (vgl. [Ganschar et al. 2013]). Mit Industrie 4.0 wurden sie wieder als wichtiger und konjunkturell weniger anfälliger Teil der Volkswirtschaft betrachtet (vgl. [Plattform Industrie 4.0 2015]). Neue Geschäftsmodelle durch neue Prozesse und Services sollen durch die Verbindung von OT und IT vor allem im Maschinenbau und in den produzierenden, mittelständischen Unternehmen entstehen, die andere Geschäftsmodelle und damit letztendlich Unternehmen ohne Digitalisierung obsolet machen („Disruption").

Ein wichtiger Meilenstein auf dem Weg zur Umsetzung des Zusammenwachsens von OT und IT war die Entwicklung des „Referenzarchitekturmodells Industrie 4.0" (RAMI 4.0) im Rahmen der „Plattform Industrie 4.0", das mittlerweile in DIN SPEC 91345 formal standardisiert worden ist. Dieses Referenzarchitekturmodell ist in **Bild 3.1** dargestellt und gibt einen kompakten Überblick, welche Aspekte bei Industrie 4.0 eine wichtige Rolle spielen. Das Modell umfasst einerseits den kompletten Produktlebenszyklus („Life Cycle Value Stream") von der Entwicklung über die eigentliche Fertigung bis zur nachgeschalteten Wartung und Verwendung der produzierten Güter. Andererseits erstreckt es sich über alle Hierarchieebenen („Hierarchy Levels") in der industriellen Fertigung hinweg – vom Feldgerät über komplexere Verarbeitungsstationen bis hin zur global vernetzten Welt. Diese dreidimensionale Darstellung unter Berücksichtigung aller wesentlichen Aspekte erlaubt es unter anderem, konkrete Technologien auf einheitliche Art und Weise in den Gesamtkontext zu Industrie 4.0 einzuordnen (VDE Verband der Elektrotechnik Elektronik Informationstechnik e.V., VDE-Positionspapier Funktechnologien für Industrie 4.0, Juni 2017).

Referenzarchitekturmodell Industrie 4.0 (RAMI 4.0)

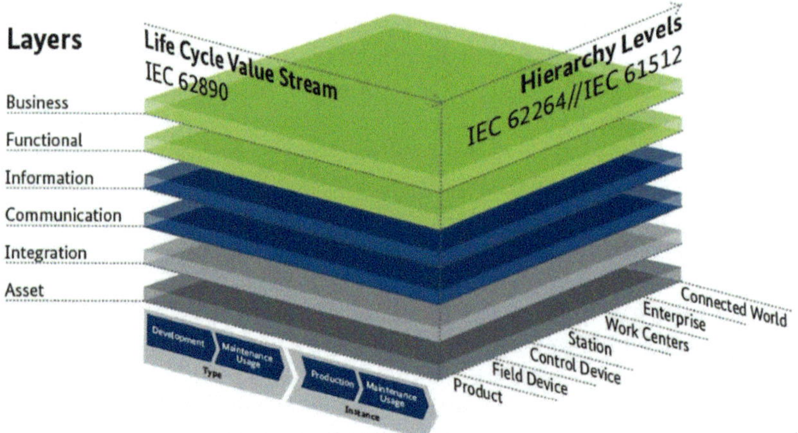

Bild 3.1: Referenzarchitekturmodell Industrie 4.0 (Quelle: ZVEI)

Gerade im deutschen Mittelstand sind die Ressourcen jedoch begrenzt. Investitionsgräber in Industrie 4.0 und Big Data ohne betriebswirtschaftlichen Nutzen kann und will man sich nicht leisten. Die Skepsis ist bei dieser angekündigten industriellen Revolution noch immer groß: Warum sollte die Produktivität mit Industrie 4.0 maßgeblich ansteigen, was mit der Einführung der Informationstechnik alleine bislang nicht gelungen ist? Die Antwort, die häufig gegeben wird, ist, dass es zur Auflösung der hierarchischen Informations- und Automatisierungspyramide mit Industrie 4.0 kommt, wie sie auch bei RAMI 4.0 noch dargestellt wird. RAMI 4.0 basiert auf der Informations- und Automatisierungspyramide, deren Auflösung Industrie 4.0 postuliert. RAMI 4.0 sollte deshalb nur zur Einordnung, aber nicht zur Vorlage für ein Industrie 4.0-System dienen.

In den vorangegangenen Kapiteln ist die Automatisierungspyramide bereits betrachtet worden. Werfen wir nun einen Blick auf die Informationspyramide, die die Basis der Informationstechnik bildet, so wie sie für die IT in der Produktion noch heute in den meisten Fällen gilt.

3.2 Entwicklung der Informationspyramide

Zur allgemeinen Erläuterung der produktionsrelevanten Informationspyramide bietet sich das Aufgabenmodell des Aachener Produktionsplanung- und -steuerung (PPS)-Modells auf Grundlage des seit Ende der 1960er Jahre verbreiteten Materials Requirements Planning (MRP)-Ansatzes und seiner Mitte der 1970er Jahre eingeführten Weiterentwicklung Manufacturing Resources Planning (MRPII) an (vgl. [Maskell 1994, S. 3 ff.], [Wight 1995] und im Folgenden [Much et al.] und [Hornung 1996, S. 3 f.]).

Hauptaufgabenmodule der zentralen, sukzessiven PPS sind nach dem Aachener Modell:

- Langfristige Produktionsprogrammplanung mit einem Planungshorizont von drei bis 24 Monaten und einer Planungsfrequenz von ein bis zwölf Monaten
- Mittelfristige Produktionsbedarfsplanung mit einem Planungshorizont von ein bis sechs Monaten und einer Planungsfrequenz von einer bis vier Wochen
- Kurzfristige Produktionssteuerung mit einem Planungshorizont von einer bis vier Wochen und einer Planungsfrequenz von ein bis fünf Tagen
- Datenverwaltung und Auftragsregelung als Querschnittsaufgaben.

In den 1970er Jahren wurden bereits computergestützte PPS-Systeme für die menschenleere Fabrik vorgeschlagen und in den 1980er Jahren mit dem Manufacturing Automation Protocol (MAP) von General Motors, in den 1990er Jahren mit Computer Integrated Manufacturing (CIM) auch entwickelt. Ein Gesamtsystem sollte hier über eine bloße Addition der oben dargestellten Planungssysteme hinaus so unterstützt werden, dass das Koordinationsproblem auf höherer Ebene gelöst werden könne. Dies führte zu einem exponentiellen Anstieg der Informationsmenge und einer Reproduktion des Koordinationsproblems auf der höheren (Netzwerk-)Ebene.

Die CIM-Ansätze scheiterten nicht nur wegen der fehlenden Leistungsfähigkeit der damaligen IT-Technologie. Es stellte sich heraus, dass ein geplanter Ablauf umso unwahrscheinlicher wird, umso genauer ein Prozess vorbestimmt ist. Stattdessen wurde eine möglichst echtzeitnahe und umfassende Kontrolle als Rückmeldung aus der Produktion also eingefordert.

Die informationstechnischen Medien, die Software-Systeme, die heute die Koordination der Produktion vornehmen, werden Manufacturing Execution System (MES) für die Produktionsbedarfsplanung und -steuerung und Enterprise Ressource Planning (ERP-) Systeme für die Produktionsprogrammplanung genannt (**Bild 3.2**), je nachdem wie nah sie sich an der Produktion befinden, also wie detailliert und kurzfristig die Produktionsdaten sind, mit denen die Systeme umgehen. Zwischen den drei Ebenen (ERP-System, MES und Produktion) findet ein – vor Industrie 4.0 oft sehr eingeschränkter – Datenaustausch statt. Wie bei der Automatisierungspyramide werden die Informationen stark gefiltert.

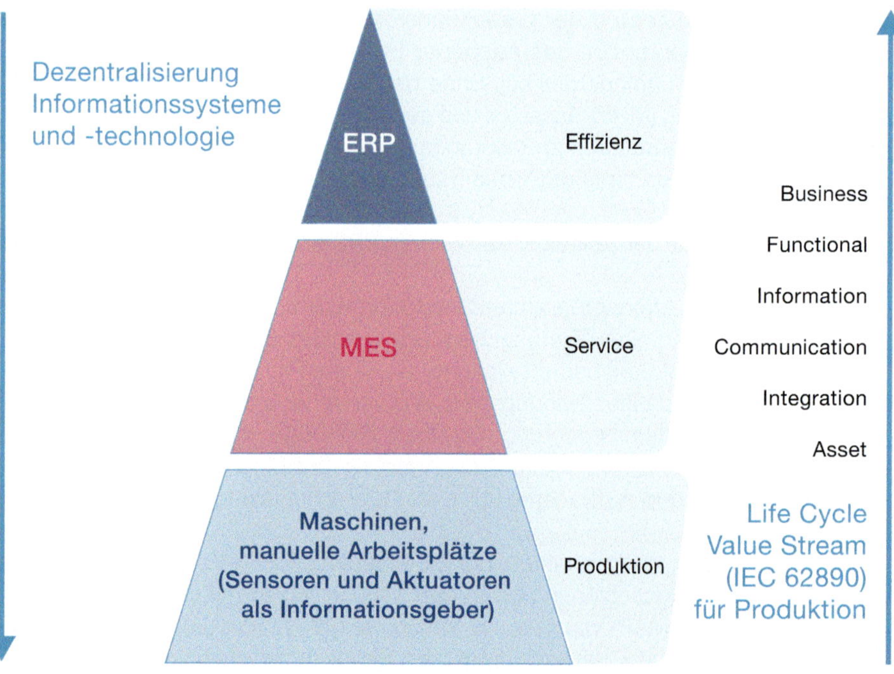

Bild 3.2 : Informationssysteme in der Produktion (Quelle: eigene Darstellung, vgl. [Bauernhansl et al. 2015, S. 35], [ZVEI 2015, S. 17])

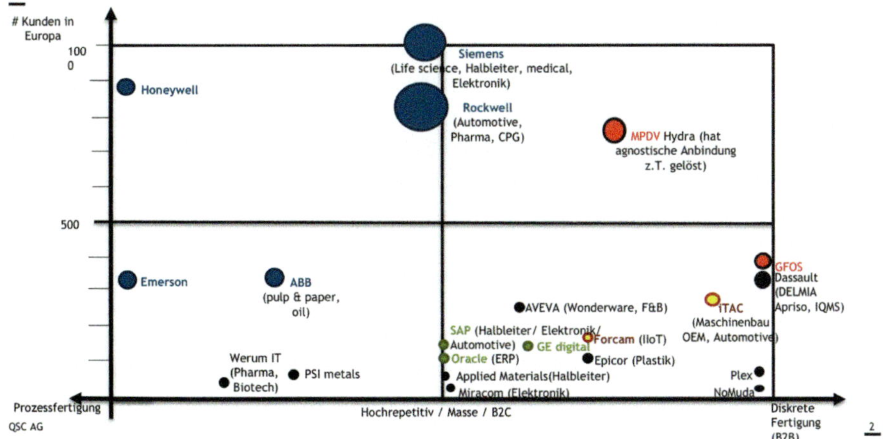

Bild 3.3: MES-Markt in Europa (gelb: originär cloudbasiert, grün: B2B-Software-Anbieter, schwarz: spezialisierte MES-Anbieter außerhalb Deutschlands, rot: deutsche MES-Anbieter, blau: Steuerungsanbieter als MES-Anbieter (Quelle: QSC AG))

Da das ERP-System in erster Linie eine betriebswirtschaftliche Anwendung ist, stellt das MES das Bindeglied zwischen technischem Ablauf in der Produktion und Betriebswirtschaft dar, das Informationen filtert und Produkte und Prozesse verfolgt. Das ERP-System gibt Zielgrößen vor, indem es aus Wertgrößen Zeiten und Mengen ermittelt. Mit diesen arbeitet das MES (vgl. zur Definition von MES [Müller 2015, S. 17 ff.], zur Rolle bei Industrie 4.0 [Müller 2015, S. 69]).

Das ERP als führendes, hierarchisch übergeordnetes IT-System plant die Produktion mit einem Planungshorizont von bis zu einem Jahr, übernimmt die Kommunikation zu unternehmensexternen Stellen und aggregiert Wertgrößen für das Management (Produktionsprogrammplanung). Die ERP-Pläne werden in einer zentralisierten Organisation über das MES an die Produktion mit höherem Detailgrad und kürzerem Planungshorizont weitergegeben. Planerische Schwierigkeiten führen dazu, dass auf MES-Ebene Mengen als Ersatz für Leistungs- und Kostenziele herangezogen werden (vgl. z. B. [Szyperski 1989, Sp. 2315]), vgl. Bild 3.3 als Übersicht zu den heute eingesetzten MES-Lösungen).

In den 2000er Jahren erschienen für die Produktion die ersten MES. Ein MES, das unternehmensintern Daten aus der Produktion überwacht, steuert und zeitnah kontrolliert, wird als wichtige Voraussetzung für Industrie 4.0 gesehen. Das MES kann in der Regel im Sekundenbereich Produktionsdaten lesen und schreiben (Datenverwaltung und Auftragsregelung). Obwohl dies für den Maschinenbediener oder die Anlagenüberwachung Echtzeit bedeutet, entspricht dies nicht dem Millisekundenbereich, der Echtzeit in der Automatisierungstechnik darstellt.

Ein MES bildet den Lauf des einzelnen Auftrags durch die Fertigung ab und sammelt Produktionsdaten, soweit es die Automatisierungspyramide zulässt, wertet sie aus und stellt sie in einem entsprechenden Monitoring oder Reporting dar. Das MES speichert diese Daten in einer zentralen Datenbank und stellt sie für ein ERP-System zur betriebswirtschaftlichen Nachkalkulation bereit. Im MES erfolgt also die Rückmeldung aus der realen Produktion durch eine – meist automatisierungstechnisch eingeschränkte – Auftragsverfolgung. Häufig ist die Implementierung eines MES insbesondere deswegen teuer, weil für jede dieser Rückmeldungen Schnittstellen zu Automatisierungssystemen geschaffen werden müssen.

Industrie 4.0 ist die Forderung nach einer anzahlmäßigen Erhöhung und einer kostenmäßigen Reduzierung solcher Rückmeldungen und die Abwendung vom deterministischen Planen des CIM der 1980er Jahre. Nur bei der von Industrie 4.0 geforderten probabilistischen oder gar durch künstliche Intelligenz (KI) auf Erfahrungswerten basierenden Vorgehensweise kommen die Vorteile gegenüber der hierarchischen Vorgehensweise in der Informationspyramide zum Tragen. Die Anwendung von statistischen Verfahren bis hin zur KI ist die ideale Verarbeitungsart für die Daten, die aus der Produktion zurückgemeldet werden. Um eine ausreichende Grundgesamtheit von Daten zur Verfügung zu stellen, müssen möglichst viele Daten zusammengefasst werden. Das kann vor allem in gemeinsamen Cloudsystemen erreicht werden.

Bei zunehmender Abweichung von der in der Realität vorliegenden Komplexität führen die Pläne des ERP spätestens auf der MES-Ebene der Produktionsbedarfsplanung zu Problemen. Insbesondere bei den stochastisch auftretenden Störungen müssen die mit hohem Aufwand errechneten Pläne bereits wenige Stunden nach der Planerstellung erneut im ERP berechnet werden (vgl. z. B. für SAP APO [Knolmayer et al. 2000, S. 22 ff.], [innovabee 2020]). Geringe Datenänderungen lösen eine umfangreiche Planungsrevision aus, die an Symptomen und nicht an Ursachen ansetzt. Ob mit diesen Plänen eine wirtschaftliche Optimierung erreicht wird, ist ebenfalls nicht gesichert.

Effizienz soll mit den für Industrie 4.0 zu entwickelnden Algorithmen wirtschaftlich und nicht in der technischen Dimension mit Mengen und Zeiten wie beim MES gemessen und erreicht werden. Das ERP-System als führendes System bildet im Idealfall noch wirtschaftliche Effizienz in Plänen ab. Das MES stellt zwar das planerische Bindeglied zwischen technischem Ablauf in der Produktion und den Plänen des ERP dar. Aber das ERP-System gibt Zielgrößen vor, die aus Wertgrößen Durchlaufzeiten, Termintreue, Kapazitätsauslastung und Bestände ermitteln. Mit diesen arbeitet das MES, ohne selbst eine wirtschaftliche Optimierung vornehmen zu können (vgl. im Folgenden [Müller 2015, S. 17 ff., S. 69]).

Das – wirtschaftlich – optimale Verhältnis von Beständen, Kapazitätsauslastung, Termintreue und Durchlaufzeit zueinander kann mit dem informationstechnischen Fortschritt der letzten 20 Jahre theoretisch in Echtzeit auf Basis von entsprechenden

Rückmeldedaten und entsprechenden Algorithmen bis hin zu einer entsprechend ausgebildeten künstlichen Intelligenz (vgl. z. B. aiXbrain) ermittelt werden. Industrie 4.0 möchte diesem Ziel nahekommen, indem Rückmeldungen aus der Realität in Echtzeit eine schnelle Korrektur der Planung erreichen (vgl. im Folgenden [Bauernhansl 2014, S. 13]). Es fehlen aber in den bestehenden MES Algorithmen, die eine wirtschaftliche Optimierung der Produktion in IT-technischer Echtzeit (Sekundenbereich) erlauben. „Mit herkömmlichen IT-Werkzeugen ist dem Gesamtsystem im Echtzeitbetrieb nicht mehr beizukommen. In der Praxis werden Teilbereiche separiert und bei geringer Automatisierung von menschlichen Planern mit langjähriger Erfahrung gemanagt. Dies erzeugt Insellösungen, die gut für die Teilbereiche sind. Nicht aber für die Fertigung als Ganzes“ [www.aiXbrain.de]. Erst in letzter Zeit beschäftigen sich einige Start-ups im KI-Umfeld mit einer Produktionsoptimierung im Gesamtsystem. Für KI jedoch werden sehr viele Rückmeldedaten aus der Fertigung benötigt, um die künstliche Intelligenz lernen zu lassen, was heute in der betrieblichen Praxis die Produktionsplaner mit ihrem Erfahrungswissen und menschlicher Intelligenz in Teilbereichen tun, so aber „Kopfmonopole“ bilden.

Industrie 4.0 möchte der wirtschaftlichen Optimierung möglichst nahekommen, indem Rückmeldungen über Störungen aus der Realität mit Hilfe von z. B. KI eine schnelle Korrektur der ursprünglich optimalen ERP-Planung erreichen. Im Sinne von Industrie 4.0 muss hier an die Stelle der Vorauskoordination einer Steuerung die Feedbackkoordination einer Regelung treten. An die Stelle der Vorwegnahme von Störungen und deren Abwehr im Vorfeld tritt die schnelle Reaktion (vgl. [DIN 19226] und [Mikus 1998, S. 13]). Die zu Zentralisierung führenden Informations- und Automatisierungspyramiden werden dabei mit Industrie 4.0 ebenso wie die hierarchische Organisation in Frage gestellt. Zunächst stellte die Cloud eine Zentralisierung der Informationssysteme dar. Mit der Einführung von Edge-Computing ist jedoch die wieder erwachte Tendenz zur Dezentralisierung wie in der Automatisierungstechnik mit der Einführung von intelligenter Sensorik bereits zu erkennen.

Da die Produktivität nicht mit der IT Schritt gehalten hat (Produktivitätsparadoxon der Informationstechnik), liegt der Schluss nahe, dass die zentralisierte, hierarchische Pyramide den Kontroll- und Machtfaktor Information bei wachsender Prozesskomplexität und -dynamik nicht mehr vollständig beherrscht (vgl. [Schuh 2013]). Diese Überlegung entspricht dem informationsökonomischen Ansatz, der die Effizienz organisatorischer Regelungen aus deren Informationskosten heraus und Informationen als Daten mit Handlungsbezug zu erklären versucht.

Mit der Dezentralisierung geht eine Zerlegung des Produktionsprozesses in dezentrale Einheiten (Arbeitssysteme wie bspw. Maschinen) einher, die zu lokaler Anpassung und Änderung ohne Störung des Gesamtsystems führen soll (vgl. [Frese 2000, S. 59 ff.]). Industrie 4.0 soll eine Kommunikation zwischen den Arbeitssystemen ermöglichen, sodass sie ein Netzwerk (unternehmensintern oder -extern) bilden (hier und im Folgenden ähnlich den Begriffen „internes Netzwerk“, „dezentrale Produktionsstrukturen“, „fraktales Unternehmen“, „Modularisierung“, Produktionssegmentierung“, „Leitstände“, „Lean Production“). Die zentrale Instanz gibt nur noch Liefertermine und logistische Ziele vor. Entlang des Auftragsdurchlaufs stimmen die Arbeitssysteme sich danach untereinander ab. Industrie 4.0-Applikationen (Software) sollen eher kommunizieren und zur Kollaboration führen, als zentralisierte, monolithische Planungssysteme wie die gängigen ERP-Systeme bilden (vgl. hier und im Folgenden [Bauernhansl 2014, S. 15], [t. Hompel 2014, S. 618 ff.]). Bei dieser „Applikations-Kommunikation“ findet die Arbeitsteilung nicht mehr nur auf der Ausführungsebene statt, wie bei der klassischen Arbeitsteilung industrieller Produktion, sondern auch auf der zentralen Ebene. Anders ausgedrückt: Viele Software-Elemente werden nicht auf der Ausführungsebene, auf dem Shop-Floor an der Maschine, installiert, sondern auf der Cloud, also auf der obersten Ebene der Informationspyramide.

Dem zeitlichen Aufwand für den Informationsaustausch zwischen Arbeitssystemen entsprechend entstehen Transaktions- oder Informationskosten (Anbahnungs-, Verhandlungs- und Abwicklungs- oder Kontroll- und Anpassungskosten). Deren Höhe wird durch Industrie 4.0 und die Cloud so gesenkt, dass eine dezentralisierte Organisation häufiger in Frage kommt (**Bild 3.4**). Damit erklärt sich die mit Industrie 4.0 intensivierte Diskussion um die Reduzierung der Wertschöpfungstiefe und die Gestaltung von Kooperationen, insbesondere von Produktionsnetzwerken (vgl. [Picot 1991, S. 344]). Die nicht-hierarchische Organisationsform Netzwerk spiegelt sich in der Auflösung der IT-Pyramide.

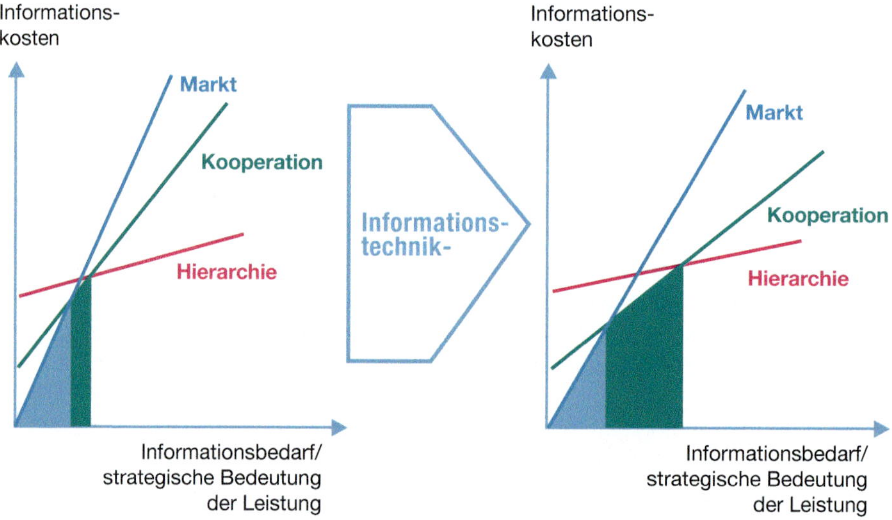

Bild 3.4 : Informationskosten und Dezentralisierung

Für den Mittelstand bedeuteten die IT-Systeme bis dato teure, aber unumgängliche Anschaffungen, bei denen Lizenzkosten und vor allem Implementierungsaufwand zu Millionengräbern werden. Eine Produktivitätssteigerung ist jedoch nach der Implementierung von teuren IT-Systemen kaum zu beobachten. Durch ständigen Update- und Upgrade-Aufwand entstehen so hohe Kosten, dass die Kostensenkung durch Produktivitätsgewinne (fast) aufgefressen wurde. Eine Erhöhung des Umsatzes durch Einführung von IT-Systemen wurde ohnehin in den wenigsten Fällen als Ziel betrachtet. Warum sollte nun ausgerechnet mit Industrie 4.0 das Produktivitätsparadoxon der Informationstechnik überwunden werden?

3.3 Das cyber-physikalische Produktionssystem (CPPS)

Industrie 4.0 postuliert, dass die Optimierung von Produktionsnetzwerken erst durch die Auflösung von Automatisierungs- und Informationspyramide und die Entwicklung von cyber-physikalischen Produktionssystemen (CPPS) möglich ist. Virtuelle IT- und die reale Produktionswelt wachsen untrennbar zusammen.

Hacker oder Geheimdienste kamen etwa 2009 zuerst auf die Idee, allerdings nicht zur Verbesserung, sondern zur Sabotage der realen Produktionswelt: Was wäre, wenn man den virtuellen Cyber-Krieg mit Viren, Würmern und bösartiger Software auf die reale Welt übertragen könnte? Das ging vor 2011 nur in der Prozessindustrie und über die Steuerungen, die dort installiert waren. Denn in der Prozessindustrie, also z. B. in Kraftwerken, Chemie- und Pharmaindustrie, werden die Anlagen immer in der gleichen Reihenfolge durchlaufen und deren Steuerungen sind bereits mit Computern, die virtuelle mit der realen Welt verbunden.

Der Wurm „Stuxnet“ machte somit nichts anderes, als die Programme der Steuerungen so zu manipulieren, dass die Zentrifugen einer iranischen Nuklearanlage überdrehten. Und die Bildschirme der Computer zeigten es nicht an, weil sie nur die manipulierten Daten aus der Steuerung wiedergaben [Holland 2016].

Durchgängig digitalisierte, vertikal und horizontal vernetzte Produktions-IT und -OT hätten die Überdrehung der Zentrifugen sofort z. B. über direkt mit der IT verbundene Sensorik zurückmelden können. Die manipulierte Steuerung wäre so umgangen worden und die synchrone Manipulation eines getrennten zweiten IT-Systems viel zu aufwendig. Solche Systeme, die die strenge Hierarchie von OT- und IT-Pyramide umgehen und die Realität als „digitalen Zwilling“ abbilden, werden im Industrie 4.0-Netzwerk als CPPS (Cyber-physikalisches Produktionssystem) bezeichnet. Die Dimensionen eines CPPS werden folgendermaßen beschrieben:

- Digitale Durchgängigkeit des Engineerings für die gesamte Produktion
- Vertikale Integration in eine gemeinsame Datenbasis bei technischer Auflösung von Automatisierungs- und Softwarehierarchien
- Horizontale Koordination über eine effiziente Applikationskommunikation, für die die konsequente und automatisierte Verfolgbarkeit eines Auftrages („Traceability") notwendig ist.

In der Auftragsverfolgung, der Identifikation und Rückverfolgbarkeit des Produktes zu jeder Zeit und an jedem Ort (Traceability), liegt der Schlüssel zur Transparenz im Rahmen von Industrie 4.0. Da auch die Begriffe „Vorwärtsverfolgbarkeit" (Tracing) vom Material oder Prozess bis zum Produkt und „Rückwärtsverfolgbarkeit" (Tracking) Anwendung finden, wird hier allgemein von „Produktverfolgung" als Zielsetzung gesprochen. Die externe Traceability außerhalb der Grenzen eines Unternehmens z. B. in strategischen Unternehmensnetzwerken wird als ähnlich der internen betrachtet.

Mit der Produktverfolgung werden jeder einzelne Auftrag, seine Qualitäts- und Prozessdaten und die jeweiligen dazugehörigen PPS-Parameter erfasst, berechnet und visualisiert. Die Informationen über die hergestellten Güter und deren Produktionshistorie und Materialzusammensetzung sind abrufbar und müssen nicht manuell eingepflegt werden:

„Rückverfolgbarkeit ist die Möglichkeit, den Werdegang oder den Ort des Betrachteten zu verfolgen." ([DIN EN ISO 9000, S. 26], vgl. im Folgenden [Gerdes 2015, S. 55])

Eine konsequente Produktverfolgung macht die Messung und somit die Kontrolle von Zeit- und Mengengrößen pro Auftrag und Arbeitsstation möglich und ist gleichzeitig die Voraussetzung für eine betriebswirtschaftliche Optimierung in Produktionsnetzen.

„Denn Unternehmen können nur managen, was sie auch messen können." ([Fleisch 2005, S. 3], vgl. auch [Fleisch und Mattern 2005] und [ZVEI 2009, S. 10])

Die Produktverfolgung verlangt horizontale Integration über die dezentralisierten Arbeitssysteme hinweg und ist mit der Idee von Industrie 4.0 eng verknüpft, indem alle prozessrelevanten Informationen das Produkt durch die Produktion begleiten – am konsequentesten unter Einsatz von Wireless-Technologie. Um eine Prüf- und Prozess-Traceability, bei der die Produkte mit den entsprechenden Prüfergebnissen und Prozessdaten und deren Dokumentation verbunden werden, sicherzustellen, muss eine vertikale Integration stattfinden, also eine bidirektionale Schnittstelle zwischen den Maschinen in der Produktion und den mit der PPS befassten Systemen bestehen. Besonders bei Prüf- und Prozess-Traceability sind somit die Prozessdaten aus der IO-Link-Sensorik relevant.

Die Aufnahme von Prüf- und Prozessdaten dient dazu, Rückschlüsse auf das Produkt ausgehend von Prüfergebnissen, Maschinenereignissen, Fehlermeldungen und

Produktionsparametern zu machen. Auf Prüf- und Prozess-Traceability baut die Prozessverriegelung auf, also der automatische Abbruch des laufenden Prozesses (aktive Traceability). Zur Nutzung der Prozessverriegelung ist eine bidirektionale Schnittstelle notwendig, die nicht nur die zur Verriegelung führenden Prüf- und Prozesskriterien in Echtzeit erfasst, sondern auch den Befehl zur Verriegelung an die Aktoren meldet. Die zeitnahe Datenerfassung, deren Aufbereitung, Auswertung und Rückkopplung ermöglicht die Installation einer Rückkopplungsschleife und damit eines Regelkreises, den FMEA (Failure Mode and Effects Analysis), DFM (Design for Manufacturing) und DFT (Design for Testability) fordern. Das Ergebnis der Rückkopplung kann dann eine Prozessverriegelung sein. Gerade Prüf- und Prozess-Traceability, also Transparenz durch Identifikation gemeinsam mit Prozessdaten, ermöglicht eine Prozessverbesserung und damit Wettbewerbsvorteile.

Ohne Prüf- und Prozess-Traceability in der Produktion ist es schwierig, Lerneffekte mit Hilfe von KI für eine Optimierung zum Beispiel bei Prozessbedingungen zu generieren. Ein „kontinuierlicher Verbesserungsprozess" kann nur bei konsequenter Prozess-Traceability durchgängig stattfinden. Beispielsweise können Ausschusskosten nur durch Prüf- und Prozess-Traceability reduziert werden. Höhere Ausschusskosten entstehen dann, wenn Prozessdaten, Fertigungshilfsmittel oder Werkzeuge, die zu einem Fehler geführt haben, nicht ermittelt werden können. Ohne Prüf- und Prozess-Traceability können bei Rückrufen Fehler oder Kundenkreis nicht detailliert eingegrenzt werden. Mit Prozessverriegelung wird die Produktion von weiteren fehlerhaften Geräten und damit Ausschuss verhindert. Hier wird eine erhebliche Erhöhung einer FPY (First Pass Yield) sichergestellt.

Prozessverbesserung, betriebswirtschaftliche Optimierung und dadurch induzierte Umsatzsteigerung sind die langfristigen Ziele der Prozess-Traceability. Die Prozessverbesserung wird auch durch den Kunden durch eine Imageverbesserung wegen weniger Qualitätsmängel und Rückrufen oder durch die Anerkennung eines Zusatznutzens honoriert. Prozessverbesserungen können zu Kostensenkungen führen, die eine Preisreduktion für den Kunden ermöglichen. Prozess-Traceability kann darüber hinaus einen umsatzsteigernden Kundennutzen bieten, indem sie die Prozesse auch für den Kunden verbessert.

Eine vertikale Integration und horizontale Vernetzung dezentraler Arbeitssysteme über Unternehmensgrenzen hinweg ist bereits in den 1960er Jahren durch interorganisationale Informationssysteme (IOS) zum Datenaustausch versucht worden. IOS wie EDI (Electronic Data Interchange) wurden in den 1990er Jahren durch internetfähige Lösungen (Web-EDI, XML/EDI) stark verbessert. EDI ließ ursprünglich lediglich den bilateralen Austausch im Lieferanten-Abnehmerverhältnis zu; heute können Intra- und Extranet mehrfach an eine Cloud anbinden. Via EDI wurden zu Beginn nur Daten im Zusammenhang mit Aufträgen oder Lieferungen übertragen; heute sind mehr Informationen in entsprechenden Lösungen vorgesehen. Mit den webbasierten EDI-Formen sind zwar die Kosten für die Einrichtung und den Betrieb von IOS reduziert worden; Konvertierungsprogramme zwischen den Arbeitssystemen für die maschinenspezifische Strukturierung der Daten bleiben jedoch notwendig und schränken heute noch stark ein (vgl. [Gengeswari 2010]). Dagegen kann eine gemeinsame Datenbasis in einer zentralen Cloud eine gemeinsame Sprache zwischen den Arbeitssystemen sicherstellen.

Im IOS ist bei der gemeinsamen Datenbasis darüber hinaus die Festlegung von Datenaustauschstandards zu beachten. Dafür ist einerseits ein „Agent" oder „Dienst" für die jeweilige unternehmensspezifische Übersetzung notwendig, aber andererseits auch ein gemeinsames Format für die rückgemeldeten Größen. Für Identifikation und Prozesse gibt es bereits mit EDI und XML (Extended Markup Language) Standards, auf die zurückgegriffen werden kann.

Bei Berücksichtigung der notwendigen Produktverfolgung, Identifikation und interorganisationalen Kommunikation wird ein CPPS hier folgendermaßen spezifiziert (vgl. hier und im Folgenden [Vogel-Heuser 2014, S. 42], [Kirsch et al. 2015, S. 42 f.], [Amberg 2015, S. 44 ff.]):

- Mittels Sensorik und zentral erfassten Kundenaufträgen wird der Weg der Aufträge durch die Produktion, damit zusammenhängende und davon unabhängige Daten der Maschinen und deren Zeitstempel unmittelbar erfasst.
- Auf Grundlage der Auswertung kann zwischen der physikalischen und der digitalen Welt interagiert werden. Dies wird durch Aktoren ausgeführt.
- Mittels gemeinsamer Datenbasis in der Cloud sind die Arbeitssysteme untereinander verbunden und die Daten und Dienste des virtuellen Produktionsabbildes überall verfügbar.
- Mittels universeller Schnittstellen wird die Applikationskommunikation der Software ermöglicht.

Sich selbst identifizierende IO-Link-Sensoren und -Aktuatoren können also die Grundlage eines CPPS bilden, werden sie mit einer gemeinsamen Datenbasis, z. B. in einer Cloud, und einer entsprechenden Applikationskommunikation, also „kommunizierenden Apps", verbunden.

3.4 Verknüpfung von IO-Link mit Industrie 4.0

Was nun hat IO-Link konkret mit Industrie 4.0, der vierten industriellen Revolution, zu tun?

Die Antwort ist: Eine ganze Menge. Als 2009 die ersten IO-Link-Sensoren von den damals 41 IO-Link-Mitgliedsfirmen eingeführt wurden, waren die ersten Schritte der

Sensorikindustrie getan, bevor die vierte industrielle Revolution überhaupt ihren Namen hatte. IO-Link-Sensoren wurden fast „insgeheim" eingeführt, ohne dass die Kunden damals ahnten, dass sie sich damit die Basis für Industrie 4.0 schufen. IO-Link-Geräte sind „intelligente" Produkte und erzeugen ihren digitalen Zwilling, ihr virtuelles Abbild, im industriellen Internet der Dinge (Industrial IoT, IIoT) selbst.

Dennoch ist der Weg, um dieses virtuelle Abbild auf dem Monitor eines PCs darzustellen, noch immer teuer: Immer noch kostet der Weg „vom Sensor ins SAP" Tausende von Euro, der Sensor selbst aber nur einen Bruchteil davon.

Die Anbindung von Sensorik an die IT-Welt ist auch deswegen so teuer, weil die IT-Kompetenz auf der Seite der Produktion und Instandhaltung sowie die Produktionskompetenz auf der Seite der IT gering sind. Diesen Umstand illustriert das Bild eines Instandhalters, an der Maschine stehend, der versucht, einem IT-Experten am anderen Ende der Telefonleitung zu erklären, welcher Sensor welche Daten an welchen Platz auf welcher Datenbank legt und wie diese Daten zu deuten sind.

Auf der anderen Seite ist es sicher illusorisch, anzunehmen, dass mit Industrie 4.0 Produktions- und Instandhaltungsmitarbeiter zu IT-Experten werden können. Eine mögliche Lösung für die fehlende IT-Kompetenz ist die Digitalisierung der Fabrik bis hin zur menschenleeren Produktion. Auf der Managementebene bedarf es dann an zentraler Stelle nicht nur ausreichender Information, sondern auch der Entscheidung, weit weg von dem tatsächlichen Geschehen. Die Digitalisierung der Fabrik ignoriert damit in der Tradition des CIM der 1980iger Jahre die Komplexität der Problem- und Interessenlagen zwischen den einzelnen Maschinen und ihren Bedienern, die erst durch die Kommunikation und Kollaboration zwischen den autonomen Einheiten zu einem gemeinsamen Ziel vereinigt werden können. Der für Industrie 4.0 vorausgesagte dramatische Anstieg der Kollaborationsproduktivität, der gerade den Wert des Zusammenwachsens von IT und Produktion ausmachen soll, kommt mit der Anwendung des hierarchischen Prinzips, also unter Beibehaltung von Automatisierungs- und Informationspyramide, nicht zum Tragen.

Die Zentralisierung der Entscheidung scheitert gerade deswegen, weil versucht wird, Prozesskomplexität und -dynamik, also die Applikation, mit informationstechnisch implementierten, deterministischen Modellen und Algorithmen abzubilden, statt flexible und mit KI lernende Systeme einzusetzen. Geht man davon aus, dass Industrie 4.0 nicht für den Traum der Selbststeuerung einer Fabrik steht, sondern dafür, den Maschinenbediener zum Entscheider zu machen, bedeutet dies, dass der Maschinenbediener sich in Zukunft mit Softwareanwendungen auseinandersetzt. Der gleichberechtigt flexibel agierende und auf Basis von Softwarenanwendungen vor Ort entscheidende Facharbeiter ist das Bild der Industrie 4.0-Zukunft (vgl. [Howald und Kopp 2015]). Dies gilt ähnlich auch für die Instandhaltung. Es bedeutet aber auch, dass die Instandhaltung an der Maschine und auf transportablen PCs Informationen zu den Zuständen von

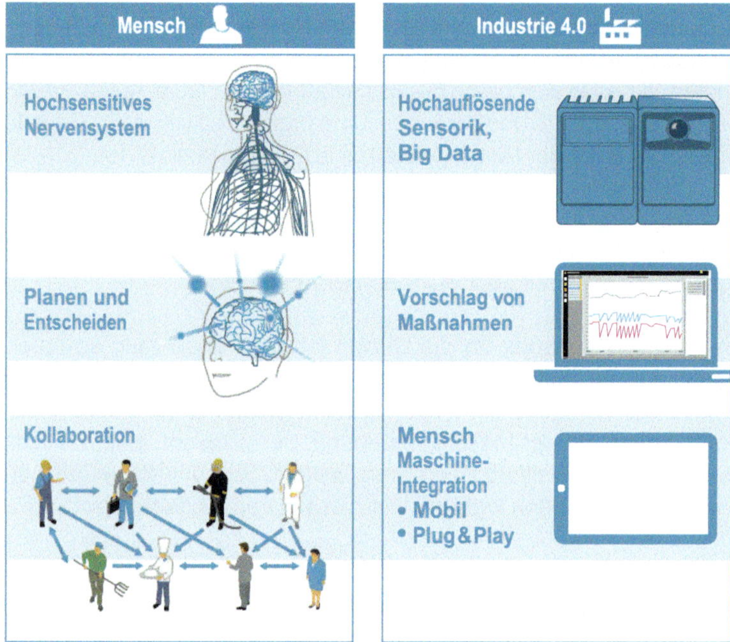

Bild 3.5: Kollaboration bei Industrie 4.0

Maschinen erhält, die vor Ort tiefere Analysen möglich machen. Diese Informationen sind so aufzubereiten, dass kein tieferes IT-Know-how verlangt wird, also wie für den privaten PC- oder Tablet-Nutzer (**Bild 3.5**).

Die Datenerhebung mit Hilfe von IO-Link-Sensoren ist vielleicht noch kostengünstig, die Datenbereitstellung über Automatisierungs- und Informationspyramide hinweg jedoch so kostenintensiv, dass am Anfang von Industrie 4.0 die Frage nach der Wirtschaftlichkeit stehen muss. Die Cloud ist von der IT-Seite aus das, was IO-Link für die OT-Seite ist, indem sie die Implementierung von IT-Systemen wesentlich wirtschaftlicher und handhabbarer macht. So, wie die Einführung des iPhones in der privaten Welt bahnbrechend war, hat Salesforce mit einem völlig cloudbasierten CRM-System im Bereich der Unternehmens-IT die Gesetze einer IT-Systemeinführung vollständig geändert. Die Wirtschaftlichkeit von Einführung und Betrieb von cloudbasierter Software wird heute nicht mehr in Frage gestellt, auch wenn weiterhin Sicherheits- und Datenschutzbedenken bestehen.

Auch die Wirtschaftlichkeit von Maschinen wurde schon vor Industrie 4.0 betrachtet: Durch die höhere Leistung der neuen SPS-Generationen der 1990er Jahre wuchsen die Ansprüche der Maschinenhersteller und -anwender. Die Hersteller erkannten die Möglichkeiten und veränderten ihre Maschinenkonstruktion, sodass heute das Know-how des Maschinenbauers hauptsächlich in der Steuerung steckt. Ziel war es, die Montageabläufe sukzessive zu beschleunigen, gleichzeitig die Flexibilität zu erhöhen und die Rüstzeiten zu verkürzen. Es setzte ein kundengetriebener Wettbewerb um Produktivität und Stückkostenreduktion ein. Wer besser als die Konkurrenz sein wollte, musste bei jeder neuen Maschinengeneration die Produktionskennzahlen verbessern. Ende der 1990er Jahre entstand das Konzept der „Total Cost of Ownership (TCO)“, eine Gesamtwirtschaftlichkeitsrechnung über die Maschinenlebensdauer hinweg für den produzierenden Endkunden. Dieser Ansatz ging über die reinen Anschaffungskosten hinaus und orientierte sich an dem Verschleiß einer Maschine und ihrer Effizienz in der Produktion.

Nicht umsonst hat sich der TCO-Ansatz jedoch nie wirklich in der Einkaufsentscheidung beim Kunden durchgesetzt: Die Wirtschaftlichkeit ist nur so gut wie die Datenbasis, die sie in der Praxis konstant ermittelt und transparent macht. Dabei muss die Wirtschaftlichkeit in der horizontalen Vernetzung der Produktion und nicht nur für die einzelne Maschine betrachtet werden. Mit IO-Link und Cloud-Technologie ist es möglich, dass die Daten vertikal über alle Ebenen der Pyramiden hinweg und horizontal über alle Prozesse hinweg wirtschaftlich verfügbar gemacht werden und nicht teurer sind als die zu erwartenden, also noch theoretischen Effizienzgewinne. Diese technische Umsetzbarkeit wird als Zusammenwachsen von Automatisierungs- und Informationstechnik, von OT und IT, gesehen. Dabei entstehen für die Hersteller von Sensorik und Maschinen mit IO-Link und Cloud zusätzliche Services und neue Geschäftsmodelle, die Mehrwert für den Kunden und einen langfristigen Wettbewerbsvorteil bieten (vgl. zum Begriff „Geschäftsmodell“ [Schallmo 2013, S. 22 f.]).

Die Automatisierungspyramide und die Informationspyramide als filternder Überbau über dem Informationsgeber IO-Link schränken noch den Umfang der nutzbaren Daten aus den Maschinen und der laufenden Produktion stark ein. Von Industrie 4.0 wird somit die Auflösung beider Pyramiden und das Verschmelzen der OT- mit der IT-Ebene postuliert. Damit einher gehen offene Architekturen und Plug-&-Play-Funktionen für den Shop-Floor – ein Szenario, das in aller Regel weit entfernt ist von der mittelständischen Realität. Bis heute preisen Analysten, Berater und andere Experten die Disruption als Königsweg. Doch dieser Rundumschlag ist allzu häufig weder wirtschaftlich noch praktikabel. Es braucht vielmehr einen Weg der kleinen Schritte mit Technologien, die aus den vorhandenen Sensoren und Aktuatoren Daten erheben und übertragen können – und zwar möglichst einfach und ohne Kostensteigerung.

Genau hierfür dient IO-Link – eine Schlüsseltechnologie, die an der Basis, den Sensoren und Aktoren, ansetzt – damit die IT-Welt die erhobenen Daten aus der OT leichter interpretieren kann. Sie ist der passende Industrie-4.0-Enabler, der seit gut einem Jahrzehnt zur Verfügung steht und immer öfter als USB-Schnittstelle der Automation bezeichnet wird. Doch kann IO-Link dem Vergleich mit dem Standard im Rechnerumfeld wirklich standhalten?

Unbedingt! Denn IO-Link-Sensoren und -Aktoren ersetzen herkömmliche, ohne für die Automatisierungswelt eine Änderung herbeizuführen. Sie generieren jedoch wesentlich mehr Daten als ihre Vorgänger, weil sie nicht nur für die OT arbeiten. Im Zusammenspiel mit Gateways, die nicht nur zur Anlagensteuerung, sondern auch in die IT-Welt verbinden, ermöglicht IO-Link das Erheben aller relevanten Datentypen und deren Transport über die Ebene der Automatisierungspyramide hinweg bis in die Cloud – und zwar hersteller-, bus- und branchenunabhängig. Im Bottom-up-Verfahren lassen sich sämtliche Parameter über IO-Link-Master-Gateways auslesen und bei Bedarf an eine Datenbank weiterreichen. Die Interpretation der Daten, die insbesondere für die Datenschürfer im IT-Umfeld von höchster Wichtigkeit ist, geschieht durch die IO-Link-Device-Description (IODD, **Bild 3.6**), die zu jedem IO-Link-Gerät im Internet verfügbar ist. Das macht IO-Link zu einer Datenmine, in der auch auch ein IT-Mitarbeiter ohne OT-Kenntnisse wertvolle Informationen von Datenmüll trennen kann.

Der Nutzen der Daten? Allein die Erhebung der Identifikations- (Wer bin ich?), Parameter- (Was mache ich?), Prozess- (Welchen Verlauf nehmen die ermittelten Werte?) und Diagnosedaten (Funktioniert die überwachte Einheit noch?) der vernetzten Devices liefert wertvolle Erkenntnisse – und zwar zu einem Bruchteil des bisherigen Preises für eine vergleichbare Schnittstellenprogrammierung. So lässt sich bspw. der Zeitpunkt des nächsten Maschinenausfalls ableiten, der Energieaufwand für die Produktion

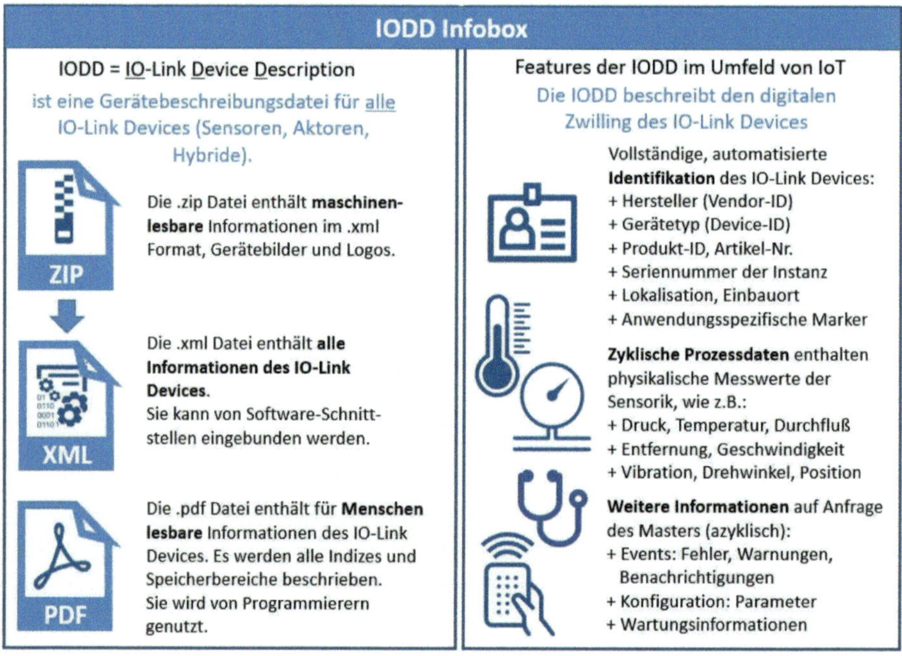

Bild 3.6: IO-Link-Device Description (IODD)

oder die konkreten Prozessparameter, die zur optimalen Qualität führen. Nicht zuletzt optimieren auf der ermittelten Datenbasis immer mehr Unternehmen ihre Rüstzeiten. In Zeiten immer schnellerer Produktlebenszyklen bei gleichzeitig immer individuelleren Kundenwünschen ein entscheidender Zeit-, Kosten- und Wettbewerbsfaktor.

Zweifelsohne werden in Zukunft immer kompliziertere und dynamischere Algorithmen bis hin zur Künstlichen Intelligenz (KI) möglichst viele Rohdaten aus der IO-Link-Welt verlangen. Auch der zunehmende Einsatz von datenintensiverer Sensorik, wie z. B. Schwingungs- oder Bildsensorik vergrößert die Datenmengen bis hin zum kontinuierlichen Datenstrom. Die Aufgaben, die daraus resultieren, löst IO-Link natürlich nicht alleine. Erst im Zusammenspiel mit Edge Computing und hochverfügbaren, sicheren Cloud-Architekturen entstehen leistungsfähige Industrie 4.0-Szenarien. Die Aufgabe der so dringend benötigten USB-Schnittstelle für die Industrie erfüllt IO-Link aber zweifellos. Und damit gilt sie auch zu Recht als Schlüsseltechnologie. Zeit, den ersten Schritt zu machen.

Warum ist es aber mit IO-Link trotzdem noch schwer, OT und IT zu verbinden? Dafür gibt es drei Gründe:

- Das Datenvolumen aus Maschinen und deren deterministisches Verhalten
- Die Steuerungen (SPS) als Schnittstelle zwischen Automatisierungs- und Informationspyramide
- Die Informationspyramide selbst.

3.4.1 Das Datenvolumen

Ein einfacher IO-Link-Sensor aus der Fluid- oder Positionssensorik gibt vollständig ungefiltert im Jahr etwa 0,18 TB an Daten von sich. Eine durchschnittliche Werkzeugmaschine hat 70, eine Platinen-Bestückungsmaschine 2.000, eine Stahlwalzanlage 20.000 Sensoren. Stellt man sich die damit verbundenen Datenmengen vor, kann jede durchschnittliche Fertigung mit etwa 200 Maschinen bereits mittelständische Rechenzentren sprengen. Schätzungen zufolge sind etwa 66-95 % der Maschinendaten zum heutigen Zeitpunkt „Dark Data“, also auf dem Weg durch die Automatisierungs- und Informationspyramide verlorengehende, unbekannte und damit wertlose Daten.

Braucht man dieses Datenvolumen denn? Ja und nein. Natürlich braucht man für die Steuerung nur die Information, ob ein Grenzwert überschritten ist, was wiederum eine Handlung durch die Aktorik auslöst. Für die Funktion der Maschine ist in diesem Fall nur der Grenzwert entscheidend. Aber alle anderen IO-Link-Informationen können in der Welt der Computer von unschätzbarem Wert sein. Mit den Identifikations-, Prozess- und Diagnosedaten von IO-Link können sich die Stammdaten von Sensoren im ERP selbst anlegen, der Ersatz für einen ausfallenden Sensor kann automatisch bestellt werden und die Daten für das Qualitätsmanagement sich selbst interpretieren, ohne dass Infor-

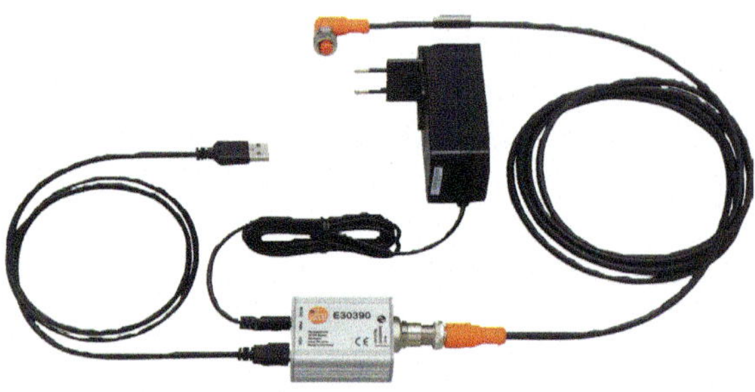

Bild 3.7: IO-Link-/USB-Interface (Quelle: ifm electronic)

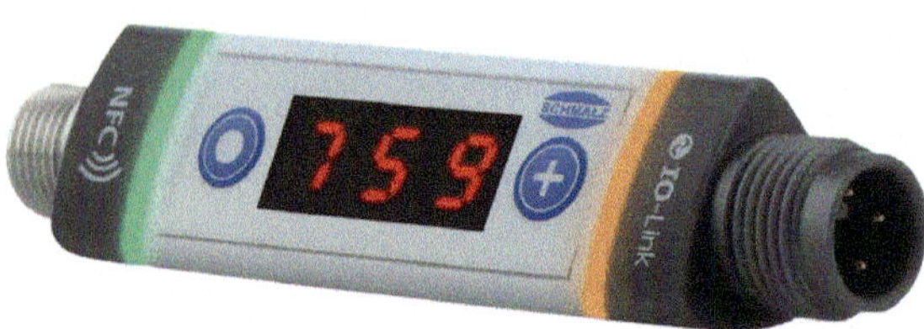

Bild 3.8: Wireless IO-Link-Aktor (Quelle: Schmalz)

mationen manuell hinzugefügt werden müssen. Um die IT-Welt mit Angaben aus der Produktion zu füttern, muss nicht mehr manuell auf ERP-Ebene eingegriffen werden.

Zunächst stellte sich für die Parametrierung die Frage nach einer direkten Verbindung von IO-Link in die IT-Welt. Eine ausgefallene Lösung zeigt **Bild 3.7**: ein Servicedongle mit M12-Schnittstelle zum Anschluss eines IO-Link-Sensors an eine eigentlich der IT-Welt vorbehaltene USB-Schnittstelle zur Parametrierung über handelsübliche PCs. Hier wird bereits die Automatisierungs- mit der IT-Welt verknüpft (**Bild 3.7**).

Für einen direkten Sprung vom IO-Link-Device oder -Master in die IT-Welt werden verstärkte Anstrengungen für einen IO-Link Wireless Standard unternommen. Wenn die Stromversorgung anderweitig sichergestellt ist, reduziert die drahtlose Kommunikation zusätzlich den Verkabelungsaufwand in der Automatisierungswelt selbst und macht freie Bewegung z. B. von Robotern möglich, ohne dass die Verbindung zu den Sensoren und Aktoren abbricht. Für den auf Funktechnologie basierenden IO-Link-Wireless-Standard engagieren sich 60 Mitglieder der IO-Link-Firmengemeinschaft. Eine ausführliche Darstellung zum Thema IO-Link Wireless findet sich in Kapitel 7.

Bereits länger auf dem Markt sind IO-Link-Lösungen, die mit anderen Wireless-Standards arbeiten. So setzt Trafag bereits Sensoren und Schmalz Aktoren (Vakuumtechnik) und Sensoren (Druckschalter) mit Radio Frequency Identification (RFID) ein. Die auch in Handys eingebaute Near Field Communication (NFC) ermöglicht die sichere (Offline-)Parametrierung vom Smartphone aus (**Bild 3.8**).

Umgekehrt baut Siemens RFID-Lese-/Schreibgeräte unter Zugrundelegung des IO-Link-Standards (**Bild 3.9**).

Einen Schritt weiter, über die reine kabellose Parametrierung hinaus und in Richtung eines kabellosen Betriebes von IO-Link-Devices, gehen die Firmen Endress+Hauser, Pepperl+ Fuchs, ifm, VEGA, Parker, WIKA, DM-Sensors, Testo und io-Fly (vgl. z. B.

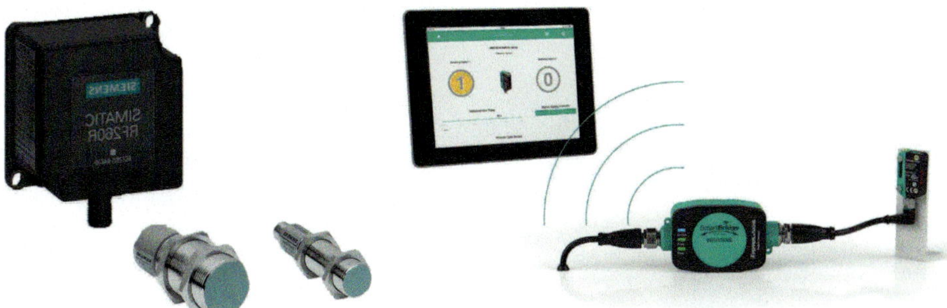

Bild 3.9: RFID-Lese- und Schreibgerät mit IO-Link (Quelle: Siemens)

Bild 3.10: SmartBridge (Quelle: Pepperl & Fuchs)

Bild 3.10) mit ihren Wireless-IO-Link-Mastern auf Basis von Bluetooth. Hier allerdings steht nicht die Überwindung der Grenze zwischen realer und virtueller Welt im Vordergrund, sondern die Vermeidung der Verkabelung. Noch vor diesen Lösungen wurde das HART-Protokoll um eine drahtlose Variante (Wireless-HART) erweitert. Dieses Konzept soll ebenfalls die Verdrahtung in weitläufigen, prozesstechnischen Anlagen ersetzen und nicht die Kommunikation mit der IT-Welt verbessern. Aus Security-Gesichtspunkten heraus sind diese Lösungen somit auch nicht an IT-Standards angepasst und die SPS wird nicht vollständig umgangen, so wie es im nächsten Kapitel gefordert wird.

3.4.2 Der Y-Weg – Umgehung der SPS

Die SPS ist das heute übliche „Gateway", die Spitze der Automatisierungspyramide, zwischen IO-Link-Signalen und IT, das den Informationsfluss entscheidend beeinflusst. Steuerungen sind nicht auf die Kommunikation gewaltiger Datenmengen von Sensoren zu PCs oder Datenbanken ausgerichtet. Sie sind mit ihrer maschinennahen Sprache viel schneller als ein PC, aber speichertechnisch viel zu klein, um die Datenmengen weiter zu transportieren. Sollen auf IO-Link-Rohdaten Auswertealgorithmen bis hin zur KI in der Software aufgesetzt werden, wie es Industrie 4.0 verlangt, so müssen diese Daten transportiert und gespeichert werden. Abgesehen von guter „Datenbanklogistik" und hoher Übertragungsgeschwindigkeit, die diese Datenmengen verlangen, ist der Weg über die SPS dadurch nahezu ausgeschlossen.

Vereinfacht gesagt, müssen die Signale der Sensorik auf einem Monitor abgebildet und mit Alarm- und Eingriffsgrenzen versehen werden. Unterschiedliche Signalgebung der Sensorik, Automatisierungsarchitektur auf der Feldebene und fehlende Konnektivität zu unterschiedlichen IT-Systemen, die Analytik und Applikationen für Industrie 4.0 speisen können, führen zu den hohen Kosten der Anbindung von Sensorik, die oft das Hundertfache der eigentlichen Sensorkosten betragen. Entsprechend mangelhaft sind noch immer die Auswertealgorithmen, da es an einem ausreichenden Datenpool fehlt.

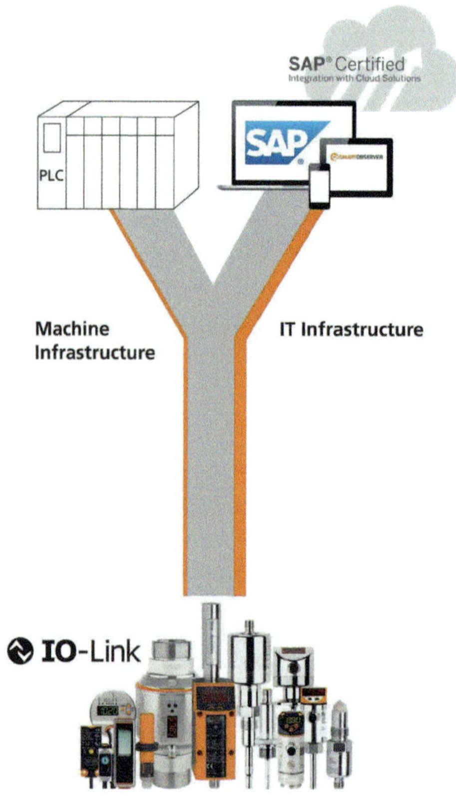

Bild 3.11: Y-Weg – Sensorik-Daten für die Steuerung der Maschine und die IT-Welt (Quelle: ifm electronic)

Im Bereich der mobilen Arbeitsmaschinen ist dies bereits weit vor Industrie 4.0 ein bekanntes Phänomen. Im stationären Bereich der Fabrik- und Prozessindustrie ist dieser Umstand allerdings erst mit der ausgerufenen industriellen Revolution erkannt worden. Zwar kann also die Sensorik heute durch IO-Link standardisiert Daten zur Verfügung stellen, aber diese können kaum noch über die alten Wege im Feld, über Feldbusse und eine SPS, verarbeitet werden.

Das war der Ursprung der „Y-Weg-Idee“: Die Daten aus IO-Link-Sensoren werden in einem speziellen IO-Link-Gateway aufgeteilt, in Daten, die für die Steuerung und in Daten, die nur für die IT-Welt relevant sind. Letztere werden direkt vom Sensor z. B. ins ERP übergeben, ohne den Umweg über Steuerungen zu nehmen. Die SPS wird durch die Datenmengen nicht verlangsamt, während die IT-Welt direkt mit den Daten arbeiten kann (**Bild 3.11**). Da diese beiden Kommunikationswege wie der Buchstabe Y aussehen, entstand der Name „Y-Weg“.

Die Darstellung zeigt die Schaffung einer direkten Verbindung der Sensorik mit der IT-Welt. Während die Steuerung weiterhin die für die Funktion der Maschine wichtigen Daten in der erforderlichen Schnelligkeit erhält, wird hier die gesamte Information über TCP/IP an Datenbanken und Softwarelösungen, insbesondere ERP, weitergereicht. Die Kosten der Anbindung an die IT-Welt reduzieren sich somit fast ausschließlich auf das entsprechende Gateway, da der IT-Experte die Daten von dort aus ohne Umwege übernehmen kann.

3.4.3 Schnittstellen und Cloud-Architektur – Auflösung der Informationspyramide

Eine weitere Herausforderung für Industrie 4.0 ist die bestehende Software für Applikationen; das betrifft ERP-Systeme und MES gleichermaßen. Die Softwarearchitektur, die z. B. hinter SAP steckt, stammt aus den 1980er Jahren. Sie ist groß, komplex und keine generische Cloudentwicklung, also nicht mit dem zu vergleichen, was wir alle im privaten Bereich von unseren Smartphones als Apps gewöhnt sind. Wer in diesen Systemen etwas ändern will, der braucht viel Geduld. Fast alle Softwareanbieter im Industriebereich haben das Problem, dass die Umprogrammierung etwa so flexibel ist wie ein Supertanker, den man auf hoher See um 180° wenden möchte. App-Strukturen, eine Applikationskommunikation auf der Cloud, sind dagegen Schnellboote.

Die veraltete Softwarearchitektur führt zu ebenso unflexiblen Schnittstellen. Kaum eine Schnittstelle bei ernstzunehmenden Anbietern für Softwareprodukte in Produktion und Logistik ist dazu ausgelegt, das hohe Datenvolumen von IO-Link-Sensoren und -Aktoren zu empfangen. Die Software muss dafür verändert, die Daten vorher sinnvoll gefiltert werden. Stehen die Daten erst einmal in einer gemeinsamen Datenbasis in der Cloud zur Verfügung, können sie auf jedem Tablet oder Smartphone über App-Strukturen dargestellt werden.

2022 wird es laut einer Studie von Machina Research 14 Milliarden Maschinen weltweit geben, die mit einer eigenen IP-Adresse an die IT-Welt angebunden sind. Wären die Daten von Sensoren auswert- und anzeigbar, könnte man ein „Facebook" der Maschinen erstellen. Jeder Sensor kann seine Daten und Erkennungsmerkmale mit Hilfe einer solchen Software auf den Bildschirm bringen. Aus den Daten von IO-Link-Sensoren alleine kann bereits vieles abgeleitet werden:

- Zu welchem Zeitpunkt wird die Anlage das nächste Mal ausfallen?
- Wie viel Energie wird zur Fertigung eines Produktes benötigt?
- Welche Prozessparameter führen zu optimaler Qualität?

Diese Transparenz ist in der Produktion neu – und für produzierende Kunden wertvoll. Statistiken mit Hilfe von Strichlisten der Maschinenbediener, der Abgleich von Excel-Sheets und Inkonsistenz von Daten und unvorhergesehene Maschinenausfälle gehören der Vergangenheit an.

Noch vor einigen Jahren wären durchgängige Echtzeitrückmeldungen zu teuer, vor einigen Jahrzehnten unmöglich gewesen (vgl. [Kleinemeier 2014, S. 577]). Dies ist mit den technischen Mitteln von Industrie 4.0 und IO-Link anders. Die gemeinsame Datenbasis, in der alle Daten zusammenfließen, kann dann von einer zentralen Instanz z. B. in einer Cloud verantwortet werden. Angesichts der Menge an aus Maschinen verfügbaren Daten pro z. B. Werkzeugmaschine (etwa 20-30 TB/Jahr) muss die zentrale Speicherung durch die sinnvolle dezentrale Pufferung und selektive Weitergabe der Daten ergänzt werden (vgl. [Büttner und Brück 2014, S. 144]), die durch Edge Computing ermöglicht wird.

Die gemeinsame Datenbasis stellt bei (automatisiert erhobenen) Daten Redundanzfreiheit und hohe Integrität der Datenbestände sicher, eine „Single Source of Truth" mit gemeinsamer Syntax und Semantik (vgl. hier und im Folgenden [Schürmeyer und Sontow 2015]). Die negative Begleiterscheinung der Standardisierung, der Verlust von einzigartigen und angepassten Optionen der Anwendung, wird durch Edge Computing verringert, das die Rohdaten an der Maschine zwischenspeichert und nach den standardisierten Vorstellungen der Software in der Cloud an der Maschine vorverarbeitet. Auftrags- und Produktionsdaten werden in der gemeinsamen Datenbasis abgelegt und z. B. auf einer Cloudplattform genutzt. Die gemeinsame Datenbasis mit zentralisierter Speicherung von Information ist mit Edge Computing mehrfach anbind- und wandelbar.

Edge Computing übernimmt die inhaltlich einheitliche Erfassung der Produktionsdaten auf Basis eines gemeinsamen Prozessmodells und eine formatspezifische Übersetzung, Filterung oder Aggregation. Für Identifikations-, Prozess- und Diagnosedaten kann auf Standards wie EDI und XML (Extended Markup Language) zurückgegriffen werden. Als Umsetzung bietet sich Hypertext Transfer Protocol (http) ggf. als Secure Sockets Layer (SSL, https://...) an. Die binären Daten einer Maschine werden syntaktisch durch ein Edge Device z. B. in ein XML-Dokument umgewandelt, während semantisch ergänzende Daten zu einer Auftrags- oder Seriennummer oder einem Zeitstempel hinzugefügt werden.

Als Applikationen, die kommunizieren sollen, stehen zur Projektierung, Parametrierung und Diagnose der IO-Link-Teilnehmer in einer Anlage bereits seit längerer Zeit unterschiedliche Softwaretools zur Verfügung. Offene Werkzeuge, wie z. B. das FDT/DTM-Konzept, erlauben es, hersteller- und feldbusunabhängig Endgeräte zu parametrieren. Hierbei ist der Durchgriff über mehrere Kommunikationsebenen möglich.

Eine weitere Möglichkeit sind herstellerspezifische Softwaretools, die zur Konfigurierung des Feldbusses bzw. der Hardwarekomponenten genutzt werden und mit Hilfe entsprechender Treiberbausteine oder den IODDs mit IO-Link-Geräten kommunizieren können. Ein verbreiteter Vertreter dieser Gattung ist der S7-Konfigurator der Firma Siemens. Eine modernere Version ist die Siemens „Mindsphere“, die Applikationen auf einer Cloud-Architektur anbietet.

Für die IO-Link-Parametrierung durch Produktion und Kunden ist von der ifm das Software-Tool „Moneo configure“ geschaffen worden, das auch als Cloudversion verfügbar wird. Um eine Parametrierung für ein angeschlossenes oder anzuschließendes IO-Link-Device zu erstellen, kann Moneo configure benutzt werden. Die Oberfläche der Moneo-Software stellt sich wie in **Bild 3.12** – für das Handy entsprechend verkürzt – dar. Eine Device-Parametrierung kann sowohl vorbereitend (offline) wie auch online vorgenommen werden. Bei angeschlossenen Sensoren können die gemessenen Werte auf dem Smartphone visualisiert werden.

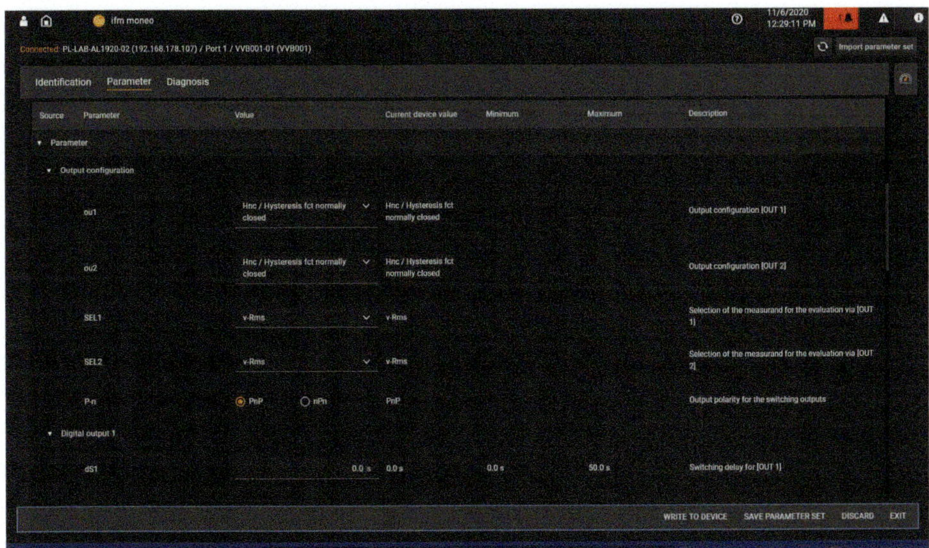

Bild 3.12: Parametrierung eines IO-Link Sensors über Moneo configure (Quelle: ifm electronic)

Das Software-Framework der ifm-Gruppe verfügt bereits heute auch über eine Anwendung zur Visualisierung der über IO-Link gemessenen Werte („Moneo OS", vgl. **Bilder 3.13, 3.14, 3.15**). Die Identifikationsdaten der IO-Link-Sensoren werden dabei genauso automatisiert übernommen wie Parameter-, Diagnose- und Prozessdaten, sodass eine Art Facebook der Sensoren entsteht, wie oben gefordert. Moneo überwacht vor allem den Zustand der Anlage für die Instandhaltung (Condition Monitoring). Bei Verschleiß werden Alarme generiert, die Hinweise auf anstehende Wartungsaufgaben geben. Ungeplante Stillstände und ungeplante Terminänderungen werden durch geplante ersetzt.

Bei der Masse in den letzten Jahren in hoher Geschwindigkeit entstandener Softwareanwendungen im Industrie 4.0-Bereich ist in jedem Fall zwingend eine Überprüfung notwendig, ob sie in die o. a. Dimensionen eines CPPS passt, bevor man sich dafür entscheidet.

Softwareprodukte, die diese Anforderungen erfüllen, stellen die Überwindung von Automatisierungs- und Informationspyramide insbesondere durch vertikale Durchgängigkeit und horizontale Skalierbarkeit von der IT-Seite her dar. Wie das Beispiel von Stuxnet zeigte, sind allerdings gerade bei der vollständigen Übertragung zwischen realer und virtueller Welt entsprechende Sicherheitskonzepte zu berücksichtigen.

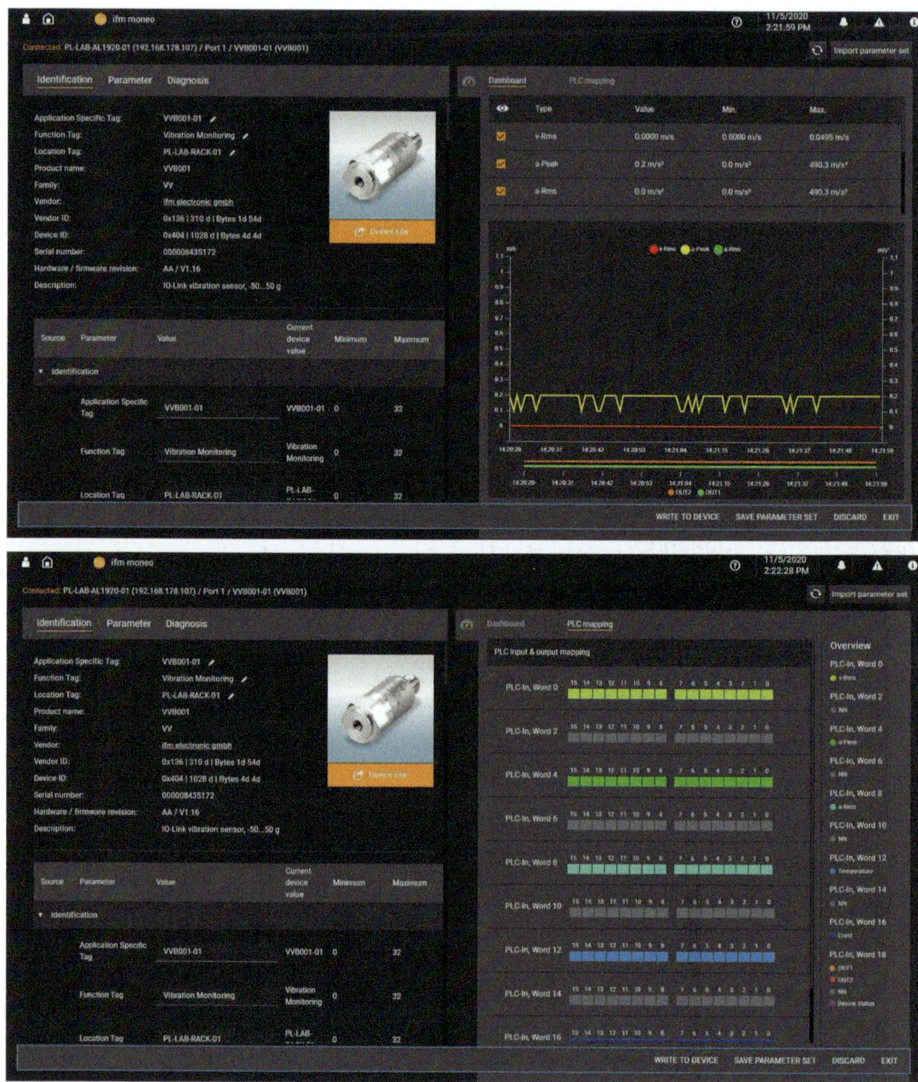

Bild 3.13: Beispielhafte Oberflächen der ifm-Software-Module (Quelle: ifm electronic)

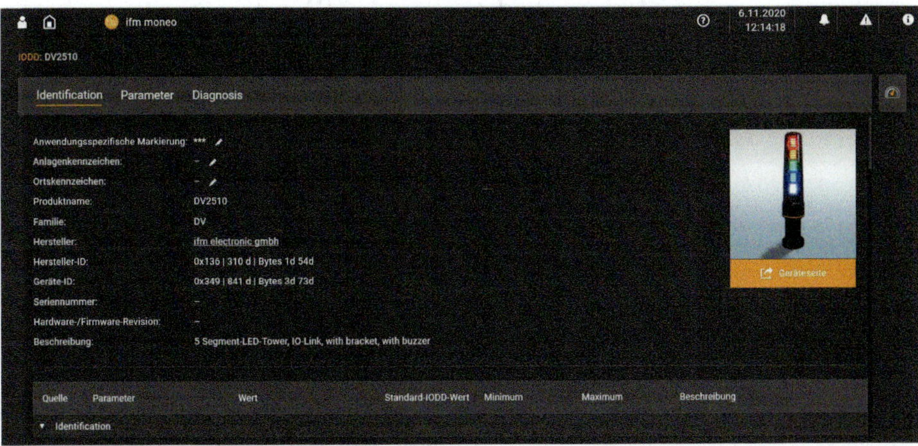

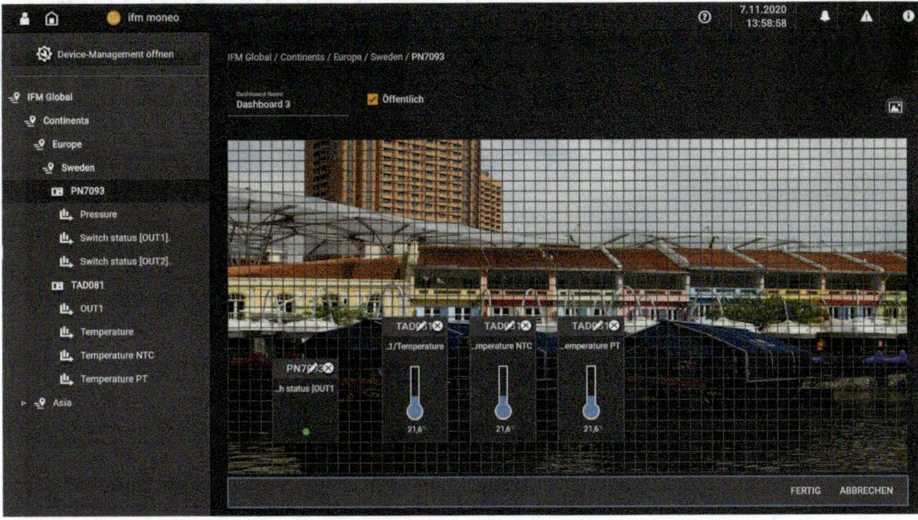

Bild 3.14: Beispielhafte Oberflächen der ifm-Software-Module (Quelle: ifm electronic)

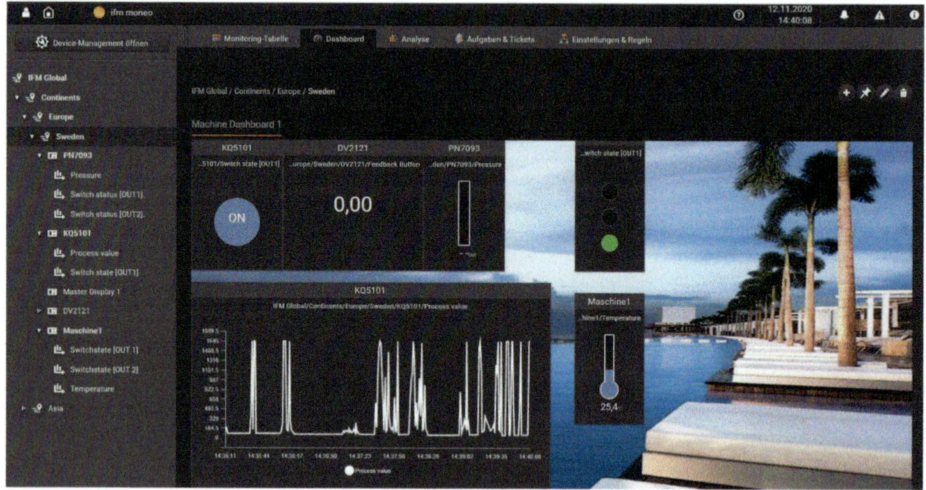

Bild 3.15: Beispielhafte Visualisierung von gemessenen Werten bei einem Drucksensor (Quelle: ifm electronic)

3.5 Monetarisierung von IO-Link-Daten

Wie aber bekommt man Geld für die IO-Link-Daten? Denn das Gold des 21. Jahrhunderts lässt sich wohl zunächst kaum direkt in monetäre Vergütung umtauschen, auch wenn eines Tages Unternehmen wie Facebook für Daten bezahlen werden. Im Folgenden soll unter Datenmonetarisierung jeder Vorgang der Erzeugung eines messbaren ökonomischen Vorteils basierend auf der Verwendung von hier speziell IO-Link-Daten (auch in Kombination mit anderen) verstanden werden (vgl. „Monetarisierung von Maschinendaten“, Industrial Management, 5. Ausg. 12.03.2020, S. 6 f).

3.5.1 Unternehmensinterne Monetarisierung

Unternehmensintern geht es darum, mit Hilfe der Daten

- Produktion zu digitalisieren: Effizienz steigern, z. B. durch Minimierung der Risiken oder durch die Reduktion von Kosten;
- Erfahrung zu digitalisieren: Verfügbarkeit der menschlichen Erfahrung durch Anwendung der Daten bei KI erhöhen und beschleunigen;
- Produkte zu digitalisieren: Mehrwert für die Kunden durch Optimierung der Produkte schaffen.

Bei der Herstellung von Wirtschaftsgütern der realen Welt spielen die Material-, Personal- und insbesondere die benötigten Anlagegüter eine Rolle, also die Produktionskapazitäten in Form von Maschinen und Anlagen. Bei höherer Auslastung dieser Maschinen und Anlagen gehen die Stückkosten pro produziertem Gut zurück, insbesondere, wenn Bestände gleichgehalten oder sogar reduziert werden können (Fixkostendegression). Die Stückkosten können durch Lerneffekte weiter gesenkt werden („Riding down the experience curve"). Diese Lerneffekte können durch die systematische Auswertung von Daten bis hin zu der Automatisierung der Lerneffekte durch KI verbessert werden. Eine effizientere Produktion entsteht.

Eine Produktoptimierung durch IO-Link-Daten liegt nicht ganz so auf der Hand. Notwendig dafür ist ein – zumindest temporärer – Einbau von IO-Link-Geräten in ein beliebiges Produkt. Wird das Produkt vom Kunden für seine Bestimmung eingesetzt, so können im Betrieb Daten generiert werden, die den Produzenten mehr über deren Einsatz verraten und somit zur Optimierung des Produktes dienen können.

3.5.2 Schritte zur Nutzung von IO-Link-Daten

Um den Wert der IO-Link-Daten ausschöpfen zu können, werden fünf Schritte vorgeschlagen:

- Retrofit von Maschinen und Anlagen mit IO-Link-Geräten und Aufbau einer Edge-KI-Infrastruktur, angebunden an eine private oder public Cloud.
- Unternehmensinterne Visualisierung und Analyse von Prozess- und Produktdaten als einfachste Möglichkeit, damit Maschinenbediener, Produktionsleiter, Maschinenbauer oder Manager mit ihrem Know-how Effizienz- oder Optimierungspotenziale ausfindig machen können. Mit der Fütterung von KI durch die generierten Daten können Know-how-Vorteile erzielt werden, die von anderen Unternehmen kaum mehr einzuholen sind.
- Unternehmensinterne Umsetzung der Erkenntnisse, um messbare Ergebnisse zu erzielen, d. h. z. B. Einsatz der KI, um neue Maßnahmenvorschläge zu generieren und diese umzusetzen.
- Nicht unternehmenswichtige Daten können unternehmensextern Zulieferern zur Verfügung gestellt werden, damit diese sich optimieren können.
- Entwicklung weiterer Felder, um Daten unternehmensextern vermarkten zu können („Anonymisierung der Daten"). Dabei kann eine neutralisierte Form der gebildeten KI durchaus ein Weg zur Vermarktung sein.

Dieses schrittweise Vorgehensmodell entspricht im Wesentlichen dem üblichen Umsetzungskalkül mittelständischer Fertigungsunternehmen. Zur Illustration für den Einsatz

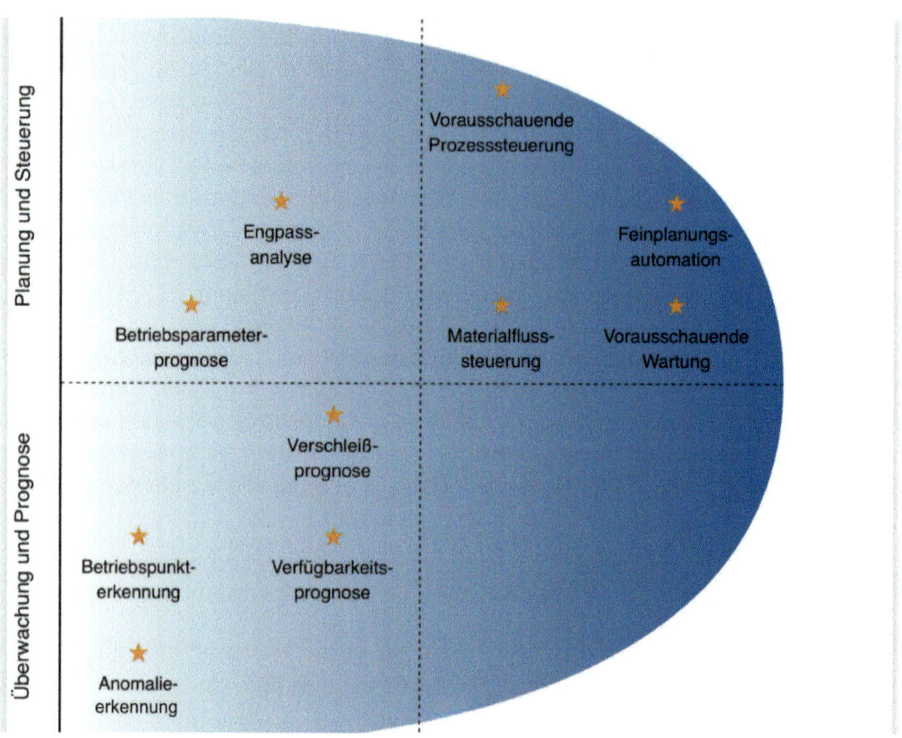

Bild 3.16: Verwendungsmöglichkeiten von IO-Link-Daten für KI-Entscheidungen (Quelle: aiXbrain GmbH)

von KI sei hier beispielhaft das Vorgehen der aiXbrain GmbH, eines Spezialisten für produktionsoptimierende KI ausgeführt (**Bild 3.16**). aiXbrain setzt mit ihrer KI unmittelbar auf dem Status Quo und damit z. B. von vorliegenden Daten existierender Fertigungsprozesse auf. Die KI von aiXbrain lebt somit von der Qualität und Quantität verfügbarer, in der Regel maschinennaher Prozessdaten.

Zunächst nimmt die KI die Rolle eines digitalen Beobachters ein, der sich möglichst viele der von Mensch und Maschine erzeugten Daten anschaut. Somit ist das Vorliegen von IO-Link-Daten hier eine entscheidende Größe. Die Daten werden nicht nur aufgenommen, sondern im Hintergrund von der aiXbrain KI verarbeitet. Offensichtliche wie auch hochkomplexe, für Menschen verborgene Zusammenhänge werden somit zusehends von der KI „erlernt“.

Entgegen der weitläufigen Vorstellung einer omnipotenten, alles überschauenden KI, erfordert der aktuelle Technologiestand jedoch eine Fokussierung der KI auf einen möglichst klar abgegrenzten Anwendungsfall. Nur so können präzise und verlässliche KI-Ergebnisse produziert werden. Fokussierte KI-Anwendungen lassen sich jedoch nach und nach zusammenschließen, sodass schrittweise ein kollaboratives KI-Netzwerk entsteht.

Grundsätzlich ist die Umsetzungsreihenfolge der KI-Anwendungen beliebig wählbar. Sofern allerdings ökonomische (etwa „biggest gain first“) oder strategische (etwa „most visible first“) Ziele nicht dagegen sprechen, startet aiXbrain mit Anwendungen von Prognose-KI, etwa zur Erkennung von Anomalien (Prozessverlauf, Qualität) oder zur Verfügbarkeitsvorhersage (Rüstzeiten, Stillstände). Je mehr Daten für diesen Start vorliegen, desto besser. Nach Abschluss der entsprechenden KI-Lernphase können diese Prognosen nicht nur direkt als digitale Assistenzsysteme (bspw. Frühwarnsysteme) eingesetzt werden, sondern auch als Eingangsquellen für Anwendungen von Planungs-KI dienen. In Ergänzung zum vorausschauenden Charakter der Prognose-KI, unterbreitet die aiXbrain Planungs-KI konkrete Handlungsvorschläge, etwa zur proaktiven Konfiguration von Prozessparametern bei z. B. IO-Link-Devices (bspw. Grenzwerte für Geschwindigkeit oder Qualität bei IO-Link-fähiger Bildsensorik) oder zur vorausschauenden Feinplanung diskreter Fertigungsprozesse (Reihenfolgeplanung, Materialflussplanung). In Projekten mit bestehender IT-Pyramide können die durch Prognose-KI qualitativ stark verbesserten Eingangsinformationen zunächst auch MES oder ERP zugeführt werden. Während Prozesseffizienz und Akzeptanz der Mitarbeiter dann bereits steigen, können Verbesserungspotenziale durch den Einsatz eines KI-Prognose-Planungsduos parallel analysiert und getestet werden.

4 IO-Link aus Anwendersicht

Um schnell Industrie 4.0-Kompetenz zu gewinnen, ist IO-Link der perfekte Startpunkt. Von diesem Startpunkt aus kann man in der Rolle des Sensor- oder Aktuatorherstellers das Produkt verbessern oder die Produktpalette erweitern, in der Rolle des Maschinenbauers den (After-Sales-)Service für den Kunden oder in der Rolle des Produzenten die eigene Produktion optimieren (vgl. [Faeste et al. 2015, S. 4]).

4.1 IO-Link für Sensor-/Aktuatorhersteller

Natürlich ist die Einführung von IO-Link nicht ohne Vorteil für die Elektronikhersteller selbst. So ergibt sich für sie eine Vereinfachung der Prüf- und Qualitätsprozesse durch die standardisierte Schnittstelle und die durch IO-Link eingeführten Seriennummern.

Durch die Integration von zunehmend komplexere Elektronik, sowohl in der Sensorik als auch in der Aktuatorik, erfordern auch die internen Abgleich-, Prüf- und Qualitätsprozesse mehr Aufwand. Viele Geräte werden in mehreren Produktionsabschnitten auf Herz und Nieren getestet, kalibriert und mit Updates versehen. Hierfür bietet sich IO-Link als Universalschnittstelle an. Gegenüber bisherigen proprietären Schnittstellen ergeben sich Vorteile durch die Standardisierung der Prüfeinrichtungen für eine Vielzahl unterschiedlicher Produkte. Eine einheitliche Softwareumgebung und gemeinsames Know-how tun ein Übriges für eine homogene Qualitätsumgebung.

Auch die Seriennummern bei IO-Link können zu einem Effizienz- und Qualitätsvorsprung beim Sensor- oder Aktuatorhersteller führen. Nummernsysteme dienen zur Kennzeichnung und Identifikation (vgl. [Eigner und Stelzer 2009, S. 35 ff.]). Denn die IO-Link-spezifischen Seriennummern erlauben eine eindeutige Rückverfolgbarkeit in der herstellereigenen Produktion, während die sonst in der Branche üblichen Chargennummern nur eine Menge (Losgröße) unter denselben Bedingungen hergestellter Einheiten erfassen (vgl. [Felsmann 2006, S. 6]). Die bisherigen Chargennummern bei Sensorik und Aktuatorik führen somit z. B. zu umfassenderen Rückrufen bei Qualitätsdefiziten als Seriennummern. Bei Vorliegen einer Seriennummer und einer vollständigen Produktverfolgung müssen wesentlich weniger Ersatzgeräte geliefert werden. Bei Kunden müssen weniger Geräte ausgebaut werden. Damit werden die Stillstandskosten beim Kunden und der Imageschaden für den Hersteller verringert.

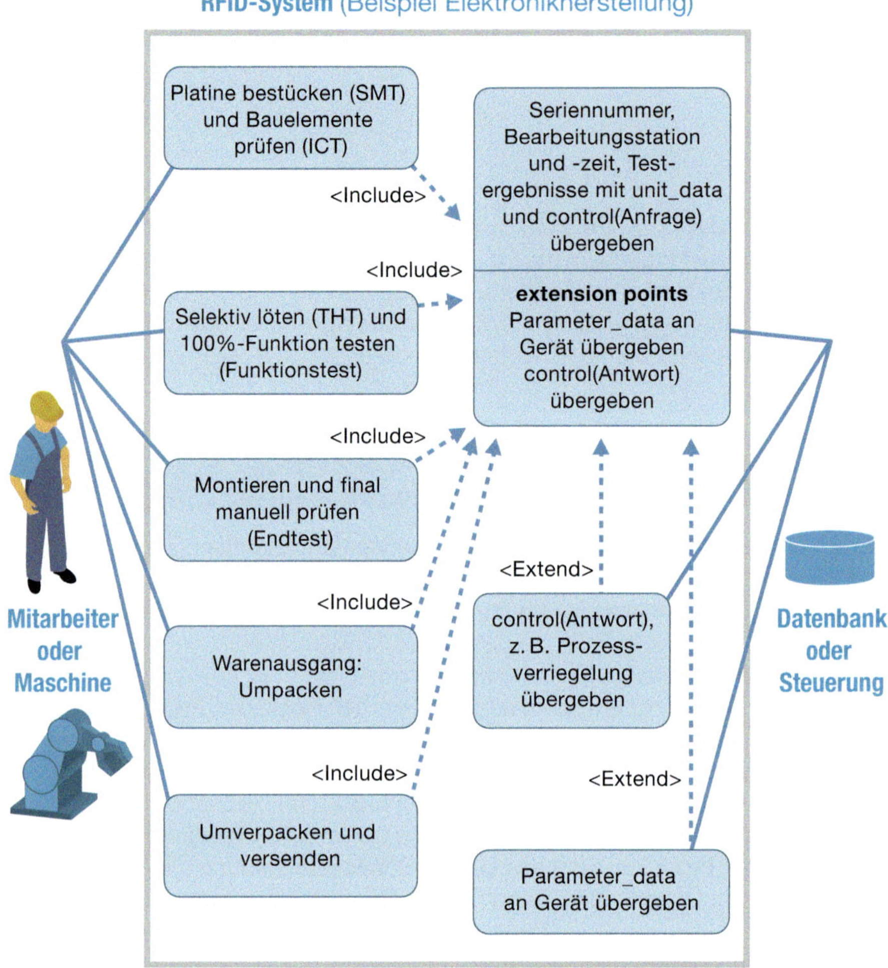

Bild 4.1: Use-Case-Diagramm für Traceability durch IO-Link-Seriennummern (Quelle: eigene Darstellung nach [ZVEI 2009])

Chargennummern fehlt außerdem der Echtzeitbezug, also der „Zeitstempel", der für die Prüf- und Prozess-Traceability und die Prozessverriegelung notwendig ist. Seriennummern können dagegen durch Traceability und Prozessverriegelung die First-Pass-Yield (FPY) deutlich erhöhen. Dabei spielt die wesentlich größere Datenmenge bei Produktverfolgung mit Serien- statt Chargennummern und der damit einhergehende erhöhte Bedarf an Datenbank-Speicherplatz eine untergeordnete Rolle, da die Kosten für Speicherplatz am Markt exponentiell abnehmen.

Wenn trotz IO-Link bei den Herstellern zu Chargennummern gegriffen wird, liegt das an der Verlangsamung des Produktionsablaufs durch den jeweiligen Einlesevorgang für die Seriennummer vom Mikroprozessor des Devices oder seinem Typenschild. Dies ließe sich durch eine Wireless-Schnittstelle (vgl. Kapitel 7) heilen, die keine Stromversorgung benötigt und z. B. auf RFID basiert. Da dann ein Lesevorgang schnell, günstig und automatisiert abläuft, Speicherplatz günstig ist und Seriennummern den Zielen der Produktverfolgung entsprechen, kann die Seriennummer eines IO-Link-Devices hervorragend für die interne Produktverfolgung und -dokumentation genutzt werden, wie es bei Geräten mit funktionaler oder Prozesssicherheit zwingend vorgeschrieben ist. Der Einsatz von Seriennummern mit Beginn der Bestückung einer Platine macht die Fertigung eines Elektronikherstellers zu einer „seriennummernorientierten Fertigung", für die der ZVEI bei Produktverfolgung ein Use-Case-Diagramm definiert (**Bild 4.1**).

Die aus IO-Link entstehenden Vorteile für den Device-Hersteller, über das eigene Produktions- und Qualitätsmanagement hinaus, sind (vgl. [Schreiter 2012]):

- Parameter-, Adressierungs- und Firmwarehandling des Kunden
  - Kundenspezifische Firmware-Varianten möglich
  - Einfache Änderung von Kommunikations- und Geräteparametern, Bus-Adressen
  - Einstellung vor Ort ohne oder mit Trennung der Stromversorgung
  - Einstellung und Prüfung auch bei hoher Schutzart
  - Kalibrierung am fertigen Endgerät ohne spezielle Schnittstelle möglich
  - Firmware-Versionen vor Ort auslesbar und Update vor Ort möglich.

- Diagnose beim Kunden
  - Geräteinformation auslesbar, auch wenn Bedruckung fehlt oder unlesbar
  - Dokumentation der verbauten Geräte mit Zuordnung zu Anlagenteil (Einbauort) und Funktion durch Kunden automatisiert möglich, dauerhaft im Gerät speicherbar
  - Diagnose auch bei hoher Schutzart und bei Gerätedefekt, falls Speicherchip unbeschädigt
  - Gerätezustände in Ferndiagnose auslesbar und bei Hersteller analysierbar
  - Untersuchung von Rückläufern in Ferndiagnose und gezielter Rückruf möglich.

Durch die Beschreib- und Lesbarkeit ist IO-Link eine Innovation mit Mehrwert für den Kunden. IO-Link ermöglicht die Entwicklung eines intelligenten Produkts, intelligenter Services und personalisierter Produkte, sowohl im Neu- als auch im Ersatzteilgeschäft. Diese Möglichkeiten sind charakteristisch für ein neues Geschäftsmodell im Rahmen von Industrie 4.0.

Ein IO-Link-Device oder Master erzeugt ein intelligentes, personalisiertes Produkt und bindet Kunden stärker an eigene, intelligente Services, Software und die dazu kompatiblen Produkte.

Beispielapplikationen für den Sensor-/Aktuatorhersteller zu Industrie 4.0 mit IO-Link:

- Personalisiertes Produkt: Kundenspezifische Parametrierung ohne Zusatzkosten. Beispielhaft können Sensoren für Serienmaschinen als Ersatzteil bereits vorkonfiguriert mit den bekannten Einstellungen ausgeliefert werden.
- Intelligentes Produkt: Beispielhaft dafür ist das „elektronische Typenschild", die automatisierte Dokumentation des Einsatzortes und die Diagnosefähigkeit eines Sensors mit IO-Link.
- Intelligente Services: Besteht eine Schnittstelle zwischen IO-Link und IT-Welt, so ist auch eine Erweiterung der Funktionen auf z. B. Sicherheitsprüfungen und „Software as a Service" (SaaS) denkbar.

Die Wertgenerierung beim Kunden stellt einen strategischen Vorteil dar und führt im Ergebnis zu einem neuen Geschäftsmodell, das den Sensormarkt verändern könnte (vgl. [Mattern 2005, S. 58]). Die Tiefe und Geschwindigkeit der anstehenden Revolution im Sensormarkt dürfte mit den Veränderungen durch das Internet im Konsumbereich vergleichbar sein. Die Überwindung der Lücke zwischen der realen und der digitalen Welt mit Hilfe von Sensoren im Zeichen von Industrie 4.0 ist wirtschaftlich möglich und eine neue strategische Option. Die Geschwindigkeit der Veränderung für den Ausrüster kann durch den langen Produktlebenszyklus von Maschinen und Anlagen verlangsamt werden. Es steht jedoch zu erwarten, dass eine kostengünstige Möglichkeit für ein „Upgrade" der installierten Basis gefunden wird. So kann etwa statt der Steuerung und deren aufwendigen Neuprogrammierung nur die Sensorik ausgetauscht und der Y-Weg als Upgrade zur „Industrie 4.0-Fähigkeit" genutzt werden. Nutzenversprechen, Wertschöpfungskette und Ertragsmechanik ändern sich mit IO-Link für die Sensor- und Aktuatorhersteller:

„Der Nutzen aber entsteht im Markt, im eigentlichen Geschäftsmodell. Daher muss die Argumentation über die Nutzenpotenziale, über den Markt kommen." [Bauernhansl 2014, S. 31], vgl. auch [Gassmann et al. 2013] und [Kaufmann 2015, S. 11 ff.].

4.2 IO-Link für Maschinenbauer – Remote Services 2.0

Im internationalen Wettbewerb des Maschinen- und Anlagenbaus und der mit Pandemie-Angst getriebenen Digitalisierung gewinnen Anlagentransparenz, Fernwartung und Remote-Zugriff eine immer höhere Bedeutung. Die Erhöhung der Anlagenverfügbarkeit durch eine frühzeitige Benachrichtigung bei möglichen Störungen und eine schnelle

Reaktion des Herstellers auf bestehende Probleme beim Betreiber spart Geld, braucht keine Experten vor Ort und erhöht die Stabilität des Fertigungsprozesses.

Schon bei der Anlageninbetriebnahme spielt IO-Link seine Vorteile aus: die digitale Übertragung der Messwerte, Diagnose-Funktionen und komfortable Parametrierung, die im Ersatzteilfall einen einfachen IO-Link-Device-Tausch ermöglichen. Werden die gewonnenen Daten aus IO-Link-Devices intelligent mit dem Verhalten der Anlage verknüpft, ist es möglich, Daten zur vorausschauenden Wartung bis hin zur Predictive Maintenance mithilfe von Künstlicher Intelligenz zu generieren. Dies wiederum ermöglicht geplante Stillstandzeiten von Anlagen. Für Rezepturumschaltungen ist IO-Link ebenfalls geeignet, da alle IO-Link-Devices von zentralen Anlagenpunkten aus zu parametrieren sind.

Über diese allgemeinen Vorteile hinaus, profitieren unterschiedliche Bereiche eines Maschinenbauunternehmens in sehr vielfältiger Art und Weise von IO-Link. Im Folgenden werden unterschiedliche Wertschöpfungsstufen im Maschinenbau beschrieben, die die Vorteile einer Kombination aus IO-Link und Feldbus, Y-Weg und IT-Welt für den Maschinenbau verdeutlichen. Voraussetzung ist natürlich, dass die gewünschten Produkte auch tatsächlich mit IO-Link verfügbar sind.

4.2.1 IO-Link für Konstruktion und Entwicklung

Konstruktion und Entwicklung im Maschinenbau sind mit ständig wechselnden Anforderungen und neuen Anlagenkonzepten befasst. Meist muss die Folgeanlage effizienter sein als die vorherige oder es werden längere Wartungsintervalle für den Auftraggeber vereinbart. Die Zeiten von der Auftragsvergabe bis zur Realisierung werden immer kürzer. Denn der Zeitfaktor ist ein entscheidender Wettbewerbsvorteil. Es müssen seitens des Maschinenbauers also in kürzester Zeit neue Aggregate gezeichnet, hinzugefügt und mit der Elektrokonstruktion abgeglichen werden. Bei den sehr kurzen realen Testläufen, die, je nach Größe der Anlage, auch beim Endkunden durchgeführt werden müssen, tauchen regelmäßig technisch notwendige Änderungen auf, die fast immer Einfluss auf die Sensorik und Aktuatorik haben.

Hier spielt IO-Link wesentliche Vorteile gegenüber nicht-kommunikativen Geräten aus:

- Flexibilität bei der Funktion: Viele IO-Link-Sensoren stellen neben einem oder mehreren Schaltpunkten zusätzlich Prozessdaten (Messwert, früher „Analogwert“) zur Verfügung. Beides ist, je nach Anwendung, immer verfügbar. SPS-/Feldbus-Eingänge mit IO-Link können beide Signalarten, sowohl als Ein- wie auch als Ausgang, bedienen.
- Flexibilität bei der Verdrahtung: Einfache, binäre Endschalter können über IO-Link-E/A-Module beliebig angeschlossen werden. Ein IO-Link-Port kann bis zu 32 binäre

Schaltsignale bedienen. Am Feldbusmodul, das wohl am aufwendigsten zu konfigurieren ist, ändert sich nichts. Ein späteres Hinzufügen intelligenterer Geräte stellt kein Problem mehr dar. Die Verdrahtungspläne bleiben gleich, lediglich die IO-Link-Geräte werden anstelle konventioneller Geräte eingeplant und IO-Link-Module anstelle konventioneller Busmodule, wenn diese nicht ohnehin schon vorgesehen waren.

Hinzu kommt: Softwareentwickler im Maschinenbau müssen sich bis heute mit Software befassen, die noch als assemblernah bezeichnet werden kann. Obwohl in der IEC 61131-3 auch objektorientierte Programmierung beschrieben ist, findet vielfach die Steuerungsprogrammierung mit hardwarenahen Befehlen statt. Entsprechend gering sind die Möglichkeiten der Modularisierung.

Außerdem muss sich oft an unterschiedliche Geräte und Programmiersprachen verschiedener Steuerungshersteller angepasst werden. Neben der Einbindung einer schier unendlichen Anzahl an vorhandenen Funktionsbausteinen bis hin zu Eigenkreationen wird der Gesamtumfang der Steuerungs- und Visualisierungssoftware immer komplexer und spezifischer, sodass für jede neue Maschine viele Anpassungen erforderlich sind. Zusätzlich müssen Feldbusadressierung und Diagnoseschnittstellen bis in die IT-Welt verstanden und jedes Mal aufs Neue konfiguriert werden. Durch immer komplexere Softwareprogramme verliert jedoch selbst der Originalhersteller den Überblick, noch mehr aber sein Kunde. Alleine die Einbindung einer Maschine in die spezifische IT-Pyramide des Betreibers kostet den Maschinenbauer häufig – weit unterschätzt – sehr viel Zeit und Geld. Für die Softwareentwickler selbst sind die komplexen Strukturen oft kaum noch zu überblicken. Im Zuge des Zeitdrucks in Entwicklung und Konstruktion leidet eine gute Dokumentation, was das Verstehen für andere Mitarbeiter noch schwieriger macht.

Mit IO-Link lässt sich dagegen „Smart Data“ darstellen, vorverarbeitete Daten im Gegensatz zu Roh- oder Messdaten. Smart Data sind z. B. die Auswertung von Pulsen, die eine Geschwindigkeit repräsentieren. Das Sensorelement liefert Pulse unterschiedlicher Frequenz als Messdaten, diese verrechnet der Sensor mit Hilfe einer Uhr zu einer Geschwindigkeit, die über IO-Link dem überlagerten System zur Verfügung steht. IO-Link sammelt die Daten auf der untersten Sensor-/Aktuatorebene ein und der Feldbus schafft die Verbindung über längere Distanzen zur Steuerungsebene. Aus der Verfügbarkeit von Smart Data ergibt sich reziprok ein weiterer Vorteil von IO-Link: Es besteht der direkte Zugriff auf die Einstellungen des IO-Link-Devices inklusive der Identifikation.

IO-Link stellt, gemeinsam mit dem darauf basierenden Y-Weg, eine große Vereinfachung in der Programmierung und Pflege von maschinennaher Software dar. Mittels auf Hardware basierendem Y-Weg findet im Gateway eine bewusste Trennung der Bereiche Steuerungsprogrammierung auf der OT-Seite und Applikationsprogrammierung auf IT-Seite statt. Physikalisch strikt getrennte IP-Adressräume geben jeder

Seite unabhängige Kommunikationsports, die sowohl bei der Projektierung wie bei der Inbetriebnahme das weitgehend selbstständige Agieren der unterschiedlichen Gewerke sicherstellt.

Zusammenfassend lassen sich als wesentliche Vorteile von IO-Link adressieren:

- Eine Standardschnittstelle auf Hardwareseite erfordert ebenfalls nur einen Standard-Funktionsbaustein in der Steuerungs- und in der Applikationsprogrammierung.
- Die durch IO-Link ermöglichte hard- und softwaremäßige Trennung zwischen Maschinenfunktion und IT-Applikation entlastet die SPS und sorgt für eine konfliktfreie Programmierung beider Teile.

4.2.2 IO-Link für Einkauf und Produktion

Sensorik macht im Einkauf des Maschinenbauers etwa 1,5–3 % der Kosten aus. In der Vergangenheit war die Sensorik sicher somit eher Innovations-Enabler als entscheidender Kostenfaktor. Umso wichtiger ist es für den Einkäufer, die Anzahl, Varianz und die Bevorratung dieser „C-Teile" möglichst gering zu halten.

Einkäufer bekommen durch IO-Link-Produkte die Möglichkeit, die Gesamtpalette an Sensoren und E/A-Modulen zu reduzieren. Durch die beiderseitige Abwärtskompatibilität lässt sich in vielen Fällen das Schaltschrankvolumen reduzieren, um stattdessen günstigere Feldmodule zu nutzen, die intelligente IO-Link-Geräte bedienen. Somit ist im Zweifel immer das passende Modul zur Hand. Durch die Konzentration der Stückzahlen lassen sich oft bessere Konditionen beim Lieferanten aushandeln. Die bisherige Unterteilung in Module mit binären Eingängen, binären Ausgängen, analogen Strom-Ein-/Ausgängen und Spannungs-Ein-/Ausgängen wird im Optimum in einen immer gleichen IO-Link-Port überführt. IO-Link ist also, dank seiner Vielfalt anschließbarer Geräte, mit der USB-Schnittstelle am Computer vergleichbar.

Ein weiterer IO-Link-Vorteil für den Einkäufer ist die Beibehaltung der klassischen Dreileiterverdrahtung zur Sensorik. Die bisher nötigen geschirmten Leitungen für Analogsignale gehören der Vergangenheit an. An kritischen Stellen können vorhandene gegen IO-Link-Geräte ausgetauscht werden, um im Zweifelsfall mehr Diagnosedaten zu bekommen. E/A-Baugruppen können besser ausgenutzt werden, da nicht benutzte IO-Link-Ports mit konventionellen Sensoren verbunden werden können. Und nicht zuletzt können auch quasi-analoge Werte als Prozessdaten über IO-Link eingelesen werden. Durch diese Schnittstellenstandardisierung und optimale Auslastung der Ein- und Ausgänge sind Einsparungen möglich, nicht zuletzt durch Komplexitätsreduktion für den Einkauf.

Auch die Anzahl der eingesetzten Sensoren kann durch IO-Link reduziert werden: Sensoren mit mehreren Messsignalen können über nur einen IO-Link-Port mehrere Messgrößen übertragen. Das spart Geld, da in einem mechanischen Gehäuse mehrere Messstellen existieren, die elektrisch nur einen Anschluss benötigen. Ein Schlagwort an dieser Stelle ist die „Sensorfusion". Bisher notwendige, teure, analoge Eingangsbaugruppen in der Steuerung entfallen.

IO-Link-Seriennummern auch bei den C-Teilen können Bestellkosten senken und Transparenz in der Fertigung des Maschinenbauers schaffen, wenn Produktion und Einkauf auf den Zeitstempel des Einbaus zurückgreifen können.

4.2.3 IO-Link für After-Sales-Services

Ein ganz neuer Effekt für den Maschinenbauer entsteht durch die Möglichkeit, eine Identifikation und ein Tracking der Sensorik auch beim Kunden zu ermöglichen. Eine Identifikationsnummer im Sensor oder Aktuator ist nicht nur die Möglichkeit, die Herkunft auch beim Endkunden online genau zu bestimmen; sondern es ist sogar möglich, eine herstellerspezifische Nummer für den Maschinenbauer zu hinterlegen. So kann der Maschinenbau sogar automatisierungstechnisch verhindern, dass die Maschine mit anderen als den „eigenen" Sensoren oder Aktuatoren funktioniert. Dies führt zu mehr Originalteilekauf und mehr Ersatzteile-Umsatz.

Zusätzlich eröffnen die freien Speicherplätze auf den IO-Link-Devices auch die Möglichkeit, Maschinendaten für sich zu reklamieren und eine Blockchain zu beginnen, die auch die Security erhöhen könnte. Den beschriebenen Nutzen für den Maschinenbau darf man nicht zu gering einschätzen: Nach Angaben des VDMA entstehen im Maschinenbau immer höhere Milliardenschäden. Laut der Studie „Produktpiraterie 2020" beträgt der jährliche Schaden inzwischen € 7,6 Mrd. bei etwa Dreiviertel aller OEMs oder umgerechnet 35.000 Arbeitsplätze. Dazu kommt auch ein erheblicher Schaden für die Betreiber durch Fehlfunktion der Plagiate. Interessant dabei ist, dass am häufigsten dabei Ersatzteilfälschung zu beobachten ist (64 %).

Die Kontrolle des Ersatzteilumsatzes ist nicht die einzige Grundlage, die IO-Link für neue Servicemodelle im Maschinenbau liefert. Hat der Maschinenbauer einen Y-Weg für sich installiert, ist er in der Lage, per Remote-Zugriff eine ganz neue Qualität in seine Remote Services einzubringen. Dies ist besonders in der Gewährleistungsphase hilfreich, wenn die Maschinenbedienung beim Endanwender noch nicht in Routine übergegangen ist und erfahrungsgemäß die meisten Fehlbedienungen stattfinden. Die Abfrage von den von IO-Link gelieferten Prozess- und Diagnosedaten, aber auch die Fernparametrierung, erlauben ganz neue Servicemodelle, die sich nicht mehr an Wartungsintervallen, sondern an Condition Monitoring oder Predictive Maintenance orientieren. Der Abschluss von Serviceverträgen und Betreibermodelle bekommen eine neue Qualität. Auch die Qualität der Maschinen kann nun eingeschätzt und anwendungsorientiert verbessert werden. Neue serviceorientierte Geschäftsmodelle sind dank IO-Link für den Maschinenbau möglich.

4.3 IO-Link für das produzierende Unternehmen

Durch die Vernetzung stellt sich bereits bei der Inbetriebnahme einer Maschine beim Produzenten die Frage nach der Systemhoheit, oder allgemeiner, nach den Abhängigkeiten zwischen einem oder mehreren Anlagenbauern und dem Kunden oder Integrator, der die Softwareprogrammierung der Kopfsteuerung oder vor Ort über den Y-Weg direkt in der IT-Welt durchführt.

Im Industrie 4.0-Betrieb muss nicht nur die gesamte Automatisierungs-(OT)-Welt, sondern müssen auch IT- und OT-Welt miteinander spielen, d. h. in den verschiedenen Stadien von Inbetriebnahme, Betrieb bis zur Instandhaltung die notwendigen Daten bekommen oder zur Verfügung stellen. Hierbei ist ein Wunsch von allen Seiten, dass einmal erfasste Identifikations-, Adress- oder Parametrierdaten nicht in ähnlicher Form mehrfach eingegeben werden müssen. IO-Link als Standard ermöglicht die einmalige Eingabe, indem die Daten sowohl von oben nach unten (Top-Down) wie in umgekehrter Richtung (Bottom-up) automatisiert verteilt werden können. Durch Integrationsarbeitsgruppen für die unterschiedlichen Feldbusgateways wie z. B. AS-Interface, Profibus oder PROFINET wurde auf Automatisierungsebene genau diese durchgängige Kommunikationsbasis geschaffen. Zusätzlich sei hier auf offene Projekte wie AutomationML verwiesen, die eine ganzheitliche Abbildung der Datenstrukturen beschreiben. Wenn die Systemhoheit nach der Übergabe der Maschine vom Hersteller auf den Betreiber übergeht, kann das anlagenspezifische Know-how in geschützten Funktionsbausteinen in der Steuerung vor unautorisiertem Zugriff geschützt bleiben, aber vom Betreiber benötigte IO-Link-Daten können aus den Endgeräten selbst mit Hilfe des Y-Wegs abgefragt werden.

Ist die Maschine erst einmal im Betrieb, ist der Betreiber verantwortlich für das Gesamtsystem. Besonders im Störungsfall erwartet der Anlagenbetreiber dennoch eine durchgängig funktionierende Systemdiagnose ohne Konkurrenzkämpfe zwischen den Herstellern, am besten auf Basis eines einheitlichen und weltweiten Standards wie IO-Link. Es zählt die Gesamtanlagenverfügbarkeit (Overall Equipment Efficiency, OEE), denn der Betreiber, dessen Anlagen die geringsten Stillstände aufweisen, ist wirtschaftlich erfolgreich und wird überleben können.

Die unmittelbaren Vorteile von IO-Link für das produzierende Unternehmen werden in **Tabelle 4.1** festgehalten.

Tabelle 4.1: Vorteile von IO-Link für das produzierende Unternehmen

Maschinenbedienung	Instandhaltung
Parametrierung kann während des Betriebes automatisch verändert werden	Kontinuierliche Diagnoseinformationen erlauben zustandsorientierte Wartung
Kontinuierliche Diagnose vermeidet Bedienfehler	Automatisierte Reparametrierung bei Devicetausch erspart Beschäftigung mit Dokumentation und unterschiedlichen Menüs und Bedienphilosophien
Im Fehlerfall schneller Austausch von Devices ohne Fachwissen	Protokollierbare Diagnoseinformationen erlauben Predictive Maintenance

4.3.1 IO-Link für die Instandhaltung und Maschinenbedienung

Die Instandhaltungsaufgabe besteht aus vier Teilen:

- Reparatur nach Eintritt des Fehlerfalles, meist mit Produktionsstillständen als Konsequenz
- Inspektion in regelmäßigen Intervallen
- Wartung, die oft durch möglichst frühen Austausch oder Überholung von Komponenten den Produktionsstillstand verhindern will, damit aber zum unnötigen Austausch von Komponenten führt
- Kontinuierliche Verbesserung zur Reduktion der Fehlerfälle, die aber zeitmäßig häufig zu kurz kommt.

Wenn Instandhaltung aus den vier Bestandteilen Wartung, Inspektion, Reparatur und Verbesserung besteht [Schuh et al. 2009, S. 3], so hat sich z. B. mit den Entwicklungen der dritten industriellen Revolution die Relation der Zeitanteile verschoben (**Bild 4.2**). Durch die mit der dritten industriellen Revolution zunehmende Automatisierung der Produktion nimmt die Störanfälligkeit der Produktion in exponentieller Form zu [Schuh et al. 2006]. Stand bis in die 1960er Jahre die Reparatur im Vordergrund, so wurde mit der vorbeugenden Instandhaltung der Zeitbedarf für Wartung und Inspektion größer. Dazu musste der Instandhalter zur Mechanik- auch Elektronikkompetenz aufbauen. Das Ergebnis war unter anderem der Ausbildungsgang zum Mechatroniker.

Zu Beginn der 1990er Jahre wurde dann über Condition Monitoring (Zustandsüberwachung) gesprochen. Der Beginn der Diskussion über Zustandsüberwachung wurde von der Einführung von Online-Schwingungssensoren zur Überwachung von Antrieben unterstützt. Deren Wälzlager – typischerweise dem mechanischen Verschleiß innerhalb von drei bis fünf Jahren ausgesetzt – waren Paradebeispiele für Produktionsausfälle

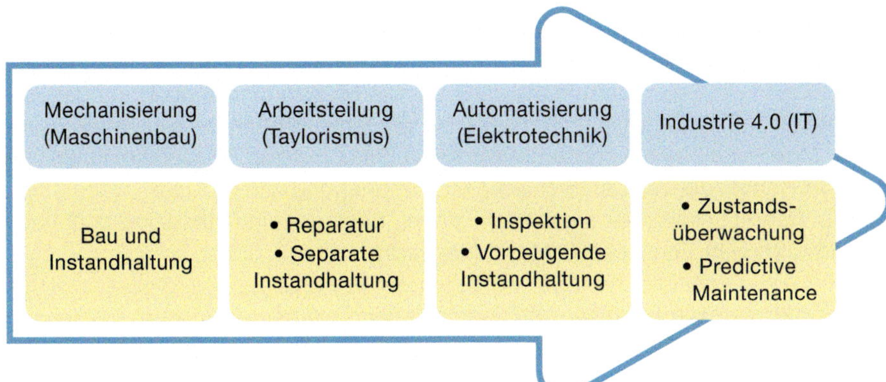

Bild 4.2: Gemeinsame Entwicklungen in Produktion und Instandhaltung [Moubray 1996]

ganzer Förderstraßen wegen der Beschädigung eines produktionswichtigen, aber nicht allzu teuren Antriebs.

Die „Predictive Maintenance" im Rahmen von Industrie 4.0 versucht, den Verschleißgrad einer Maschinenkomponente möglichst genau anzuzeigen und den Ausfall z. B. mithilfe von Künstlicher Intelligenz vorherzusagen, indem sie auf der Zustandsüberwachung aufsetzt und aus den gewonnenen Daten, z. B. aus der Schwingungssensorik, Algorithmen und Prognosen zum Ausfall bildet. Damit sollen Reparaturen planbar, Wartung reduziert und Inspektion durch automatisierte Überwachung ersetzt werden, während Verbesserungen im Fokus der Instandhaltung der Zukunft stehen. Mit den Prozess- und Diagnosedaten durch IO-Link, mit Industrie 4.0 und der Verfügbarkeit vieler Angaben über den Maschinenzustand heute ist die Transparenz für Instandhaltungs- und Produktionsmitarbeiter so groß, dass Entscheidungen dort getroffen werden können, wo sie umgesetzt werden. Maschinenbediener und Instandhalter bekommen die Möglichkeit, im Sinne einer integrierten Instandhaltung zu agieren (vgl. [Schuh et al. 2009, S. 32 ff]).

Die Instandhaltung kann sich mit der zustandsorientierten Instandhaltung und Predictive Maintenance weg von Feuerwehreinsätzen bei Störungen und weg von der vorbeugenden, „verplanten" Instandhaltung mit der Auswechslung funktionierender Maschinenkomponenten hin zu einem Bereich verändern, der sich neben der geplanten Wartung und Reparatur mit der kontinuierlichen Verbesserung von Anlagen und deren Wartungsaufwand befasst. Der damit und mit der Entwicklung der entsprechenden Sensorik zu erwartende Siegeszug der zustandsorientierten Überwachung der Maschinen bleibt jedoch bisher aus, obwohl die Schwingungssensorik ebenso wie andere Sensoren zur Überwachung des Verschleißes – dank z. B. IO-Link – keine hohen Kosten mehr bedeuten. Erst mit Industrie 4.0 und der Verbindung zur IT-Welt kann sich auch die Instandhaltung 4.0 durchsetzen, da die Kosten der Anbindung an die IT-Welt vertretbar werden.

Auch die Forderung von neueren Produktionsphilosophien wie „Lean Management", Produktionsmitarbeiter Instandhaltungsaufgaben übernehmen zu lassen, wurde in der Vergangenheit nur in geringem Maße, z. B. für die Maschinenreinigung, umgesetzt. Hier spielen fehlende Qualifikationen genauso wie fehlende Anreize eine große Rolle. Kann der Maschinenbediener an der Maschine in Zukunft deren Zustand erkennen und kann er die Konsequenzen unterschiedlicher Handhabung dank IO-Link beobachten, so ist die Wahrscheinlichkeit wesentlich größer, dass er seine Handlungen danach ausrichtet und mehr über „seine" Maschinen lernt.

Gleichzeitig können die Aufgaben im Zusammenhang mit der eigentlichen Bedienung der Maschine durch IO-Link reduziert werden: Rezepte werden z. B. online übertragen, Werkzeuge mit RFID und Produktqualität mit IO-Link automatisch erkannt. Ähnliches ergibt sich für den Instandhalter: „Feuerwehr"- und Inspektionsaufgaben reduzieren sich in dem Maße, wie intelligente Algorithmen und Analysetools vor Ort zur Verfügung stehen, um die rechtzeitige und planbare Wartung und Reparatur zu erlauben.

Bei gleichbleibender oder sinkender Kapazität wurde die Aufgabe der Instandhalter und Inbetriebnehmer mit zunehmender Automatisierung immer komplexer, bei Feldbus- wie bei zusätzlichen Diagnoseschnittstellen. Mit IO-Link ist jetzt ein Weg beschritten worden, um aus diesem Dilemma zu kommen. Das IO-Link-Device kann selbstständig erkennen, ob es an der richtigen Stelle (unter der richtigen Adresse) eingebaut ist und funktioniert eventuell nur dann. Bei entsprechendem Speicherplatz in Verbindung mit dem Chip beim Kunden kann Diagnose sogar so weit erfolgen, dass Fehler im Gerät schneller gefunden werden (vgl. hier und im Folgenden [Mattern 2005, S. 56]). Möglichst viele Diagnosedaten werden über die genormte Schnittstelle direkt an die IT-Welt übertragen. Ein lokales Tool ist nicht notwendig. Die Verdrahtung ist eine Standard-24 V-Verdrahtung, die keine besonderen Zusatzkenntnisse erfordert. Bei Bedarf könnte lokal mittels mobiler Geräte auf eine entsprechende Wireless-Schnittstelle zugegriffen werden.

Vor IO-Link fand die Parametrierung von Sensoren und Aktuatoren direkt vor Ort händisch oder am „Schreibtisch" statt, musste ein Sensor einmal ausgetauscht werden. Die Parametereinstellungen wurden in entsprechende Papierlisten übertragen und archiviert. Alternativ hatten Sensoren und Aktuatoren spezielle Konfigurationsanschlüsse, die nicht nur herstellerspezifisch waren, sondern eine herstellerspezifische Bediensoftware erforderten. Gerade im Fehlerfall, also in einer Situation, in der die Produktion nicht mehr lief und schnell gehandelt werden musste, konnte dann der passende Adapter nicht gefunden werden oder die Installation der notwendigen Software fehlte auf dem Servicerechner. Somit potenzierte sich das Problem gerade in heiklen Situationen. Meist war die Bediensoftware zusätzlich mit geringem Aufwand geschrieben und nicht entsprechend upgedated, sodass der Aufwand, sich die Bedienung der unterschiedlichen Softwaretools der einzelnen Hersteller zu erarbeiten, für Instandhalter immens war.

Inzwischen kann auf Basis von IO-Link eine transparente Datenarchitektur bis in ein ERP-System hinein realisiert werden. IO-Link-Sensoren und -Aktuatoren können also ihre Identifikations-, Parameter-, Prozess- und Diagnosedaten direkt über den Y-Weg vom IO-Link-Master an ERP-Systeme, wie z. B. SAP, senden. Der empfangende Softwarebaustein auf dieser Ebene kann dann z. B. Wartungsaktionen auslösen, Ersatzteile bestellen, Maschinen- und Personalressourcen abstimmen und vieles mehr. Instandhaltung 4.0, nämlich „die Maschine organisiert ihre Wartung selbstständig", wird Realität. IO-Link ist somit ein Schritt in Richtung Vereinfachung der Verdrahtung, der Fehlersuche und der Prozessverbesserung für die Instandhaltung.

4.3.2 IO-Link für das Qualitätsmanagement

Ähnlich wie bei den Maschinenbauern, kann IO-Link auch für das produzierende Unternehmen mehr Qualitätsinformationen bedeuten. Qualitätsrelevante Prozessdaten können mit IO-Link und Industrie 4.0 jederzeit mitgeschrieben, protokolliert, statistisch ausgewertet und dauerhaft auf der gemeinsamen Datenbasis archiviert werden. Viele manuelle Aufnahmevorgänge entfallen dank intelligenter Geräte.

Intelligente IO-Link-Sensoren können heute schon statische Informationen wie Verschmutzung, Fehljustage etc. diagnostizieren. Dynamische Prozessdaten können über den Y-Weg auf einer Datenbank gemeinsam mit einem Zeitstempel oder Auftragsdaten abgelegt und (bei Bedarf oder grundsätzlich) zu einer gemeinsamen Datenbasis transferiert werden. Diese möglichen Integrationen dienen der Entlastung der Steuerung, schnellerer Fehlerdiagnose durch Prüf-Traceability und Reduzierung des Datenvolumens auf den Feldbussen. Werden diese Prozessdaten zudem mit Produktverfolgung verknüpft, ergeben sich für Qualitätsmanager alle Möglichkeiten, Produkt- und Prozessqualität in Relation zu stellen und – bei fehlender Qualität – eine schnelle Prozessverriegelung, einen Maschinenstopp, zu erreichen.

4.4 IO-Link fürs Top-Management – Zusammenfassung der Vorteile

Für Elektronikhersteller und Maschinenbauer kann IO-Link der Beginn eines digitalisierten Geschäftsmodells sein. Wieso aber ist IO-Link interessant für das Topmanagement von produzierenden Unternehmen? Dank der Online-Diagnose während des laufenden Prozesses können für das Management wichtige Daten wie Stillstände, Produktionsstückzahlen, OEE, Ausschuss, Qualität usw. mit IO-Link und Y-Weg in Echtzeit abgerufen werden. In Kombination mit einer Cloud-Lösung stehen Maschinendaten weltweit ohne spezielle Software zur Verfügung. Ein Computer mit Internetzugang und ein Browser genügen! Es entsteht nicht nur zusätzliche Transparenz, sondern verlässliche KPIs, die bei Einkaufs- und Produktionsstrategie genutzt werden können.

Es ist verstärkt zu beobachten, dass Daten- und Maintenance-Services an externe Dienstleister vergeben werden. Auch hier entstehen neue Geschäftsmodelle, wenn z. B. bisherige manuelle Vibrationsmessungen, früher aufwendig vor Ort, nun aber komfortabel online erfasst, ausgewertet und Ereignisse zeitnah an den Auftraggeber gemeldet werden.

Insgesamt profitiert das Top-Management von Elektronikherstellern, Maschinenbauern und produzierenden Unternehmen natürlich gleichermaßen von allen bisher aufgezählten Vorteilen für die von ihnen zu verantwortenden Bereiche. Diese Vorteile von IO-Link werden in **Tabelle 4.2** noch einmal zusammengefasst.

Tabelle 4.2: Vorteile intelligenter IO-Link-Sensoren

Unternehmen	Entwicklung	Inbetriebnahme	Wartung	Betrieb der Anlage
Elektronikhersteller	Mikroprozessor-Standard	Parametrierungs-Software-Standard, Parametrierung offline möglich, Speicherung Parametersätze	Austausch ohne Veränderung, Sicherstellung Original-Ersatzteile, sichere Diagnose	Parametrierung über Y-Weg oder Steuerung
Maschinenbauer	Vereinfachte Verdrahtung, Programmierung, Dokumentation, verbesserte Einkaufskonditionen	Parametrierung per Remote-Zugriff, Schnittstelle über Y-Weg vereinfacht	Austausch ohne Veränderung, Sicherstellung Original-Ersatzteile, sichere Diagnose	Aufzeichnung Prozessdaten für Remote Services
Produzierendes Unternehmen	Horizontale Vernetzung einfach möglich	Zentrale Parametrierung möglich, durchgängige Dokumentation und Speicherung der Parameter	Austausch ohne Veränderung, direkte Re-Parametrierung über die Steuerung; somit keine Konfrontation mit unterschiedlichen Menüstrukturen und Bedienphilosophien Diagnose für planbare Instandhaltungsarbeiten und dadurch höhere Verfügbarkeit Protokollierbare Anlagenzustände während des Betriebes erleichtern die Vorbereitung der Wartungsarbeiten	Sensorparameter können während des Betriebs verändert werden, kontinuierliche Maschinendiagnose zur Vermeidung von Bedienfehlern, im Fehlerfall schneller Austausch ohne Fachwissen, Aufzeichnung von Prozessdaten für Qualitätsmanagement
Dienstleister	Einfache Anbindung der Kundendaten in Echtzeit an Server-Datenbank / Cloud	Einfache Nachrüstung ohne Störung des laufenden Betriebs, kein Eingriff in bestehende Automatisierungsstrukturen	Wartungsinformation in Echtzeit, Einsatz von KI-Modellen für Predictive Maintenance	Aufzeichnung Prozessdaten, Diagnose-, Qualitätsdaten für Remote Services

5 IO-Link – Beispielapplikationen in unterschiedlichen Branchen

Bereits vor Industrie 4.0 war klar: Die sinnvolle Filterung von Daten kann nur der vornehmen, der die Applikation des Kunden kennt. Hier ist das Know-how gerade des Maschinenbauers und des Endanwenders gefragt. Beispielsweise weiß man, dass Grenzwerte auch schon einmal bei Maschinenanlauf erreicht werden – das ist normal und keinen Alarm wert. Wenn ein solcher Fall aber nicht vorher in einem entsprechenden Algorithmus berücksichtigt wird, werden auf dem Bildschirm viele überflüssige Alarme dargestellt, die dazu führen, dass wichtige nicht mehr wahrgenommen werden. In der IT-Welt gibt es hingegen nur wenige Menschen, die über diese Art von Applikations-Know-how verfügen.

Kleine, webbasierte und cloud-fähige Software-Applikationen („Apps“) für den Maschinenbau und die Maschinennutzer, die eine einfache Kontrolle für den Menschen ermöglichen, müssen in Zusammenarbeit mit der Automatisierungstechnik entwickelt werden, jetzt, nachdem IO-Link die Basis dafür geschaffen hat. In diesem Kapitel werden typische Praxis-Beispiele zur IO-Link-Anwendung in produzierenden Unternehmen der Branchen Elektronik, Maschinenbau und anderen dargestellt. In der OT werden diese Beispiele „Applikationen“, in der IT „Use Cases“ genannt, die wiederum Grundlage für die Entwicklung von Apps sein können. Entscheidend sind nicht die Details, sondern der Nutzen („Use“), den die einzelnen „User Stories“ darstellen.

5.1 Applikationen in der Elektronikfertigung

Die folgenden zwei Applikationen aus der Elektronikfertigung thematisieren inkrementelle Verbesserungen durch die Flexibilität von IO-Link in der Elektronikfertigung selbst.

5.1.1 Applikationsbeispiel RFID in der Elektronikfertigung

Um das elektronische Herzstück von Elektroautos zu fertigen, sind perfekte Produktionsabläufe nötig. Anforderungen hierbei sind eine 100 %ige Qualitätskontrolle und die jederzeitige Rückverfolgbarkeit der produzierten Baugruppen. Dies gelingt mit der RFID-Technologie, die via IO-Link in die Prozesse integriert wird.

Beschreibung

Die Zollner Elektronik AG fertigt und montiert an ihrem Hauptsitz im oberpfälzischen Zandt mit dem Leistungselektronik-Aggregat das elektronische Herzstück einer bekannten Elektroauto-Reihe. Der Mechatronik-Dienstleister hat dazu in einem rund 2.200 m² großen Reinraum eine modular strukturierte Modul- und Endmontage aufgebaut. Zu den perfekt koordinierten Prozessabläufen über diverse Hand- und teilautomatisierte Arbeitsplätze hinweg trägt die RFID-Technologie von Siemens ihren Teil bei. Entscheidend für die Auswahl des Systems in der Schnittstellenvariante IO-Link, in Verbindung mit mobilen Datenspeichern (Transpondern/ Tags), waren die einfache Anbindung an die Modulsteuerungen, die geringen Systemkosten und die hohe Temperaturbeständigkeit der Tags. Letztere ist beim Vergießen der fertigen Elektronikbaugruppen unabdingbar. Im Reinraum ist die Flachbaugruppenfertigung in Oberflächen- bzw. Durchstecktechnik (SMT/THT), gefolgt von Montage-, Prüf- und Teststationen, untergebracht (**Bild 5.1**).

Umsetzung

Der konsequent modulare Aufbau der Linien mit autark gesteuerten Stationen lässt sich flexibel einsetzen, später einfach modifizieren und weiterverwenden. Zuverlässigkeit und Langlebigkeit in Verbindung mit der Verfügbarkeit von Ersatzteilen sind wichtige Aspekte bei der Auswahl aller Komponenten.

Alles in allem gibt es in der Modul- und der Endmontage rund 100 IO-Link-RFID-Lesestellen zur Steuerung des Fertigungsflusses und zur unmittelbaren Dokumentation jedes absolvierten Arbeitsschrittes in überlagerten Datenbanken (**Bild 5.2**). Qualität ist das oberste Gebot in der Automobilindustrie; sie muss über sämtliche Prozesse hinweg lückenlos nachgewiesen werden und rückverfolgbar sein.

Darum IO-Link

Um Kosten und Aufwand in wettbewerbsfähigen Grenzen zu halten, hat man sich für die RFID-Reader mit integrierter IO-Link-Funktionalität entschieden. Diese ermöglichen eine Anbindung an jede Steuerung oder jeden Feldbus mit IO-Link-Master. Eine spezielle Auswerteelektronik ist nicht mehr notwendig. Eine RFID-spezifische Programmierung ist nicht erforderlich, was auch einen eventuellen Austausch erleichtert. Die schraubbaren Reader mit integrierter Antenne liefern automatisch die vom Transponder gelesenen Daten, hier die ein-eindeutige Identifikationsnummer (UID) des jeweiligen Werkstückträgers. Diese wird am Linienanfang mit dem Basismodul der Leistungselektronik „verheiratet". Anhand der UID wird die Baugruppe an jeder Station identifiziert, der erforderliche Arbeitsschritt über die Steuerung initiiert und an den Handarbeitsplätzen dem Werker eine Arbeitsanweisung angezeigt. Relevante Produktionsdaten (IO/ NIO, Schrauberparameter etc.) werden sofort zurück in Daten-

Bild 5.1: Reinraum zur Fertigung der kompletten Leistungselektronik-Aggregate für Premium-Elektrofahrzeuge (Quelle: Siemens, Zollner)

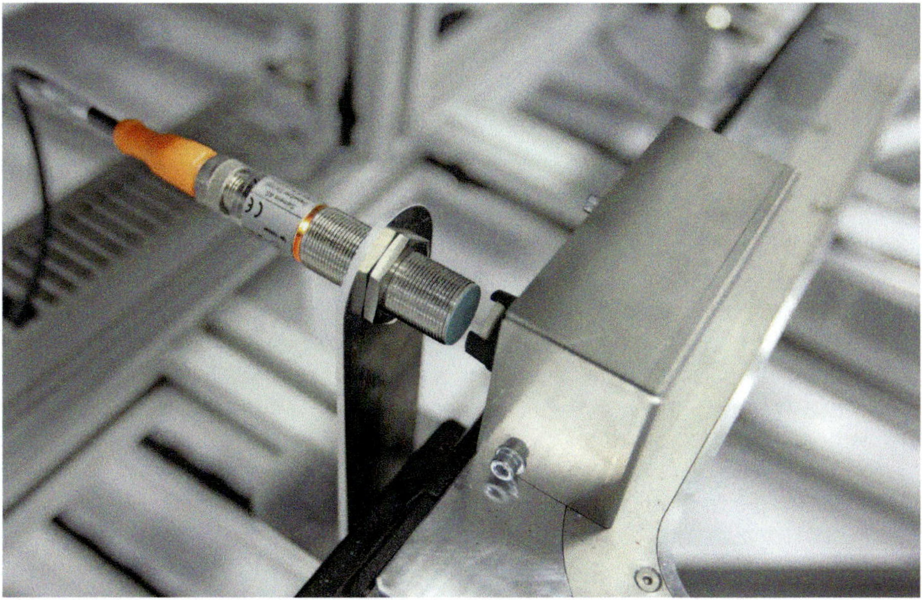

Bild 5.2: RFID-Reader mit IO-Link-Schnittstelle steuern den Weg der Aggregate durch die Fertigung (Quelle: Siemens, Zollner)

banken geschrieben. So werden konsequent die Track-and-Trace-Daten gesammelt, dokumentiert und archiviert. Alternativ könnten auch beliebige Anwenderdaten eines vordefinierten Speicherbereichs gelesen und verarbeitet werden. Die Daten erscheinen dank IO-Link im Prozessabbild der Steuerung, sobald sich ein Transponder im Feld eines Readers befindet.

Die Transponder sind bei jedem Durchlaufen der Vergießanlage für mindestens 20 Minuten einer Temperatur von 100 °C ausgesetzt. Der Transponder ist für den Einsatz bei Temperaturen von bis zu 175 °C ausgelegt und hat sich unter anderem in Industriewäschereianlagen und anderen thermisch anspruchsvollen Prozessen bewährt. Zur einfachen Anbringung werden die chip-förmigen Transponder in Abstandshaltern aus Kunststoff montiert. Diese werden entweder unten in oder seitlich an den umlaufenden Werkstückträgern montiert.

Fazit für den Elektronikfertiger

Seit Ende 2012 fertigt die Zollner Elektronik AG Leistungselektronik-Aggregate ohne Störungen oder Ausfälle. Die gewählte RFID-Kombination aus Reader und Transponder hat sich in der täglichen Praxis bewährt und wurde zwischenzeitlich auch an vielen weiteren Montageanlagen eingesetzt oder dafür spezifiziert. Unterstützung durch den Ausrüster war in diesem Fall nicht nötig, da sämtliche Komponenten einfach zu handhaben sind und durch den IO-Link-Standard an den unterschiedlichsten Steuerungen integriert werden können.

5.1.2 Applikationsbeispiel Energieüberwachung in der Elektronikfertigung

Energie wird in der industriellen Produktion, im Handel und in der Logistik wie in Büro- und Privatgebäuden ein immer wertvolleres Gut. Hier sind Umweltschutzaspekte, Stichwort „Green Energy", und Kostenaspekte im Fokus. Zur Wettbewerbsfähigkeit eines Produktionsprozesses zählen auch die Stückkostenrechnungen für die produzierten Güter. War bisher nur die Gesamtenergiemenge pro Gebäude oder Produktionseinheit bekannt, können diese mit Hilfe von IO-Link auf Maschinen- und Linienebene herunter gebrochen werden. Somit werden aus bisher fixen Energie-Gemeinkosten nun variable, verbrauchsabhängige Stückkosten. Dies erhöht die gesamte Kostentransparenz.

Dies ist auch die Motivation zur genaueren Energiemessung in einer Elektronikfertigung der Firma ifm prover in Tettnang am Bodensee. Im ersten Schritt wurden die Messgeräte maschinenbezogen nachgerüstet und die Energieverbräuche zeitnah visualisiert. In einem zweiten Schritt wurden die aufgenommenen Daten als Grundlage für ein Energieaudit nach DIN EN 16247-1 verwendet. Die Technik wurde durch den eigenen Betriebsmittelbau und das Facility Management Department an die Produktionsanlagen nachgerüstet.

Beschreibung

Die Verbräuche von elektrischer Leistung, von Druckluft und Vakuum, von Kälteenergie des Kühlwassers und von Wasserenergie über Menge, Vorlauf und Rücklauftemperatur bei der Herstellung von Fluidsensorik werden gemessen. Ziel war die Reduzierung und Optimierung der Energie und des Verbrauchs der Industriegase für eine umweltfreundliche „grüne Produktion“ und in einer späteren Phase die Anbindung an das Fertigungs-Controlling.

Umsetzung

Da in einer Elektronikfertigung, die auf mittlere Stückzahlen von Sensormodulen und hohe Flexibilität ausgelegt ist, nichts konstanter ist als die Veränderung, muss sich ein Energiemess-System entsprechend anpassungsfähig gestalten lassen. Neue Maschinen werden hinzugefügt, andere wechseln ihre Position, weitere werden entfernt. Um diesen hohen Flexibilitätsanforderungen gerecht zu werden, wurden standardisierte Energiesäulen definiert (vgl. Messpunkte in **Bild 5.3**), die zu jeder zu erfassenden Produktionseinheit beigestellt und bei Bedarf an anderer Stelle eingesetzt werden können.

Diese Energiesäulen liefern die Versorgung der Fertigungsanlagen mit Druckluft, Strom und Vakuum. Ifm-eigene IO-Link-Prozesssensorik liefert Werte zur Überwachung und Auswertung wie Verbräuche, Spitzenwerte, Diagnosen etc. Die Sensoren sind über Standard-M12-Verbindungsleitungen mit IO-Link-Mastern in Schutzart IP67 verbunden. Die IO-Link-Master verfügen über zwei Ethernet-Ports (Y-Weg) und können direkt in das IT-Netzwerk eingebunden werden. Somit ist auf der Automatisierungsebene kein weiterer IPC (Industrie-PC) oder ein Edge-Gateway erforderlich. Das ausgeführte Layout ist in **Bild 5.4** zu sehen.

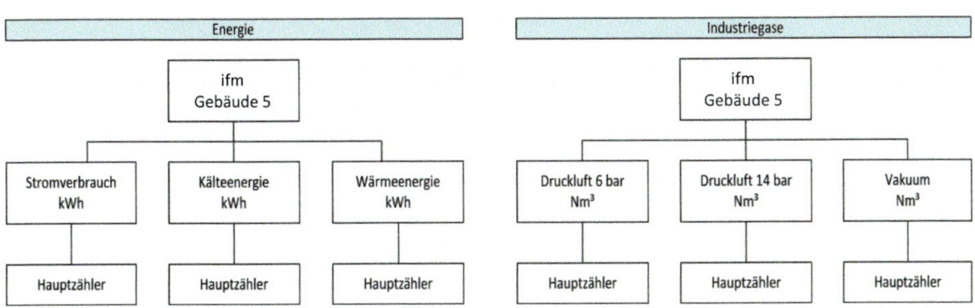

Bild 5.3: Übersicht der Energie-Messpunkte (Quelle: ifm electronic)

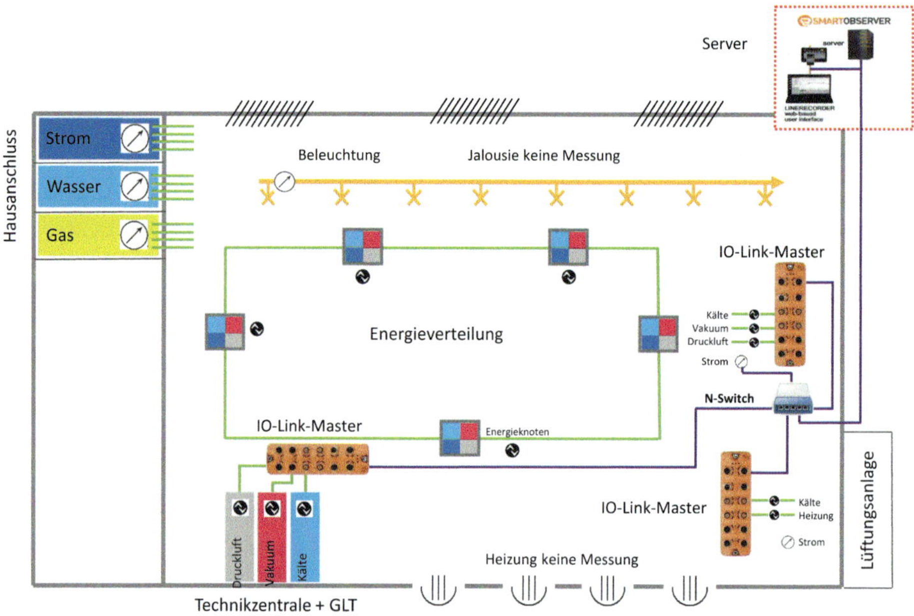

Bild 5.4: Energiemessung Produktionslayout (Quelle: ifm electronic)

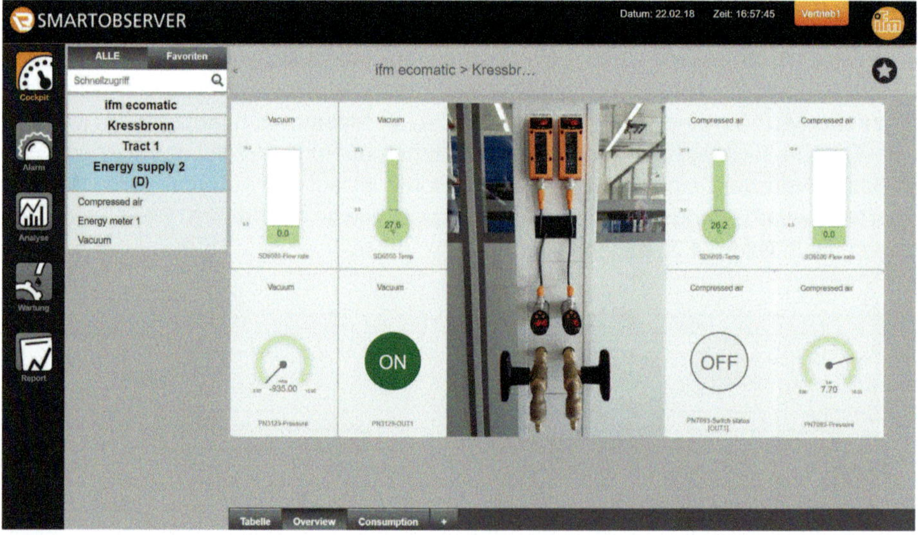

Bild 5.5: Visualisierungs-Cockpit zur Darstellung der Energieverbräuche (Quelle: ifm electronic)

Am „anderen Ende“ des Netzwerks befindet sich ein Applikations-Server, der die Aufgabe hat, die Sensor-Daten in einer Datenbank abzulegen und diese dann in einem Frontend zu visualisieren. Hierfür wird die Software Moneo verwendet. Eine weitere Verbindung zum Fertigungsmodul im ERP-System, in diesem Falle SAP, kann jederzeit nachgerüstet werden.

In der Software-Visualisierung können Analyse, Werteanzeige, Reporting, Alarm Management für gesetzte Grenzwerte und aktuelle Maschinenzustände angezeigt werden. Da es sich um eine HTML-basierte Software handelt, können Energie-Informationen an beliebiger Stelle im Netzwerk mittels gewöhnlicher Computer oder preisgünstiger HMIs angezeigt werden. Auch die mobile Visualisierung auf tragbaren Notebooks, Smartphones oder Tablets ist möglich. In allen Fällen wird auf den Anzeigegeräten lediglich ein Webbrowser benötigt, keine weitere Software muss installiert werden. Die dargestellten Cockpits in der Visualisierung (**Bild 5.5**) und die Position der Instrumente können vom Anwender frei gestaltet werden.

Darum IO-Link

Um Sensoren nachzurüsten und die Daten über IO-Link in eine Serverdatenbank zu schreiben, würde man üblicherweise eine zwischengeschaltete Steuerung oder einen IPC einsetzen. Beide Möglichkeiten erfordern zusätzlichen Hardware- und Softwareaufwand. Die eingesetzten IO-Link-Master bieten einen Software-Agenten, der mit nur wenigen Konfigurationsschritten die eingelesenen IO-Link-Informationen direkt in eine Server-Datenbank schreiben kann, und das auf direktem Weg, ohne weitere Hardware. Dies bedeutet eine schnelle Integration ohne besondere Softwarekenntnisse.

Die eingesetzten IO-Link-Sensoren liefern mehrere Energie-Messwerte mit der üblichen 3-Draht-Anschlusstechnik ohne teure Analogkanäle. Im Einzelnen wurden folgende Sensoren verwendet:

Kälte-, Wärmeenergiemessung

- IO-Link-Durchflusssensor (SM oder SA) für Durchfluss, Temperatur,
- IO-Link-Temperatursensor TR für Temperatur,
- IO Link-Master mit LR Agent 4- oder 8-Ports.

Industriegasmessung – Druckluftverbrauch

- IO-Link-Durchflusssensor SD für Durchfluss, Temperatur, Totalisator,
- IO-Link-Drucksensor PN für Druck, Druckspitzen,
- IO Link-Master mit LR Agent 4- oder 8-Ports.

Industriegasmessung – Vakuumverbrauch

- IO-Link-Temperatursensor TR für Temperaturmessung,
- IO-Link-Drucksensor PN für Druck, Druckspitzen,

- IO Link-Master mit LR Agent 4- oder 8-Ports.

Stromverbrauch

- Stromzähler Siemens für 3-phasige Strommessung.

Software

- LR SmartObserver, Moneo
- MSSQL-Datenbank.

Die Durchflusssensoren SD können vier Messwerte (Durchfluss, Druck, Temperatur und Totalisator = Gesamtmengenzähler) gleichzeitig aufnehmen und übertragen.

Fazit für den Elektronikfertiger

IO-Link-Prozesssensoren eignen sich hervorragend zur Nachrüstung bestehender Anlagen. Sie können direkt mit einer Serverdatenbank verbunden werden. Hierdurch wird es möglich, aktuelle und historische Daten anzuzeigen und über einen längeren Zeitpunkt zu vergleichen. Dies kann Aufschluss über Verschleiß oder variierende Produktionsqualität geben. In Verbindung mit einem Stückzahlzähler und Übernahme in die Kostenrechnung sind Energiekosten bis auf den einzelnen Artikel kalkulierbar und können so nach tatsächlichem Aufwand und nicht nur gleichmäßig auf alles umgelegt werden. Dies führt zu mehr Transparenz im Fertigungsprozess bis zur Managementebene.

5.2 Applikationen im Maschinenbau

Auch im Maschinenbau wird im Zuge von Industrie 4.0 viel darüber nachgedacht, wie die Maschinenanbindung an die IT-Welt dem Kunden einfach angeboten und mit Software Mehrwert geboten werden kann. Wenn die Maschine mit einer IT-Schnittstelle zu den IO-Link-Devices ausgeliefert wird, so ist das ein echter Mehrwert: Der After-Sales-Service des Maschinenbauers ist immer über den Zustand seiner Maschinen informiert und kann so Stillstände bei seinen Kunden auf ein Minimum reduzieren. Und nebenbei gewinnt der Maschinenbauer wertvolle Erkenntnisse über die Qualität seiner Maschinen im Betrieb beim Kunden. Ein solches Erfolgsbeispiel ist der Maschinenbauer GEA, der dafür sorgt, dass bei allen Neumaschinen bereits ein Y-Weg vorhanden und an seine Cloud angebunden ist. Hier muss vom Lebensmittelproduzenten als Endkunden nur noch „der Schalter umgelegt" werden, damit die Daten in das Mission Control Center fließen.

Im Anschluss werden Applikationsbeispiele für IO-Link aus verschiedenen Bereichen des Maschinenbaus aufgezeigt.

5.2.1 Applikationsbeispiel Fördertechnik

Die Fördertechnik führt die Rohstoffe dem Prozess zu, verbindet die einzelnen Arbeitsstationen untereinander und stellt schließlich das Bindeglied für die Fertigprodukte zur Verpackung und zum Versand dar. Die Anforderungen an fördertechnische Anlagen sind grundlegend anders als bei klassischen Montageautomaten. Dies gilt auch für reine Distributions- und Lagersysteme, bei denen keine zusätzliche Wertschöpfung durch Arbeitsstationen stattfindet.

Beschreibung

Förderbänder oder -rollen ziehen sich über größere Entfernungen durch den Betrieb. Oft werden mehrere Förderbahnen über- oder nebeneinander angeordnet; Pufferstrecken, Weichen und Hubtische sind anzusteuern. Die Anzahl der Geräte beschränkt sich auf relativ wenige optische Sensoren zur Erfassung der Güter, induktive Sensoren zur Positionsbestimmung der bewegten Stellglieder, Pneumatikventile zur Ansteuerung der Weichen und Hubtische und natürlich starken elektrischen Antrieben zur Steuerung der Förderbänder.

Besonders in der Fördertechnik als Teilbereich des Maschinenbaus findet ein erheblicher Zuwachs an IO-Link-Sensorik, aber auch an Einbindung in ERP-nahe Supply Chain Management Software statt. In Summe lassen sich die speziellen Anforderungen dafür auf folgende Formel bringen: Große Entfernungen bei relativ wenigen Sensoren und Aktuatoren mit viel Informationsgehalt für die Supply Chain.

Umsetzung

In vielen Fördersystemen werden entlang der Förderelemente Feldbusse eingesetzt. Diese können eine Ausdehnung von bis zu einem Kilometer überbrücken und erlauben das Durchschleifen des Busses durch die angeschlossenen Teilnehmer. Im dargestellten Applikationsbeispiel (**Bild 5.6**) werden dezentrale IO-Link-Master verwendet, die vier oder acht IO-Link-Devices bedienen können. Als IO-Link-Devices werden pneumatische Aktuatoren mit IO-Link verwendet, die die Weichen entsprechend des

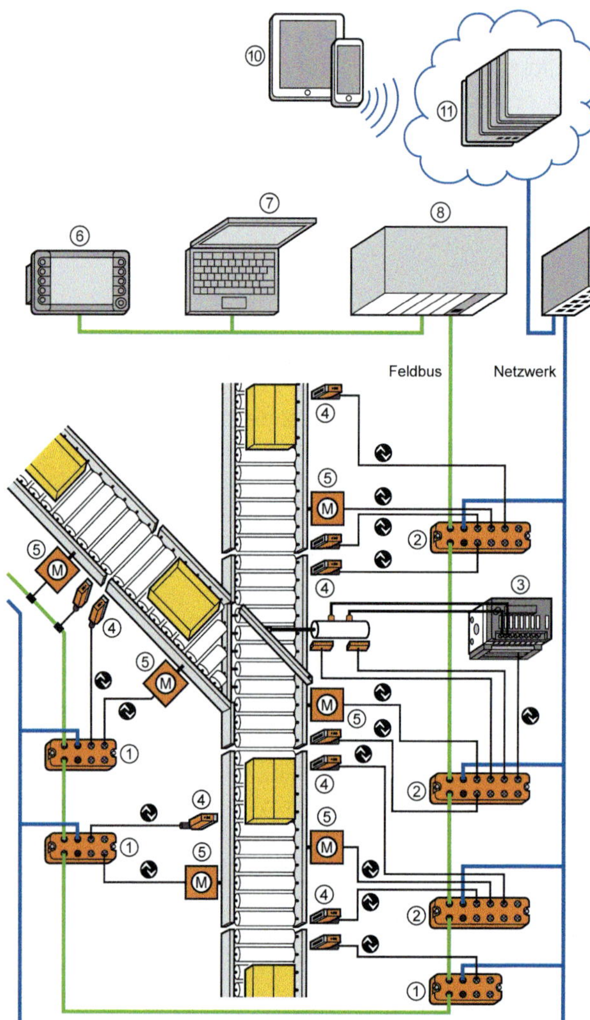

1. IO-Link-Master mit 4 Ports
2. IO-Link-Master mit 8 Ports
3. IO-Link-Ventil
4. Lichttaster mit IO-Link
5. Motorstarter mit IO-Link
6. HMI, Display
7. Personal Computer
8. Maschinensteuerung, SPS
9. IT-Switch
10. mobile Bediengeräte
11. Server, Cloud-Server

Bild 5.6: Ausschnitt aus einer Förderanlage mit intelligenten IO-Link-Geräten und Y-Weg (Quelle: ifm electronic)

vorgegebenen Weges verstellen können. Des Weiteren werden IO-Link-Motorstarter zur Steuerung der Antriebe und optoelektronische IO-Link-Sensoren zur Erfassung der Objekte eingesetzt.

Darum IO-Link

Mit Hilfe von IO-Link können Antriebsparameter azyklisch in die Geräte geladen werden und danach zyklisch verschiedene Geschwindigkeiten, Start/Stop und weitere Signale der Antriebe sehr effizient gesteuert werden. Im Fehlerfall liefert der Antrieb Statusmeldungen über IO-Link und PROFINET an die Steuerung zurück. Ähnliches gilt für Identifikationssysteme und andere intelligente Sensorik. Im Applikationsbeispiel werden die IO-Link-Master dann, analog der Automatisierungspyramide, über PROFINET in die Steuerungsvernetzung, wichtige Diagnosesignale aber direkt über den Y-Weg in die IT-Welt eingebunden.

Die in der Beispielapplikation verwendeten Komponenten machen die simple Inbetriebnahme der IO-Link-Geräte erkennbar. Im vorliegenden Fall hat der Hersteller einige Default-Einstellungen vorgenommen, die dem Installateur die Arbeit erleichtern. Hier wird die Abfolge der Installation Top-down beschrieben; sie ist aber in der Praxis nicht an die Automatisierungspyramide gebunden. Verschiedene Inbetriebnehmer können parallel arbeiten.

- Verlegung der Ethernet-/PROFINET-Kabel, teilweise mit zusätzlichen Switches, zu den verteilten Schaltschränken.
- Elektrischer Anschluss der PROFINET/IO-Link-Gateways. Mit Hilfe der integrierten Switches können Linienstrukturen („Daisy Chaining") einfach realisiert werden, d. h. mehrere Gateways können hintereinandergeschaltet werden. Hierbei spielt es keine Rolle, ob sie räumlich direkt nebeneinander oder in verschiedenen Schränken angeordnet sind.
- Projektierung bzw. Adressierung der Gateways über PROFINET von einem am Netzwerk angeschlossenen Diagnose-PC oder Steuerungs-Master.
- Anschluss der Sensorik und Aktuatorik an die IO-Link-Module. Hier ist ein gemischter Einsatz von klassischen, binären Geräten ohne IO-Link und intelligenten IO-Link-Devices möglich und sinnvoll.
- Hier kommt ein besonderes Feature dieser IO-Link-Master-Module zum Einsatz: der „Plug-and-Com-Modus". Hierunter versteht der Hersteller eine Erweiterung der IO-Link-Funktionen um einen einfachen Inbetriebnahme-Modus: Die IO-Link-Ports im PROFINET-Slave befinden sich im offenen Scanmodus und versuchen, eine IO-Link-Kommunikation mit den IO-Link-Devices aufzubauen. Gelingt dies, so folgen die Geräteinitialisierung und danach das Umschalten in den zyklischen Datenaustausch. Falls es sich um einen Sensor mit reinem Schaltausgang handelt, wechselt das Bus-Modul in den Binärmodus (SIO) und der zugehörige IO-Port arbeitet wie ein klassischer Binäreingang.
- Die Peripherie-Daten stehen jetzt im Gateway-Speicher und somit auch in der überlagerten Steuerung zur Verfügung und können direkt im Anwenderprogramm weiterverarbeitet werden.

Für den späteren Austausch von IO-Link-Geräten ist es wichtig zu wissen, wo und wie die Parameter gespeichert werden. Im einfachsten Falle, wie oben beschrieben, werden die Parameter automatisch ausgelesen und im IO-Link-Master gespeichert. Bei einem Geräteaustausch wird zunächst die Kompatibilität zum Vorgänger geprüft (Identifikation). Ist diese gegeben, erfolgt die automatische Parametrierung des neuen IO-Link-Gerätes mit den Werten des Vorgängers. Andere Vorgehensweisen, z. B. Top-

Down oder Bottom-up zwischen PROFINET-Master-Steuerung und IO-Link-Ports erfordern zusätzliche Funktionsbausteine und Programmierarbeit. Dies kann aber auch durch den Einsatz einer Parametriersoftware wie „Moneo configure" erleichtert werden, indem offline mit den zuvor auf dem PC gespeicherten Parametersätzen oder online über das Netzwerk die IO-Link-Geräte und -Master parametriert werden.

Fazit

Sicher lässt sich die oben angegebene Vorgehensweise nicht bei beliebigen Förderanlagen duplizieren; die Vorteile liegen jedoch auf der Hand: Nur ein Bussystem in der Anlage vereinfacht die Planung, Installation und Inbetriebnahme. Durch voreingestellte Parameter können 80 % der IO-Link-Geräte sofort betrieben werden, ohne umständliche Softwarekonfiguration. Es handelt sich tatsächlich um ein Plug-and-Play-System, das, auch im Fehlerfalle, viele Einstell- und Diagnosemöglichkeiten zur Verfügung stellt.

5.2.2 Applikationsbeispiel Werkzeugmaschinenbau

Die Anforderungen an eine Werkzeugmaschine sind gänzlich andere. Statt eines kontinuierlichen Prozesses mit hoher Verfügbarkeit geht es hier um präzise, automatisierte Metallbearbeitung mit teuren Werkzeugen. Rüstzeiten müssen minimiert, Werkzeuge und teure Spindeln geschont werden. Über Sensoren werden Spindeln und die Schmier- und Kühlmittelzufuhr überwacht, um die Maschine und das Werkzeug vor Beschädigung zu schützen. Bei der Schmier- und Kühlmittelzufuhr reicht es nicht mehr, nur ein Gut-/Schlechtsignal zu bekommen.

Beschreibung

Eine Werkzeugmaschine bearbeitet Werkstücke automatisiert nach einem vorgegebenen Programm. In diesem Beispiel geht es um Produktionsdrehautomaten der Firma INDEX-Werke (**Bild 5.7**). Für die Qualität der Bearbeitung ist ein konstanter Hydraulikdruck ein wesentliches Kriterium. Mittels vier Drucksensoren werden die Spanndrücke von Haupt- und Gegenspindel gemessen. Nach einem Sensorwechsel war bisher eine zeitintensive und fehleranfällige manuelle Neukonfigurierung erforderlich. Eine fehlerhafte Konfiguration eines Sensors konnte im Extremfall zu einem Maschinenschaden führen. Ziel war die automatische Konfigurierung der Drucksensoren durch die Steuerung. Außerdem war die Einsetzbarkeit von Drucksensoren unterschiedlicher Lieferanten zu gewährleisten.

Umsetzung

Durch den Einsatz von Drucksensoren mit der herstellerneutralen IO-Link-Schnittstelle konnten beide Anforderungen erfüllt werden. Die IO-Link-Schnittstellen der Drucksen-

Bild 5.7: Werkzeugmaschine (Quelle: INDEX-Werke)

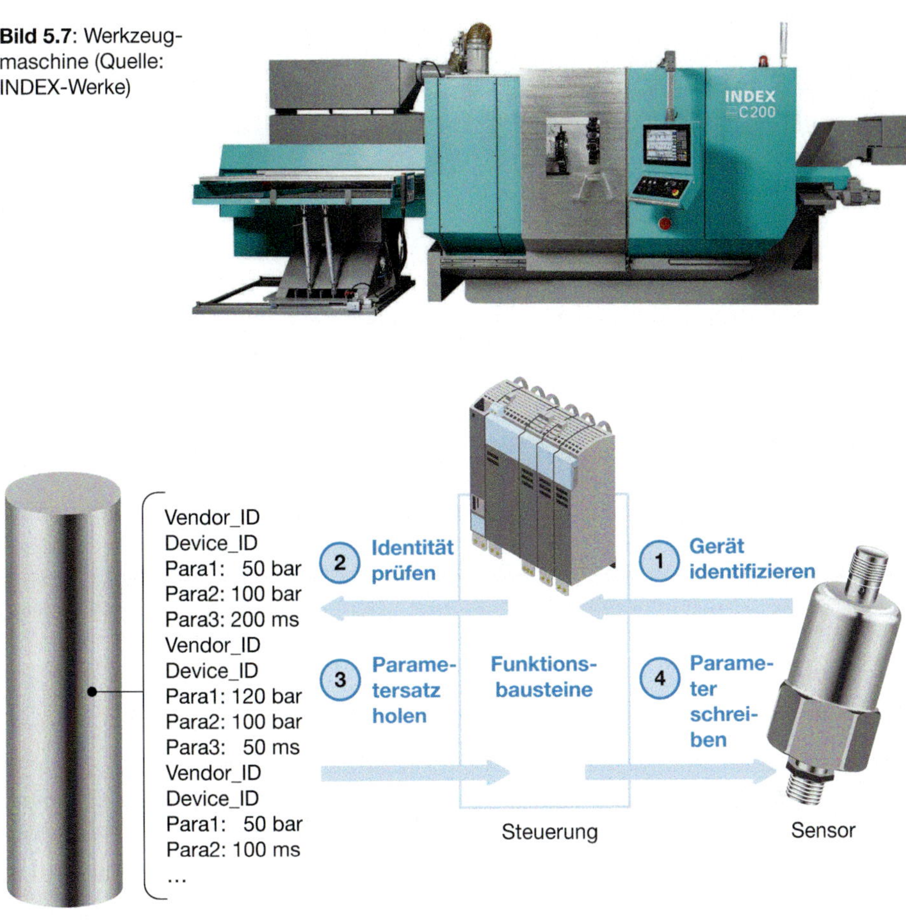

Bild 5.8: Automatische Sensor-Identifikation und Parametrierung (Quelle: Balluff)

soren werden über eine Profibus-Masterbaugruppe an die Steuerung angeschlossen. Parametrierung und Diagnose erfolgen automatisch durch einen Funktionsbaustein in der Maschinensteuerung (**Bild 5.8**).

Bei der Parametrierung werden vom Funktionsbaustein zunächst über IO-Link die Identifikationsparameter der angeschlossenen Drucksensoren abgefragt. Anschließend wird per Datenbankvergleich geprüft, ob diese Sensoren für die Maschine zugelassen sind. Im positiven Fall findet der Funktionsbaustein die zu den Sensoren gehörigen Konfigurations-Parameter ebenfalls in der Datenbank. Diese werden dann via IO-Link automatisch in die jeweiligen Sensoren geschrieben. Zu den Parametern gehören z. B.

Grenzwerte für Über- und Unterdruck als Ansprechschwelle für den Schaltausgang und eine Mindestdauer für Grenzwertüberschreitungen, bei denen ein Alarm ausgegeben wird. Im Betrieb braucht dann nur ein Schaltsignal überwacht zu werden, im Fehlerfall steht jedoch auch der vollständige Messwert für Diagnosezwecke zur Verfügung.

Darum IO-Link

Durch die automatische Parametrierung und Diagnose per IO-Link-Schnittstelle über die Maschinensteuerung konnten die INDEX-Werke Zeit bei der Inbetriebnahme einsparen. IO-Link ermöglicht auch die Austauschbarkeit von Sensoren unterschiedlicher Hersteller. Außerdem werden die Sensordaten für eine Fernwartung zugänglich. Die INDEX-Werke vermieden bisher den Einsatz von Analogsensoren, da analoge Signale, wenn diese z. B. neben Motorleitungen entlanglaufen, elektromagnetischen Störungen unterliegen. Bei der jetzigen Verwendung digitaler Signale über das störfeste IO-Link kann auf ungeschirmte Standardleitungen zurückgegriffen werden. Die Platzierung der IO-Link-Sensoren erfolgt dort, wo der Messwert aufgenommen werden muss. Die Hydraulikleitungen müssen nicht mehr so konstruiert werden, dass der Bediener oder Instandhalter von einem Sensor-Display Werte ablesen kann. Alle Werte werden nun direkt auf der Steuerung und dem großen Display angezeigt oder können dort abgerufen werden.

Fazit für Maschinenbauer

Wurden die Sensoren früher bei der Endmontage durch Fachpersonal eingestellt, übernimmt dies jetzt die Steuerung beim Hochfahren automatisch. Das Einstellen der Sensoren vor Ort entfällt. Somit ist sichergestellt, dass der richtige Sensor an der richtigen Stelle sitzt. So kann ein Drucksensor im Servicefall auch schneller getauscht werden – einschrauben, Stecker drauf, fertig! Es entstehen also Kosteneinsparungen bei der Montage im Werk und für den Endkunden bei der Produktion.

Die neuen IO-Link-Drucksensoren sind kostengünstiger als die Vorgänger, da auf das 7-Segment-Display und die Teach-Tasten verzichtet werden kann, bei gleichzeitig erhöhter Schutzart von IP68 oder IP69K.

Weitere Applikationen bei Werkzeugmaschinen

Ähnliche Applikationen für smarte IO-Link-Sensoren gibt es auch in anderen Bereichen der Maschine, z. B. im Hydraulikaggregat, bei Temperatur-, Füllstands- oder Positionssensoren. Natürlich lassen sich alle Messwerte und Sensorparameter von der Steuerung aus zur weiteren Auswertung in eine Datenbank übernehmen. In Richtung Industrie 4.0 und zustandsorientierter Wartung sind Vibrationssensoren zur Spindelüberwachung mit IO-Link als Ergänzung sinnvoll.

5.2.3 Applikationsbeispiel Sondermaschinenbau

Hersteller von Sondermaschinen stehen vor großen Herausforderungen. Auf der einen Seite wird jede Maschine individuell auf die Kundenanforderungen hin gebaut und zum anderen drücken ausländische Konkurrenten die Preise aufgrund geringerer Lohnkosten. Es gibt sicherlich einige Wege aus dem Dilemma, aber warum nicht Technologien wie IO-Link nutzen, die mehr Effizienz in die Konstruktion bringen?

Was macht das Kern-Know-how vieler Sondermaschinenbauer aus? Sicherlich ist die Erfahrung in spezifischen Applikationen wie Löten, Montieren, Entgraten, Lackieren usw. aus der Vergangenheit der Technologievorsprung gegenüber Neulingen. Lediglich die zu verarbeitenden Teile, die Produktionsabläufe oder andere Randbedingungen sind anlagen- oder kundenbezogen unterschiedlich. Seltener werden komplette Verfahren gänzlich neu entwickelt. Allen Applikationen im Sondermaschinenbau sind aber zwei wesentliche Anforderungen gemein: Termintreue und günstiges Preis-/ Leistungsverhältnis. Beide Punkte können mit IO-Link positiv beeinflusst werden.

Gerade im Sondermaschinenbereich ist es schwierig, präzise Liefertermine anzugeben, weil jede Konstruktion neu und individuell ist und es damit keine genauen Werte für die Konstruktion, die Beschaffung, den Bau und die Inbetriebnahme der Anlage gibt. Die Vorteile von IO-Link bei Terminfindung und -treue ergeben sich aus dem modularen Aufbau der Konstruktion und Fertigung und der Standardisierung von Ein-und Ausgabekomponenten.

Durch einen modularen Aufbau der Maschine ergeben sich mehrere, besser kalkulierbare Teilprojekte. Dies führt meist zu einer genaueren Gesamtkalkulation der Sondermaschine, da es für diese Teilprojekte bereits konkrete Erfahrungswerte gibt. IO-Link unterstützt, gemeinsam mit einem Feld- oder Rückwandbus, diese Modularität. Mussten bislang oft verschiedenste E/A- oder Schnittstellenkarten im Raster von acht oder 16 Kanälen gekauft werden, lassen sich jetzt viele Funktionen mit IO-Link-Modulen realisieren. Dies führt zu weniger ungenutzten Ein- und Ausgängen und mehr Kostentransparenz.

Ein wichtiger Pluspunkt ist die einfache Erweiterung der Ein- und Ausgänge mit Hilfe von IO-Link-E/A-Modulen, die einen Port um bis zu 32 digitale Eingangsbits oder entsprechende Analogeingänge erweitern können. Dies schafft viel Flexibilität, wenn ein paar Sensoren kostengünstig hinzugefügt werden sollen.

Die Lagerhaltung kann dank IO-Link verschlankt werden, da eine Komponente viele herkömmliche Komponenten (digitale Eingänge, digitale Ausgänge, analoge Ein-/ Ausgänge, Temperatureingänge) ersetzen kann. Somit sind auch Stücklisten und Verdrahtungspläne übersichtlicher. Bei Neukonstruktionen kann auf wenige vorhandene Standardsituationen zurückgegriffen werden. In Verbindung mit einem Feldbus bei ausgedehnten Anlagen oder einer lokalen CPU können IO-Link-Klemmen auf den internen Rückwandbus gesteckt werden.

Da viele IO-Link-Sensoren preisgleich gegenüber ihren nicht kommunikationsfähigen Geräten angeboten werden, können die Einkaufsvorteile vollständig realisiert werden. IO-Link-Ports liegen in der Größenordnung analoger Eingangskanäle. Ein weiterer Vorteil von IO-Link liegt in der kostengünstigen 3-Leiter-Verdrahtung mit ungeschirmten Standard-M12-Verbindungsleitungen. Dies ist wesentlich einfacher zu realisieren als die meisten anderen Kommunikationsschnittstellen auf RS232/RS485- oder Ethernet-Basis. Schließlich ist auch die Einbindung in kundeninterne IT-Systeme über den Y-Weg eine kalkulierbarere Größe.

Alles zusammengenommen ergeben sich also gut kalkulierbare Kosten bei hoher Flexibilität und unkomplizierter Erweiterbarkeit.

Anwendungsfall Montagelinie für Hydraulikzylinder

Bei dieser im Folgenden beschriebenen Hydraulikzylinder-Montageanlage standen in erster Linie die vielfältigen Installationsvorteile sowie die enorme Zeit- und Kostenersparnis bei der Systementscheidung im Vordergrund. Automatisieren mit IO-Link steht aber auch für höchst flexible Parametrierungs- und Produktionskonzepte. In Kooperation mit Balluff hat Weber-Hydraulik in Güglingen bei Heilbronn eine teilautomatisierte Anlage realisiert, die unterschiedliche Hydraulikzylinder nonstop und effizient montieren kann. IO-Link sammelt dort sämtliche Signale der Prozessebene ein (**Bild 5.9**).

Beschreibung

Noch vor kurzem war im Hause Weber die Montage von Hydraulikzylindern in weiten Teilen Handarbeit. Heute übernimmt eine U-förmige, rund zehn mal sechs und in der Höhe drei Meter messende Anlage diese Aufgabe, unterstützt von drei Werkern. Vorne werden Zylinderrohr und Kolbenstange paarweise auf Werkstückträgern in Position gebracht, hinten kommen fertig montierte, qualitätsgeprüfte und individuell gekennzeichnete Hydraulikzylinder heraus. Die individuell auf die Bedürfnisse hin entwickelte Anlage setzt dabei auf den vielseitigen Kommunikationsstandard IO-Link. Die neue teilautomatisierte Fertigungslinie, auf der rund 25 unterschiedliche Zylin-

Bild 5.9: Montagelinie für Hydraulikzylinder (Quelle: Balluff)

dertypen produziert werden können, kommt mit sehr kurzen Umrüstzeiten aus.

Umsetzung

Sämtliche Aktoren und Sensoren werden über einheitliche M12-Standardkabel und IO-Link-Module (Sensorhubs) angeschlossen und über einen IO-Link-Master via PROFINET mit der Bus- bzw. Steuerungsebene verbunden (**Bild 5.10**). Ergebnis: Fehlerfreies Stecken statt lästigem Verdrahten, keine Sonderkabel oder Steckkarten, übersichtliche Verhältnisse vom Feld bis in den Schaltschrank.

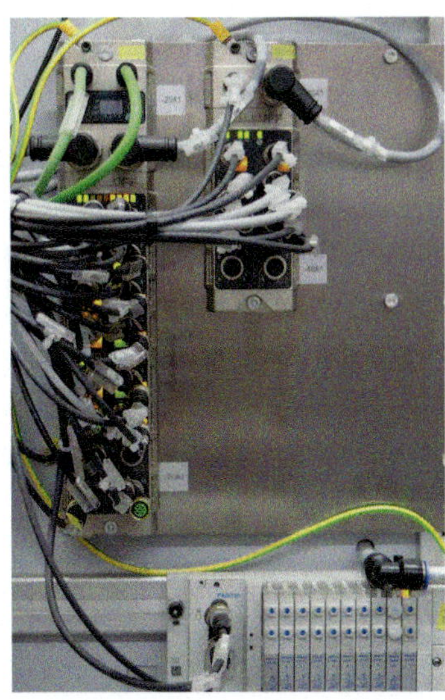

Bild 5.10: PROFINET-Master und IO-Link-Hub im robusten Metallgehäuse (Quelle: Balluff)

Darum IO-Link

Die einfache Art der Verkabelung, der modulare Anlagenaufbau, das simple Zusammenfügen einzelner Segmente und die schnelle und einfache Installation und Inbetriebnahme waren überzeugende Argumente für IO-Link. In der gesamten Anlage sind fünf verschiedene magnetostriktive Positionsmesssysteme, zwei Ultraschall-, acht Drucksensoren, mehrere Induktiv- und Magnetfeldsensoren, neun IO-Link-Sensor-/Aktormodule, zwölf RFID-Schreib-/Leseköpfe (**Bild 5.11**), sechs Netzwerk-Module für PROFINET und sieben Signalleuchten vom Typ SmartLight im Einsatz. Diese sind allesamt ganz einfach über IO-Link angebunden, immer ausnahmslos über das standardisierte Dreidrahtkabel.

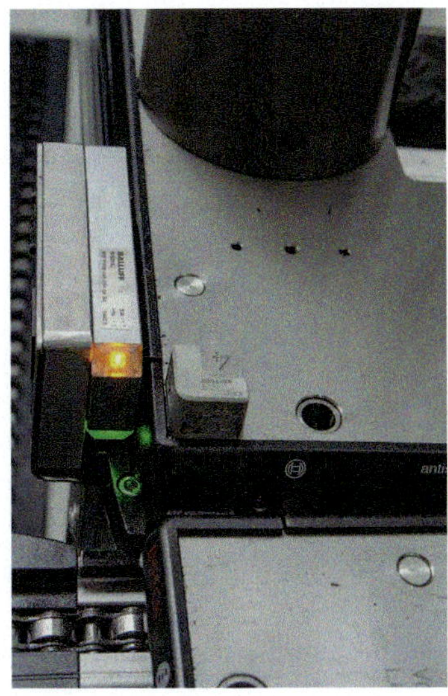

Bild 5.11: RFID Schreib-/Lesekopf zur Produktionssteuerung (Quelle: Balluff)

Anhand der im Chip des Werkzeugträgers gespeicherten Informationen erkennt das RFID-Lesegerät am Eingang zur Anlage, welcher Zylindertyp in die Anlage fährt. Dementsprechend sind die auszuführenden Aufgaben und erforderlichen Montageteile eindeutig definiert. An der ersten Station werden Gelenklager von Hand auf eine Zuführschiene gesetzt. Die weithin sichtbare IO-Link-Signalleuchte signalisiert dem Werker den aktuellen Status der Station: Automatik-/Handbetrieb, alles OK, Störung, Bedienereinsatz erforderlich, bitte nachfüllen u. v. m.

Das Besondere an SmartLight: Via IO-Link ist sie frei und einfach programmierbar, Farben und Zonen sind nicht fest zugewiesen.

Eine hydraulische Vorrichtung presst die Gelenklager vollautomatisch in das Auge von Zylinderrohr und Kolbenstange. Positionssensoren überwachen die Ausgangslage, ein Drucksensor den korrekten Einpressdruck, das Ergebnis wird an die Rechnerebene übermittelt und dokumentiert. Über ein Rollenband gelangt das Doppel aus Zylinderrohr und Kolbenstange zu aufeinander folgenden Hand- und Montagestationen: Ein Bediener legt Führungsringe, Buchsen und Lager ein. Mit einem Magnetgreifer dreht er das Rohr, eine Kamera kontrolliert, ob sämtliche Teile korrekt verbaut sind. Ist alles in Ordnung, werden Zylinderrohr und Kolbenstange dauerhaft zusammengefügt. Wegmesssysteme überwachen die korrekte Position des Zylinderrohres im Montageprozess. Ein Werker arretiert den Springring von Hand in seiner finalen Endposition und verschließt den Stopfen.

Die nachfolgende automatisierte Hydraulik-Station prüft jeden Zylinder mittels einer Nieder- und Hochdruckmessung bis 275 bar auf Qualität und Funktionsfähigkeit. Treten Unregelmäßigkeiten oder gar Undichtigkeiten auf, wird dies im RFID-Chip vermerkt und der Zylinder anschließend als NIO-Teil („Nicht in Ordnung“) aussortiert. Am Ende des Prozesses bringt ein Laser u. a. aus Gründen der Rückverfolgbarkeit eine individuelle Seriennummer auf. Final prüft ein RFID-Lesekopf, ob der Werkstückträger tatsächlich ein IO-Teil transportiert.

Fazit eines Sondermaschinenbauers

Die realisierte Anlage repräsentiert in weiten Teilen das, was man unter intelligenter Fertigung versteht: Die im Werkstückträger sitzenden RFID-Chips sind mit jenen Informationen ausgestattet, die an den jeweiligen Montagestationen benötigt werden: Zylindertyp, Arbeitsschritte, benötigte Bauteile, Hublänge für Endprüfung. Steht ein neuer Zylindertyp zur Montage an, muss die Anlage nicht erst komplett leergefahren werden: Über zentral hinterlegte Parameter-Rezepte ist Sensorik und Aktorik on-the-fly umgestellt. Die abschließende Kernaussage lautet: „Mit IO-Link haben wir einen Standard, der flexibel und in keinem Punkt oversized ist“ [Keller, Zosel 2017].

5.2.4 Applikationsbeispiel mobile Arbeitsmaschinen

Im Fahrzeugbau, besonders bei mobilen Arbeitsmaschinen, nehmen die elektronischen Funktionen zu. Ihre Einsatzfelder liegen in der Mensch-Maschine-Unterstützung, Sicherheitsüberwachung, Lokalisierung und Prozessoptimierung. Mobile Arbeitsmaschinen trifft man auf Baustellen, in der Land- und Forstwirtschaft, als Kommunalfahrzeuge und in Transport- und Logistikapplikationen. Bei den meisten mobilen Applikationen werden an die verwendeten Sensoren, Aktuatoren, Module,

Steuerungen und Displays erhöhte Umweltanforderungen gestellt. Angefangen vom erhöhten Temperaturbereich über die Schock- und Vibrationsfestigkeit bis hin zu EMV-Anforderungen durchlaufen diese Geräte bei der Entwicklung und Herstellung besondere Testvorgaben, um im harten Einsatz zu überleben.

Eine weitere Besonderheit bei mobilen Applikationen ist die zwangsläufige Datenverbindung zwischen Maschine und Leitwarte über drahtlose Netzwerke. Hier haben sich je nach räumlicher Verfügbarkeit WLAN-Netze, z. B. bei wiederkehrenden Fahrten eines Müllfahrzeugs ins Depot, Mobilfunknetze bei regelmäßiger Kommunikation zu Erntefahrzeugen und in abgelegenen Teilen Australiens oder auf Schiffen auch schon mal Satellitenverbindungen bewährt. Hierbei sind die Kosten für die mobilen Daten ein wichtiges Kriterium, das bei der Konzeption der „Mobilen Arbeitsmaschine 4.0" von Beginn an eingeplant werden muss.

Über drahtlose Modemverbindungen, wie in **Bild 5.12** dargestellt, müssen Diagnose- und Störungsinformationen vom Fahrzeug an die Überwachungszentrale gesendet und im Umkehrschluss Steuer- und Parameterinformationen empfangen und direkt verarbeitet werden. Bei mobilen Arbeitsmaschinen war man schon früh auf eine funktionierende Anbindung zur IT-Welt angewiesen, bevor es den Begriff „Industrie 4.0" gab.

Die Kommunikationswege vom stationären Rechner bis in die Steuerung, die Sensorik und die Aktuatorik der mobilen Maschine hinein sind bereits mit hinreichend funktionalen Gerätelösungen abgedeckt. Meist bildet aber die Steuerung und die Ein-/Ausgabeebene die Kommunikationsbremse hin zur untersten Ebene der Sensoren und Aktuatoren. Deren Prozesssignale werden oft über digitale oder Strom- oder Spannungsschnittstellen übertragen. Wichtige Vor-Ort-Diagnosedaten bleiben für

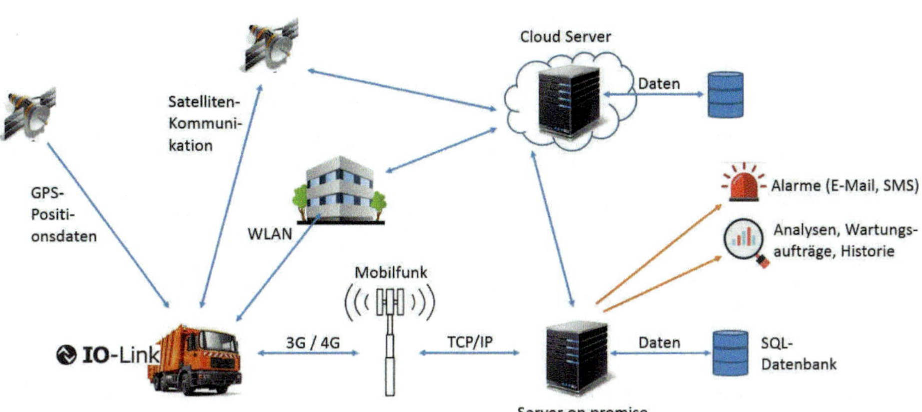

Bild 5.12: Kommunikationsstrecke zwischen Zentrale und Fahrzeug

die Steuerung ebenso verborgen wie für Software im Remote-Zugriff, werden oft nur optisch angezeigt oder aus der logischen Verknüpfung mehrerer Zustandsinformationen oder dynamischer Bewegungsauswertungen erzeugt. Dabei haben viele mobiltaugliche Druck-, Temperatur- und Positionssensoren bereits leistungsfähige Prozessoren, die über IO-Link in der Lage sind, Vorausfallsituationen, Übertemperatur, Überdruck oder andere anormale Anlagenzustände zu diagnostizieren und an die Steuerung zu melden. Ein Beispiel sind vor allem IO-Link-Neigungssensoren speziell für die Anwendung in mobilen Arbeitsmaschinen (**Bild 5.13**) zur Lastmomentenberechnung bei Kranen, Kippsicherung, Benutzerführung, Vermeidung gefährlicher Zustände u. v. m. Jedes Smartphone ist heute mit einem Neigungssensor ausgestattet, aus dem sich z. B. eine Wasserwaage-App ableiten lässt. Die Menge an – sinnvollen – Informationen aus einem IO-Link-Neigungssensor in der Industrie ist ebenso beeindruckend.

Im Fahrzeugbau gilt der CANopen-Bus als weltweiter Quasi-Standard. Er verbindet Motoraggregate mit Klimatechnik, Bewegungssteuerungen und Zubehör. Er ist somit auf dem gesamten Fahrzeug und evtl. dem Anhänger verfügbar. Mit Hilfe gängiger CANopen/IO-Link-Gateways oder E/A-Modulen mit integrierten IO-Link-Ports kann somit sehr einfach die Verbindung zu den intelligenten Sensoren hergestellt werden.

Lange Zeit wurde die von IO-Link verlangte 24 V-Spannung als Hindernis zur Anwendung in mobilen Arbeitsmaschinen gesehen. Dies ist jedoch für neuere Maschinen nicht mehr der Fall: Fast überall ist von der traditionell niedrigeren Spannung aufgrund veralteter Batterietechnik und erhöhten Leistungsanforderungen in mobilen Arbeitsmaschinen abgerückt worden.

Anwendungsbeispiel Containerlogistik

Ein weiteres Beispiel für besondere Umgebungsbedingungen ist der Einsatz von Sensoren, Modulen und Steuerungen im Bereich der Container-Terminals. Geräte und Maschinen sind permanent rauen Umgebungsbedingungen ausgesetzt wie Hitze, Kälte, Nässe, Schlamm, Staub, Schock und Vibrationen, oft sogar noch Blitz und Donner. Die großen Ship-to-Shore (STS)-Krane (**Bild 5.14**) dienen der Entladung und Beladung der Containerschiffe und der Umsetzung der Container auf Schiene, LKW oder AGV (Automated Guided Vehicle, automatisch gesteuerte Fahrzeuge). Hierzu besitzt jeder Kran einen sogenannten Spreader, also eine Aufnahmevorrichtung für einen oder mehrere Standard-Container.

Diese Spreader sind mit Stahlseilen und fahrbaren Katzen mit dem eigentlichen Kran verbunden und werden von dort aus gesteuert. Als elektronische Kommunikation zwischen Spreader und Kran-Führerkabine dient ein klassischer Feldbus, wie z. B. AS-Interface oder CAN. Im Kran erfolgt dann eine Umsetzung auf die klassische SPS-Schnittstelle. Von hier aus erfolgt die logistische und Diagnosedaten-Anbindung an die oft weit entfernte Leitstelle. Dies kann per Draht oder drahtlos erfolgen. Moderne

Bild 5.13: IO-Link-Neigungssensor in der mobilen Arbeitsmaschine (Quelle: ifm electronic)

Bild 5.14: Ship-to-Shore-Krane in einem Containerterminal (Quelle: ifm electronic)

Spreader verfügen auch bereits über eine Funk-Schnittstelle an Bord, die betriebsrelevante Alarme und andere Betriebsdaten direkt an die Einsatzzentrale übermittelt.

Die Spreader sind im Betrieb erhöhten mechanischen Belastungen ausgesetzt. Jeder einzelne befördert bis zu 30 Container die Stunde. Ein Ausfall führt zu einer nicht termingerechten Löschung der Ladung, was erhebliche Kosten für den Betreiber nach sich zieht.

Daher kommt einer kontinuierlichen Überwachung der Vitalfunktionen auf dem Spreader eine extrem wichtige Funktion zu. Hierbei stehen zwei Applikationen besonders im Fokus: Mittels induktiver Sensoren werden die vier Aufnahmevorrichtungen an den Ecken mit je drei Sensoren überwacht, die folgende Informationen liefern: Flipper UP/DOWN, Spreader LANDED und Swivel LOCKED/UNLOCKED. Container dürfen grundsätzlich nur bewegt werden, wenn alle vier Aufnahmen geschlossen und verriegelt sind, da ansonsten der Container herunterfallen könnte. Mit IO-Link ist die zusätzlich gewünschte Drahtbrucherkennung zu allen Sensoren bereits automatisch enthalten, da alle 2,3 ms eine aktive Kommunikation zum IO-Link-Master stattfindet (**Bild 5.15**). Natürlich müssen die Master, genau wie die Sensoren, Vollverguss haben, eine Schutzart von mindestens IP67 und hohe Schock- und Vibrationsanforderungen erfüllen.

Bild 5.15: Induktive Näherungsschalter am Spreader (Quelle: ifm electronic)

Kompakte elektronische Drucksensoren mit IO-Link überwachen den Betriebsdruck auf dem Spreader (**Bild 5.16**). Dieser wird über Kompressoren direkt auf dem Spreader erzeugt und ist die Grundvoraussetzung für die Funktion aller Bewegungen. Zur Ansteuerung der Hydraulikventile müssen die binären Ausgänge an den Modulen für einen Dauerstrom von 2A ausgelegt sein.

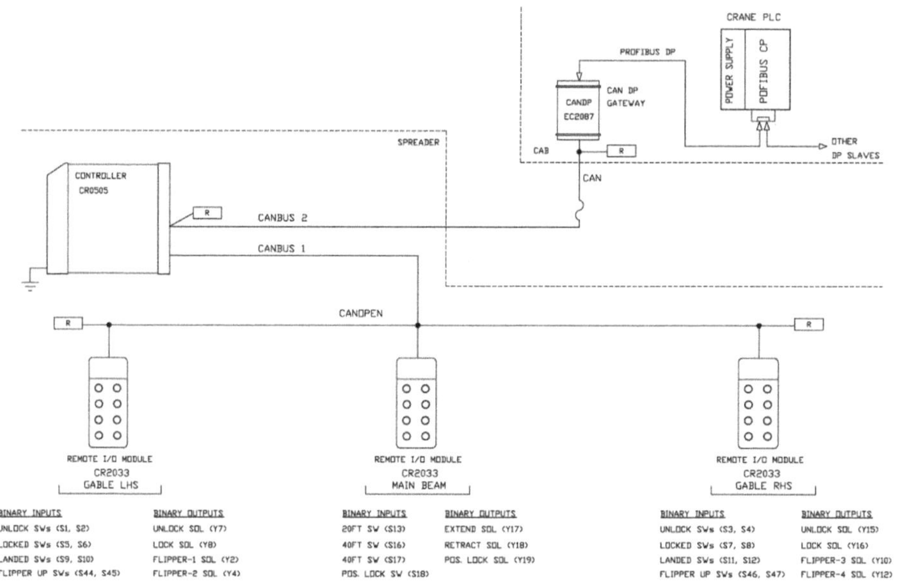

Bild 5.16: Typischer Elektronikplan eines Spreaders (Quelle: ifm electronic)

5.2.5 Applikationsbeispiel Gießereimaschine

Die Firma Laempe Mössner Sinto ist Weltmarktführer für Kernmachereitechnologien in der Gießereiindustrie und einer der wenigen Hersteller von Kernschießmaschinen weltweit (**Bild 5.17**). Die Maschinen produzieren Sandkerne für den Metallguss. Wenn beispielsweise ein Motorblock gegossen wird, setzt man diese im Inneren der Gussform als Platzhalter für die späteren Hohlräume des Motors ein. Die Kerne werden aus einem Sand-Binder-Gemisch mit hohem Impuls durch Druckluft innerhalb von 0,3 bis 0,5 Sekunden in eine Form – den Kernkasten – „geschossen". Anschließend härtet das Formstoffgemisch im geschlossenen Kernkasten durch Prozessgas oder Wärme aus und kann entnommen werden. Nach dem Gießen verliert der Binder seine Festigkeit durch die Temperatureinwirkung der eingefüllten Schmelze. Die Kerne zerfallen, der Sand kann aus dem Gussstück ausfließen und hinterlässt die gewünschte Innenkontur. Ein wesentliches Ziel der Hersteller sind dabei kurze Taktzeiten. Die dem Kernherstellungsprozess nachgeschalteten Formanlagen „verschlingen" die Kerne teilweise im 15-Sekunden-Takt. Doch nicht nur die Taktzeit ist entscheidend; denn Gießereien haben nur eine Zukunft, wenn sie umweltverträglich produzieren, und den gestiegenen Anforderungen des Arbeitsschutzes gerecht werden. Die weit verbreiteten organischen Bindemittel für den Sand verbrennen beim Gießen und emittieren dabei schädliche Abgase, die mit aufwendiger Filter- und Absaugtechnik beseitigt werden müssen. Deshalb hat das Unternehmen auf dem Weg zu einer „weißen Gießerei" die Kernfertigung mit anorganischen Bindemitteln maßgeblich vorangetrieben.

Bild 5.17: Gießereimaschine (Quelle: Turck)

Beschreibung

Das Kernkastenoberteil der Kernschießmaschine ist aus der Produktionsstellung heraus um 90 Grad in eine Wartungsstellung schwenkbar. Das kann mehrmals pro Stunde notwendig sein, um den Kasten auf Rückstände zu überprüfen und zu reinigen. Die Schwenkbewegung wurde bislang mit Endschaltern erfasst. Um das Schwenken zu beschleunigen, hatte man zwei weitere Näherungsschalter für die Eilgang/Schleichgang-Umschaltung vor dem Erreichen der Endlagen montiert. Ganz problemlos war diese Lösung nicht, da der verfügbare Bauraum für die Halter beschränkt ist. Bei vier Initiatoren wird das noch schwieriger, weil die zwei zusätzlichen auch irgendwo Platz finden müssen. Außerdem ist jeder weitere Sensor im rauen Betriebsumfeld der Gießereimaschine eine potenzielle Fehlerquelle.

Umsetzung

Die Lösung lag im Erfassen der gesamten Schwenkbewegung. Wenn die Drehbewegung direkt an der Drehachse erfasst wird, hat man garantiert eine tragende Stelle zur Montage des Encoders. Der ausgewählte, robuste Single-Turn Drehgeber von Turck mit IO-Link-Ausgang arbeitet mit einem Messprinzip, das auf einer innovativen Schwingkreiskopplung basiert und keine magnetischen Positionsgeber erfordert. Der Drehgeber kann über IO-Link parametriert werden, z. B. der frei wählbare Nullpunkt. Das Gerät ermöglicht auch eine vorausschauende Wartung. Neben den 16 Bit, die als Positionssignal ausgegeben werden, überträgt der Encoder auch 3 Byte Status-Informationen. Diese erhöhen den Diagnosedeckungsgrad und geben an, ob der Positionsgeber richtig erfasst oder im Grenzbereich betrieben wird.

Mit dieser Information ist über die Steuerung frühzeitig erkennbar, wenn sich durch Schläge oder Stöße Drehgeber oder Positionsgeber gelöst haben – und das, bevor es zu einem Signalausfall kommt. Direkt am Drehgeber zeigen LED diese Information ebenfalls an und erleichtern so die Diagnose im Feld und die korrekte Montage (**Bild 5.18**).

Darum IO-Link

An den Maschinen befinden sich viele intelligente Bauteile, die bisher üblicherweise einen Busanschluss hatten. Beim Wegmesssystem mussten die Betriebsspannung und zwei Busleitungen einzeln angeschlossen werden. Alle drei Leitungen wurden auf Schleppketten verlegt und waren dementsprechend stark beansprucht. Um einen Kabelbruch beim Profibus sicher zu erkennen waren aufwändige Diagnosesysteme nötig. IO-Link beseitigt viele dieser Nachteile: Die beiden Busleitungen plus Spannungsversorgung werden durch eine Standard-Dreidrahtleitung ersetzt. Hier kann, aufgrund der Kostenersparnis, eine sehr hochwertige Leitung für Schleppketten eingesetzt werden. Ein Kabelbruch ist somit fast auszuschließen. Sollte er doch auftreten, ist er dank IO-Link einfach zu diagnostizieren und schnell zu beheben. Alle

Bild 5.18: IO-Link-Drehgeber erfasst das Schwenken des Kernkastenträgers (Quelle: Turck)

intelligenten, analogen Sensoren und Geräte haben jetzt ein IO-Link-Interface und wurden über einen IO-Link-Master an die Steuerung angebunden, einfache Näherungsschalter und digitale Aktoren über IO-Link-fähige Verteilerboxen. 16 simple Schaltsignale können so ebenfalls über eine Standard-Dreidrahtleitung angebunden werden, was den Verdrahtungsaufwand minimiert und zusätzlich eine Basisdiagnose der Näherungsschalter ermöglicht.

Fazit für Maschinenbauer

Als der Gießereimaschinenhersteller Laempe Mössner Sinto die neue Maschinenbaureihe LHL plante, entschied man sich, diese konsequent mit IO-Link zu automatisieren. Dabei ergeben sich viele Vorteile: Der Hersteller spart neben Kosten auch Zeit bei Einrichtung, Verdrahtung und E-Planung; die Kunden profitieren von einer dynamischeren Maschine. Fehler sind seltener und lassen sich besser diagnostizieren. Einen großen Einfluss auf die Taktrate der Maschine hat die Schwenkbewegung des Kernkastenträgers, die nun von einem berührungslosem IO-Link-Drehgeber erfasst wird.

Weitere Applikationen bei Gießereimaschinen

Über Edge-Gateways können mit IO-Link datenmäßig vernetzte Maschinen einfach an einen Server angeschlossen werden. Über entsprechende Verbindungen ins Internet ist eine Fernwartung von jeder beliebigen Stelle aus möglich.

5.2.6 Applikationsbeispiel Windenergieanlage

Die Senkung der Stromerzeugungskosten (Levelized Cost of Energy, LCoE) von Windenergieanlagen ist für den Erfolg auf dem zunehmend stärker umkämpften Energieerzeugungsmarkt von heute unerlässlich. Durch Verbesserung der Anlagenzuverlässigkeit und Minimierung der Stillstandszeiten können smarte IO-Link-Sensoren hier einen wesentlichen Beitrag leisten.

Beschreibung

Für den sicheren Betrieb der Windenergieanlage gibt es etliche Messpunkte. Einige sind in **Bild 5.19** dargestellt, an denen robuste Sensoren die einzelnen Betriebszustände präzise erfassen, vor Ort an die Regelungstechnik weiterreichen oder bei Gefahr direkt online an die Leitstelle melden.

Die Drehzahl der Windkraftanlage wird über den Anstellwinkel der Rotorblätter reguliert. Die hydraulische Verstellung (Pitch) wird mit IO-Link-Drucksensoren überwacht. Bei Systemen mit elektrischer Verstellung erfassen Drehgeber den Anstellwinkel.

Bild 5.19: Wichtige Erfassungspunkte für smarte IO-Link-Sensoren (Quelle: ifm electronic)

IO-Link-Drehgeber lassen sich sehr flexibel auf die gewünschte Auflösung parametrieren. Induktive Sensoren mit IO-Link dienen zur Endlagenerfassung. Sie haben eine permanente Drahtbruchüberwachung bereits eingebaut. Alle Signale können über einen vollvergossenen IO-Link-Master und PROFINET an den Schaltschrank übertragen werden.

Hochauflösende absolute Drehgeber erfassen den Drehwinkel (Azimut) der Gondel. Auch nach einem Spannungsausfall erkennen die Absolutwertgeber die Position sofort; ein Referenzieren ist nicht erforderlich. Um eine Zerstörung durch Überdrehzahl zu verhindern, wird die Drehzahl auf der Lowspeed-Seite mittels induktiver Sensoren abgefragt und per Drehzahlwächter sicherheitsgerichtet ausgewertet.

An vielen Aggregaten erfolgt eine Temperaturüberwachung mit einfachen Pt100- oder Pt1000-Anlegefühlern. Pt steht dabei für das Element Platin, 100 oder 1000 für den Nennwiderstand bei 0 °C. Über einen kleinen, unscheinbaren Analog-Adapter werden diese Temperatursignale normiert und digitalisiert über IO-Link übertragen (**Bild 5.20**).

Bei zu niedrigem Öldruck arbeitet z. B. die Rotorblattverstellung oder das hydraulische Bremssystem nicht mehr fehlerfrei. Elektronische IO-Link-Drucksensoren geben in diesem Fall Alarmsignale an die Steuerung. Der Ölstand im Getriebe kann kontinuierlich mittels hydrostatischem Drucksensor (PA) oder per Grenzstandsensor (LMT) überwacht werden. Der LMT ist durch sein IO-Link-Interface einstellbar und macht diesen Sensor unempfindlich gegen Schaum und Anhaftung.

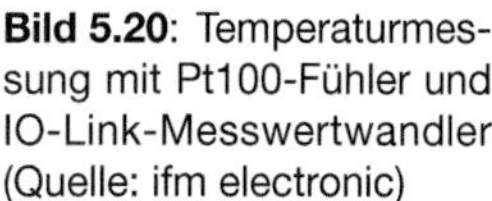

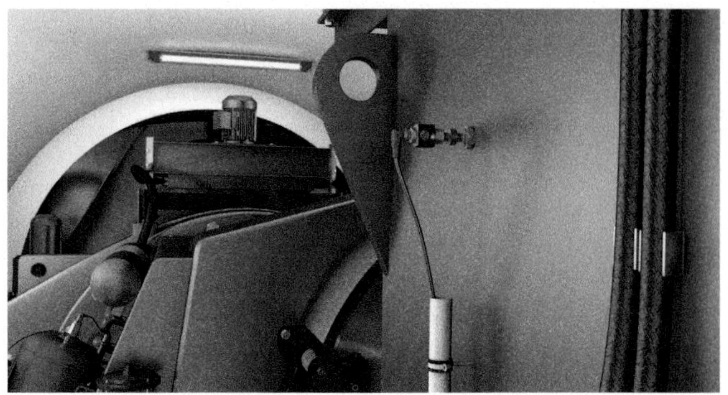

Bild 5.20: Temperaturmessung mit Pt100-Fühler und IO-Link-Messwertwandler (Quelle: ifm electronic)

Bremsen sind ein wichtiger Bestandteil einer Windenergieanlage. Der Magnetsensor meldet mit seinen zwei Schaltpunkten (Voralarm/Hauptalarm) den Zustand der Bremsbeläge an die Steuerung. Bei Wartungsarbeiten wird der Rotor verriegelt. Um sicherzustellen, dass der Rotorlock eingerastet ist, kann ein spezieller Magnetsensor mit seinen drei teachbaren Schaltpunkten den jeweiligen Zustand (locked/partly locked/unlocked) melden.

Darum IO-Link

Wie in den oben beschriebenen Beispielen ersichtlich, sind die Vorteile von smarten IO-Link-Sensoren in dieser Applikation besonders

- die einfache Verdrahtung,
- die Übertragung mehrere Prozesswerte,
- die vereinfachte Sensorparametrierung und
- die preiswerten Analog-/IO-Link-Wandler.

Fazit

Windparks liegen oft weit entfernt von bewohnten Gebieten, besonders als Offshore-Anlagen. Sie werden meist per Telemetrie überwacht, ein permanenter Bediener vor Ort ist nicht vorgesehen. Daher kommt es besonders darauf an, in extremen Wettersituationen schnell und richtig zu reagieren. Dies kann über eine Online-Verbindung zum Betreiber geschehen oder als Service des Anlagenbauers angeboten werden. Letzteres erhöht die Kundenbindung und stellt gleichzeitig sicher, dass Konstrukteure und Experten auf kurzem Wege in die vorausschauende Wartung eingebunden sind. Mit IO-Link stehen für die vorausschauende Wartung Zusatzinformationen kostengünstig zur Verfügung und über smarte Gateways finden die Sensordaten den direkten Weg zur Überwachungszentrale.

5.3 Applikationen bei produzierenden Unternehmen

Produzierende Unternehmen lassen sich grob in Unternehmen mit diskreter (Stück-) Fertigung und Prozesstechnik mit Fließfertigung unterscheiden.

5.3.1 Applikationsbeispiele diskrete Fertigung

In der diskreten Fertigung stehen meist drei Themenbereiche im Vordergrund:

- Condition Monitoring (z. B. inkl. Schwingungsmessung),
- Energie Monitoring (z. B. inkl. Druckluftmessung bei Maschinen),
- Track & Trace & Quality (inkl. Identifikations- und Kamerasysteme).

Ein Beispiel für die Notwendigkeit von Condition Monitoring in der diskreten Fertigung sind Großpressen bei Automobilherstellern. Mit einer Zustandsüberwachung, die hauptsächlich über IO-Link realisiert wird, werden Millionen an Produktionsstillstandskosten gespart.

Oft werden enorme Einsparpotenziale auch damit erzielt, dass die Lüftung in Fertigungshallen und für entsprechende Maschinen in der diskreten Fertigung im Sinne einer Predictive Maintenance überwacht wird. Denn fallen solche Lüfter aus, muss die Fertigung zum Stillstand gebracht werden. Diese Lüfterüberwachung benötigt neben Schwingungs- auch weitere IO-Link-Sensorik.

Energie-Monitoring ist besonders in der diskreten Fertigung dort von Interesse, wo viel mit Druckluft gearbeitet wird. Es handelt sich hier um die teuerste Energieform, da nur einstellige %-Raten der ursprünglich eingesetzten Energie beim Aktor ankommen. Dies liegt vor allem an Leckagen, die durch einen IO-Link-Sensor gemessen und damit entdeckt werden können.

Traceability ist insbesondere in der diskreten Fertigung ein Thema, da Produkte häufig ganz unterschiedliche Wege durch die Fertigung nehmen. Werden IO-Link-Sensoren gemeinsam mit RFID für eine Prozesstraceability eingesetzt, so können z. B. die Prozessdaten, die auf die Qualität Einfluss haben, exakt dem Werkstück zugeordnet werden, wenn es im Zuge von Industrie 4.0 eine gemeinsame Datenbasis gibt. Dies ist besonders für die Automobilzulieferindustrie von Interesse. Mit Hilfe der Traceability und IO-Link-Sensoren können ebenso fast alle KPIs automatisiert dargestellt werden, die Lean Management, Total Productive Maintenance (TPM) oder World Class Manufacturing (WCM) verlangen. Diese Daten können sogar für Benchmarking-Systeme der Automobilindustrie wie z. B. DFL (Ford), PICOS (Opel), Tandem (Mercedes-Benz), POZ (BMW), KVP² (VW/Audi) und POLE (Porsche) eingesetzt werden.

5.3.2 Applikationsbeispiel Automobilindustrie/Schweißen

Produktankündigungen regen mitunter Innovationen an: 17 mobile Geopaletten agieren bei Ford in Köln innerhalb einer Schweißlinie (**Bild 5.21**). Beim Andocken an die Basisstationen werden Energie und Daten nicht mehr per anfälliger Steckerverbindung, sondern mit induktiven Kopplermodulen über einen Luftspalt übertragen. Die Testphase mit einer Blindpalette verlief absolut fehler- und ausfallsfrei. Für Ford der Anlass, künftig weitere Produktionslinien mit dem verschleißfreien, auf IO-Link basierenden Kopplersystem von Balluff auszustatten. Das sorgt für stabile Prozesse und erhöht die Anlagenverfügbarkeit.

Beschreibung

Moderne Anlagenkonzepte zeichnen sich unter anderem dadurch aus, dass Hardware zunehmend durch Softwarelösungen ersetzt werden und das Handling der Prozessdaten einfacher und transparenter wird. Unterstützt werden solche Lösungen immer häufiger durch den einfach handhabbaren Kommunikationsstandard IO-Link, der als Enabler für produktive Industrie 4.0-Konzepte gilt. Doch der Reihe nach: Fertigungslinien in der Automobilbranche sind hochgradig vernetzt und komplex. Bis diese komplett ausgetauscht werden, vergehen nicht selten Jahrzehnte. Vor dem Hintergrund des rasanten technologischen Wandels findet Innovation nichtsdestotrotz punktuell an den unterschiedlichsten Stellen entlang der automobilen Fertigungskette statt.

Bild 5.21: Mobile Geopalette mit Motorraum-Bauteil (Quelle: Balluff)

Seit Mai 2017 rollt bei Ford in Köln die achte Generation des Ford Fiesta vom Band: Zwei Fahrzeuge alle 68 Sekunden, ein Topwert in der Branche und Kennzeichen für ein hohes Maß an Produktivität. Die technischen Voraussetzungen für den Launch des neuen Modells wurden bereits im Vorfeld geschaffen.

In einer der automatisierten Schweißlinien bei Ford bewegen sich 17 Geopaletten im Rundlauf unabhängig von der Steuerung durch die Anlage. Jede Palette führt eine Ventilinsel sowie einen Busknoten mit sich, der an drei Dockingstationen über einen Buskoppler mit dem Anlagenbus und der SPS verbunden wurde. Im Zuge der automatisierten Fertigung des Motorraum-Modules sorgen Führungsdorne dafür, dass die pneumatischen und elektrischen Kopplersysteme von mobiler Palette und Basisstation exakt zueinander finden. Die eingespeiste Druckluft spannt das Werkstück, bestehend aus Querträger und Radläufen, auf. Über einen Rundsteckverbinder werden Energie und Daten übertragen.

Darum IO-Link

Im Jahr 2014 kündigte der bisherige Steckerhersteller das elektrische Kontaktierungsmodul ab, adäquater Ersatz war gefragt. Mit 30 Pins war die Steckermechanik seit jeher verschleißanfällig. Brach einer der Stifte ab, zog dies im betroffenen Segment Stillstandszeiten nach sich. Vorgeschlagen wurde seitens des Herstellers IO-Link über Induktivkoppler. Deren Vorteil: Sowohl Energie als auch Daten werden über einen Luftspalt vollkommen berührungslos übertragen. Mechanischer Verschleiß und Kabelbruch sind passé, die Einheiten schnell montier- und handhabbar sowie gänzlich wartungsfrei. Hier kommt IO-Link ins Spiel: In Verbindung mit der vielseitigen Kommunikationsschnittstelle können Daten in beide Richtungen übertragen werden (**Bild 5.22**). SPS bzw. Master und Device tauschen ungehindert Event-, Parameter- und Prozessdaten aus. Dank IO-Link sind Installation und Inbetriebnahme denkbar einfach. Die Anbindung von Aktorik und Sensorik an den IO-Link-Master erfolgt über standardisierte Kabel mit M12-Steckverbindern. Das System verhält sich dabei quasi unsichtbar und muss nicht parametriert werden.

Um die Prozesstauglichkeit der neuen Systeme zu testen, stattete Ford zunächst nur eine Palette sowie eine Dockingstation mit Induktivkopplern, einem mitfahrenden IO-Link Sensorhub und mit einem Ethernet IO-Link-Master an der jeweiligen Docking-Station aus. Die Blindpalette fuhr ohne Produktionsfunktion im System mit und simulierte an der entsprechend ausgestatteten Station ein digitales Eingangssignal, das der SPS nur zur Diagnose diente. Nach einem monatelangen Probebetrieb und bis zu 3.000 Docking-Vorgängen pro Tag hat das System nicht einen einzigen Fehler des Diagnosesignals detektiert. Das war überzeugend und sprach klar für den weiteren Systemausbau.

Inzwischen ist eine Schweißlinie komplett mit dem induktiven IO-Link-Kopplersystem ausgestattet. An drei Dockingstationen sind jeweils zwei Eingangs- und ein Ausgangsmodul installiert, auf jeder der 17 mobilen Geopaletten befinden sich die drei Koppler-Pendants. Dockt eine Palette an einer der drei Basisstationen an, wird nach wie vor eine mechanische Koppelung zur Druckluft-Einspeisung hergestellt. Die Energiezufuhr und der Austausch von Daten hingegen erfolgen berührungsfrei und unsichtbar. Dabei darf der Luftspalt bis zu 8 Millimeter, die horizontale Überlappungsabweichung der Koppler-Paare gar bis zu 30 Prozent betragen, ohne dass dies die Qualität der Signalübertragung beeinträchtigt.

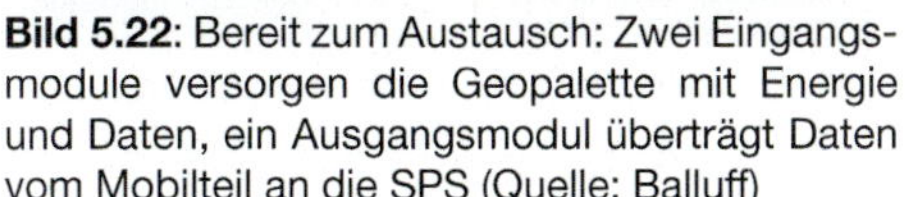
Bild 5.22: Bereit zum Austausch: Zwei Eingangsmodule versorgen die Geopalette mit Energie und Daten, ein Ausgangsmodul überträgt Daten vom Mobilteil an die SPS (Quelle: Balluff)

Bild 5.23: Auf der Geopalette mitfahrende IO-Link-Master und Module (Quelle: Balluff)

Alle Geräte auf der Geopalette wie Ventilinsel, Näherungsschalter, Auflage- und Positionierungssensorik sind über einfach steckbare Standardkabel an das IO-Link-Modul mit 16 Ein- oder Ausgängen angebunden (**Bild 5.23**). Erst wenn die Verbindung mit der Dockingstation hergestellt ist und die Anlagensteuerung den korrekten Sitz und die sichere Aufspannung des Werkstücks detektiert, erhält der Schweißroboter die Aktionsfreigabe. Nach abgeschlossenem Produktionsschritt wird das Bauteil ausgespannt, die Palette erhält das OK zur Weiterfahrt.

Fazit

Dieser Vorgang wiederholt sich pro Station und Tag mehrere tausend Male; die berührungslosen Kopplersysteme zeigen sich davon unbeeindruckt. Darüber hinaus sind entlang der Produktionskette bei Ford noch zahlreiche weitere Einsatzorte denkbar, an denen bislang mechanische Steckkontakte ihren Dienst versehen [Hanser 2018].

5.3.3 Applikationsbeispiele Prozessindustrie

In der Prozessindustrie geht es um kontinuierliche Herstellprozesse, die nur selten unterbrochen werden können. Daher gibt es einen großen Bedarf an Information während des Betriebes über aktuelle Zustände und vorausschauende Wartungstrendmeldungen, der aber bereits vor Industrie 4.0 mit der Visualisierung von Steuerungsdaten erfüllt wurde. Ethernet-basierte Verkabelungen dienen meist als Fabriknetzwerk und FDT als zugehörige Parametriersoftware. Der Y-Weg wird nicht beschritten, sondern Daten über die Steuerungen zentralisiert auf den Bildschirm gebracht. Zunächst kann diese Verkabelung, die Zentralisierung über die SPS und konventionelle digitale oder analoge E/A-Module beibehalten werden. An exponierten Stellen, an denen es um erhöhte Funktionssicherheit geht, kommen IO-Link-Sensoren zum Einsatz. Diese können von der Leitwarte aus entweder über den klassischen Weg über die Steuerung oder über einen Y-Weg regelmäßig abgefragt werden.

IO-Link-Drucksensoren speichern Druckhistogramme zwischen, als Maß für die mechanische Belastung, die dann regelmäßig abgerufen werden können. Ein weiterer Einsatzfall sind analog messende Sensoren, mit oder ohne HART-Schnittstelle, deren Wandlungsfehler auf dem Übertragungsweg zu Regelungenauigkeiten führen können. Hier bieten „analoge" IO-Link-Sensoren den Vorteil der durchgängigen, verlustfreien, weil digitalen Messwertübertragung. Schließlich können bei IO-Link-Sensoren die Vor-Ort-Tasten gesperrt werden, um Fehlbedienungen in der laufenden Anlage auszuschließen. Die Parametrierung erfolgt entweder lokal hier aus einem AS-i-Modul heraus (Einstellung wie Vorgängertyp) oder Top-down von der Leitwarte aus (**Bild 5.24**).

Wohlgemerkt: alle bisherigen Geräte, die an unkritischen Stellen sitzen, können bei dieser Systemarchitektur normal weiterverwendet werden. Es gibt keinen Zwang, ausschließlich IO-Link-Geräte einzusetzen.

Die Firma ifm hat ein langjähriges Know-how bei Sensoren in der Prozessindustrie. Im Folgenden werden einige Einsatzbeispiele und die Vorteile durch IO-Link vorgestellt.

Erfassen von Medien in Prozessbehältern

Der LMT-Füllstandsensor wird oft als reiner Schalter eingesetzt zur Bestimmung von niedrigem und hohem Füllstand oder von Pumpen-Trockenlauf in Behälterapplikationen (**Bild 5.25**). Typischerweise ist das Feedback „an", wenn Medium vorhanden ist, und „aus", wenn kein Medium vorhanden ist.

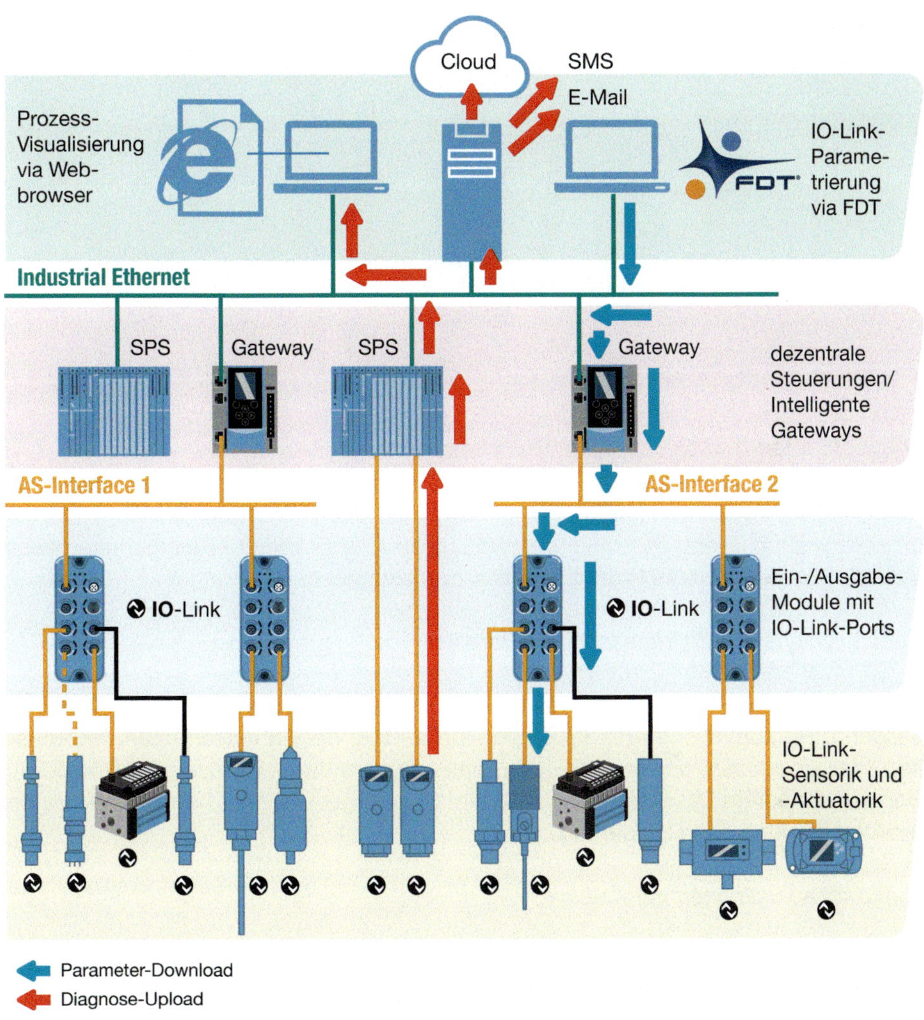

Bild 5.24: Prozessautomation mit IO-Link, AS-i und Ethernet im Systemverbund

Zusätzliche Funktionen mit IO-Link-Daten

Bei Verwendung von IO-Link sind zusätzliche Informationen verfügbar. Mit IO-Link bestimmt der reale digitale Prozesswert die Art des Mediums, z. B. Wasser oder Milch. Der IO-Link-Wert kann verwendet werden, um zwischen Medium und Ablagerung auf der aktiven Fläche zu unterscheiden. Das Erkennen des Mediums ist für den Wasch-

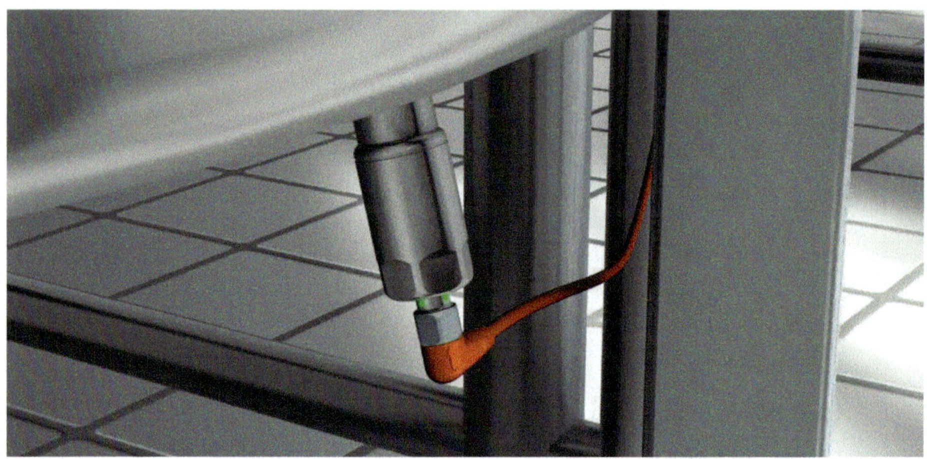

Bild 5.25: Füllstandssensor an einem Behälter (Quelle: ifm electronic)

prozess wichtig. Wenn das Medium herausgespült ist, kann der Reinigungsprozess gestartet werden, um die Produktionszeit zu maximieren.

Kontinuierliche Füllstandmessung im Behälter

Der Drucksensor PI verfügt über einen 4...20mA-Analogausgang und einen Schaltausgang. Herkömmliche Analogsignale sind anfällig bei EMV-Störungen und müssen skaliert werden, um der SPS den realen Systemdruck anzuzeigen (**Bild 5.26**). Hohe und niedrige Druckspitzen werden im Sensor gespeichert, haben aber keinen direkten Zugriff auf die Steuerung.

Zusätzliche Funktionen mit IO-Link

IO-Link erlaubt den Zugriff auf reale Druckwerte, ohne dass das Signal skaliert werden muss. Zum Beispiel bei einem Drucksensor von 0 bis 100 bar wird derselbe Wertebereich ohne Skalierung präzise an die Steuerung übertragen. Eine A/D-Wandlung oder Skalierung per Softwarebaustein entfallen. Die Abfrage von hohen und niedrigen Sensordruckwerten ermöglicht die direkte Überwachung von unerwarteten Druckspitzen und Druckabfall. Das ist wichtig, weil ansonsten ein Sensorausfall oder kontaminierte Produkte auftreten können.

Redundante Temperaturmessung bei Pasteurisierapparaten

Bei der Milchherstellung ist es sehr wichtig, dass die richtige Temperatur eingehalten wird (**Bild 5.27**). Temperaturtransmitter der Baureihe TAD sorgen mit Selbstüberwachungs- und Diagnosefunktionen für eine hohe Prozesssicherheit. Der TAD-Sensor ist der erste Sensor mit Drifterkennung für die Lebensmittelindustrie. Der Sensor ist mit

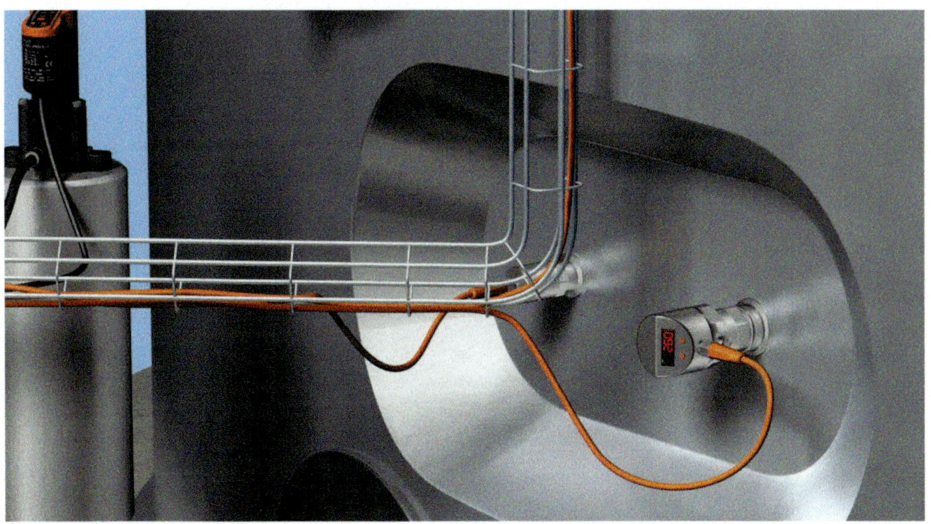

Bild 5.26: Kontinuierliche Füllstandsmessung mittels Drucksensor (Quelle: ifm electronic)

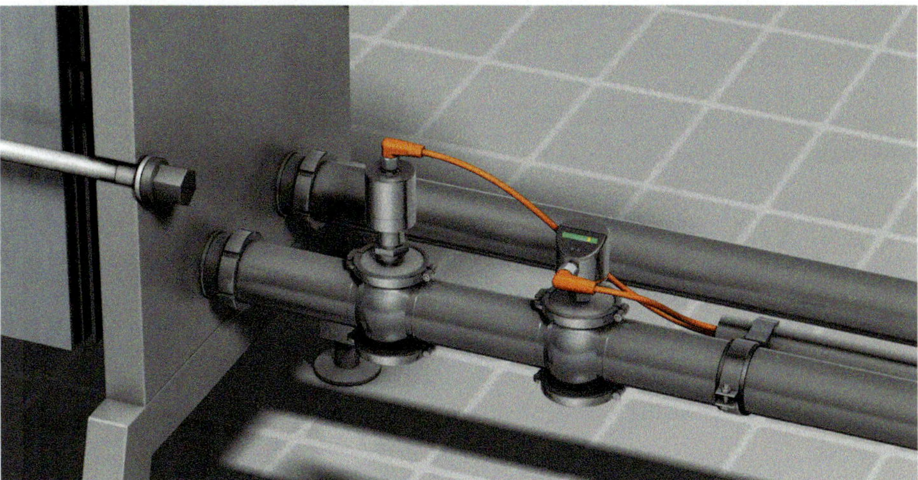

Bild 5.27: Redundante Temperaturmessung (Quelle: ifm electronic)

zwei unabhängigen Messelementen mit unterschiedlichen Kennlinien ausgestattet, die direkt die Prozesssicherheit erhöhen. Wenn eine Drift auftritt, wird ein Warnsignal an die SPS gesendet.

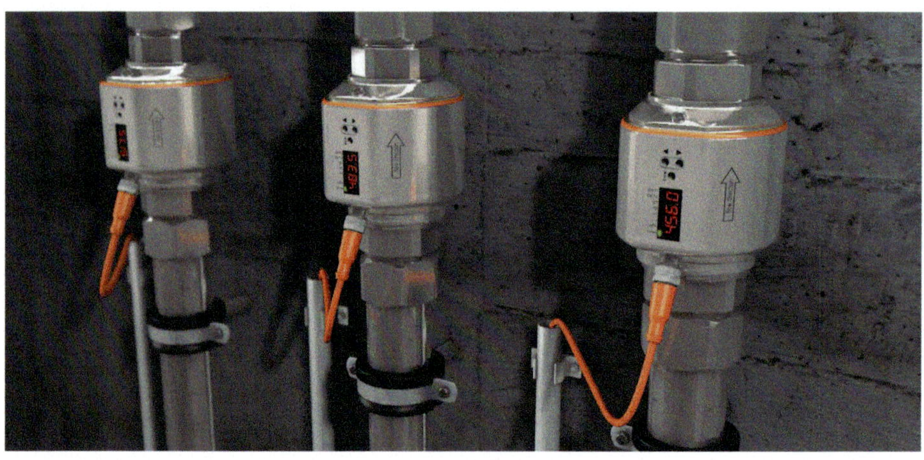

Bild 5.28: Sensoren zur Kühlwasserüberwachung (Quelle: ifm electronic)

Zusätzliche Funktionen mit IO-Link

Mit IO-Link können beide Temperaturelemente überwacht werden. Zusätzlich wird ein dritter Wert, d. h. der Durchschnitt beider Werte, an die Steuerung gesendet. Das heißt, es können drei unterschiedliche Temperatursignale über ein einziges Kabel übertragen und überwacht werden. Die redundanten Temperatursignale ermöglichen eine kundenspezifische Drifterkennung auf der Grundlage des Maschinenprozesses und bieten eine Lösung bei reduzierter Sensorkalibrierung.

Kühlwasserüberwachung

In einem typischen Ofen ist das Kühlsystem wichtig für den ordnungsgemäßen Betrieb der Maschine und für den Fertigungsprozess von hochwertigen Teilen. Außerdem verbessert das präzise Kühlen der Elemente die Lebensdauer und die Sicherheit der Maschine. Dazu müssen mehrere Strömungsparameter des Kühlwassers, z. B. Temperatur und Strömung, genau überwacht werden. Deshalb sind mehrere Sensoren und Montagepunkte an der Maschine notwendig (**Bild 5.28**).

Zusätzliche Funktionen mit IO-Link

Ein magnetisch-induktiver SM-Durchflusssensor überträgt per IO-Link Strömung, Temperatur und einen Totalisatorwert über eine 3-adrige Standardleitung. Dadurch

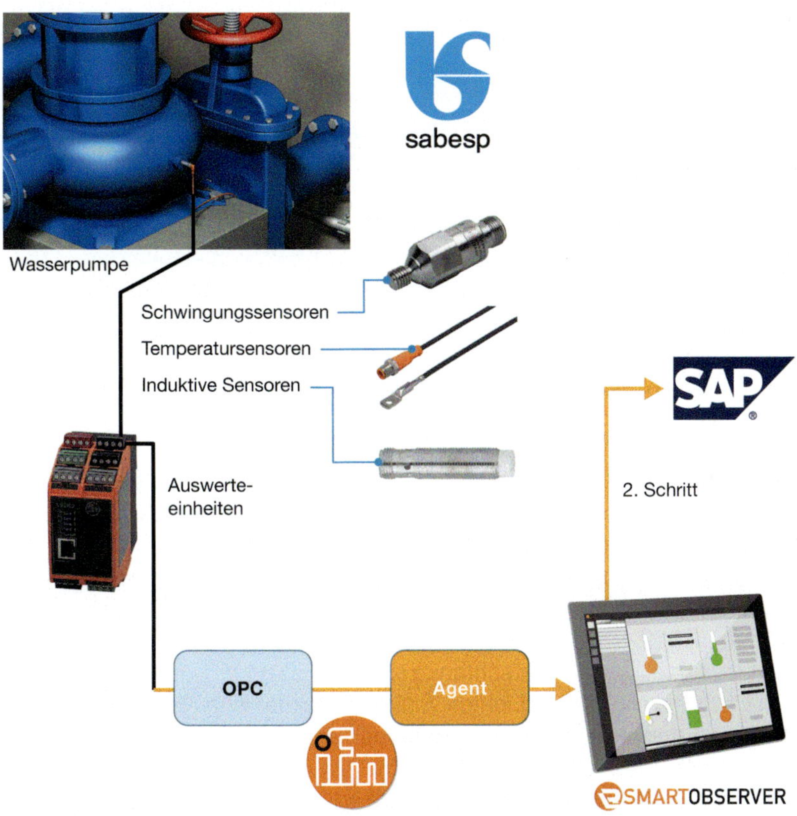

Bild 5.29: Condition Monitoring Lösung bei Sabesp (Quelle: ifm electronic)

5

entfallen mehrere kostspielige Analogkarten, zusätzliche Rohrverschraubungen, zahlreiche Abschlusspunkte und hoher Lagerbestand.

Einsatzbeispiel Pumpstationen

Ein Beispiel für den komplett neuen Einsatz von IO-Link-Sensoren für Condition Monitoring in der Prozessindustrie ist Sabesp, ein Unternehmen, das die Wasserversorgung der Mega-City Sao Paolo in Brasilien mit über 1.400 Pumpen in dezentral verteilten Pumpstationen sicherstellt. Bisher brach die Wasserversorgung immer wieder ab, weil Pumpen nicht richtig inspiziert und gewartet wurden. Mit der skizzierten Lösung (**Bild 5.29**) ist das nicht mehr der Fall – Sao Paolo hat jetzt eine zuverlässige Wasserversorgung und Sabesp einen großen PR-Erfolg, auch dank IO-Link.

Einsatzbeispiel Brauerei

Bei der Bavaria-Brauerei Lieshout, einem der führenden Premium-Bierhersteller in den Niederlanden, sind in der Prozesstechnik-Praxis folgende Einsatzfelder für IO-Link identifiziert worden:

- Analoge Temperatursensoren im Pasteur:
  Konventionelle Sensoren mussten regelmäßig nachjustiert werden, aus Sicherheitsgründen waren daher zwei redundante Sensoren für den gleichen Prozesswert zuständig. IO-Link-Lösung: Durch Einsatz von IO-Link-Temperatursensoren halbiert sich die Anzahl der Eingangssignale inklusive Verdrahtung und Programmierung. Des Weiteren ist keine Nachjustage mehr nötig, da die Sensoren sich automatisch während des normalen Betriebes kalibrieren. Ein weiterer wichtiger Punkt ist die direkte Messwertübertragung ohne Wandlungsverluste, wie sie zwangsläufig bei analogen Eingangsbaugruppen auftreten. Und schließlich sind die Einstellparameter des Sensors zweifach redundant abgelegt, im Sensor und im IO-Link-Port.
- Diagnosefähige Sensoren im Förderbereich:
  Optische Sensoren, speziell in der Flaschenförderung, können dejustiert oder verschmutzt werden oder elektrisch ausfallen. Alle diese Zustände lassen sich kontinuierlich über den IO-Link-COM-Modus überwachen. Mit Hilfe der Life-Kommunikation erzeugt jede intelligente Lichtschranke ein Lebenszeichen und gibt Auskünfte über die Qualität des reflektierten Lichtes. Sinkt diese unter einen bestimmten Wert, kann die Meldung „Linse reinigen“ am Bedienpult angezeigt werden.
- Anbindung an Unternehmenssoftware:
  Die in der Anlage online erfassten Betriebsdaten von IO-Link-Geräten oder aus der dezentralen Steuerung können über entsprechende Gateways direkt mit dem Firmennetzwerk kommunizieren. Eine Integration in das SAP/R3 (ERP) (**Bild 5.30**) ist einfach möglich. Somit erhalten die Buchhaltung und das Management wichtige Produktionsdaten zeitnah und können schnell z. B. auf Kapazitätsengpässe reagieren.
- „Plug and Production“:
  Unter diesem Stichwort werden folgende Vorteile von IO-Link in der Prozesstechnik zusammengefasst: Die automatische Parametrierung erleichtert den Gerätetausch. Es werden keine besonderen Tools in der Anlage mehr benötigt, insbesondere keine herstellergebundenen. Ebenso werden keine Laptops im Feldeinsatz benötigt und entsprechend keine Software. Stillstände werden durch all diese Maßnahmen auf ein Minimum reduziert.

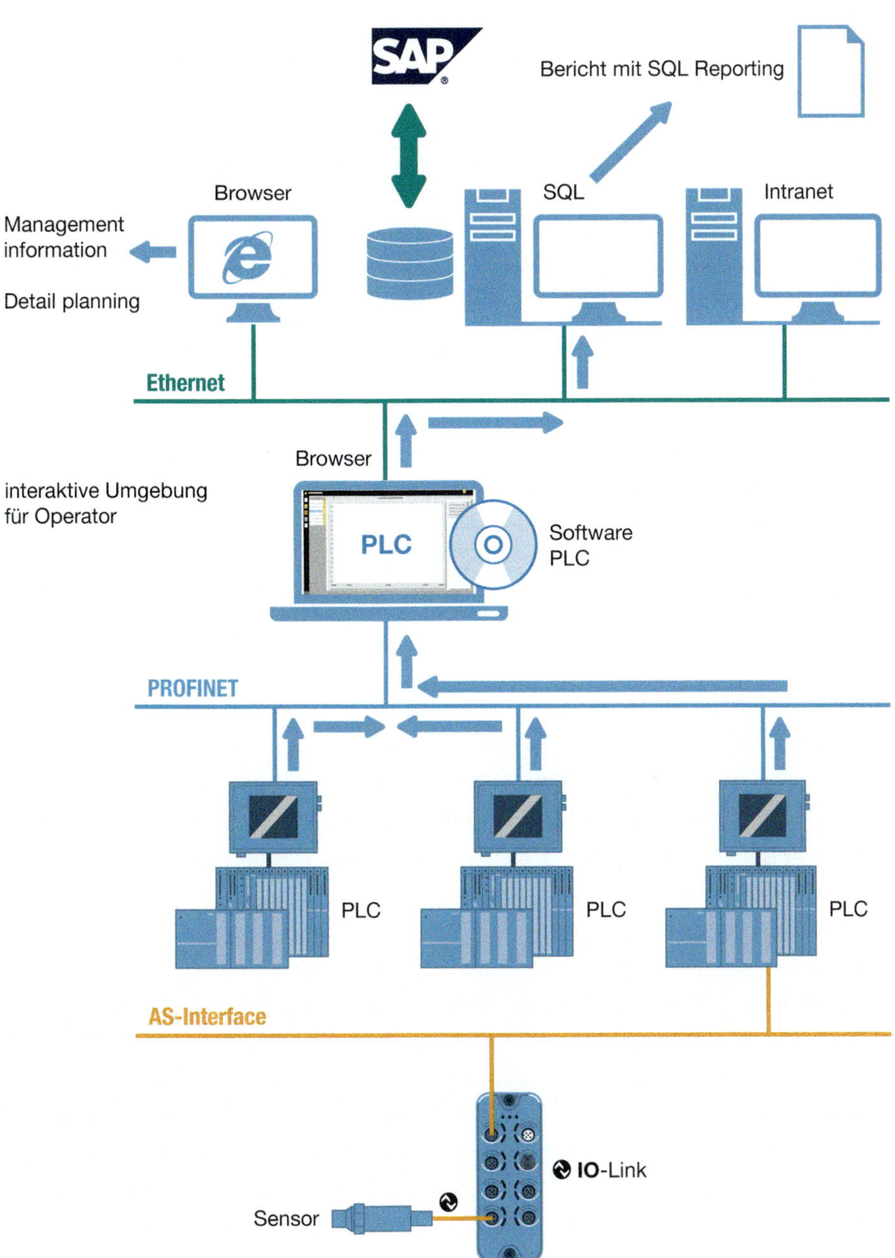

Bild 5.30: Durchgängige Anbindung der IO-Link-Daten an SAP-Systeme

5.3.4 Applikationsbeispiel Prüfzellen für Elektrowerkzeuge

Beschreibung

Im Werk Murrhardt von Bosch Power Tools werden qualitativ hochwertige Werkzeuge entwickelt und hergestellt. Diese Elektrowerkzeuge wie Geradschleifer, Betonschleifer, Bohrmaschinen etc. müssen elektrisch geprüft werden. Hierfür hat der hauseigene Betriebsmittelbau modular aufgebaute Prüfzellen entwickelt. Eine Zelle verfügt über zwei Kammern mit jeweils zwei Einschüben zum Einlegen von kabelgebundenen Werkzeugen (**Bild 5.31**). Für die Prüfzyklen stehen in jedem Einschub unterschiedliche Anschlüsse zur Verfügung, die mit vier verschiedenen Maximal-Wechselspannungen zwischen 50 V und 230 V und mit der halben Maximalspannung beaufschlagt werden können.

Ein zentraler Aspekt ist die Stromüberwachung, die wichtige Informationen für das Qualitätsmanagement bietet; denn bisher wurde während der Funktionsprüfung lediglich ein Temperatursensor am Werkzeug angebracht, der die Betriebstemperatur erfasste. Defekte oder beschädigte Geräte ließen sich so ermitteln. Heute dagegen steht die Stromüberwachung im Mittelpunkt, weil sich daraus erheblich mehr Informationen gewinnen lassen als nur „funktionsfähig“ oder „nicht funktionsfähig“.

Bild 5.31: Bosch Power Tools baut modulare Prüfkammern, die eine schnelle Funktionsprüfung der dort gefertigten, qualitativ hochwertigen Elektrowerkzeuge ermöglichen (Quelle: Siemens)

Umsetzung

Die Steuerungstechnik der Prüfkammern bildet ein Distributed Controller von Siemens aus dem feinmodularen Peripheriesystem ET 200SP mit fehlersicherer F-CPU. In Kombination mit einem Display KTP 900 vom gleichen Hersteller lassen sich die gewünschten Prüfzyklen und Spannungen übersichtlich per Touchscreen vorwählen. Der Bediener muss lediglich die Typ-Teilenummer des Geräts eingeben bzw. auswählen und die für die Prüfung vorgesehene Zelle benennen. Anschließend kann die Prüfung beginnen.

Die Strommessung übernehmen dabei Stromüberwachungsrelais Sirius 3UG4822, die per IO-Link-Anschluss direkt mit der dezentralen Peripherie verbunden sind. Das vereinfacht das Engineering und spart Verdrahtungsaufwand. Die Geräte sind je nach Parametrierung in der Lage, Ströme von 0,05 A bis 10 A auf Über- bzw. Unterschreitung und ein definiertes Stromfenster zu überwachen. Treten größere Ströme auf, kommen Stromwandler zum Einsatz. Durch das am Gerät einstellbare Übersetzungsverhältnis reicht die Anzeige der gemessenen Primärströme dann bis 750 A. Dabei wird stets der Effektivwert des Stroms gemessen.

Darum IO-Link

Die von dem IO-Link-Stromüberwachungsrelais gemessenen Stromwerte werden digitalisiert an die Steuerung gemeldet und entsprechend ausgewertet. Für den Entwicklungsingenieur hat diese Art der Kommunikation mehrere Vorteile.

Durch den Verzicht auf Einzelverdrahtung werden Aufwand und Zeit gespart. Denn in der beschriebenen Anlage befinden sich 16 Stromüberwachungsrelais (zwei modulare Zellen aneinandergereiht mit jeweils zwei Kammern mit je vier Anschlussmöglichkeiten für Elektrowerkzeuge). Vier davon lassen sich über eine gemeinsame Leitung jeweils an einen IO-Link-Master anschließen. Die Kanalzuordnung lässt sich sehr einfach im Engineering Framework „TIA Portal“ von Siemens erledigen.

Hierzu gibt es das so genannte „Port Configuration Tool“ (PCT), mit dem sich IO-Link-Master-Module und IO-Link-Devices komfortabel parametrieren lassen. Mit dieser Software lassen sich Parameterdaten von IO-Link-Geräten einstellen, verändern, kopieren und im Projekt sichern. Auf diese Weise werden alle Konfigurationsdaten und Parameter bis auf die Device-Ebene hinab konsistent gespeichert.

Diagnosemeldungen können am lokalen Display angezeigt, wie auch über IO-Link-Events direkt an die Steuerung gemeldet und visualisiert werden (**Bild 5.32**).

Ein weiterer Vorteil dieser Strommessgeräte, in Verbindung mit IO-Link, ist, dass die Analogsignale digitalisiert übertragen werden, so dass es keine Störeinflüsse in der

Diagnose und Meldung	IO-Link Event-Code 1)	PAE 2)		Datensatz 92	Display-Anzeige
		SF 3)	SW 4)		
Ungültiger Parameter	0x6320	x	—	x	PERR
Fehler bei Selbsttest / Interner Fehler	0x5000	x	—	x	ERR
Grenzwert für Überschreitung überschritten	0x8C10	x	—	x	▲
Grenzwert für Unterschreitung unterschritten	0x8C30	x	—	x	▼
Messwert liegt außerhalb des messbaren Bereichs	0x8C20	—	—	—	▼▼▼ ▲▲▲

1) Über den Diagnosemechanismus von IO-Link werden die in der Tabelle aufgeführten herstellerspezifischen Diagnose-Events an den IO-Link Master gemeldet.

2) Beim "Prozessabbild der Eingänge" (siehe Kapitel "Stromüberwachungsrelais 3UG4822 (Seite 311)") kann über die Bits Sammelfehler (SF) oder Sammelwarnungen (SW) durch das Anwenderprogramm ermittelt werden, ob Detailinformationen zu Diagnosen oder Meldungen im Diagnosedatensatz 92 vorliegen. Bei gesetztem Bit (= 1) können durch Auslesen des Datensatz 92 Detailinformationen ermittelt werden, die zum Setzen von "Sammelfehler" oder "Sammelwarnung" geführt haben.

3) SF = Sammelfehler: Detailinformationen sind im Diagnosedatensatz 92 (siehe Kapitel "Systemkommandos - Datensatz (Index) 2 (Seite 314)") beschrieben.

4) SW = Sammelwarnung: Detailinformationen sind im Diagnosedatensatz 92 (siehe Kapitel "Systemkommandos - Datensatz (Index) 2 (Seite 314)) beschrieben.

x: Bit gesetzt

○: nicht relevant

Bild 5.32: IO-Link-Events der Stromüberwachungsrelais (Quelle: Siemens)

Bild 5.33: Die 16 Stromüberwachungsrelais lassen sich schnell und einfach über IO-Link an die 4 IO-Link-Ports anschließen (Quelle: Siemens)

Kommunikation gibt und auf die Schirmung der Anschlussleitungen verzichtet werden kann. Dadurch beeinflussen sich die einzelnen Messzellen nicht gegenseitig, was ein wichtiger Aspekt bei der Projektierung war.

Durch die moderne Stromüberwachung ergeben sich weitere Möglichkeiten wie die Aufzeichnung von Messkurven, aus denen sich dann Qualitätsmerkmale und Materialeigenschaften ableiten lassen. So können Veränderungen erkannt werden, noch bevor sie beim Endprodukt zu einem Mangel führen.

Interessant sind diese Relais auch deshalb, weil sie über die reine Stromüberwachung hinaus viele weitere Diagnosen ermöglichen. So überwachen sie beispielsweise das Stromnetz auf Fehler. Je nach Ausführung sind sie in der Lage, Phasenfolgefehler, Phasenausfall, Phasenasymmetrie und Unter- oder Überspannung zu erkennen. Auch die Cos-Phi- und Wirkstromüberwachung sind im Gerät integriert. Fehlerstromüberwachung und Isolationsüberwachung runden das Funktionsspektrum der Stromüberwachungsrelais ab. Über IO-Link können sämtliche Daten von der Steuerung ausgewertet und dargestellt werden, was die Verfügbarkeit der Prüfzellen weiter erhöht.

Als Verbindungstechnik wählte der Praktiker die Federzug-Stecktechnik, weil damit Verbindungen schneller, rüttelsicher und ohne Aderendhülsen ausgeführt werden. So wird ebenfalls viel Zeit gespart (**Bild 5.33**).

Fazit

Durch den Einsatz der Stromüberwachungsgeräte kann nicht nur die ordnungsgemäße Funktion von Elektrowerkzeugen geprüft und dokumentiert werden, sondern aus den Werten und den so darstellbaren Stromkennlinien lassen sich später möglicherweise auch Rückschlüsse auf die Qualität von Produktion und Endprodukt ziehen.

Besonders einfach wurde der komplette automatisierungstechnische Aufbau durch den Einsatz der IO-Link-Kommunikation zwischen den 16 Stromüberwachungsrelais und der dezentralen Steuerung. Dadurch sank nicht nur der Aufwand für Engineering und Verdrahtung, sondern es wurde auch noch Platz im Schaltschrank gespart. Zusätzlich konnte die gesamte Sicherheitstechnik einfach und übersichtlich mit der gleichen Hardware realisiert werden.

5.3.5 Sonstige Applikationen

Eine Vielfalt weiterer Applikationen ruft nach einfacher Verdrahtung und mehr integrierter Diagnose und Parametrierung, wie sie elegant mit IO-Link realisierbar ist. Immer wenn es darum geht, bestehende Anlagen mit intelligenten Komponenten nachzurüsten und die bereits verlegte Verkabelung weiterzuverwenden, kommt man an IO-Link kaum vorbei. Auch bei Neukonstruktionen bleiben die grundlegenden Elektrozeichnungen gleich; der meiste Aufwand steckt in der Softwareergänzung. Der Umstieg auf IO-Link ist kein Radikalschritt, da bestehende Geräte an vielen Stellen in gewohnter Weise weiter benutzt werden können. IO-Link-Sensoren werden an kritischen Stellen eingesetzt, die Anlagenstillstände oder andere schwerwiegende Probleme auslösen. IO-Link-Antriebsanschaltungen vereinfachen die Schützverdrahtung und Ansteuerung im Schaltschrank genauso wie bei dezentralen Ventilinseln. Ein weiterer Vorteil im Vergleich zu busfähigen Geräten besteht darin, dass IO-Link-Devices immer Punkt-zu-Punkt an einen IO-Link-Port angeschlossen werden und daher keine Adresse benötigen. Somit sind Fehladressierungen ausgeschlossen; der Austausch von Geräten ist genauso unkompliziert wie bei Geräten mit 0/24V- oder 4...20 mA-Schnittstellen.

5.4 IO-Link und Industrie 4.0 als Nachrüstlösung

Integratoren und Instandhalter stehen oft vor dem Problem, dass teure Anlagenteile, die regelmäßig gewartet wurden, noch tadellos laufen, die zugehörige Elektrik aber in die Jahre gekommen ist. Vor allem Leitungen und Konnektoren sind einem natürlichen mechanischen Verschleiß ausgesetzt, Steckverbinder-Kontakte korrodieren und für manche Bauteile gibt es keine Ersatzteile mehr. Außerdem hat sich in den letzten Jahrzehnten die Elektronik drastisch gewandelt. Waren es früher die Feldbusse, die hauptsächlich Verdrahtung sparten, sind es heute Ethernet-basierte Netzwerke, die zusätzlich Diagnosen erlauben und das gesamte Werk transparenter in Software abbilden können.

Die meisten heute in einer Produktion verbauten Steuerungen sind in den 90er Jahren entstanden oder zumindest entwickelt worden, als ein ganzes Rechenzentrum dafür notwendig war, um die Leistung eines heutigen Smartphones zu realisieren.

Mit IO-Link als Schlüsseltechnologie sind Sensoren, Aktuatoren, Meldegeräte und Ventile in der Lage, situationsbezogen ein Event abzusetzen, das direkt als Textnachricht oder E-Mail auf dem Smartphone des Operators landet. All das lässt sich auch bei bestehenden Maschinen und Anlagen als „Retrofit“ nachrüsten.

5.4.1 Nachrüstung von IO-Link an einer Fördertechnik für die Stahlproduktion

Die etwas in die Jahre gekommene Fördertechnik einer Stahlproduktion wurde einer Modernisierung unterzogen (**Bild 5.34**). Dabei kamen diagnosefähige Kompakt- abzweige in Verbindung mit Stromüberwachungsrelais und einer IO-Link-Kommunikation zum Einsatz.

Aufgabenbeschreibung

Der Dienstleister Emscher Aufbereitung GmbH (EAG) auf dem Areal der ThyssenKrupp Steel Europe (TKSE) in Duisburg sorgt für das Mischen, Zerkleinern und Trocknen der Rohkohle, die durch Waggons angeliefert wird. Der Automatisierungsspezialist EAS in Rheinberg stellte sich der Aufgabe, die Elektrotechnik für die Fördertechnik des Anlagenbereichs „Rohkohle 1“ aus dem Jahr 1987 auf den neuesten Stand der Technik zu bringen.

Das Modernisierungsprojekt beinhaltete die Ausstattung der vier Förderbänder mit allen Nebenaggregaten vom Tiefbunker bis zu den drei Rohkohlesilos mit zweimal 2.800 t und einmal 900 t Fassungsvermögen mit neuer Elektrotechnik und Automatisierung. Für Haupt- und Nebenantriebe wie Bandantriebe, Magnetabscheider, Bremsen, Abriebförderer und Ölpumpe befinden sich 15 Motorabzweige im neuen Schaltschrank, der im Vergleich zum früheren 30 Prozent kleiner dimensioniert werden konnte. Auch

Bild 5.34: Fördertechnik zur Versorgung der Mahlanlagen mit Rohkohle auf dem Gelände von ThyssenKrupp in Duisburg (Quelle: Siemens)

zwei Wendestarter mit 90 mm Baubreite für die Motoren des Transportbands über den drei Silos sind mit dabei.

Umsetzung

Die Wahl fiel auf moderne Motorstarter mit IO-Link. Damit muss statt aufwändiger Parallelverdrahtung jedes einzelnen Kompaktabzweigs lediglich der erste Kompaktabzweig in einer mit Flachkabeln verbundenen Vierer-Gruppe mit dem IO-Link-Master verbunden werden. Jeder Master innerhalb der dezentralen Peripherie Simatic ET 200S von Siemens hat vier Ports und kann mit jedem Port vier Abzweige bedienen. Also genügt ein IO-Link-Master für die 15 Kompaktabzweige. Auf diese Weise wird der sonst übliche, aufwändige Steuerkreis vermieden.

Darum IO-Link

Die Hauptargumente für IO-Link waren

- weniger Schaltschrankvolumen dank einfacherer Verdrahtung,
- verbesserte Diagnosemöglichkeiten,
- Erfassung zusätzlicher Messwerte und
- die einfache Datenübernahme in das Leitsystem.

Bild 5.35: Sechs Stromüberwachungsrelais sorgen in der Fördertechnikanlage für eine gezielte Überwachung bestimmter Antriebe (Quelle: Siemens)

Durch die vielen Diagnoseinformationen aus den Kompaktabzweigen, die sich einfach im Leitsystem erfassen und mit dem internen Energiemanagementsystem auswerten lassen, ist nun die Grundlage für einen noch zuverlässigeren Anlagenbetrieb geschaffen. Selbst das bevorstehende Lebensdauerende der Schaltkontakte zeigen die Kompaktabzweige an. Bevor dieser Zustand erreicht ist, schalten die Geräte mit einer Fehlermeldung ab.

Die Stromüberwachungsrelais (**Bild 5.35**) tragen zur verbesserten Datenerfassung bei, denn die Geräte überwachen nicht nur den Motor, sondern vielmehr die gesamte Anlage oder den Prozess auf Über- und Unterstrom, Kabelbruch oder Phasenausfall. Über die Wirkstrom-Messung können auch Rückschlüsse auf den effizienten Betrieb der Antriebe gezogen werden. Sechs Relais befinden sich im Schaltschrank und überwachen dort die vier Haupttransportbänder für die Rohkohle sowie die beiden Fahr- und Bewegungsantriebe des Silozuordnungsbands. Auch sie sind über IO-Link-Kommunikation mit der Steuerung verbunden. Pro Gerät wird ein IO-Link-Port benötigt, wodurch zwei weitere IO-Link-Master in der Peripheriebaugruppe ET 200S stecken.

Vorausschauende Wartung im Leitsystem

Die dezentrale Peripherie mit den IO-Link-Mastern ist über PROFINET mit der Steuerung Simatic S7-317 verbunden, die sich in einem separaten Schrank befindet. Diese erkennt Überlast ebenso schnell wie einen Kurzschluss, eine Abschaltung, das Vorhandensein der Netzspannung oder auch das Lebensdauerende der Schaltkontakte in den Kompaktabzweigen. Hierfür gibt es den Funktionsbaustein IO-Link-Call, womit solche Meldungen abgefragt und in das Alarm-Logging der Visualisierung WinCC übernommen werden können.

Bild 5.36: Seit Ende 2016 produziert der Mount Coffee-Staudamm in Liberia wieder Strom, vor allem für die Millionenstadt Monrovia (Quelle: Balluff)

Vorteile für den Betreiber

Das schnelle Erkennen von Störungen im Leitstand und die gezielte Fehlersuche sind wichtige Aspekte einer modernen Anlagenautomatisierung. So muss das Werk z. B. rund um die Uhr mit aufbereiteter Kohle versorgt werden. Deshalb werden neben der kontinuierlichen Überwachung der Prozesswerte auch Betriebsstunden und Schaltspiele erfasst. Für die Instandhaltungsabteilung sind solche Informationen für vorbeugende Wartung und damit höhere Anlageneffizienz sehr wertvoll.

Fazit

Nach nur drei Monaten war der Umbau perfekt und die in die Jahre gekommene Transportanlage für Rohkohle auf den modernsten Stand der Technik gebracht. Mit der innovativen Technik, den Kompaktabzweigen, dem Stromüberwachungsrelais – beides in Verbindung mit IO-Link-Kommunikation – und dem Sicherheitsschaltgerät, ist man sehr zufrieden. Denn die darauf aufgebaute Automatisierungslösung ist kompakt, einfach und in hohem Maß diagnose- und kommunikationsfähig [Zumann 2017].

5.4.2 Nachrüstung von IO-Link an einem Wasserkraftwerk

Als Enabler leistungsstarker Industrie 4.0-Konzepte ist IO-Link im Maschinenbau und in Fertigungsanlagen kaum mehr wegzudenken. Ebenso gut, schnell und effizient lassen sich mit IO-Link auch Wasserkraftwerke verkabeln: Am Mount Coffee-Staudamm im westafrikanischen Liberia (**Bild 5.36**) verknüpft eine intelligente IO-Link-Installation über weite Strecken Dutzende von Sensoren und Aktoren einfach, zeit- und kostensparend. Inzwischen hat der Kraftwerksbetreiber typische IO-Link-Vorzüge auch bei Diagnose und Wartung kennen und schätzen gelernt. Die integrierte Verkabelungslösung der Projektpartner Andritz Hydro und Balluff hat das Potenzial, künftig auch in anderen Kraftwerksprojekten zum Einsatz zu kommen.

Beschreibung

Im Dezember 2016 war es endlich soweit: Nach mehr als 20 Jahren Unterbrechung ging die erste Turbine in Betrieb, inzwischen können mit allen vier Turbinen jeweils 22 Megawatt in das Energienetz eingespeist werden. Die Ursprünge des 30 Kilometer nordöstlich der liberianischen Hauptstadt Monrovia gelegenen Mount Coffee-Staudammes reichen weit zurück: Der Vorgängerdamm wurde im Jahr 1966 fertig gestellt, während des liberianischen Bürgerkrieges von 1989 bis 2003 jedoch nahezu vollständig zerstört. Als im Juni 2014 die Liberia Electricity Corporation (LEC) einem internationalen Unternehmenskonsortium den Auftrag zum Wiederaufbau erteilte, war über weite Teile der Anlage buchstäblich Gras gewachsen.

Gemeinsam mit weiteren Unternehmen wurde die österreichische Andritz Hydro beauftragt, das Kraftwerk am Saint Paul River wiederaufzubauen.

Die Einlaufschützen dienen zur Wasserzuführung an die Turbinen und Absperrung des Zuflusses (Notschlusses) im Fehlerfall wie beispielsweise beim Bruch einer Druckrohrleitung. Der Antrieb erfolgt hydraulisch. Hinzu kommen elektrische und hydraulische Antriebseinheiten sowie diverse unterstützende Systeme. Der Mount Coffee-Staudamm ist mit 160 Metern Länge und zehn Radialschützen mit jeweils 15 Metern Breite bei weitem nicht der größte seiner Art. Dennoch müssen über den gesamten Damm hinweg über weite Strecken mehrere Dutzend analoge und digitale Signale eingesammelt und der Steuerungsebene zur Verfügung gestellt werden. Was die Komplexität, die zahlreichen in der Peripherie stattfinden Aufgaben und die erforderliche Vernetzung anbelangt, ist der Staudamm im Grunde nichts anderes als eine weit verzweigte Industrieanlage.

Zeit und zunehmender Kostendruck sind auch im Kraftwerksbau zentrale Themen. Auch dort wird vorausgesetzt, dass Systemintegratoren ihre Komponenten zuhause im Rahmen einer Vorinbetriebnahme gründlich prüfen, bevor sie mitunter fern der Heimat in kürzester Zeit montiert, in Betrieb genommen werden und in der Gesamtanlage reibungslos und ausfallsfrei funktionieren müssen.

Darum IO-Link

Hierfür ist IO-Link wesentlich besser geeignet als klassische Kupferkabel, die über Zwischenklemmenkästen bis zur Steuerungsebene verdrahtet sind – mit hohem Material- und Zeitaufwand.

An jedem der zehn Radial- und vier Einlaufschützen sind zwei IO-Link-Master in einem Schaltkasten montiert, die bis zu 20 unterschiedliche Signale im Feld einsammeln. Dazu zählen unter anderem induktive oder mechanische End- und Positionsschalter, Sensoren zur Ermittlung der Drehbewegung der Radialgates, Steuer-, Regel- und Absperrventile, Signallampen und beleuchtete Schalter. Je zwei IO-Link-Master sind an den Hydraulik-Stationen montiert, um auch dort die beteiligte Sensorik und Aktorik einfach anzubinden. Ausnahmslos werden sämtliche Komponenten im Feld mit ein und demselben 3-adrigen Standardkabeltyp sowie mit einheitlichen M12-Steckern angeschlossen. Wo analoge Signale eines beliebigen Sensors nicht unmittelbar verarbeitet werden können, wandelt ein kompakter IO-Link-Zwischenstecker das analoge in ein störunanfälliges digitales Signal. Über Profibus DP gelangen die Daten von den IO-Link-Mastern zur Steuerungsebene. Weil das System redundant ausgelegt und das Stauwehr zweigeteilt ist, sind maximal 75 Meter zu überbrücken (**Bild 5.37**).

Fazit des Integrators

„Die Vorteile machen sich schnell bemerkbar: Weil wir anstatt zu verdrahten nur noch standardisierte Kabel stecken mussten, brauchten wir für die Verkabelung weniger als die Hälfte der sonst üblichen Zeit. Mit IO-Link können Sie jedes Modul vorab im Werk testen und müssen vor Ort nur noch stecken; das senkt spürbar Kosten“, ist die Aussage des Integrators. Verdrahtungsfehler sind praktisch ausgeschlossen; die IO-Link-Verdrahtungsphilosophie spart Platz und schafft Übersicht. Gerade international aufgestellte Unternehmen schätzen den Vorzug, dass IO-Link im Grunde mit jedem

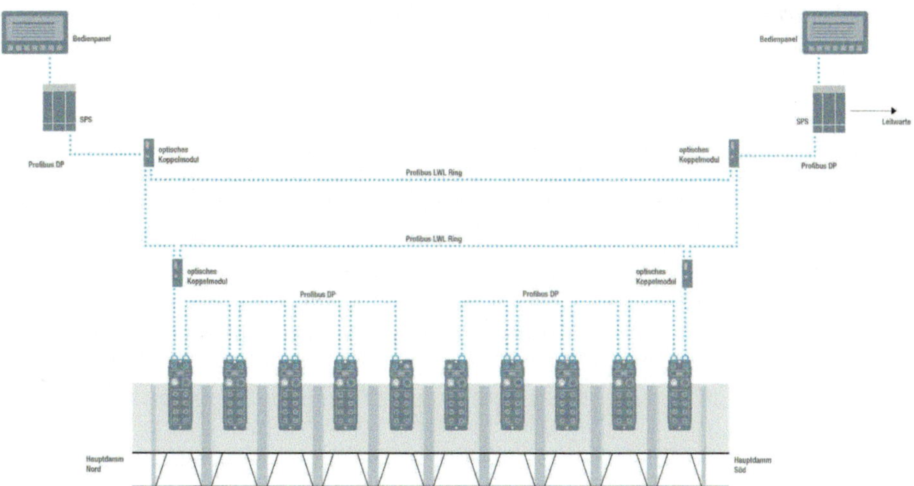

Bild 5.37: IO-Link-Installation über weite Strecken mittels Profibus-DP zur Anbindung von Sensoren und Aktoren (Quelle: Balluff)

Bild 5.38: Robuste IO-Link-Master sammeln die Signale in der Hydraulik-Station ein (Quelle: Balluff)

Bussystem eingesetzt werden kann: Die komplette Struktur unterhalb der Busebene bleibt immer dieselbe, nur der Busknoten muss je nach Land angepasst werden.

Auch in anderer Hinsicht sorgt die bidirektionale Kommunikationsschnittstelle für mehr Durchblick: IO-Link trifft eindeutig lokalisierbare Diagnoseaussagen, die eine schnelle Störungs- und Fehlerbehebung und damit nur kurze Betriebsunterbrechungen zur Folge haben (**Bild 5.38**). Aus irgendeinem Grund gab es in der Anlaufphase ein Problem mit einem IO-Link-Modul: Das wurde einfach von einem Mitarbeiter ausgetauscht und neu bestückt. Die relevanten Parametrierwerte wurden automatisch vom Master zurück geladen. Nach nur kurzer Unterbrechung war die Anlage wieder in vollem Umfang einsatzbereit.

Dies ist von Vorteil überall dort, wo Anlagen nicht direkt vor der Haustür liegen und ein großer Teil der anfallenden Aufgaben auch von nicht spezialisierten Mitarbeitern ausgeführt werden können. Dank IO-Link ist Fernwartung bis auf die Prozessebene möglich. Neben klaren Diagnosen und zielgerichteten Maßnahmen und Handlungsanweisungen im Störungsfall sind vorbeugende Wartungskonzepte einfach umsetzbar. Intelligente Sensorik wird die Anlagenverfügbarkeit in Zukunft weiter verbessern. Sensoren, die Öltemperatur und Ölfeuchtigkeit messen, bei extrem beanspruchten Motoren Temperatur und Lager überwachen und bevorstehende Serviceintervalle selbstständig mitteilen, werden auch in dieser Branche in Zukunft an Bedeutung gewinnen.

Inzwischen produziert der Mount Coffee-Staudamm in Liberia wieder Strom, vor allem für die Millionenstadt Monrovia. Nach diesen positiven Erfahrungen steht außer Frage, dass IO-Link sowohl bei Neubau- als auch Sanierungsprojekten verstärkt zum

Einsatz kommen wird. Zumal immer mehr Anlagen in die Jahre kommen und moderne Steuerungs- und Elektronik-Konzepte verlangen werden [Zosel 2018].

5.5 Zusammenfassung der Kunden-/Applikationsvorteile

Betrachtet man die Summe der Kundenvorteile von IO-Link und Industrie 4.0 der vorausgegangenen Kapitel, so ergeben sich unterschiedliche aber auch wiederkehrende Applikationsvorteile, die in **Tabelle 5.1** kurz zusammengefasst sind. Sie lassen sich für zukünftig geplante Projekte als Basis verwenden. Der Kreativität beim Finden weiterer Vorteile sind natürlich keine Grenzen gesetzt.

Ist das schon Industrie 4.0? Mit Y-Weg und entsprechender Plug&Play-Software ist IO-Link auf jeden Fall die Schlüsseltechnologie zur Verbindung zwischen OT und IT in Systemlösungen. Mit diesem Schlüssel kann Applikations-Know-how gewinnbringend für Kunden eingesetzt werden.

Tabelle 5.1: Übersicht der wichtigsten IO-Link-Kundenvorteile

IO-Link-Applikationsvorteile	Elektronik-fertigung		Maschinenbau / Ausrüster / OEM						Produktionsbetrieb, Fertigung, Prozess					Nachrüstung, Retrofitting	
	5.1.1	5.1.2	5.2.1	5.2.2	5.2.3	5.2.4	5.2.5	5.2.6	5.3.1	5.3.2	5.3.3	5.3.4	5.3.5	5.4.1	5.4.2
Kostenvorteile, Wettbewerbsfähigkeit, Lagerhaltung	x	x		x	x	x	x			x				x	x
RFID-Reader mit IO-Link	x				x				x						
Einfache Einbindung in die Steuerungssoftware	x			x	x		x	x		x		x		x	x
Direkte Anbindung IO-Link-Daten an Datenbank	x	x	x			x		x							
Identifikation Werkstückträger / Werkzeug	x			x	x				x	x					
Einfache Diagnose und Wartung	x				x	x		x		x	x	x			
Schneller Gerätetausch ohne Spezialwissen	x	x	x	x	x	x	x	x	x	x	x	x	x	x	x
Umweltschutz, Energieerfassung modular		x						x							
Anbindung an das MES / ERP-System / Cloud		x				x		x			x				
Flexibilität bei wechselnder Maschinenkonfiguration		x			x										
IO-Link-Master mit direkter IT-Konnektivität		x				x		x							
Alarm-Management, Visualisierung, Analyse		x				x		x				x		x	x
Schnelle Inbetriebnahme, Zeiteinsparung		x		x	x		x	x		x	x	x	x		x
Smarte Sensoren mit Diagnose / mehreren Messwerten		x				x	x	x	x		x		x		x

IO-Link-Applikationsvorteile	Elektronik-fertigung		Maschinenbau / Ausrüster / OEM						Produktionsbetrieb, Fertigung, Prozess					Nachrüstung, Retrofitting	
	5.1.1	5.1.2	5.2.1	5.2.2	5.2.3	5.2.4	5.2.5	5.2.6	5.3.1	5.3.2	5.3.3	5.3.4	5.3.5	5.4.1	5.4.2
Historienspeicher zur Qualitäts-/ Prozessanalyse	x	x		x	x			x			x	x			
Identifikation IO-Link-Devices, fehlerfreier Tausch		x	x	x	x	x				x	x			x	x
Y-Weg im IO-Link-Master zur OT und IT			x		x			x			x		x		
Feldbusunabhängigkeit von IO-Link			x	x	x	x	x								
Verdrahtungseinsparung und Diagnose bei Aktuatorik			x		x							x	x	x	x
Vielfalt an IO-Link-Devices / Master verfügbar			x		x						x				
Statusmeldungen, Condition Based Monitoring			x	x		x		x	x	x	x	x		x	x
Gemeinsame Datenbasis für IODDs / Projektierungstools			x											x	
Datenhaltung redundant im Device und Master			x	x						x		x		x	x
EMV-Festigkeit trotz ungeschirmter Leitungen				x						x	x	x		x	x
Fernwartung via Internet				x		x		x							
Mechanische Einsparungen, einfachere Konstruktion				x			x			x	x			x	
IO-Link-Port-Nutzung als universeller Anschluß DI/DO					x					x					
Verdrahtungseinsparung mittels IO-Link-E/A-Modulen					x					x			x		x
Drahtlose Datenübertragung						x		x		x					
Geräte für besondere Umgebungsbedingungen						x	x	x		x	x				x

6 Planung, Inbetriebnahme und Service in der Praxis

Bei der Anlagenplanung und -konzeption gelten mit IO-Link-Geräten andere Regeln als mit konventionellen Geräten mit binären, analogen oder anderen Schnittstellen. Bei der mechanischen und elektronischen Konstruktion sind Vereinfachungen und weniger komplexe Verdrahtungen möglich. Bei der Inbetriebnahme und Gestaltung der Software verbinden sich einfache Stecktechnik auf der Hardwareseite mit Empfängern von Daten auf der anderen Seite, die die Basisinformationen für Industrie 4.0-Applikationen in der Software zur Verfügung stellen.

Das folgende Kapitel soll helfen, IO-Link von Anfang an richtig zu nutzen und schon in der Planung Fehler zu vermeiden. Ebenfalls soll es Anregungen für die Inbetriebnahme und Wartung (Service) bieten.

Wer in die Tiefen der IO-Link Technologie einsteigen oder Geräte entwickeln möchte, dem sei der Band 2 zur IO-Link Technik ans Herz gelegt. Dort wird in vielen Details die Technik aus der IO-Link Spezifikation eingängig erklärt.

Diese Details sind für die Mehrzahl der Anwender, Inbetriebnehmer, Wartungstechniker und Steuerungsprogrammierer interessant, aber für die tägliche Arbeit kommt es im Wesentlichen auf das Grundverständnis der Funktionalität an. Wir gehen im Normalfall davon aus, dass alles wie beschrieben funktioniert. Einen kurzen Überblick der wichtigsten Eckdaten von IO-Link und der Abgrenzung zu anderen Systemen bietet dieses Kapitel. Die Details sind im Band 2 zu finden.

6.1 IO-Link in a Nutshell

Wie lässt sich ein im Grunde einfach zu bedienendes System wie IO-Link kompakt beschreiben. Vielleicht, indem wir Antworten auf häufig gestellte Fragen geben.

Frage 1: Ist IO-Link ein neues Bussystem?
Antwort: Nein. Im Gegensatz zu einem (Feld-)Bussystem gibt es bei IO-Link nur genau zwei Teilnehmer, die miteinander sprechen, den Master(port) und das Gerät (Sensor,

Aktuator, Hybridgerät). Deshalb wird keinerlei Adressierung benötigt und der Gerätetausch kann ohne Tools erfolgen. IO-Link ist also eine Punkt-zu-Punkt-Verbindung.

Frage 2: Wie ist die Zykluszeit bei IO-Link?
Antwort: Bei IO-Link koordinieren Master und Device die erforderliche Zykluszeit. Diese hängt ab zum einen von der Geschwindigkeit der Deviceschnittstelle (COM1, COM2, COM3) und zweitens von der Anzahl der zu übertragenden Bytes. Eine typische Zykluszeit beträgt 2,3 Millisekunden bei 2 Bytes Daten und COM2. Im Gegensatz zu einem Bussystem addiert sich die Zykluszeit nicht mit der Anzahl der Teilnehmer, da alle IO-Link Ports parallel abgearbeitet werden.

Frage 3: Wie viele IO-Link-Master können an eine Steuerung angeschlossen werden?
Antwort: Das hängt vom Aufbau des Rückwandbusses der Steuerung ab bei Einschubkarten oder von der maximal adressierbaren Anzahl Feldbusmodule. Wenn ein IO-Link-Master einem Busknoten entspricht, so können z.B. bei PROFINET bis zu 254 IO-Link-Master betrieben werden. Dies ist eine theoretische Zahl, da auch der adressierbare Speicherplatz in der Steuerung einen Einfluss hat.

Frage 4: Wieviele IO-Link-Geräte lassen sich an einem Master betreiben?
Antwort: Das hängt von der Anzahl Ports an einem Master ab. Es gibt auf dem Markt Geräte von 2 bis 32 Ports. Beispielsweise können an einem 8-Port-Master bis zu 8 kommunikative IO-Link-Geräte und 8 oder 16 Geräte betrieben werden.

Frage 5: Was ist der Unterschied zwischen SIO-Mode und COM-Mode?
Antwort: IO-Link Geräte können zwei Modi unterstützen. Im COM-Mode kommunizieren Sensoren oder Aktuatoren über Pin 4 permanent mit dem Master und übertragen alle Signale über das serielle IO-Link-Protokoll. Dies ist die wohl am meisten verwendete Betriebsart.
Im SIO-Mode wird der Pin 4 als Schaltsignal (0= Status aus/1= Status ein) verwendet. Eine Kombination beider Modi ist möglich und wird durch den Master gesteuert. Ein Beispiel wäre der Parameterdownload über COM-Mode und dann ein Rückschalten auf den SIO-Mode.

Frage 6: Können an IO-Link-Ports Sensoren und Aktuatoren angeschlossen werden?
Antwort: IO-Link wird manchmal auch als USB-Schnittstelle der Automatisierung bezeichnet. Genau wie an der Computerschnittstelle können an einem IO-Link-Port unterschiedlichste Geräte (Sensoren, Aktuatoren und Hybridgeräte) angeschlossen werden. Somit ist ein feingranularer Aufbau möglich. Ein IO-Link Port kann binäre und analoge Ein- und Ausgänge bedienen, wobei letztere natürlich als digitalisierte Messwerte übertragen werden.

Frage 7: Was ist der Unterschied zwischen Class-A- und Class-B-Ports?
Antwort: IO-Link Master können je nach Herstellerkonfiguration nur eine oder beide Portklassen beherbergen. Prinzipiell sind Class-A-Ports für Sensoren und Geräte mit wenig Strombedarf gemacht. Sie haben nur eine 24-V-Spannungsversorgung. Class-B-Ports haben zusätzlich eine zweite Spannungsversorgung für Aktuatoren.

Frage 8: Was ist die maximale Leitungslänge eines IO-Link-Teilnehmers?
Die Strecke zwischen IO-Link Masterport und Teilnehmer ist auf 20 Meter spezifiziert. Dies stellt den „worst case" dar, der auf jeden Fall in jeder beliebigen Konfiguration maximal erreicht werden darf. In der Praxis lassen sich auch etwas größere Entfernungen überbrücken. Zur sicheren Verlängerung einer IO-Link-Sensorleitung stehen Repeater für bis zu 100 Meter zur Verfügung.

Frage 9: Welche Leitungen sorgen für die beste Abschirmung gegen Störungen?
Antwort: IO-Link verwendet zur Datenübertragung 0- und 1-Signale, denen Spannungspegel von 0 und 24 Volt entsprechen. Aufgrund dieses großen Spannungshubs ergibt sich eine hohe Störsicherheit gegenüber elektromagnetischen Störungen im industriellen Umfeld. Daher ist bei IO-Link keine geschirmte Leitung erforderlich. Die Standard-Sensorleitungen können weiterverwendet werden. Bei Bedarf können natürlich auch geschirmte Leitungen verwendet werden.

6

Frage 10: Wird für IO-Link eine besondere Spannungsquelle benötigt?
Nein. Es können die meisten professionellen Industrie-Netzteile mit 24 VDC Nennspannung verwendet werden. Klassische Erdungsmaßnahmen sollten nach den entsprechenden VDE-EN/IEC-Bestimmungen berücksichtigt werden. Es empfiehlt sich, separate Netzteile für Sensoren, Aktuatoren und Umrichter zu verwenden, um gegenseitige Störbeeinflussung auszuschließen.

In **Tabelle 6.1** sind die wichtigsten Eckdaten zusammengefasst.

Tabelle 6.1: IO-Link in a Nutshell

24 Volt DC power & communication	IO-Link-Devices unterstützen COM1 **oder** COM2 **oder** COM3	Masterports unterstützen COM1 **und** COM2 **und** COM3
Ungeschirmte Leitung, M5-, M8-, M12-Steckverbindung oder Klemmen	COM1 = 4,8 kBaud COM2 = 38,4 kBaud COM3 = 230,4 kBaud	Master für die meisten Feldbusse und Steuerungen, einfache Integration in Steuerungssysteme
Leitungslänge: 20 Meter, erweiterbar durch Repeater	2 Byte...32 Byte zyklische Daten	Anschluss von Sensoren, Aktuatoren, hybriden Geräten und E/A-Modulen

Tabelle 6.1: IO-Link in a Nutshell (Fortsetzung)

3- oder 5-adrige Kabel (A- oder B-Ports)	Zykluszeit typ. 2,3 ms bei 2 Bytes (COM2)	SIO und COM-Mode umschaltbar, DI/DO konfigurierbar
Leitungsbrucherkennung, Kommunikationsfehler	Verifikation der Prozessdaten (validation)	Einheitliche Konfigurationstools
IODD enthält die komplette Gerätefunktionalität	Parameter, Events, Identifikation	Parameterspeicher (data storage) im Master und Device
IODD Informationen per direkter Index-Adressierung abrufbar	Durchgängige Datenstruktur bei IO-Link und IO-Link Wireless	Einfacher Gerätetausch (backup and restore) ohne Tools
Weltweite Standardisierung IEC61139-9	Geräte für Schutzarten IP20, IP65, IP67, IP68, IP69K	Master mit IIoT-Software-Interfaces verfügbar (OPC-UA, MQTT, Rest-API…)

Wie bereits mehrfach erwähnt, handelt es sich bei IO-Link um eine serielle digitale Kommunikation. Dabei ist es für Sensoren, Aktuatoren oder Hybriden zu verwenden. In der Automatisierungspyramide (**Bild 6.1**) findet sich IO-Link auf der Sensor-Aktuator-Ebene. Das ist die Ebene, die die wichtigen Informationen zur Steuerung oder Regelung einer Maschine einsammelt und deren verknüpfte Ergebnisse ausführt. Obwohl mit Industrie 4.0 und Industrial IoT die Auflösung der Automatisierungspyramide postuliert wird, bleibt sie natürlich ohne IO-Link-Wireless ein Thema bei der physischen Verdrahtung, also Anlagenplanung und Installation und Service vor Ort. Beginnend bei Planung, werden Tipps für die Umsetzung von IO-Link in die Praxis gegeben.

6.2 Praktische Tipps zur Planung, Entwicklung und Konstruktion

Der große Vorteil von IO-Link besteht darin, dass es feldbusunabhängig ist. Bei Feldbussen gibt es keinen allgemeinen Standard, sondern je nach Steuerungshersteller werden unterschiedliche Bussysteme unterstützt. Maschinenbauer oder Integratoren passen sich üblicherweise an die Hardwarewünsche ihrer Kunden an. Das bedeutet, dass ein Maschinenhersteller, je nach spezifizierter SPS, die entsprechende Hardware auswählt, also z. B. PROFINET oder Ethernet/IP oder EtherCAT-Master. Die darunter liegende Technologie, nämlich IO-Link als universelle Prozessschnittstelle, bleibt dadurch unangetastet. Hieraus resultiert ein Investitionsschutz der eingesetzten Peripherie. Unabhängig von den Zukunftsbussystemen, wie z. B TSN usw., bleibt der größte Teil der Infrastruktur unterhalb der IO-Link-Gateways erhalten. Im schlimmsten Fall sind die Busknoten und -Master zu tauschen oder einem Softwareupdate zu unterziehen. Durch geeignete Konfigurationstools erfolgt der Zugriff auf die IO-Link-Devices immer gleich, d.h. der Maschinenbauer kann seine Datensätze feldbusunabhängig einfach aufspielen.

Bei den praktischen Tipps können wir uns somit zunächst in der Automatisierungspyramide (s. **Bild 6.1**) von unten nach oben durcharbeiten. Ein eher ungewöhnliches Vorgehen: Normalerweise beginnt man in der Anlagenplanung bei der Steuerung.

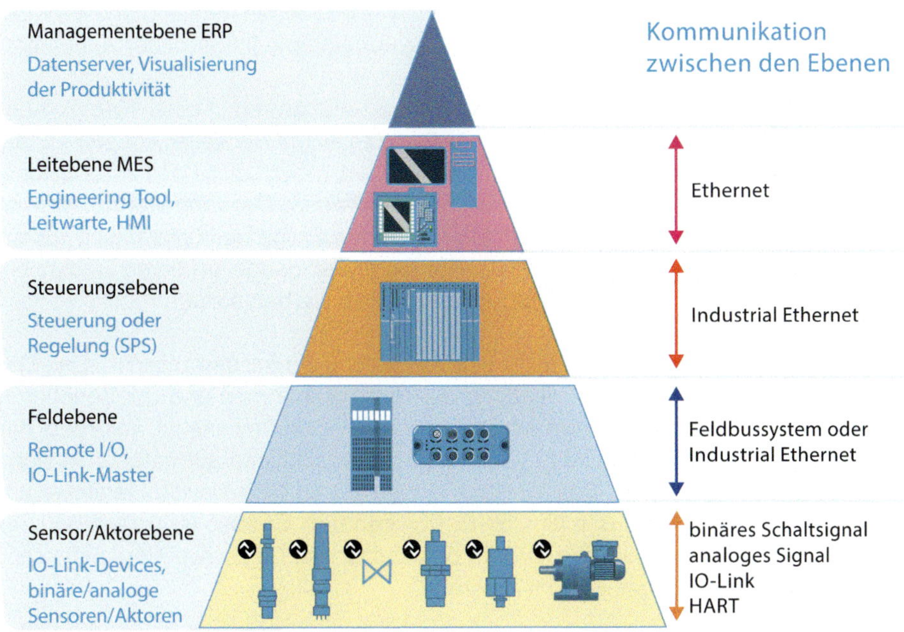

Bild 6.1: Automatisierungspyramide

6.2.1 Von Devices, IODDs und der richtigen Geräteauswahl

Beim Einsatz von IO-Link-Devices sind unterschiedliche Auswahlkriterien zu bedenken. Ein Hilfsmittel hierzu bietet der in **Bild 6.2** gezeigte Auswahlbaum. Zunächst stellt sich die Frage, ob nur Sensoren, IO-Link-fähige Aktuatoren und deren Hybride zum Einsatz kommen sollen. Stehen die gewünschten Geräte zur Verfügung, besteht eventuell die Möglichkeit, die Geräte in einer IO-Link-Variante nicht zu beschaffen? Ist es möglich, aus Logistikgründen IO-Link-Sensoren, die zusätzliche Analog- oder Digitalausgänge haben, auch als Ersatzteile für ältere Anlagen einzusetzen? Was ist der Hauptzweck für den Einsatz von IO-Link-Geräten: z. B. Diagnosefähigkeit, Anpassung an wechselnde Umgebungsbedingungen, Leitungseinsparung, Industrie 4.0? Werden IO-Link-Sensoren nur an kritischen Anlagenteilen eingesetzt oder sollen generell IO-Link-Devices zum Einsatz kommen? Stehen für alle neu geplanten IO-Link-Geräte jeweils die IODDs der Hersteller zur Verfügung und sind diese in bestehende Softwarestrukturen einzubinden?

Viele Fragen sind zu betrachten, alle mit dem Gesamtziel einer optimalen Maschinenverfügbarkeit bei geringem Installationsaufwand und schneller Umsetzung seitens der Hersteller. Zudem kann IO-Link mit seinen Möglichkeiten neue Einsatzgebiete erschließen. Heute fallen kaum noch Mehrkosten für IO-Link-Komponenten an, so dass es im Hinblick auf IoT und Industrie 4.0 interessant ist, auch ältere Maschinen nachzurüsten – das Stichwort hierzu ist Retrofit, wie im vorigen Kapitel dargestellt. Bei späteren Umbauten oder Erweiterungen ist die vorhandene Infrastruktur zu nutzen.

Es ist zu prüfen, ob alle benötigten Sensoren und Aktuatoren in einer IO-Link-Ausführung vorliegen: Wenn das nicht der Fall ist, bieten einige Hersteller Adapter an, die z.B. 4…20 mA-Sensoren an IO-Link bringen können, indem diese das Analogsignal entsprechend digitalisieren und auf IO-Link übertragen. Der umgekehrte Weg ist ebenfalls möglich. Für Spannungssignale gilt gleiches. Einige Hersteller bieten zudem Widerstandseingänge und Pt1000/Pt100-Temperatureingänge an, deren Einsatz bei der Auslegung der Anlage für die Applikation geprüft werden sollte.

Nach Prüfung aller Möglichkeiten sollte eine Aufstellung der ausgewählten IO-Link-Devices erfolgen. Dies dient der Ermittlung der Stromaufnahmen und der benötigten IO-Link-Port-Klassen. Die Stromaufnahme von IO-Link-Devices ist aufgrund der elektrischen Anbindung über M12-, M8- und M5-Anschlüsse auf unterschiedliche maximale Ströme begrenzt. Des Weiteren geben die IO-Link-Device-Hersteller an, welchen maximalen Strom das IO-Link-Device benötigt. Ebenso ist angegeben, ob ein IO-Link-Master-Port der Class A oder B zu nutzen ist. Diese zwei Parameter sind wichtig für die Auswahl des IO-Link-Masters.

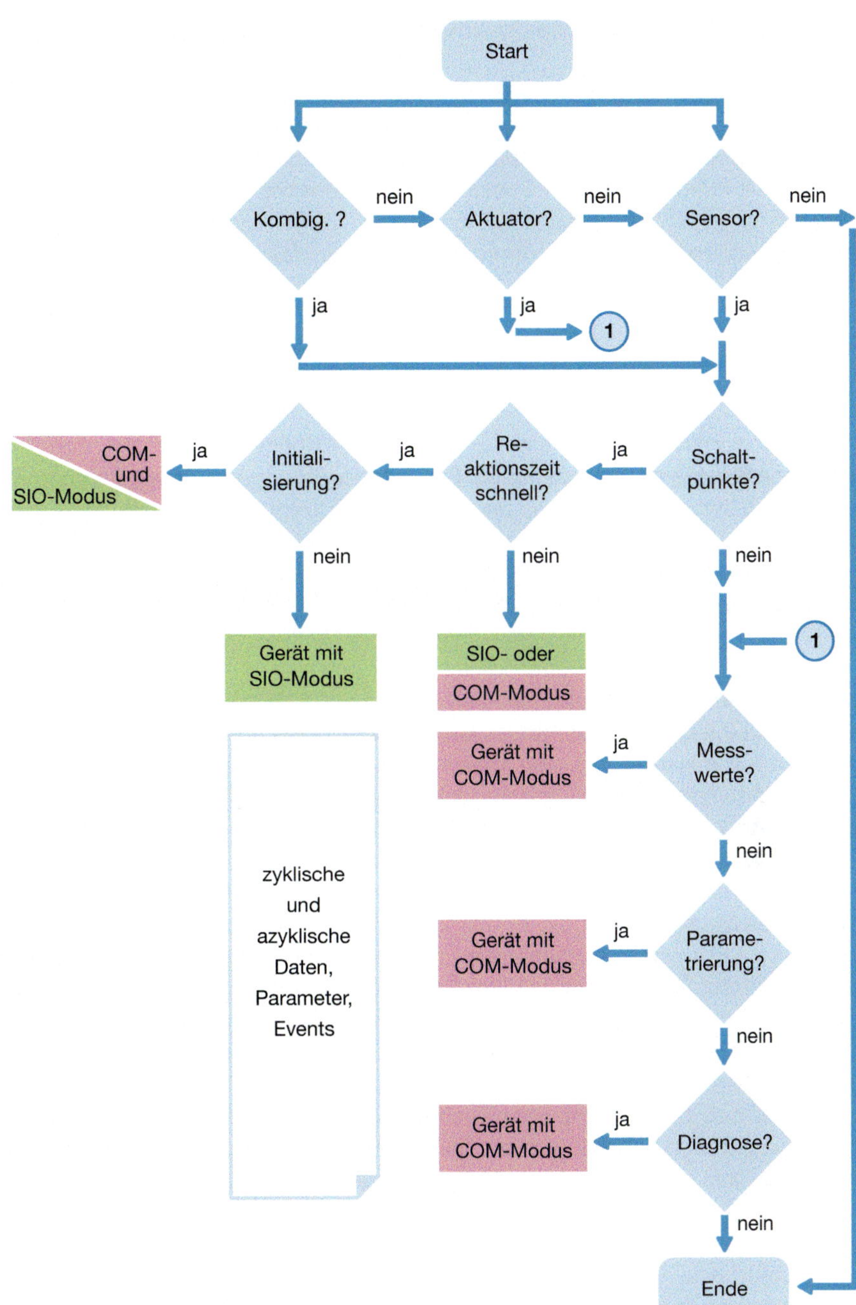

Bild 6.2: Auswahlbaum für IO-Link-Devices

6

6.2.2 Busmaster, IO-Link-Master und IO-Link-Multi-Master

Feldbusse verbinden die zentrale Steuerungs-CPU mit den dezentralen Ein-/Ausgabemodulen. Ein Busmaster kann hierbei ein zentrales in ein dezentrales Anlagenkonzept umwandeln. Anstelle der zentralisierten Baugruppen sind Busmaster an der Steuerung eingesetzt, die lediglich über ein Buskabel alle Peripheriesignale einsammeln.

Dieses Konzept hat sich bereits umfangreich in der dezentralen Peripherie durchgesetzt. Brauchte die Verdrahtung vorher vieladrige Stammkabel, so genügte bei Bussystemen oft nur noch ein Buskabel und eine Energieversorgung. Die Folge sind Einsparungen bei der Verdrahtung und schlankere Kabelkanäle, aber auch eine deutlich geringere Fehlerhäufigkeit bei der Verdrahtung.

IO-Link ist die konsequente Weiterentwicklung dieses Konzeptes. Statt lediglich binäre oder analoge Signale an die dezentralen Peripheriebaugruppen zu übertragen, werden nun IO-Link-Master eingebaut, die die Sensoren und Aktuatoren direkt mit dem Bus verbinden. IO-Link-Master sind also aus Sicht der IO-Link-Devices Master und aus Sicht des Feldbusses Slavebaugruppen oder Übersetzer zwischen beiden Welten, also sogenannten Gateways.

Der IO-Link-Master ist in der Regel somit in ein Gateway zu übergeordneten Feldbus- oder IT-Systemen eingebettet. Der Anwender sucht sich bei der Auslegung seiner Anlage das für ihn benötigte Feldbussystem und/oder die richtige IT-Anbindung aus. Bei dieser Auswahl ist zu beachten, dass nicht alle Feldbussysteme in der Lage sind, den gesamten Datenumfang, den IO-Link liefert, abzubilden, da schlicht nicht die Bandbreite zur Verfügung steht. Manche IO-Link-Master haben bezüglich der maximalen Datenbreite, die Einschränkungen weitergegeben werden kann.

Deshalb ist es wichtig, im Vorfeld zu betrachten, welche Daten die anzuschließenden IO-Link-Devices bringen und benötigen. Klarheit sollte bezüglich der Prozesswerte herrschen. Wenn z.B. ein Sensor/IO-Link-Device mehrere Messwerte via IO-Link überträgt, ist zu überlegen, welchen der Prozesswerte die Maschine für Steuerungsaufgaben benötigt. Durch geschickte Planung ist es eventuell möglich, IO-Link-Devices, die viele Daten liefern, auf mehrere IO-Link-Master aufzuteilen, anstatt diese alle auf einem IO-Link-Master zu bündeln, mit dem Nachteil, dass dann nicht alle Daten in der SPS zur Verfügung stehen. Hierbei werden die Bandbreiten der einzelnen Feldbusknoten optimiert, so dass sich deren Kapazitäten addieren.

Bei der Stromversorgung von IO-Link-Mastern ist zu beachten, dass die Zuleitungen einen Spannungsfall verursachen. Es muss sichergestellt sein, dass beim maximalen Stromfluss am Ausgang jedes IO-Link-Masterports mindestens 20 V anliegen. Unterhalb dieser Grenze ist für IO-Link die störungsfreie Kommunikation nicht mehr gewährleistet. Um Planungsfehler zu vermeiden, ist die IO-Link-Physik bezüglich

Tabelle 6.2: Kompatibilitäten zwischen IO-Link-Master-Ports und Geräten mit Port Class A und Port Class B

IO-Link-Port am Master	IO-Link-Port am Device		
	Class A, Pin 2 nicht benutzt	Class A, Pin 2 aktiv	Class B (Aktuator)
Class A, Pin 2 nicht benutzt	kompatibel	IO-Link/SIO kompatibel, Pin 2 nicht aktiv	Class A nach B-Adapter notwendig, Strombedarf beachten
Class A, Pin 2 verwendet	kompatibel*	kompatibel, gleiche Sig- nale auf Pin 2 beachten	nicht kompatibel
Class B	kompatibel*	nicht kompatibel	kompatibel

* Bemerkung: 3-poliges Kabel bevorzugt.

Kabel, Spannungsversorgungen und Längenrestriktionen zu berücksichtigen. IO-Link benötigt bei der Installation keine besonderen Fachkenntnisse, wenn durchgängig Module und Geräte mit konfektionierten M12-, M8- oder M5-Leitungen Verwendung finden. Hierbei ist eine Vertauschung oder Verpolung der Adern ausgeschlossen. Bei dieser Art der Verkabelung ist lediglich auf die Kennzeichnung der IO-Link-Ports nach Class A oder B zu achten. Je nach Hersteller sind die Buchsen am Modul entweder per Aufdruck oder mit unterschiedlichen Farben gekennzeichnet. Die Kompatibilitäten sind in **Tabelle 6.2** zusammengefasst.

Bei Schaltschrank-Installationen ist besonders auf die richtige Polung zu achten. Hierbei sind drei Adern bei Class A-Ports zu verwenden, meist mit C/Q für IO-Link, L+ oder 24 DC für den Pluspol der Spannungsversorgung und L- oder 0 V für den Ground-Anschluss. Aus Störfestigkeitsgründen sind verdrillte Adern, separat für jeden IO-Link-Port, zu bevorzugen. Die anerkannten Regeln der Elektrotechnik zum Zeitpunkt der Installation, wie z.B. vom ZVEI vorgeschlagen, sind einzuhalten [ZVEI].

Für die unterschiedlichen IO-Link-Devices ist es unter Umständen nötig, neben den Standard Class A IO-Link-Ports, auch Class B IO-Link-Ports zu nutzen. Für den IO-Link-Masterport Class A ist drüber hinaus anzumerken, dass sich an Pin 2 zusätzliche Funktionen befinden können. Bei IO-Link-Devices, wie auch an IO-Link-Mastern, sind zusätzliche digitale Inputs und Outputs üblich; siehe auch die angedeutete vierte Litze an Pin 2 in **Bild 6.3**.

Benötigt ein IO-Link-Device einen IO-Link-Port Class B, ist darauf zu achten, dass die hierbei dem IO-Link-Device additiv zur Verfügung gestellte zweite Spannung galvanisch von der ersten Spannung getrennt sein muss. Das heißt in der klassischen Automatisierungstechnik ist die Rede von der sogenannten Sensorversorgungsspannung US (meist mit L+ und L- bezeichnet und den Pins 1 und 3 zugeordnet) und der

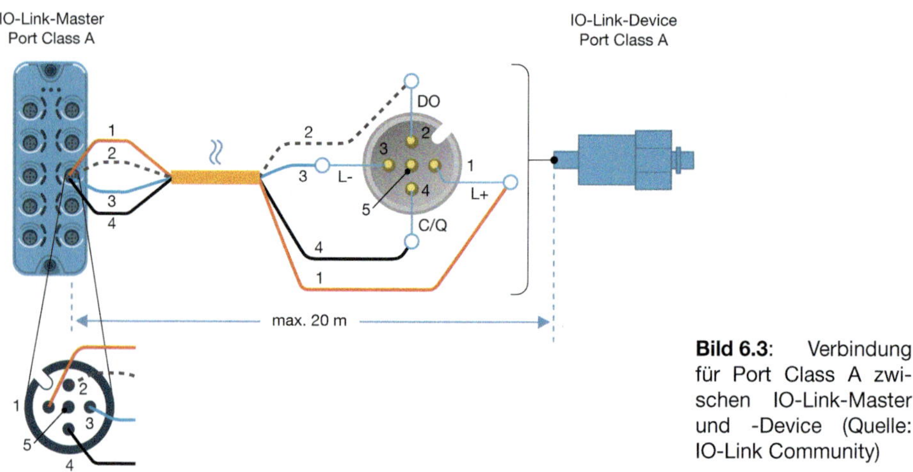

Bild 6.3: Verbindung für Port Class A zwischen IO-Link-Master und -Device (Quelle: IO-Link Community)

Aktuatorversorgungsspannung UA (meist mit 2L+ und 2L- bezeichnet und den Pins 2 und 5 zugeordnet), die galvanisch getrennt sind. Dieses Prinzip nutzt IO-Link bei der Definition der IO-Link-Master-Ports Class B. Prinzipiell gilt deshalb: es sind nur sortenreine Anschlüsse von IO-Link-Devices vorzunehmen; d.h. IO-Link-Devices die einen Port Class A benötigen, sind nur an solchen Ports zu betreiben. Für IO-Link-Devices, die einen Port Class B benötigen, gilt das Gleiche.

Ausnahme: Ist sichergestellt, dass ein IO-Link-Device, das einen Port Class A benötigt, beim Anschluss an einen Port Class B die galvanische Trennung nicht beeinflusst, ist es möglich, ein solches IO-Link-Device an einem Port Class B zu betreiben. Zur Sicherstellung der vorgenannten Bedingung kann der Anwender bei der Auslegung der Anlage folgendes tun: Hat das zum Einsatz kommende IO-Link-Device keinen weiteren Ein- oder Ausgang an Pin 2 im M12-Anschluss und fehlt somit der Pin, ist es bedenkenlos an einem Port Class B zu betreiben. Hat das zu nutzende IO-Link-Device den Pin 2 im M12-Anschluss, kann es trotzdem an einem Port Class B zum Einsatz kommen, sofern das Verbindungskabel dreiadrig ausgeführt ist und nur die Anschlüsse an Pin 1, Pin 3 und Pin 4 verbindet. Alternativ ist es möglich, den Pin 2 am IO-Link-Device mechanisch zu entfernen.

IO-Link-Devices, die einen Port Class B benötigen, können nicht an einem Port Class A zum Einsatz kommen, da die additive Versorgung UA fehlt. Alternativ kann unter den vorgenannten Bedingungen zur galvanischen Trennung bei Port Class A IO-Link-Devices, z. B. über T- oder Y-Stücke, die additive Spannung vor dem betreffenden IO-Link-Device eingeschleift werden.

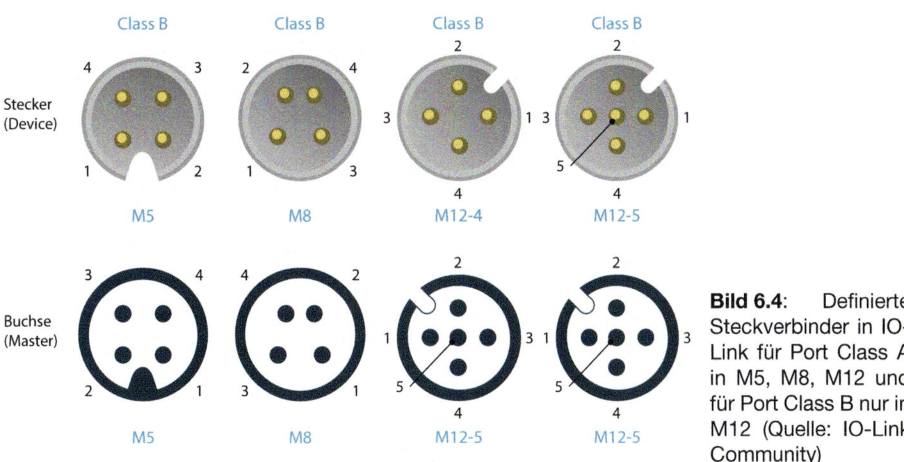

Bild 6.4: Definierte Steckverbinder in IO-Link für Port Class A in M5, M8, M12 und für Port Class B nur in M12 (Quelle: IO-Link Community)

Die ganze Problematik bezüglich der IO-Link-Port Class A und B besteht nur im M12-Anschlusssystem. Dies verfügt meist auch über die Schutzartanforderung IP65/67. Bei den Steckern M8 und M5 ist die Port Class B nicht definiert und bei Schaltschrankgeräten ist meist die Schutzart IP20 üblich, die eine Einzellitzenverdrahtung zulässt und bei der somit das Problem mit der additiven Aktuatorenversorgung nicht auftritt. **Bild 6.4** zeigt alle zulässigen IO-Link-Steckverbinder.

Hinweis:
Kommt ein IO-Link-Device für Port Class A z. B. an einem Port Class B zum Einsatz, ist – wie bereits oben beschrieben – die galvanische Trennung der Spannungsversorgungen UA und US sicherzustellen. Es kann im Folgenden vorkommen, dass ein IO-Link-Device an dem freien Pin 2 einen additiven Schaltausgang besitzt. Ist dieser mit einem Port Class B verbunden, ist die galvanische Trennung beider Spannungen aufgehoben und im schlimmsten Fall ist der abgeschaltete UA-Bereich wieder mit Spannung aus US versorgt (**Bild 6.5**).

Zum Abschluss der Überlegungen zum IO-Link-Master ist zu klären, in welchen Betriebsarten die einzelnen IO-Link-Masterports arbeiten sollen. Neben den IO-Link-Kommunikationssignalen kann ein IO-Link-Masterport binäre Signale wie DI und DO verarbeiten; es ist also möglich, einen klassischen Schalter an einen IO-Link-Masterport anzuschließen.

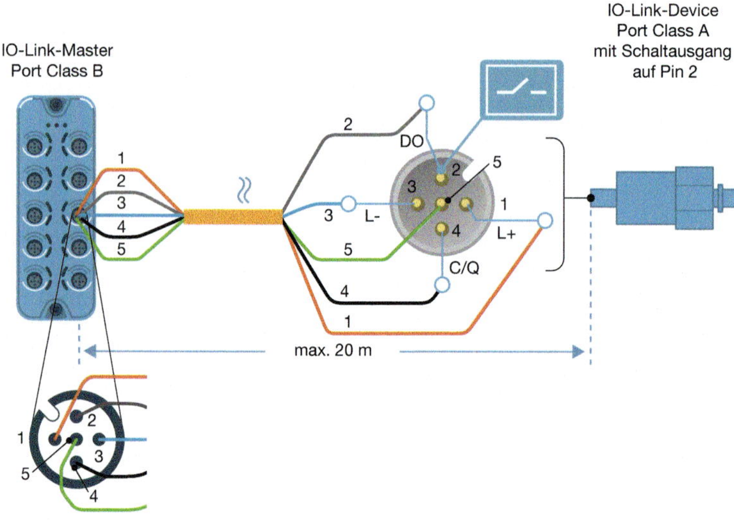

Bild 6.5: Verbindung zwischen IO-Link-Master (Port Class B) und -Device (Port Class A) führt zur Vermaschung der Versorgungsspannungen US und UA (Quelle: IO-Link Community)

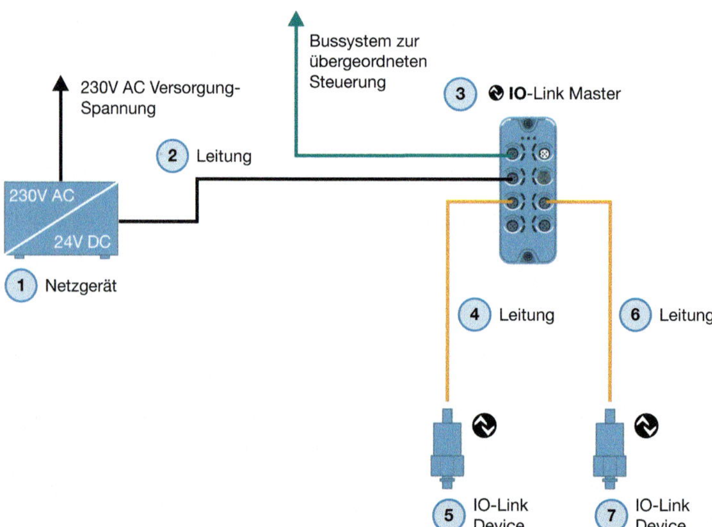

Bild 6.6: Typische IO-Link-Feldverdrahtung (Quelle: IO-Link Community)

Für den IO-Link-Master gilt es zusammengefasst die folgende Checkpunkte zu prüfen:

- Wird eine Mastervariante in IP65/67/69(K) oder Schaltschrankmontage mit IP20 benötigt?
- Bei IP65/67/69(K) ist zu prüfen, wie viele IO-Link-Masterports Class A und B zu berücksichtigen sind.
- Die Stromaufnahme der IO-Link-Devices sollte zu dem gewählten IO-Link-Master passen. Die Spannungsversorgung für IO-Link-Devices (L+ und L- am IO-Link-Masterport) sollte sich zwischen 20 und 30 V bewegen, typisch sind 24 V, d.h. es ist auf die nötigen Netzteile und Litzenquerschnitte zu achten. In **Bild 6.6** ist eine typische Verdrahtung gezeigt.
- Dabei ist „1“ ein Standardnetzteil mit der benötigten Stromstärke. „2“ ist die Versorgungsleitung zu den IO-Link-Gateways, die vom Querschnitt auf den benötigten Strom anzupassen ist. „3“ stellt die Feldbusverbindung des IO-Link-Gateways dar.„5“ und „7“ sind die am IO-Link-Master angeschlossenen IO-Link-Devices, „4“ und „6“ mit der Längenrestriktion für diese IO-Link-Verbindungsleitungen.
- Die Kabellängen zum IO-Link-Device sind einzuhalten (maximal 20 m), bei größeren Entfernungen kann ein IO-Link Repeater eingeplant werden.
- Für neue Anlagen ist es sehr zu empfehlen, IO-Link-Master nach IO-Link-Revision V 1.1 zu nutzen, um die Abwärtskompatibilität zur Version 1.0 bei IO-Link-Devices nutzen zu können.

Aus **Tabelle 6.3** ist ersichtlich, dass ein IO-Link-Master mit 6 IO-Link-Masterports Class A und mit 2 Class B zu nutzen ist. Der Strom auf der Spannungsversorgung US sollte beim zu wählenden Master oberhalb von 813mA liegen und für die Spannungsversorgung UA oberhalb von 650mA (vgl. Bild 6.6).

Am Markt gibt es in hoher Vielfalt unterschiedliche Verteilungsverhältnisse von Port Klassen A und B. Dabei ist die hier im Beispiel aufgezeigte Teilung in 6 Port Class A zu 2 Port Class B eher unüblich. 8 Port IO-Link-Master sind allerdings üblicherweise keine reinen Port Class A oder Port Class B IO-Link Master, sondern in 4 Port Class A und 4 Port Class B aufgeteilt. Abhängig vom überlagerten Feldbussystem können andere Portanzahlen und -teilungen vorkommen, wie z. B. IO-Link-Master mit zwei Ports oder auch mit 16 Ports mit unterschiedlichen Aufteilungen von Port Class A und Port Class B. Es empfiehlt sich, bei den entsprechenden IO-Link-Master-Herstellern anzufragen.

So kann die Wahl auf einen 8-Port-IO-Link-Master mit der Teilung 4 Port Class A und 4 Port Class B fallen unter der Berücksichtigung, dass die Rahmenbedingungen für den Anschluss von Port Class A IO-Link-Devices aus diesem Kapitel einzuhalten sind. Alternativ können zwei IO-Link-Master zur Anwendung kommen: ein IO-Link-Master mit 8 Port Class A und ein weiterer mit 4 Port Class B. Bei der Auswahl der Master sind die Wahl eines genau für diese Applikation passenden gegenüber eines generell einsetzbaren Master und damit austauschbaren, gegen andere Master der Wahl in derselben oder anderen Anlagen abzuwägen.

Tabelle 6.3: Checkpunkte für den IO-Link-Master

Bezeichnung	Typ	IP20	IP65/67	Port Class A	Port Class B	Strom IS	Strom IA
Gerätebezeichnung	IO-Link-Device-Type (Sensor/Aktuator)	Gehäuseschutzart	Gehäuseschutzart	bei IP65/67	bei IP65/67	Sensorstrom	Aktuatorstrom
B1	Drehzahlsensor		✓			50 mA	
Q21	Schütze		✓		✓	≤ 200 mA	250 mA
	Antriebseinheit						
Q22	Motorschutz der Antriebseinheit		✓	✓		5 mA	
B2	RFID-Sensor		✓	✓		50 mA	
B3	optischer Distanzsensor		✓	✓		70 mA	
B71	IO-Link-Analog Konverter		✓	✓		25 mA	
K1	Magnetventil		✓		✓	3 mA	400 mA
P1	Signalleuchte		✓	✓		410 mA	
	IO-Link-Master			6	2	813 mA	650 mA

6.2.3 Konfigurationssoftware für IO-Link-Master und -Devices

Vor IO-Link wurden meist die Steuerungskomponenten eines Herstellers genutzt, um eine einheitliche Konfiguration zu gewährleisten. IO-Link als Standard will eine einheitliche Konfiguration über alle dem Standard entsprechenden Hersteller gewährleisten. Von der Konfiguration her unterscheidet sich ein IO-Link-Master unwesentlich von einem Standard-Feldbusteilnehmer: Adresse, Datenlänge, Ausfallverhalten usw. ist für alle Busknoten definiert und einzustellen. Um die Vielfalt der Komponenten und Hersteller zu beherrschen und lästige Unterschiede in der Konfiguration zu minimieren, erleichtert die einheitliche Masterschnittstelle (SMI) Implementierungen. Sie ist die Voraussetzung für den Tool-Zugriff auf Master unterschiedlicher Hersteller.

SMI spezifiziert Dienste für

- Master-Identifikation
- Konfigurationsmanagement (CM) mit Zugangs-Autorisierung und Verifikations-Record
- Datenspeicherung (DS) vor allem für Parametrierdaten
- Azyklische Kommunikation (Read/Write) mit Aus- und Einschaltung der Portversorgung

- Diagnosedaten (Events)
- Prozess-Datenaustausch

Es steht heute schon eine größere Auswahl an IO-Link-Master-Geräten zur Verfügung, aus denen der Anwender die optimalen Komponenten für seine zu lösende Aufgabe aussuchen kann. Bei der Konfiguration sollte ein direkter Durchgriff von der Steuerung über den Busmaster und eventuelle Gateways bis zu den IO-Modulen und integrierten IO-Link-Ports möglich sein (**Bild 6.7**). Die Öffnung der Systeme hin zu mehr Interoperabilität erfordert herstellerunabhängige Softwarebeschreibungen und -Schnittstellen, die in die übergeordnete Konfigurationssoftware eingebunden sind. Dies gilt sowohl für IO-Link-Devices als auch für Gateways und IO-Link-Master.

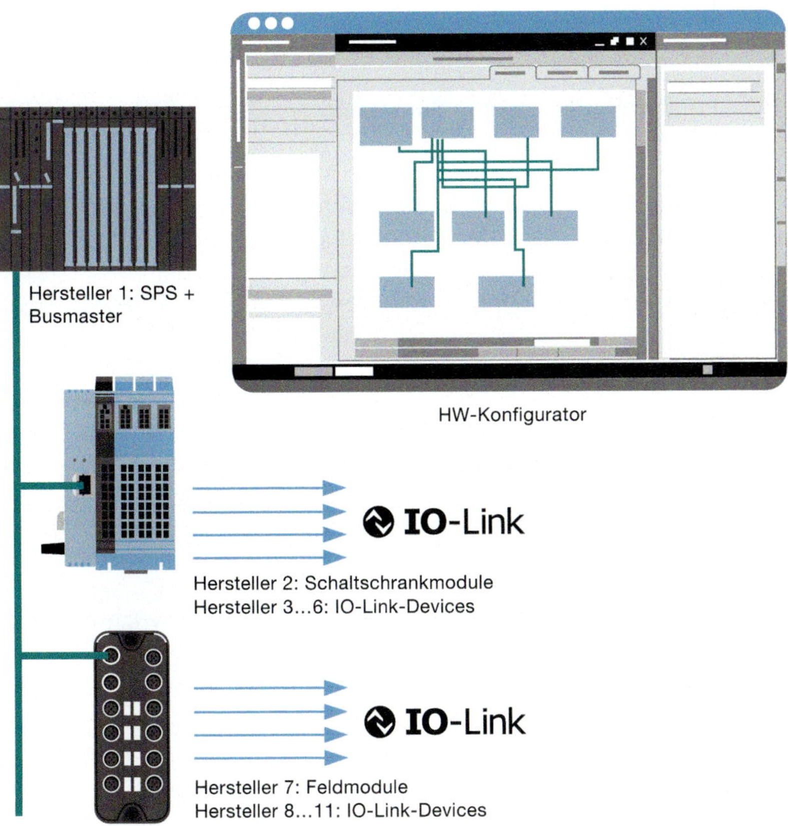

Bild 6.7: Kommunikation über Hierarchien hinweg

Hinweis:

Die Interoperabilität ist im Allgemeinen die Fähigkeit von Systemen, effizient zusammen zuarbeiten und Informationen auszutauschen, um Aufgaben zu erledigen. Dabei bedarf es keiner weiteren Definitionen, da durch den hohen Grad der Standardisierung die Schnittstellen und deren Bedienung bekannt sind. Für IO-Link heißt dies, die Kommunikation ist hochgradig vereinheitlicht, so dass jedes IO-Link-Device an jedem IO-Link-Master kommunikativ funktioniert und das herstellerübergreifend. Einschränkungen gibt es bei der Stromversorgung der IO-Link-Devices; jedoch gilt, jedes IO-Link-Device kann an jedem IO-Link-Master-Port minimal mit 200mA rechnen.

Leistungsstarke Konfigurationssoftware für IO-Link-Devices nimmt einen immer höheren Stellenwert ein, vor allem, wenn diese eine universelle Konfiguration unterschiedlicher IO-Link-Geräte, oder besser noch, unterschiedlicher Geräte und Hersteller unterstützt. Heutige Konfigurationssoftwares für IO-Link-Devices unterstützen im Regelfall den Zugang zum IODD-Finder und können somit die für die in der Anlage verbauten IO-Link-Devices benötigten IODDs automatisiert herunterladen.

6.2.4 IO-Link-Anbindung an die Steuerung

Es gibt eine große Vielfalt von Steuerungen im Markt, die der Anzahl an unterschiedlichen Auswahlkriterien entspricht. Zu beachten sind vorhandenes Know-how oder bereits bestehende Anlagen, Betriebsbewährtheit, langfristige Verfügbarkeit (Investitionsschutz), Erweiter-/Skalierbarkeit, Service und letztlich der Preis. Direkt auf den Investitionspreis einer Anlage oder Maschine wirken sich die Engineeringleistungen und die gesamten Dienstleistungen zur Inbetriebnahme der Anlage aus. Dies ist im Zusammenhang mit der Steuerung von vornherein zu betrachten. IO-Link kann hier einen Beitrag zur Kostenreduktion leisten, sofern im Anlagenkontext richtig integriert wird. Die Grundregeln für einen Erfolg mit IO-Link sind im Folgenden zusammengefasst. Oft ist die Auswahl der Steuerung auch durch die Vorgaben des Anwenders bestimmt.

Vielleicht kommen in Zukunft noch die Kriterien „IO-Link-Kompatibilität“ und „IO-Link-Bibliotheken“ hinzu. So gut wie jeder große Steuerungshersteller hat IO-Link bereits im Portfolio. Lücken können Drittanbieter füllen, welche IO-Link für bestimmte Einsatzzwecke anbieten. Das können zum Beispiel Hygieneanforderungen oder auch eine Schweißfestigkeit sein.

Aus technischer Sicht macht es einen Unterschied, ob sich der IO-Link-Master in der Steuerung befindet oder in einer dezentralen Peripheriebaugruppe. Im ersten Fall findet eine schnelle Kommunikation mit dem Steuerungsprozessor über den internen (Rückwand-)Bus statt.

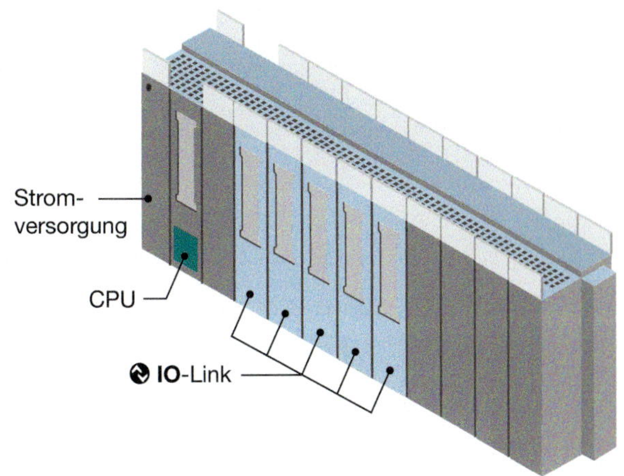

Bild 6.8: Zentrales Steuerungskonzept

Ein zentraler Aufbau kann für Maschinen mit geringer Ausdehnung angewendet werden. Mit den Leitungslängen von IO-Link mit 20 m Maximum (erweiterbar mit Repeatern) ergibt sich eine theoretische Ausdehnung der Maschinen von maximal 40 m, sofern die Steuerung im Zentrum unterzubringen ist. Ein Bussystem kann dennoch in Bezug auf den Verdrahtungsaufwand die bessere Alternative sein.

Das zentrale Steuerungskonzept, wie es in **Bild 6.8** gezeigt wird, ermöglicht ebenfalls eine begrenzte Erweiterungsmöglichkeit über z. B. Einschübe im Falle einer Anlagenerweiterung. Das Risiko ist auf eine zentrale Steuerung mit der entsprechenden Peripherie begrenzt. Aufgrund der teilweise sehr vielen Peripherie-Baugruppen kann ein Steuerungszyklus in Abhängigkeit vom Anwenderprogramm durchaus 100 ms dauern. Eine integrierte Lösung ist also nur dann sinnvoll, wenn es sich um recht kompakte Anlagen kurzer Reichweite handelt.

Bei dem dezentralen Steuerungskonzept mit Feldbusanschluss kommt es bei der Feldbuskommunikation zu zeitlichen Verzögerungen aufgrund der Asynchronität zwischen SPS Prozessorzyklus, Feldbuszyklus und IO-Link-Zyklus. Dabei kommt es auf die Auslegung der Anlage an, wie groß die zeitlichen Asynchronitäten sind. Je mehr Teilnehmer mit großem Bandbreiten-Bedarf am Bussystem angeschlossen sind, desto langsamer ist die Zykluszeit. Durch die verteilten Steuerungen ist dies in Teilen abzumildern, da Steuerungsaufgaben dezentral abzuarbeiten sind und nicht im kompletten Datenumfang den Feldbus belasten. Dieses Konzept hat den Vorteil, dass das Risiko auf mehrere Steuerungen und Hardwaren verteilt und die IO-Link-Leitungslänge nicht im vollen Umfang auszunutzen ist. Die Zykluszeiten sind aufgrund

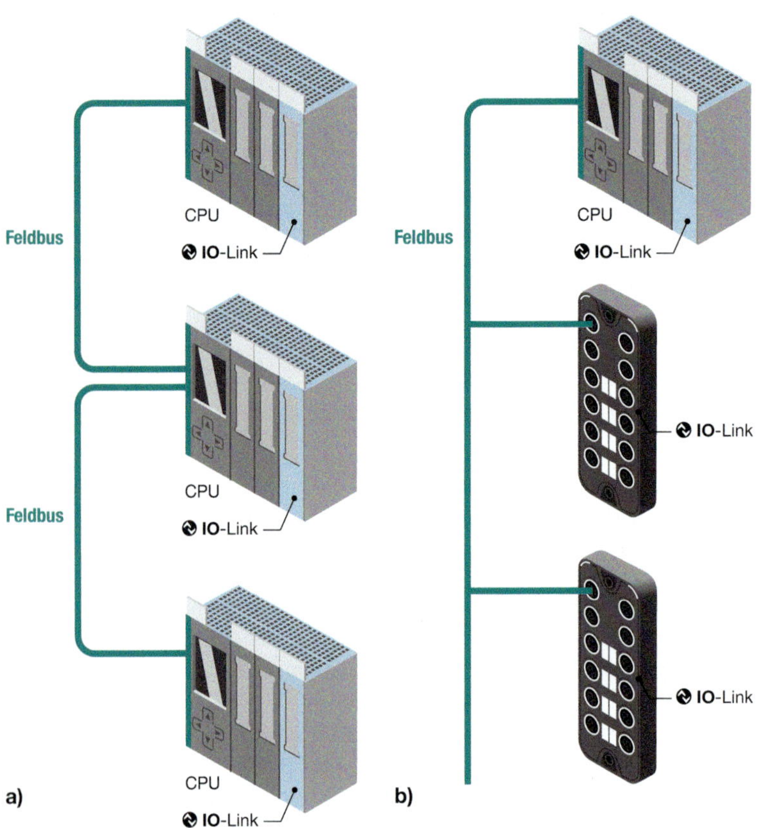

Bild 6.9: Dezentrale Steuerungskonzepte (a), dezentrale Ein-/Ausgabekonzepte (b)

der vorverarbeiteten Daten kürzer und Erweiterungen von Anlagen lassen sich später sowohl mechanisch als auch in Software besser integrieren (**Bild 6.9**). Dezentrale Steuerungskonzepte, bedeuten, dass z. B. bei einer modularen Anlage für jedes Anlagensegment die Ablaufkontrolle von jeweils einer Steuerung (SPS) vorgenommen wird. Alle Steuerungen stehen jedoch über ein Bussystem in Verbindung, so dass es möglich ist Daten zu den Zuständen und der jeweiligen Übergabe von Werkstücken auszutauschen. In den heutigen dezentralen Steuerungskonzepten fungiert eine Steuerung als Mastersteuerung, die alle weiteren Steuerungen koordiniert. Dabei unterscheidet sich die Programmierung eines dezentralen Systems nicht wesentlich von der eines zentral aufgebauten Steuerungskonzeptes.

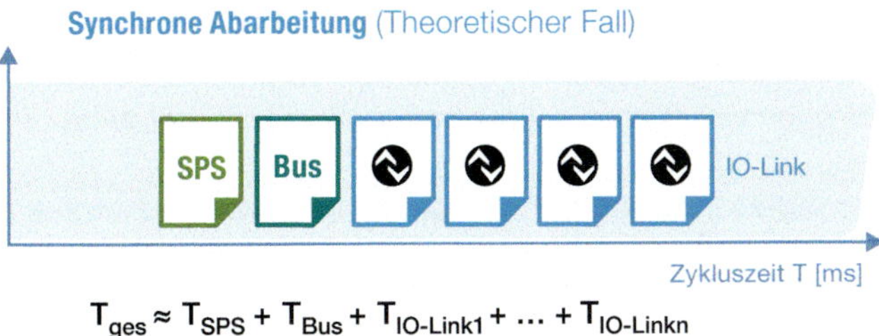

$T_{ges} \approx T_{SPS} + T_{Bus} + T_{IO\text{-}Link1} + \dots + T_{IO\text{-}Linkn}$

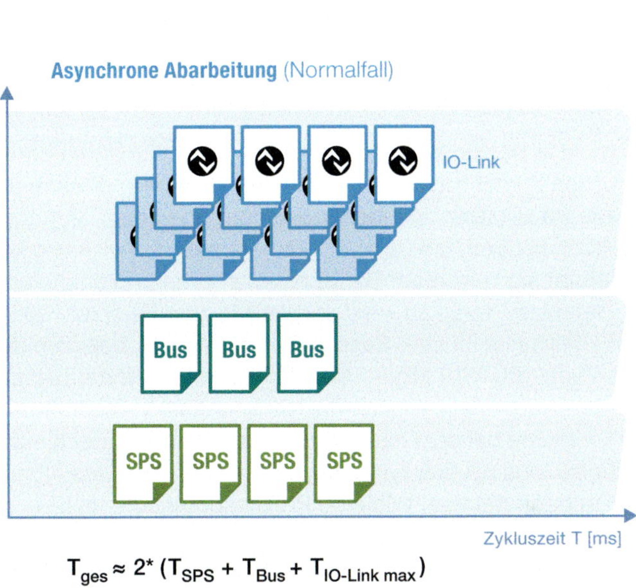

$T_{ges} \approx 2^{*} (T_{SPS} + T_{Bus} + T_{IO\text{-}Link\,max})$

wenn $T_{IO\text{-}Link\,max} \ll T_{SPS} \ll T_{Bus}$

Bild 6.10: Zykluszeitenaddition bei Automatisierungssystemen

6.2.5 Von Geschwindigkeiten und Zykluszeiten

In modernen Automatisierungssystemen werden Zykluszeiten immer wichtiger. Bei allen Planungen ist zu berücksichtigen, ob die Gesamtzykluszeiten der verwendeten Komponenten ausreichend schnell sind, d.h. es gilt zu prüfen, ob die Summe aller Zykluszeiten von IO-Link-Devices, Bussystemen und SPS-Verarbeitungszyklen für die Steuerung/Regelung einer Anlage/Maschine ausreichend ist. Diese addieren sich, wie in **Bild 6.10** dargestellt, durch die Asynchronität der unterschiedlichen Kommunikationssysteme. Hierbei sollte, bei allem Geschwindigkeitsrausch, überlegt sein, dass

- Geschwindigkeit Geld kostet,
- mechanische Elemente fast immer langsamer reagieren als Elektronik und
- die Störanfälligkeit von High-Speed-Kommunikationen höher ist.

Letzteres ist besonders in Bezug auf die Ausdehnung des Netzwerkes zu betrachten.

Natürlich nimmt die Komplexität der Programme mit jeder neuen Maschinengeneration zu. Sie benötigt für ihre Abarbeitung mehr Leistung, um genauso schnell zu sein, wie die Abarbeitung der Vorgängerversion. Dieses Rennen führt auf der SPS-Seite zu leistungsfähigeren CPUs, größeren Speicherbaugruppen und zwangsläufig höheren Kosten nicht so sehr für die eingebauten Chips, aber für das industrietaugliche Material.

Als zweites Element in der seriellen Kette kommt es mit Zunahme der Geschwindigkeiten in Feldbussen immer mehr zur Daten-Überfrachtung, diesmal auf Kosten der Leitungslänge. Die Physik lässt sich nicht verändern und hohe Taktfrequenzen ziehen eben kürzere Leitungslängen nach sich. Führt man diese Entwicklung konsequent bis zu IO-Link fort, ergibt sich viel mehr Bandbreitenanforderung an die oberen Ebenen, um mit dieser „Datenlast“ fertig zu werden. Werden zum Beispiel 100 konventionelle Sensoren gegen intelligente IO-Link-Sensoren ausgetauscht, befinden sich zusätzliche Parameter-Daten von 100 x 10 kByte, also insgesamt 1 MByte Zusatzlast, auf dem Feldbus. Spätestens hier sträuben sich die Nackenhaare vieler Praktiker, befürchten sie doch große Probleme bei der Gesamtzykluszeit. Hierfür bietet IO-Link einen intelligenten Kommunikationsmix aus zyklischer und azyklischer Datenübertragung. Kurz zusammengefasst bedeutet das: Wichtige Prozessdaten, die meist nur aus wenigen Bytes bestehen, unterliegen einer zyklischen Übertragung im Feldbus und belasten diesen fast nicht. Größere Datenmengen, wie Parameterdatensätze von mehreren hundert Bytes, überträgt das System als nicht-zyklische Daten in mehreren Segmenten in dem bestehenden Protokoll. Somit verlängert sich die tatsächliche Nettoübertragungsrate nur unwesentlich. Allerdings benötigen diese azyklischen Daten schon mal einige Sekunden, je nach Busauslastung, für die Übertragung. Dies spielt bei Parametern, Diagnose- und Eventdaten jedoch eine untergeordnete Rolle.

Typische 2-Byte-Prozessdaten, z. B. Druck-Messwerte, überträgt IO-Link in zwei Millisekunden. Die genaue Übertragungsgeschwindigkeit hängt von der Implementierung der IO-Link-Device-Hersteller ab. Zeitberechnungen für andere Ausprägungen des Datenkanals in IO-Link werden an anderer Stelle beschrieben. Die Zeiten mehrerer IO-Link-Devices addieren sich nicht, da es sich bei IO-Link nicht um einen Bus, sondern um unabhängige, parallele Punkt-zu-Punkt-Kommunikation handelt.

Im SIO-Modus steht das Schaltbit naturgemäß wesentlich schneller am IO-Link-Master-Port oder einem digitalen Eingang an, da die IO-Link-Übertragungszeit zu vernachlässigen ist. Trotzdem limitiert in diesem Fall der Buszyklus die Bitübertragung zur Steuerung durch den Feldbuszyklus. Damit lässt sich konstatieren, dass IO-Link beim Einsatz typischer Feldbusse nicht den Flaschenhals bildet; PROFINET-Zykluszeiten bewegen sich heute durchaus im Bereich größer zehn Millisekunden. Bei weiteren Bussystemen wie Ethernet/IP und EtherCat bewegen sich die Zykluszeiten auf ähnlichem Niveau. Kommen Echtzeitnetze zum Einsatz, kann die Zykluszeit, je nach Netzwerklast, deutlich schneller sein, typisch sind weniger als 1 ms bis zu ca. 2 ms.

Hinweis:
Unter Umständen ist es an einzelnen Stellen nicht sinnvoll, ein IO-Link-Device in Kommunikation zu betreiben, sondern dort z. B. den schnelleren Schaltausgang (SIO-Modus) zu nutzen und nur während der Wartungszyklen einer Anlage die IO-Link-Kommunikation (COM-Modus) für Diagnosezwecke und Parametrieraufgaben anzuwenden.

Die Umstellung der Modi des IO-Link-Master-Ports hat Einfluss auf das Anlagenverhalten und kann zu Störungen führen; dies ist bei den Wartungsarbeiten zu berücksichtigen, sofern der SIO-Modus verlassen wird.

Bei der Parametrierung von IO-Link-Devices ist die Geschwindigkeit in der Praxis oft nicht relevant. Der Zeitaufwand, sich physisch Zugang zu einem verbauten IO-Link-Device zu verschaffen, ist oft deutlich höher als bei einer bestehenden, wenn auch langsamen Remote-Verbindung. Im Winter ist es deutlich bequemer, ein IO-Link-Device aus einer warmen Messwarte heraus zu parametrieren, als den beschwerlichen Weg zum verschneiten Lagertank zu nutzen.

6.2.6 Von Analogwerten zu Messwerten

In den meisten Anlagen lesen Eingangs-Baugruppen die Messwerte ein, die analog in einem äquivalenten Spannungs- oder Strompegel anstehen. Da alle modernen Steuerungen, wie auch Sensoren und Aktuatoren, mit digitalen Prozessoren arbeiten, kommt es zwangsläufig an vielen Stellen auf der Übertragungsstrecke zu Analog-/Digitalwandlungen. Die dabei eingesetzten A/D-Wandler sind aufgrund ihres Aufbaus und der gewählten Auflösung fehlerbehaftet. Mit der Anzahl kaskadierter A/D-Wandlungen (**Bild 6.11**) nimmt also die Ungenauigkeit des Messwertes zu, was im Extremfall dazu führt, dass die Steuerung mit einem Fehler im Prozentbereich weiterrechnet. Und bei der Ausgabe analoger Stellgrößen entstehen die Wandlungsfehler in umgekehrter Richtung. Besonders in der Prozesstechnik sind diese Ungenauigkeiten höchst unerwünscht, z.B. bei Dosierungen, die eine exakte Regelung benötigen. Abhilfe schaffen hier IO-Link-Geräte, die bis auf eine Elementarwandlung hinter der Messzelle ab dem Sensorausgang den Messwert digital und somit mit gleichbleibender Genauigkeit übertragen. Messwerte überträgt IO-Link heute bereits oft in der physikalischen Einheit, z. B. bei Drucksensoren in bar oder kPa. Dadurch werden Skalierungsfehler durch fehlende oder fehlerhafte Umrechnung im Steuerungsprogramm vermieden.

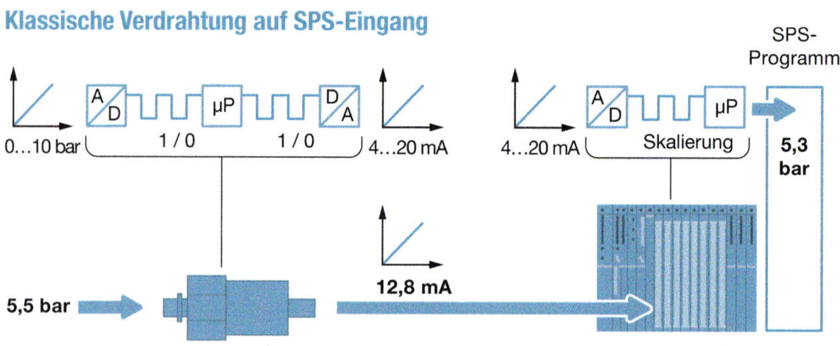

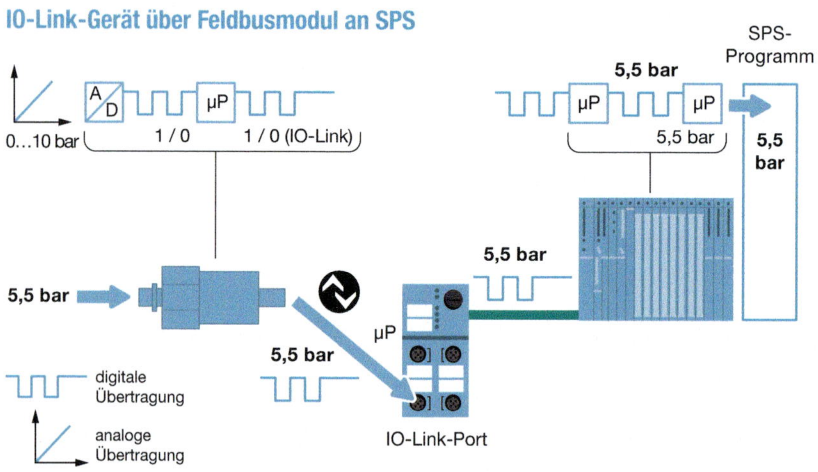

Bild 6.11: Wandlungsverluste vs. digitaler Messwertübertragung

Hinweis:

Manche IO-Link-Sensoren lassen es zu, Messwerte in unterschiedliche physikalische Einheiten umzurechnen und diesen mit einer beliebigen Einheit versehenen Wert in IO-Link zu übertragen. Kommt es jetzt an mehreren Stellen zu Umrechnungen in andere physikalische Einheiten für die Messgröße, entstehen Rundungsfehler, die zu Ungenauigkeiten führen. Es ist darauf zu achten, solche Einheitenumrechnungen möglichst nur an einer Stelle vorzunehmen. Des Weiteren sollten Parametereinstellungen, die auf die Messgröße wirken (z. B. Schaltpunkte) möglichst in der originalen physikalischen Einheit des IO-Link-Devices vorgenommen werden, um eine hohe Genauigkeit ohne Rundungsfehler für den Parameterwert (z. B. den Schaltpunkt) zu erreichen.

SPS-Programme berechnen die Prozesswerte zur Steuerung einer Anlage in der Regel auf Basis von Messwerten, die mitunter mit physikalischen Einheiten behaftet sind. Mit IO-Link ist es möglich, über Parameter nicht nur den Anzeigewert am Sensordisplay selbst in der Einheit zu verändern, sondern auch den über IO-Link übertragenen Messwert. Die Folge ist, dass sich der Wertebereich des Messwertes in Folge der geänderten physikalischen Einheit verschiebt, ohne dass das SPS-Programm sich automatisch ändert. Die SPS zieht somit aus den in einer anderen Einheit gemessenen Werten völlig falsche Schlüsse. Dies kann zu Ungereimtheiten im Ablauf der Anlage bis hin zu deren Zerstörung führen. Soll es möglich sein, die physikalische Einheit auf der IO-Link-Strecke per Parameter zu ändern, sofern das das IO-link-Device (der Sensor) zulässt, ist dies in der Steuerungsprogrammierung entsprechend zu berücksichtigen, d. h. die Steuerung ist von der Umschaltung in Kenntnis zu setzen und muss ihrerseits wieder die Wertebereiche an die jeweilige physikalischen Einheit anpassen. Oft ist es aber aus Sicherheits- oder urheberrechtlichen Gründen nicht einmal erlaubt, das SPS-Programm anzupassen. Somit sollte nur die Displayanzeige am Sensor länderspezifisch umgestellt werden, ohne den physikalischen Messwert, der an die SPS übertragen wird, zu verändern.

6.2.7 IO-Link als Verdrahtungssystem

Durch vorkonfektionierte Kabel mit M12-, M8- oder M5-Anschluss ergeben sich deutlich weniger Verdrahtungsfehler und Kontaktprobleme. Verbindungsleitungen stecken, statt aufwendig Einzeladern zu verdrahten, ist das Basiskonzept von IO-Link. Erfahrungsgemäß ist ein sehr hoher Anteil der Fehler auf Verdrahtungs- oder Kontaktfehler, zum Beispiel durch eindringende Feuchtigkeit, zurückzuführen. Mit IO-Link lassen sich etwaige Kontaktierungsprobleme durch die Nutzung der IO-Link-Device-Identifikation schnell und einfach finden.

Eine weitere IO-Link-spezifische „Verdrahtungshilfe“ sind IO-Link-Ein-/Ausgabemodule mit digitalen oder analogen Ein- und Ausgängen, auch einfach als IO-Link-Module bezeichnet, sie werden an einem IO-Link-Masterport angeschlossen und können mit einfachen, konventionellen Sensoren und Aktuatoren beschaltet werden (**Bild 6.12**). Diese IO-Link-Module sind nicht mit IO-Link-Mastern zu verwechseln und stehen im Wettbewerb zu Feldbusmodulen. Im Unterschied zu Feldbusmodulen haben sie eine Anschlussmöglichkeit über einfache, ungeschirmte M12- oder M8-Verbindungsleitungen und benötigen, wie alle anderen IO-Link-Devices, keinerlei Adressierung. Zu beachten sind jedoch die limitierte Leitungslänge zum IO-Link-Master von 20 Metern und die bei verschiedenen Herstellern variierenden Stromverteilungskonzepte. Auch ist eine Risikobetrachtung anzuraten, da bei Ausfall eines zugeordneten IO-Link-Masters automatisch alle angeschlossenen IO-Link-Module ausfallen können. Mittels IO-Link-Modulen ist es möglich, mehrere Standardsignale an einen IO-Link-Port anzuschließen. Es ist möglich, analoge und digitale oder Ein- und Ausgänge gemischt zu verwenden.

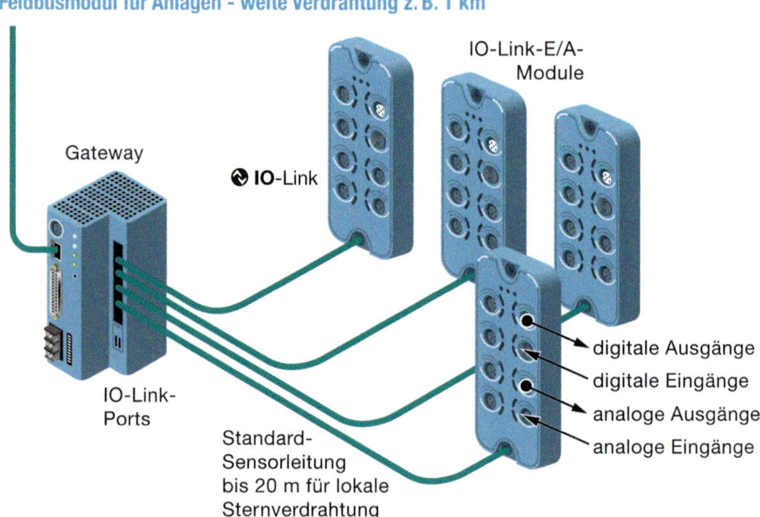

Bild 6.12: Beispiel einer E/A-Verkabelung mit IO-Link-Boxen

Ein IO-Link-Master kann auf diese Weise mit Standard-I/Os erweitert werden. Das spart in manchen Fällen die Kosten einer zusätzlichen dezentralen Peripheriebaugruppe.

Bei der Planung mit diesen Modulen ist zu berücksichtigen, dass

- an IO-Link-Modulen nur konventionelle (Nicht-IO-Link-)Geräte oder IO-Link-Sensoren im SIO-Modus zu betreiben sind.
- ein zusätzliches IO-Link-Master-Modul, in der Steuerung, im Schaltschrank oder als Feldbusmodul, notwendig ist, um die Kommunikation zur Steuerung durchzuführen und
- IO-Link-Module in der Regel einen erhöhten Strombedarf haben, da diese mehrere Sensoren und/oder Aktuatoren versorgen müssen. Daher ist zu prüfen, ob der genutzte IO-Link-Master den benötigten Strom zur Verfügung stellen kann. Es ist ebenfalls die Port-Class zu berücksichtigen und die galvanische Trennung der Spannungen US und UA sicherzustellen.
- die typische Zykluszeit für z. B. vier Analogkanäle

ausreichend gering ist.

- IO-Link-Module in Bezug auf die Stromversorgung, aber nicht in Bezug auf den Datenaustausch parallel oder in Reihe geschaltet sein dürfen.

- die richtigen Module für die erforderlichen Schutzarten Anwendung finden.
- die 24-V-Spannung der Ausgänge klassisch geerdet ist und dieses in das Anlagensicherheitskonzept eingebunden wird.

Trotz dieser Besonderheiten hat der Einsatz von IO-Link-Modulen einen gewissen Charme, besonders, da die Module sehr schnell und unkompliziert auszutauschen sind. Im Gegensatz zu Busmodulen, die nach einer exakten Adresse verlangen, haben IO-Link-Module zwar eine UID, aber keine, die adressiert werden muss, d. h. der Austausch ist genauso einfach wie bei anderen IO-Link-Devices (Sensoren). Aufgrund des einfacheren elektronischen Aufbaus sind diese Module preiswerter als vergleichbare Feldbusmodule, allerdings addieren sich hier die Kosten des notwendigen IO-Link-Feldbus-Masters.

6.2.8 Stromverteilkonzepte und Absicherung

Bei der Erstellung von Anlagen mit IO-Link kommt der Planung der Stromversorgung eine Bedeutung zu. Im Folgenden sind die einzelnen Aspekte bei der Auswahl der Komponenten kurz beleuchtet.

Bei der Verdrahtungsplanung im Hinblick auf die Spannungsversorgung der Teilnehmer ist grundsätzlich zu entscheiden, ob IO-Link-Master mit Ports der Klassen A oder B zu verwenden sind. An Port Class A werden meist reine Sensoren und an Port Class B Aktuatoren oder Hybrid-Geräte angeschlossen. Durch die separate B-Port-Versorgung lassen sich Aktuatoren z. B. abschalten (bei IO-Link-Safety auch sicherheitsbezogen) ohne die IO-Link-Kommunikation zu unterbrechen oder Geräte mit erhöhtem Strombedarf zu betreiben.

Ist die Port-Konfiguration nach den entsprechenden Anforderungen der Anlagenverdrahtung festgelegt, geht es an die Auswahl der IO-Link-Master-Gateways. Zunächst ist die Frage zu klären, welches Stromverteilungskonzept A, B, C oder D favorisiert ist (**Bild 6.13**). Kombinationen sind möglich.

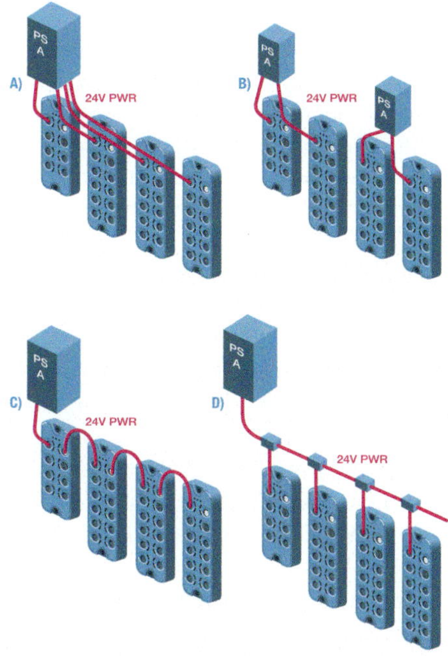

Bild 6.13: Verschiedene Stromverteilungskonzepte für IO-Link-Master

A) Zentrale Stromverteilung
Bei der zentralen Stromversorgung A) sind alle Geräte über eine separate Leitung (parallelverdrahtet) mit dem Netzteil verbunden. Diese Verdrahtungsweise wird üblicherweise im Schaltschrank verwendet, ist aber ebenfalls im Feld möglich. Vorteile sind der kleinere Leitungsquerschnitt und die Ausfallsicherheit im Gegensatz zur seriellen Verdrahtung. Es lassen sich bei erhöhtem Strombedarf einfach weitere Netzteile im Schaltschrank ergänzen und die Stromverteilung auf die Module anpassen. Ebenso lassen sich bei dieser Variante elektronische Sicherungen zur Absicherung der einzelnen Stränge einsetzen, die die Anlagenverfügbarkeit erhöhen und eine Fehlersuche im Überlast-/Kurzschlussfall erleichtern.

B) Dezentrale Stromverteilung
Es ist möglich, wie in B) dargestellt, mehrere dezentral verteilte Netzteile in Vor-Ort-Schaltkästen unterzubringen. In der Praxis kommt dies aus Kostengründen selten vor, obwohl es Vorteile durch den geringeren Spannungsfall, die hohe Verfügbarkeit und die einfachere Diagnose hat. Eine dezentrale Stromverteilung kann aus Sicherheits- und Redundanzgründen gewählt werden, um einzelne Anlagenteile bei Teilausfällen der Infrastruktur am Leben zu erhalten. In Zukunft könnten bei der Feldversorgung spezielle Netzteile in den Schutzarten IP67 und IP69(K) eine Rolle spielen, da diese keinen separaten Schaltschrank benötigen.

C) Serielle Stromverteilung
Die Serienverkabelung, oder englisch auch „daisy chaining" genannt, erlaubt die Versorgung mehrerer IO-Link-Module über eine einzelne Zuleitung. Hierzu besitzt jedes Modul einen Versorgungseingangs-Stecker und eine Ausgangsbuchse zur Weiterleitung an das Folgemodul. Der Vorteil hierbei ist, dass nur eine Leitung zum Netzteil erforderlich ist, was aber ein erhöhtes Ausfallrisiko beinhaltet. Bei Ausfall der zentralen Versorgung oder eines der eingeschleiften Module fallen alle nachfolgenden Geräte aus. Diese Risikobetrachtung ist ein wichtiges Kriterium bei der Auswahl dieses Verdrahtungssystems.

Ein weiteres Kriterium sind die zu verwendenden Steckverbinder. Da ein Standard-M12-Stecker (A-kodiert) physikalisch maximal 4A durchleiten kann, setzen viele Hersteller auf andere Steckverbinder mit erhöhter Stromtragfähigkeit (**Bild 6.14**). Diese sind in der Regel jedoch wesentlich teurer und vom mechanischen Handling schwieriger zu verlegen. Relativ neu ist der L-kodierte M12-Steckverbinder, der von der Automatisierungsinitiative deutscher Automobilhersteller (*AIDA*) standardisiert wurde. Dieser kann bis zu 16 A übertragen.

Bei der Serienverkabelung ist es wichtig, eine Strombilanz durchzuführen, um sicherzustellen, dass alle Baugruppen und Steckverbinder auf der Strecke richtig dimensioniert wurden. Ein Beispiel für eine Berechnung des Gesamtstromes zeigt **Bild 6.15**. Ein kritischer Fall kann auftreten, falls Kurzschlüsse oder Überlastungen im System auftreten.

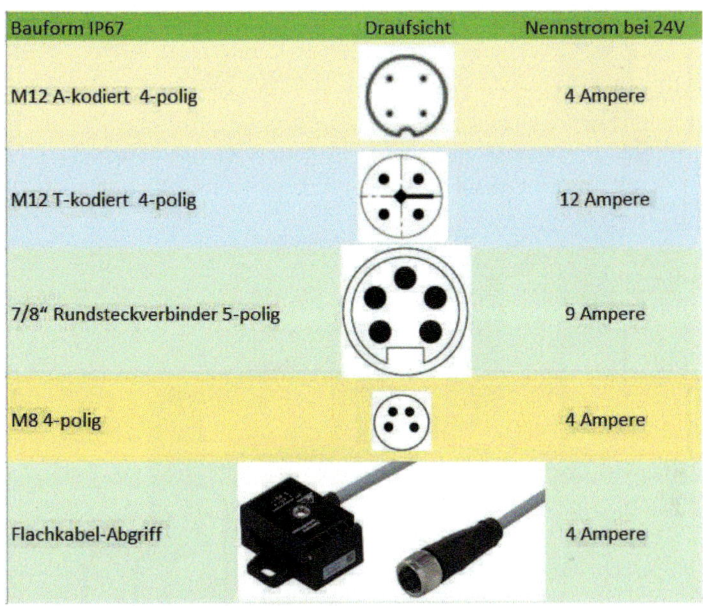

Bauform IP67	Draufsicht	Nennstrom bei 24V
M12 A-kodiert 4-polig		4 Ampere
M12 T-kodiert 4-polig		12 Ampere
7/8" Rundsteckverbinder 5-polig		9 Ampere
M8 4-polig		4 Ampere
Flachkabel-Abgriff		4 Ampere

Bild 6.14: Beispiele für Steckverbinder und deren Strombelastbarkeit

Hier sind elektronische Sicherungen vorzusehen, die eine IO-Link-Schnittstelle zur besseren Fehlerdiagnose aufweisen. Vorkonfektionierte Leitungen sind normalerweise auf die maximale Belastbarkeit der Steckverbinder ausgelegt. Bei konfektionierbaren Steckverbindern ist auf die ausreichende Dimensionierung der Einzeladern in Bezug auf Strombelastung und Spannungsfall sowie aller Klemmstellen zu achten.

Der Summenstrom ergibt sich somit aus der Summe der Einzelströme aller angeschlossenen IO-Link-Devices, Sensoren und Aktuatoren plus der Summe der Eigenverbräuche der IO-Link-Master. Eine ähnliche Kalkulation ist für die vorhandenen Ports Class A und das zugehörige Netzteil durchzuführen. Die Betriebsströme der IO-Link-Devices finden sich im Herstellerdatenblatt. Beim Einsatz von IO-Link-Modulen ist außerdem bei der Stromberechnung zu berücksichtigen, ob sich die Module aus Ports Class A oder Class B oder aus beiden versorgen. Des Weiteren sind die angeschlossenen binären oder analogen Geräte mit ihren Dauerströmen hinzuzurechnen.

Die Strombelastung ist leicht mit einer Tabellenkalkulations-Software zu berechnen, wie beispielhaft in **Bild 6.16** dargestellt. Der Eigenstrombedarf, also der Strom, den die Elektronik ohne angeschlossene IO-Link-Devices benötigt, ist eine oft unterschätzte Größe. Bei IO-Link-Mastern und -Modulen sind pro Gerät durchaus 40...300 mA üblich, die additiv zum Gesamtstrom hinzukommen und bei der oben beschriebenen Auslegung der Netzwerk- und Netzteilplanung zu berücksichtigen sind. In der Praxis hat es sich bewährt, eine gewisse Stromreserve von mindestens 10 bis 20 % bei der

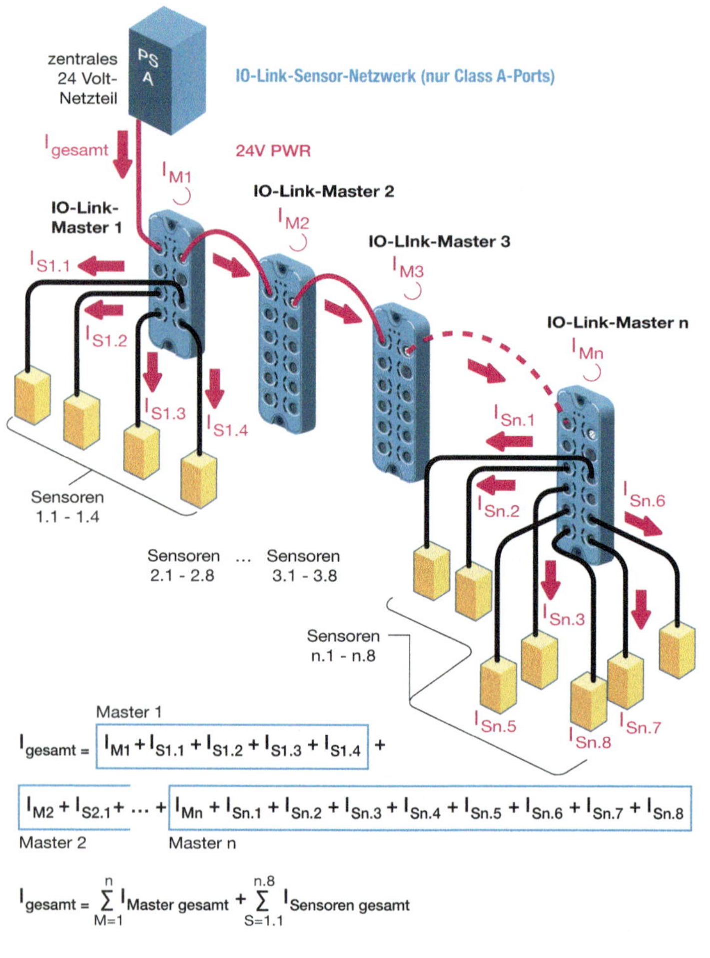

$$I_{gesamt} = \underbrace{I_{M1} + I_{S1.1} + I_{S1.2} + I_{S1.3} + I_{S1.4}}_{\text{Master 1}} + \underbrace{I_{M2} + I_{S2.1} +}_{\text{Master 2}} \ldots + \underbrace{I_{Mn} + I_{Sn.1} + I_{Sn.2} + I_{Sn.3} + I_{Sn.4} + I_{Sn.5} + I_{Sn.6} + I_{Sn.7} + I_{Sn.8}}_{\text{Master n}}$$

$$I_{gesamt} = \sum_{M=1}^{n} I_{Master\ gesamt} + \sum_{S=1.1}^{n.8} I_{Sensoren\ gesamt}$$

dabei ist zu beachten, dass $I_{gesamt} \leq I_{Nenn\ Steckverbinder}$ und $I_{gesamt} \leq I_{Nenn\ Netzteil}$ sein muss!

Bild 6.15: Ermitteln der Strombilanz

Dimensionierung des Netzteils einzuplanen, um unvorhergesehene Zustände oder Erweiterungen zu berücksichtigen. Mit Hilfe von IO-Link-fähigen Sicherungen lässt sich die Auslastung des Netzteiles ermitteln und der daraus resultierende Wirkungsgrad, in dem das jeweilige Netzteil arbeitet. Damit besteht die Möglichkeit, vor einer Erweiterung der Anlage zu ermitteln, ob das vorhandene Netzteil ausreichend ist oder ein weiteres Netzteil benötigt wird.

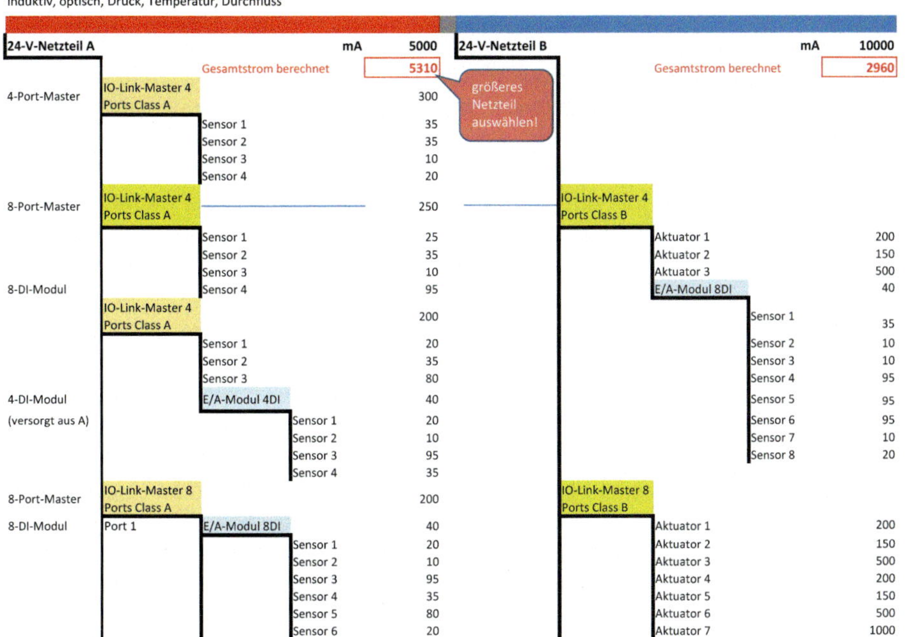

Bild 6.16: Beispielrechnung der Strombelastbarkeit bei Anlagen mit A- und B-Ports

D) Parallele Stromverteilung

Schließlich ist es möglich mit einer parallelen Stromverteilung (vgl. Bild 6.13, Teil D) im Feld zu arbeiten. Die übliche Verdrahtungsmethode hierbei ist das Legen einer Stammleitung bis zur Maschine. Die Verteilung der Versorgungsspannung erfolgt dezentral über Klemmenverteiler für Rundkabel oder Flachkabelverteiler mit Piercing-Abgriffen auf die IO-Link-Module. Diese Technik ist sehr robust und lässt einen höheren Gesamtstrom zu, der nicht durch alle angeschlossenen Module geführt wird. Der Gesamtstrom fließt ausschließlich über die 24V-Stammleitung. Bei Flachkabeln besteht keine Notwendigkeit, die Leitung an bestimmten Stellen aufzutrennen oder zu unterbrechen und sie ist entsprechend des Strombedarfs zu dimensionieren. Das erlaubt den Aufbau einfacherer Module und erhöht die Verfügbarkeit im Fehlerfalle. Für die schnelle und kostengünstige Verdrahtung sind Flachkabel-Verdrahtungssysteme für Klein- und Niederspannung seit vielen Jahren etabliert und verfügbar. Eine spätere Erweiterung ist durch einfaches Hinzufügen eines Flachkabelverteilers ohne Auftrennen der Leitung möglich. Natürlich besteht auch die Möglichkeit, diese Verdrahtung mit Standard-Rundleitungen und konventionell aufgebauten Klemmenverteilern aufzubauen.

Trennung von Port Class A- und Class B-Versorgung

Alle IO-Link-Feldmaster mit Ports Class B haben zwei getrennte Anschlussmöglichkeiten für separate Stromversorgungen. Obwohl diese häufig auf einen gemeinsamen Steckverbinder geführt sind, sollte auf eine strikte und sichere Potenzialtrennung auf der gesamten Strecke, angefangen von den getrennten Netzteilen über die Leitungen bis zum Modul geachtet werden, damit im Fehlerfalle keine gefährlichen Situationen auftreten können. Sensor- und Aktuator-Spannung werden also getrennt geführt. Hierdurch ist eine einwandfreie Abschaltung der Aktuatorik sichergestellt, bei weiterhin aktiver Kommunikation über IO-Link bzw. zum Feldbus.

Erzeugung eines Ports Class B bei Schaltschrankmodulen

Während im Feldbereich die Anschlussbuchsen, meist farblich und durch Beschriftung, nach A- und B-Ports gekennzeichnet sind, findet dies bei IO-Link-Schaltschrankmastern in der Regel keine Anwendung. Die üblichen Klemmenbezeichnungen sind L+/L- und C/Q, was auf einen einfachen A-Port hindeutet. Aus einem solchen A-Port lässt sich im Schaltschrank auf einfache Art und Weise eine B-Port-Erweiterung erstellen, da der Unterschied ausschließlich eine weitere Spannungsversorgung ist. Die additive Stromversorgung lässt sich im Schaltschrank direkt von einem weiteren 24V-Netzteil entnehmen (**Bild 6.17, Detail B**). Alle IO-Link-Ports an Schaltschrankmodulen lassen sich also sowohl als Port Class A wie auch als Port Class B betreiben. Die Port-Class A-Stromversorgung kann bei erhöhtem Strombedarf direkt vom Netzteil erfolgen (**Bild 6.17, Detail A**). Hierbei ist unbedingt zu beachten, dass es sich um dasselbe Netzteil handelt, das zwingend den IO-Link-Master versorgt (PS A)! Es gilt der Grundsatz: Die elektrische Versorgung der IO-Link-Kommunikation erfolgt immer und ausschließlich aus dem IO-Link-Master heraus, jedoch mindestens mit derselben Spannungsquelle, die den IO-Link-Master-Port Class A versorgt. Durch die Versorgung des IO-Link-Devices direkt aus dem Netzteil heraus sind höhere Teilnehmerleistungen möglich als bei Verwendung der internen Versorgung aus dem Modul heraus.

Erzeugung eines Ports Class B bei Feldgeräten

Bei IO-Link-Feldmastern mit hoher Schutzart ist es etwas aufwändiger als bei Schaltschrankmodulen, aus M12-A-Ports B-Ports zu erzeugen. Dies kann notwendig sein, wenn z. B. an einem reinen Port-Class A-Master mit acht Ports nur ein Port Class B für einen Aktuator oder ein Hybrid-Gerät gefordert ist. Eine preiswerte Lösung wäre, ein Adapterkabel zu bauen, wie in Bild 14.12, Detail C) dargestellt. Es gibt jedoch erste Anbieter, die ein solches Kabel fertig verdrahtet anbieten.

Zu warnen ist vor „Spar-Adaptern“, die ebenfalls aus einem Port Class A einen Port Class B erzeugen können, allerdings unter Verwendung von ein und derselben

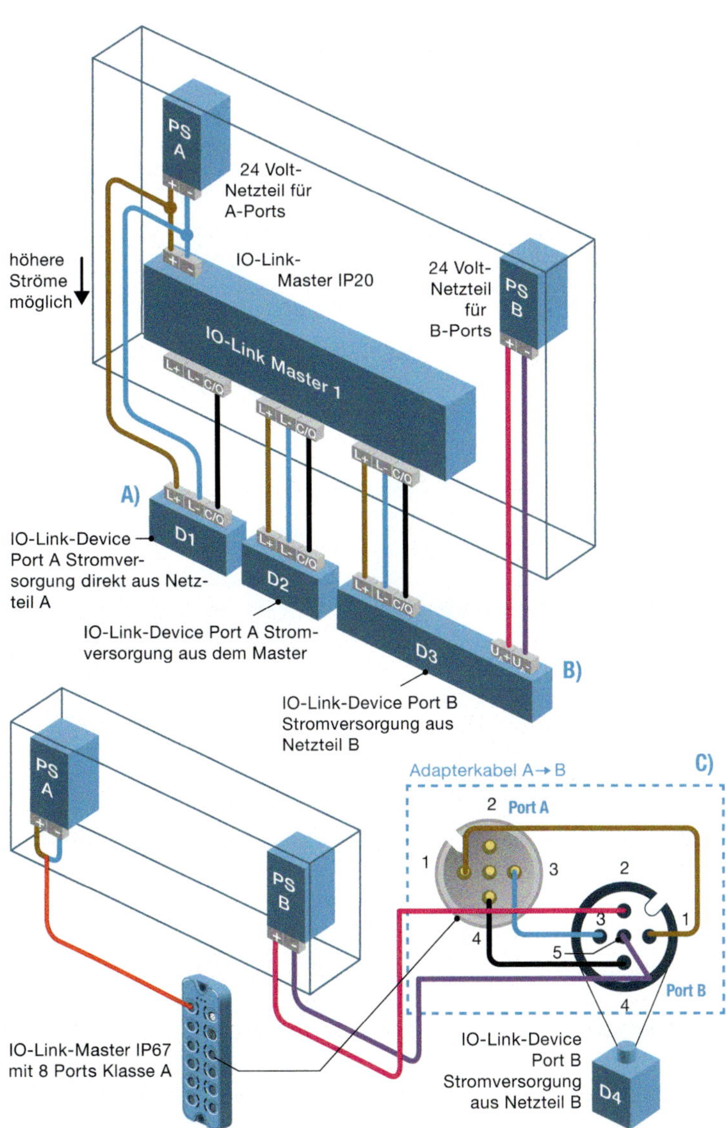

Bild 6.17: IO-Link-Ports Class B aus Ports Class A erzeugen

Spannung für beide Port-Klassen (Mischung von US und UA). Hierbei ist die sichere Trennung zwischen den beiden Port-Klassen aufgehoben; es kann also zu ungewollten und daher gefährlichen Situationen an der Anlage kommen, z. B. durch Kurzschlüsse oder Kommunikationsausfälle.

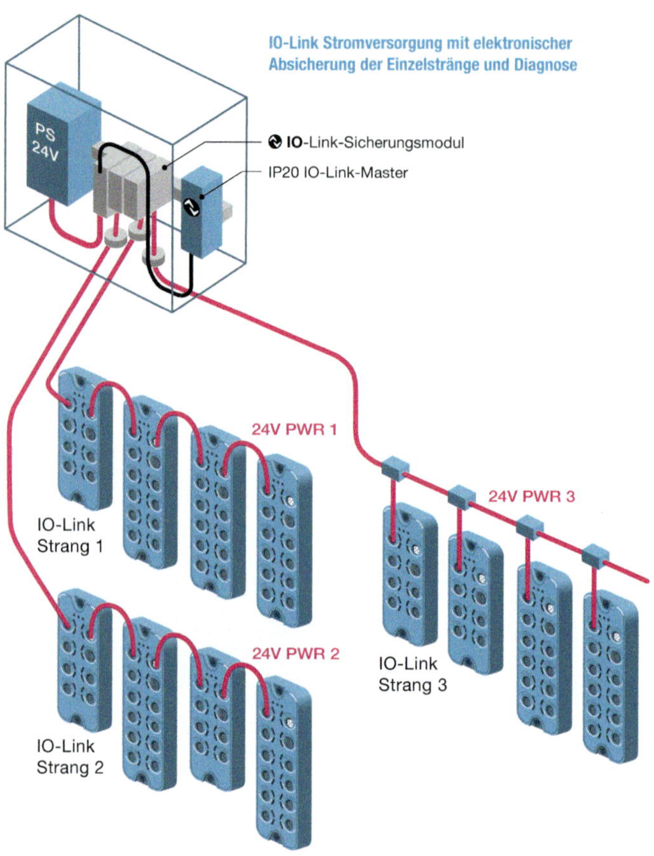

Bild 6.18: Absicherung der einzelnen Segmente mittels elektronischer IO-Link-Sicherung (F)

Die richtige Absicherung – IO-Link-fähige Sicherungen

Anders als auf der Niederspannungs-Versorgungsseite (230V-Primärseite) ist der Leitungsschutz im Sekundärstromkreis häufig vernachlässigt. Eine Schwachstelle sind normale mechanische Leitungsschutzschalter, die bei einer 24V-DC-Spannungsversorgung im Fehlerfall oftmals nicht auslösen. Dies kann z. B. bei langen Leitungen der Fall sein. Mit einer elektronischen Sicherung für Kleinspannungskreise ist dagegen der Stromkreis optimal überwacht und kann gegebenenfalls zuverlässig abschalten. Auch ein selektives Abschalten einzelner Stromzweige ist möglich (**Bild 6.18**). Das erlaubt die Reduzierung von Leitungsquerschnitten im Lastkreis der Schaltnetzteile. Dank modularen Aufbaus lassen sich die segmentierten Ströme optimal an die Stromkreise

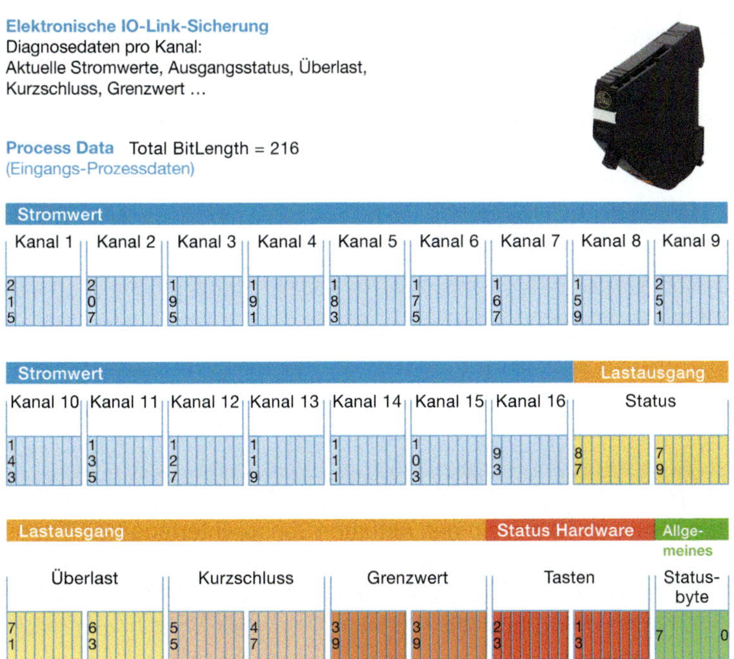

Bild 6.19: Diagnosen einer IO-Link-Sicherung (Auszug aus der IODD) (Quelle: ifm electronic)

der Anlagen und Maschinen anpassen. Mit der IO-Link-Variante sind zudem wichtige Diagnosedaten zugänglich und lassen sich auswerten.

Elektronische Sicherungen, die ein IO-Link-Device integriert haben, bieten – neben der reinen Absicherungsfunktion – mehr als nur einen Schaltkontakt und eine optische Fehleranzeige. Wie bei IO-Link-Geräten üblich stehen pro Kanal ausführliche Diagnosen, wie Auslösestrom, Überlast, Kurzschluss und diverse Stati, zur Verfügung. Alle diese Daten sind über den normalen zyklischen Prozessdatenkanal einfach abzurufen, ohne zusätzliche Funktionsbausteine (**Bild 6.19**). Ein Reset des ausgelösten Überwachungskanals lokal oder aus der Ferne ist über IO-Link ebenfalls möglich. Somit sorgen IO-Link-Sicherungen für eine höhere Anlagenverfügbarkeit und die gezielte, feingranulare Diagnose eignet sich besonders zur Einbindung in Softwarekonzepte in Richtung Industrie 4.0.

6

6.3 Praktische Tipps zur Installation und Inbetriebnahme

Bei der Integration von IO-Link-Ports oder -Mastern in Feldbusse ist es wichtig, dass eine genau definierte Softwareschnittstelle auf beiden Seiten die Daten abbildet. So können Geräte unterschiedlicher Hersteller gleiche Daten an immer gleiche Stellen speichern. Für den Anwender ergeben sich dann gleichbleibende Hardwarekonfigurationen und Variablenbelegungen.

IO-Link ist bereits von vielen Feldbussen über Mappingvorschriften integriert. Somit wird im Folgenden nur eine kleine beispielhafte Auswahl an Bussystemen und deren IO-Link-Integration beschrieben.

6.3.1 Inbetriebnahme am Beispiel AS-Interface-Module mit IO-Link-Master

Um die Integration von IO-Link in das Aktuator-Sensor-Interface (AS-i) transparenter darzustellen, geht dieses Unterkapitel zunächst auf die Funktionalität der AS-i-Slaves und danach des AS-i-Masters ein. Abschließend ist zu prüfen, ob die Einfachheit von AS-i als *dem* Sensor-/Aktorbus dieser IO-Link-Integration Rechnung trägt, oder ob das System dadurch nicht zu komplex und unhandlich erscheint.

AS-i-Slavemodul mit IO-Link-Ports

Das AS-i/ IO-Link-Modul bildet ein Gateway zwischen dem IO-Link-Master und dem AS-i-Slave. Es bekommt AS-i-seitig die ganz normale Bus-Adresse, die IO-Link-Ports sind sofort, d.h. nach Hochlauf und Initialisierung des Moduls verfügbar.

Über die entsprechende IO-Link-Abbildungsspezifikation, ist herstellerübergreifend eine gleiche Abbildung von IO-Link auf AS-i definiert.

Das Modul arbeitet, in Kürze beschrieben, folgendermaßen: Es besitzt zwei IO-Link-Ports, die sich im Auslieferungszustand in einem Scan-Modus befinden und nach

Tabelle 6.4: Beispielhafte Übertragungswege eines AS-i/ IO-Link-Gateways

2-Port-Modul	IO-Link-Ports	AS-i Slave-Port	Bemerkung
Schaltbits	2 x DI, zyklisch	2 x DI, zyklisch	automatisch
Prozesswerte	2 x 16 Bit, zyklisch	2 x 16 Bit, azyklisch	automatisch
Parameter	azyklisch	azyklisch	per Funktionsbaustein
Konfiguration	azyklisch	azyklisch	per Funktionsbaustein
weitere Dienste	azyklisch	azyklisch	per Funktionsbaustein

IO-Link-kommunikativen Geräten suchen. Erkennt der AS-i-Slave an den Ports ein IO-Link-Gerät, startet das Modul den sogenannten „Plug-and-Comm“-Modus (Entspricht dem ScanMode) und tauscht mit den IO-Link-Devices zyklische Daten aus, ohne Rücksicht auf etwaige Parametrierungen. Diese Einstellung dient dem Inbetriebnehmer zur schnellen Prüfung der Verdrahtung; zudem ist der Tausch von IO-Link-Devices unterschiedlicher Typen in diesem Zustand möglich. Die angeschlossenen IO-Link-Devices übertragen zum AS-i-Master hin automatisch zwei Worte Prozessdaten pro IO-Link-Device und ein Schaltbit (**Tabelle 6.4**). Bei der Übertragung größerer Datenmengen wie Parametersätzen und Diensten erfolgt die Übertragung als transparenter Transportkanal, d. h. die Daten bleiben erhalten, werden aber auf den beiden Kommunikationsebenen in verschiedenen Protokollen verpackt.

Hinweis:
Der Plug-and-Comm-Modus führt keine Identifikation der IO-Link-Devices durch. Es ist zu prüfen, ob eine Identifikation für die zu betreibende Anlage nötig ist. Der AS-i-Slave hat die entsprechende Möglichkeit, über Parameter eine Identifikation der angeschlossenen IO-Link-Devices durchzuführen.

AS-i-Master

Der AS-i-Master bedient die AS-i-Schnittstelle des IO-Link-Master-Moduls und sorgt für die zyklische und azyklische Kommunikation der angeschlossenen Teilnehmer. Gleichzeitig stellt er die Gatewayfunktion zum überlagerten Feldbus her. Auch hier geschieht der Datenaustausch der IO-Link-Daten transparent, so dass mit entsprechenden Diagnosetools vom Feldbus über das AS-i-Gateway und das IO-Link-Gateway auf die angeschlossenen IO-Link-Devices zugegriffen wird. Die gleichen Möglichkeiten bestehen aus der Steuerung heraus über den Feldbusmaster.

Inbetriebnahme-Beispiel

Es gibt sicherlich unterschiedliche Herangehensweisen bei der Inbetriebnahme eines IO-Link-AS-i-Feldbus-Netzwerkes. Prinzipiell sind Steuerungsverdrahtung, -programmierung, Feldbusinbetriebnahme und AS-i/IO-Link-Inbetriebnahme unabhängig voneinander durchzuführen. Die Betrachtung des Bereiches unterhalb des AS-i/Feldbus-Gateways bringt folgenden praktikablen Ansatz:

- Mechanische Montage der AS-i-Module, Sensoren und Aktuatoren.
- Verlegung der gelben AS-i-Flachleitung zu den Modulen.
- Verdrahtung der Sensoren und Aktuatoren mit Standard-Sensorleitungen auf die IO-Link-Ports.
- Anschluss der AS-i-Versorgungsspannung an das gelbe Kabel und Verdrahtung zum AS-i-Gateway im Schaltschrank.

- Kontrolle der richtigen Verdrahtung anhand der Power/Status-LEDs an den IO-Link-Devices und -Ports.
- Wenn nötig Überprüfen der Verbindungsleitungen, Spannungsversorgung, AS-i-Module und des AS-i/Feldbus-Gateways.
- Adressierung der AS-i-Module nach Verdrahtungsplan. Durch sorgfältige Vorgehensweise oder die „Automatische Adressierfunktion" lassen sich Doppeladressierungen vermeiden.
- Überprüfen der vorhandenen Sensorsignale am Display des AS-i/Feldbus-Gateways oder mit geeigneten Diagnosetools.
- Wenn alle Signale verfügbar sind, kann der Programmierer mit der Software-Konfiguration und dem Einspielen des Steuerungsprogrammes beginnen. Hier besteht die Möglichkeit, die Konfiguration der IO-Link-Ports z. B. auf Digital Output oder COM-Modus fest zu legen, damit beim Hochlaufen die IO-Ports nicht permanent scannen müssen.

An dieser Stelle ist die Inbetriebnahme zum größten Teil abgeschlossen. Trotz erheblich erweiterter Funktionalität durch IO-Link, behält AS-Interface seine Einfachheit und seinen Charme. Bei AS-i können für größere Prozessdaten aus dem IO-Link-Teil durchaus Zykluszeiten für die gesamte Übertragung eines mehrere Byte langen Datums zwischen 10 und 400 ms anfallen. Dies ist bei der Auslegung und der Verwendung von entsprechenden IO-Link-Devices, die z. B. mehr als 4 Byte zyklische Daten übermitteln, zu berücksichtigen. Inzwischen sind auch optimierte IO-Link Master mit schnelleren Übertragungszeiten und einfacher Programmierunterstützung in CoDeSys-Programmierumgebungen verfügbar.

6.3.2 Inbetriebnahme am Beispiel PROFINET-Module mit IO-Link-Master

Für PROFINET-Module in verschiedenen Schutzarten von IP20 für den Schaltschrank über IP67 für den Feldeinsatz bis hin zu IP69K für den Einsatz in der Lebensmittelindustrie stehen E/A-Module mit IO-Link-Ports zur Verfügung. Hierbei handelt es sich um Module, die drei Funktionen vereinen: PROFINET-Slave, klassische Ein- und Ausgänge sowie IO-Link-Ports. PROFINET leitet die IO-Link-Daten transparent in beiden Richtungen zwischen Steuerung und Geräten. Über die entsprechende IO-Link-Abbildungsspezifikation ist herstellerübergreifend eine gleiche Abbildung von IO-Link auf PROFINET definiert.

Für die Installation und Inbetriebnahme der PROFINET-/IO-Link-Module sind unbedingt die Herstellerdokumentationen zu beachten. Hier folgt der mögliche Ablauf:

- IO-Link-Devices, Busmodule, Netzteile und Steuerung mit Busmaster montieren.
- Verdrahtung der IO-Link-Komponenten mittels einfacher, ungeschirmter Leitungen, die maximale Leitungslänge von 20 Metern ist zu beachten.
- Anschluss der geschirmten PROFINET-Leitung nach PROFINET-Vorgabe. Je nach Netzausdehnung und Topologie sind entsprechende Switches vorzusehen.

- Zuschaltung der Versorgungsspannung im Schaltschrank.
- Kontrolle aller angeschlossenen Geräte auf korrekte Spannungsversorgung anhand der Power-LEDs.
- Kontrolle der Buskommunikation im Konfigurationsmanager (Softwaretool), manchmal auch Hardwaremanager genannt.
- Das Erstellen der PROFINET-Konfiguration aller Teilnehmer erfolgt mittels GSD-ML-Dateien der Hardware-Hersteller. Im Konfigurationsbaum können Geräte per Drag-and-Drop hinzugefügt werden, dies geschieht auch mit den IO-Link-Devices zu den entsprechenden Ports (**Bild 6.20**).
- Über die Online-Funktion des Konfigurationsmanagers sind die Parametrierung und Konfiguration jedes einzelnen IO-Link-Gerätes durchzuführen. Meist geschieht dies Top-down, also von der Steuerungsebene hinunter bis zu den Sensoren und Aktuatoren.
- Nach erfolgreichem Download der Konfiguration in den Profibus-Master stehen die IO-Link-Daten in den entsprechenden Datenfeldern der Steuerung bereit.
- Messprotokoll der PROFINET-Leitung (Signalstärke an den Teilnehmern etc.) anfertigen. Das nötige Mess-Equipment ist heute Standard und Diagnosen sind mit Tools wie Wireshark möglich.

Die PROFINET-Konfiguration erlaubt aufgrund höherer möglicher Datenmengen pro Slave wesentlich mehr Einstellmöglichkeiten als das AS-Interface. Daher ist die Konfiguration komplexer und erfordert spezifisches PROFINET-Know-how. Gleiches gilt für die meisten anderen Ethernet-basierten Feldbusse wie z.B. Ethernet/IP, Modbus TCP oder auch Ethercat.

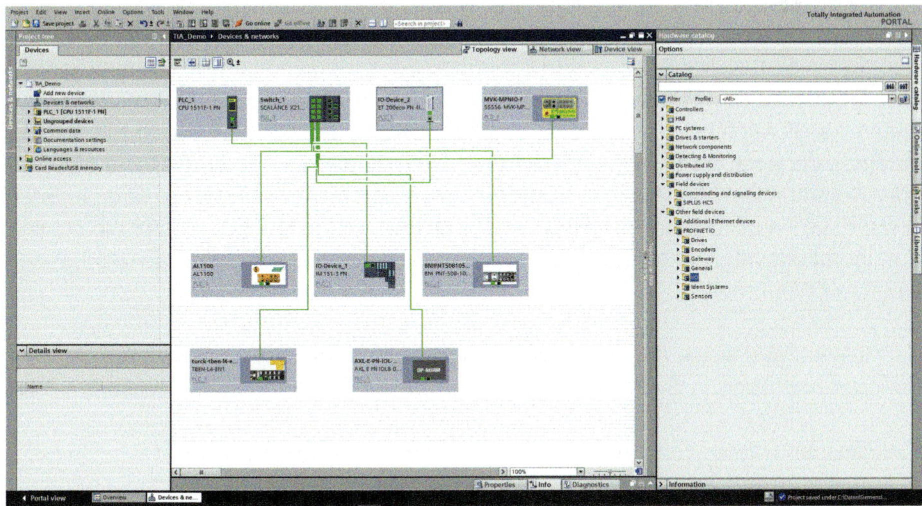

Bild 6.20: Screenshot eines Konfigurationstools (Quelle: IO-Link Community)

6.3.3 Inbetriebnahme eines IO-Link-Sensors

Aufgrund der Vielzahl an IO-Link-Sensoren und zugehörigen Applikationen ist es schwierig, den einen Inbetriebnahmefall zu beschreiben. Grundsätzlich lässt sich sagen, dass IO-Link-Geräte wesentlich einfacher in Betrieb zu nehmen sind als beispielsweise PROFINET-Geräte. Im Folgenden sind zwei zeitlich getrennte Situationen unterschieden und es ergibt sich folgendes Bild:

Initial-Konfiguration und Inbetriebnahme

Die IO-Link-Port-Konfiguration legt die Betriebsart des IO-Link-Sensors fest, d.h. die Betriebsart SIO-Modus oder die Kommunikation im COM-Modus stellt sich ein. Änderungen von Parametern sind möglich und entsprechen in der Regel den Bedürfnissen der Applikation. Diese Werte sind dauerhaft, d.h. spannungsausfallsicher, im IO-Link-Sensor hinterlegt und finden sich auch im IO-Link-Master als Datenhaltungsobjekt wieder, sofern diese Einstellung Anwendung findet.

Die Parametrierung eines IO-Link-Sensors kann auf unterschiedlichen Wegen erfolgen. Die erste Möglichkeit erfordert eine Personal-Computer (PC)-Umgebung (z. B. FDT/DTM-Parametriersoftware) mit einem zugehörigen USB/IO-Link-Gateway. Mit dieser Lösung sind die IO-Link-Sensoren bereits im Büro für den späteren Einsatz vorzuparametrieren. Eine weitere Möglichkeit baut ebenfalls auf einer PC-Lösung auf, ist aber komplexer, da sich das Gerät als Servicetool am Ethernet-Bus befindet und online die Baumstruktur des Netzwerkes verwaltet. So ist es möglich, sich beispielsweise vom PC aus über Ethernet/LAN, Feldbus, E/A-Modul, IO-Link-Master bis zum Sensor durchzuklicken und so die Parametereinstellungen vorzunehmen. Dies setzt eine Routingfähigkeit der IO-Link-Gateways voraus, die es momentan nur von einzelnen Herstellern gibt. Beide PC-basierte Lösungen erfordern die Einbindung gerätespezifischer Beschreibungsdateien wie DTMs und IODDs. Die dritte Möglichkeit der Parametereinstellungen kann über die IO-Link-Master erfolgen. Diese kommunizieren über die Baugruppe mit dem Feldbusmaster und somit mit der Steuerung. Von hier aus sind über Kommandos oder Funktionsaufrufe die entsprechenden Ports zu konfigurieren und für den Anschluss der Sensoren vorzubereiten. Einige IO-Link-Master bieten eine Konfigurationsmöglichkeit über den integrierten Webserver und ein angeschlossenes Gerät mit Webbrowser.

Nachfolgend sind einige Anwendungsfälle bei der Inbetriebnahme von IO-Link-Sensoren/Devices beschrieben. In der Praxis existieren immer wieder Mischformen der genannten Fälle.

Use Case a): Offline-Konfiguration

Hierbei sind die Parameter vorab ohne reale Geräte, somit „Offline“ am Schreibtisch einzustellen. Es besteht die Möglichkeit, zum Beispiel das Messstellenkennzeichen

(Application Specific Tag, Function Tag, Location Tag), Schaltpunkte, die Anzeige oder andere Werte aufzuspielen oder einzustellen. Dies kann von Hand oder durch einen bereits gespeicherten Datensatz erfolgen (Klonen).

Später sind die Sensoren/IO-Link-Devices in der Anlage entsprechend einzubauen. Der IO-Link-Master kann die IO-Link-Devices/Sensoren im Anschluss validieren und ggf. die Konfiguration in seinen Speicher einlesen.

Use-Case b): Online-Konfiguration ohne angeschlossene SPS/Steuerung

Hierbei sind bereits die IO-Link-Master und die IO-Link-Devices/Sensoren verbaut. Eine SPS ist noch nicht angeschlossen bzw. noch nicht betriebsbereit.

Mittels eines Konfigurationstools besteht die Option, Sensor/ Aktuator-Parameter einzugeben, falls dies noch nicht erfolgt ist. Die Konfigurationen sind üblicherweise spannungsausfallsicher (persistent) im IO-Link-Master und im IO-Link-Device gespeichert. Des Weiteren sind Messwerte zu plausibilisieren: ist z. B. der Abstandssensor richtig eingebaut? Passt das Signal des Drehgebers? Die Funktionsprüfung der Aktuatoren kann erfolgen, also fährt z. B. das Ventil korrekt auf/zu?

Da IO-Link digitale Werte überträgt, besteht die Möglichkeit, Prozesswerte zu kalibrieren. Im Anschluss ist die korrekte Übertragung sicherzustellen.

Use-Case c): Online-Konfiguration mit überlagerter Steuerung

Sind die vorherigen Schritte durchgeführt, reduziert sich die Inbetriebnahme auf die Überprüfung der Prozesswerte im Programm bzw. in der Visualisierung.

Aber auch jetzt ist es möglich, die Sensoren im laufenden Betrieb zu parametrieren.

Durch den im IO-Link Master eingebauten Datenhaltungs- (Backup/Restore-) Mechanismus ist ein separates Speichern der Sensorparameter eigentlich nicht notwendig (vgl. auch Kapitel 4.8 im Band 2). So lange nur eine Komponente, d. h. entweder der IO-Link-Master oder das IO-Link-Device ausfällt, ist der korrekte Zustand automatisch wiederherzustellen.

Beispielhaft ist eine Parametrierung im Folgenden aufgezeigt.

Mit dem Konfigurationstool ist es möglich, die eingebundenen virtuellen Geräte einer Parametrierung zu unterziehen. Dazu ist das entsprechende IO-Link-Device meist per Mausklick auszuwählen. Anschließend öffnet sich ein Fenster, in dem das Konfigurationstool mit der Unterstützung der IODD alle verstellbaren Parameter anzeigt und die

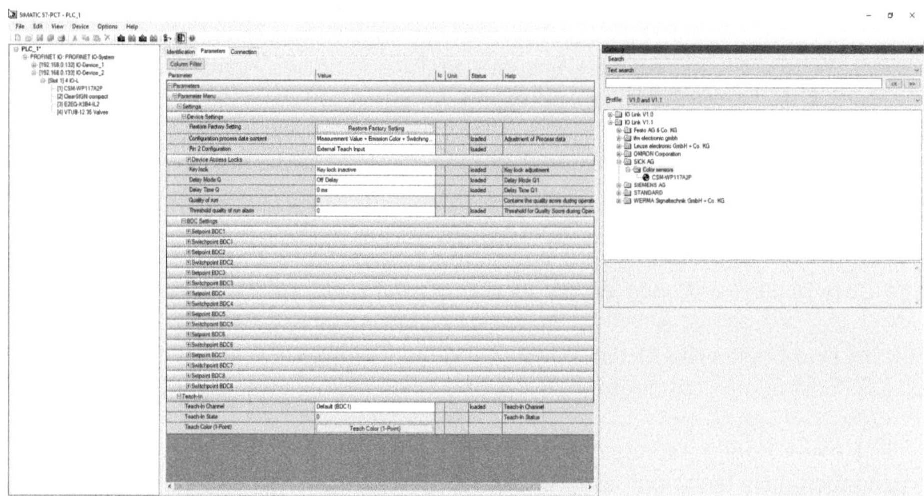

Bild 6.21: Parameterdarstellung des Tools in Verbindung mit der IODD

neu eingegebenen Werte an die entsprechenden IO-Link-Devices in der Inbetriebnahme weitergibt. **Bild 6.21** zeigt beispielhaft diese Möglichkeit.

Mit dem Konfigurationstool ist es ebenfalls möglich, sich die Identifikationsdaten jedes IO-Link-Devices anzeigen zu lassen. Hierfür verfügen die Tools über entsprechende Funktionen. **Bild 6.22** zeigt ein Beispiel, wie die Daten zur Anzeige kommen können.

In allen Konfigurationstools besteht die Möglichkeit, sofern sich die Anlage in Betrieb befindet und das Tool online auf der entsprechenden SPS/PLC arbeitet, die aktuellen Prozessdaten zu beobachten. In **Bild 6.23** ist aufgezeigt, dass ein entsprechender Prozessdatenkanal, der zu einem beliebigen IO-Link-Device gehört, auszuwählen ist. Nach der Auswahl des IO-Link-Devices bzw. des zugehörigen Prozessdatenkanals ist in der Regel dem Tool mitzuteilen, welche Funktion mit dem gewählten Kanal auszuführen ist. Als Beispiel sollen die aktuellen Prozessdaten zur Anzeige kommen. Dies ist eine Option in den entsprechenden Menüs. Ist im Menü die Funktion ProzessdatenBeobachten gewählt, öffnet sich ein weiteres Fenster, in dem die zum gewählten IO-Link-Device oder -Kanal gehörenden Prozessdaten aufbereitet zur Anzeige kommen (**Bild 6.24**).

In **Bild 6.24** ist die Prozessdatendarstellung beispielhaft aufgezeigt. Die Anzeige kann je nach Konfigurationstool in der Darstellung variieren.

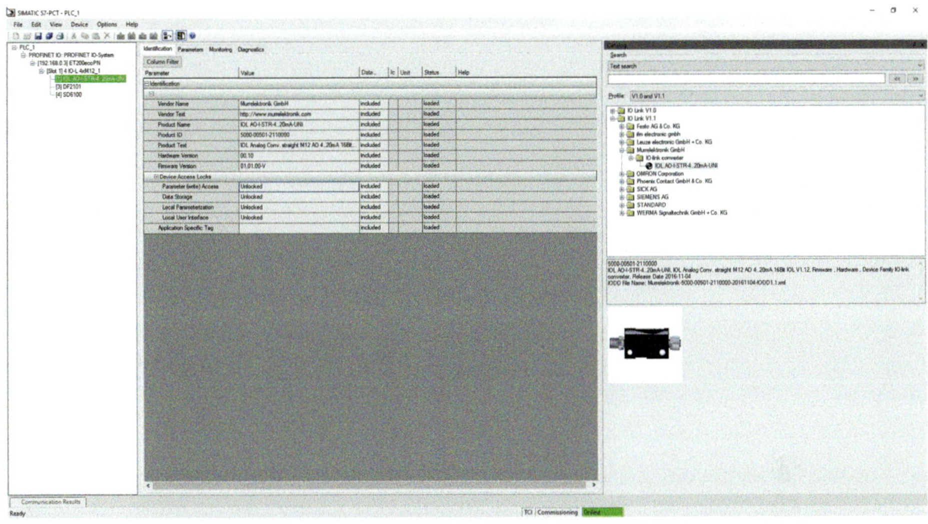

Bild 6.22: Identifikationsdaten des IO-Link-Devices

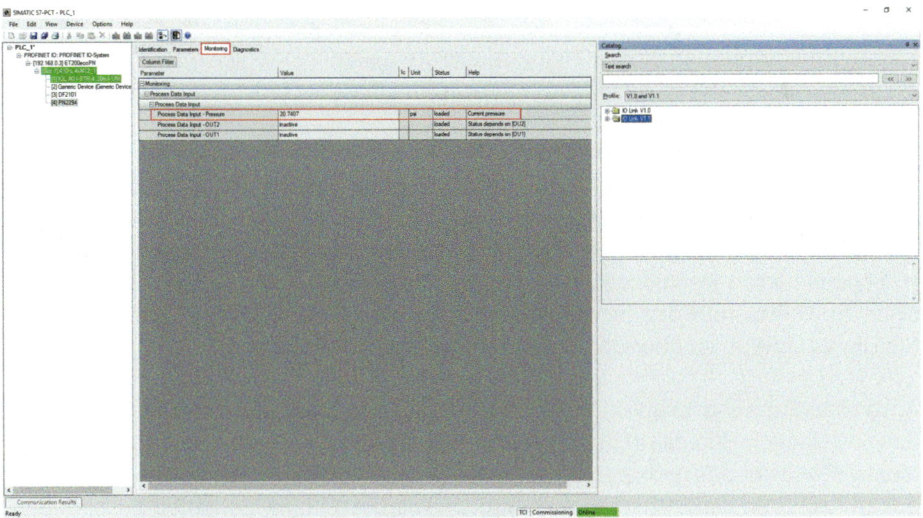

Bild 6.23: Prozessdaten beobachten am IO-Link-Device

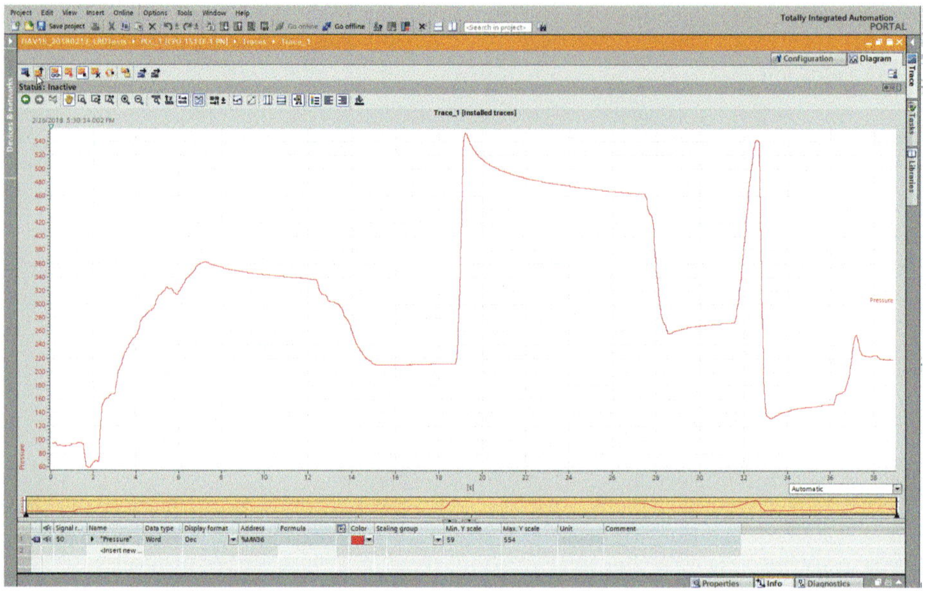

Bild 6.24: Prozessdaten online verfolgen

6.3.4 Inbetriebnahme eines IO-Link-Aktuators

Für die Parametrierung eines IO-Link-Aktuators gelten im Vergleich zu einem Sensor einige kleine Ausnahmen oder Spezialitäten, die in diesem Unterkapitel aufgeführt sind.

Grundeinstellung des IO-Link-Ports

IO-Link-Ports sind standardmäßig als digitaler Eingang konfiguriert. Der Grund hierfür ist, dass ein ungewollt gesetzter Ausgang und damit 24V-Ausgangsspannung an Pin 4 zu Schäden an angeschlossenen Sensoren führen kann. Dies ist zu vermeiden; daher sind IO-Link-Master-Ports für Aktuatorbetrieb in den IO-Link-Modus, alternativ in SIO mit Digital Output, zu überführen. Dies erfolgt per Konfiguration.

Auch eine Mischung ist üblich, z. B. Initialisierung und Parametrierung im IO-Link-Modus und danach Rückfall in den Schaltbetrieb. Es ist daher sehr wichtig, die IO-Link-Master-Ports auf das gewünschte Verhalten zu parametrieren. Der spätere Austausch erfolgt nach den gleichen einfachen Regeln, wie bei IO-Link-Sensoren beschrieben. Doch stellt sich bei Aktuatoren die Frage, ob der Austausch im laufenden Betrieb gestattet sein sollte. Hier sollte der Maschinenhersteller in seiner Verantwortung bezüglich der Auswirkungen auf Maschinen- und Personensicherheit abwägen.

Separate Spannungsversorgung/Not-Abschaltung

In den meisten Fällen reicht die Stromversorgung über einen Port Class A nicht aus, um Aktuatoren zu betreiben. Es gibt daher verschiedene Möglichkeiten, mit externen Spannungsversorgungen zu arbeiten. Die einfachste Möglichkeit stellt die 5-polige Verbindungsleitung zwischen Aktuator und Port Class B dar, die eine separate 24-V-Gleichspannung mitführen kann. Beim benötigten Strom sind die Datenblätter der Aktuatoren und der IO-Link-Master-Baugruppe zu konsultieren. Ist es nötig, höhere Spannungen zu nutzen, wie z. B. 400-V-Drehstrom bei Motoransteuerungen, so erfolgt die Zuführung über separate Anschlussleitungen.

Diese separate Spannungsversorgung kann in den Notaus-Kreis der Maschine integriert sein, somit ist die Abschaltung der Antriebsenergie sichergestellt. Die IO-Link-Kommunikation ist davon nicht betroffen und weiterhin aktiv, so dass der Aktuator Stör- und Statusmeldungen absetzen kann.

Hinweis:
Befindet sich ein Sensor, der für den Betrieb an einem Port Class A konzipiert ist, an einem IO-Link-Master-Port Class B, kann der Schaltausgang an Pin 2 des Sensors ungewollt die Aktuatorversorgung am Port Class B versorgen. Abhilfe kann in diesem Fall ein 3-adriges Kabel schaffen.

6.3.5 Inbetriebnahme eines IO-Link-Moduls

IO-Link-Module arbeiten ähnlich wie passive Verteilermodule. Sie können für den Anschluss von digitalen und analogen Signalen verwendet werden. Genau wie IO-Link-Sensoren, Aktuatoren und hybride Geräte benötigen IO-Link-Module als Gegenstelle einen IO-Link-Master oder -Port. Dieser muss, wie bereits oben beschrieben, konfiguriert sein, um die E/A-Konfiguration und Datenmenge pro externem Sensoranschluss festzulegen. Beides unterstützt das elektronische Datenblatt IODD (**Bild 6.25**).

Dabei befinden sich die einzelnen Bits der schaltenden binären Ein- und Ausgänge oder die digitalisierten Analogwerte bekannter 4...20 mA-Ein- und Ausgänge gepackt in den bis zu 32 Byte langen zyklischen Daten eines IO-Link-Master-Ports. Die Zuordnung der entsprechenden Schaltbits bzw. Analogwerte zu den Anschlüssen ist aus der IO-Link-Device-Hersteller-Dokumentation zu entnehmen. Die zyklischen Feldbusdaten für den entsprechenden IO-Link-Master-Port, an dem sich ein solches IO-Link-Modul befindet, ist gemäß der Vorgabe IO-Link-Devices vorzuhalten.

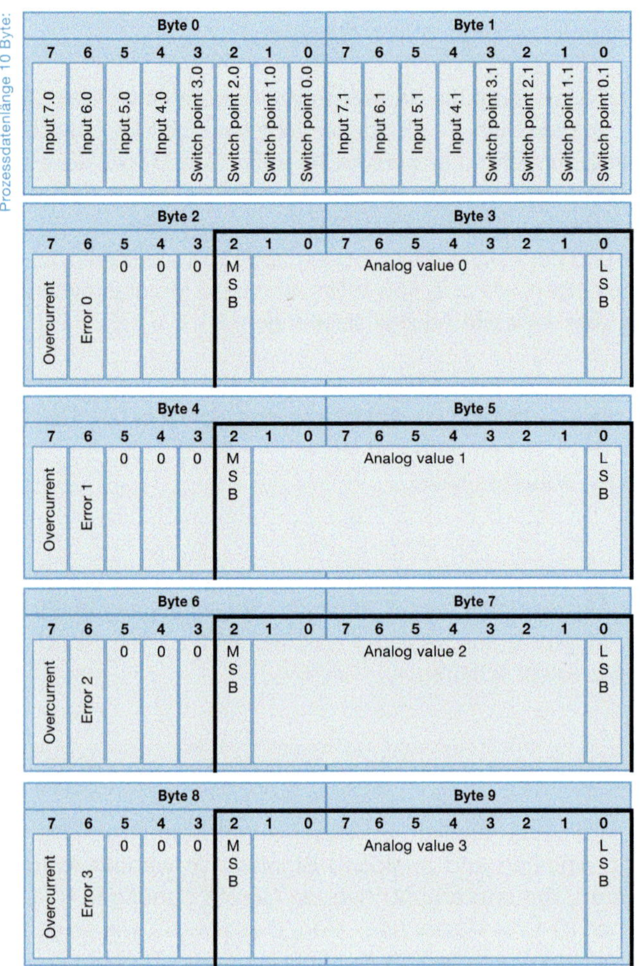

Bild 6.25: Typische Prozess-Datenzuordnung eines IO-Link-Modules mit Analogeingängen (Quelle: Balluff)

Für die Inbetriebnahme kann die Konfigurationssoftware angewendet werden. Nach der Initialkonfiguration liegen die Parametereinstellungen im IO-Link-Master, der diese spannungsausfallsicher speichert, sofern die Datenhaltung aktiv ist. Ein Modultausch ist daher ohne Adressierung durch einfaches Ersetzen des Altgerätes möglich.

6.4 Praktische Tipps zu Wartung, Service, Troubleshooting

IO-Link ist per Design für eine unkomplizierte Wartung und einen normalen Gerätetausch ohne besondere Fachkenntnisse konzipiert. Das macht die einfache Verkabelung ohne Schirmung, die redundante Speicherung der Konfiguration und der automatische Abgleich der Produktidentifikation möglich. Im Folgenden werden die Szenarien näher beleuchtet.

6.4.1 Geräteaustausch

Der Austausch von IO-Link-Devices erfolgt wie bei konventionellen Sensoren. Der bisherige Sensor ist durch einen baugleichen zu ersetzen. Der IO-Link-Master prüft anhand der internen IO-Link-Device-IDs und Vendor-Daten, ob der neue Sensor mit dem Vorgänger kompatibel ist.

Zu beachten ist, dass bei einem Wechsel eines IO-Link-Devices im laufenden Betrieb die IO-Link-Masterbaugruppe keinen Peripheriefehler generiert, der zu einer ungewollten Abschaltung des Steuerungsprogrammes führt. Dieses Verhalten kann aber gewollt sein und richtet sich nach den Gegebenheiten der Maschine und dessen Nutzerverhalten. Beide Varianten lassen sich meist im IO-Link-Gateway oder in der Steuerung parametrieren.

6.4.2 Service

IO-Link bietet durch seinen Durchgriff bis in die unterste Steuerungsebene der Sensorik und Aktuatorik hinein neue Möglichkeiten für Servicedienstleister. Wurde bisher der Service meist entweder im Bereich der Wartung oder Fehlerbehebung angeboten, so sind durch die Übermittlung von Statusinformationen neue Felder zu erschließen.

Sensoren haben neben Prozesswerten auch die Möglichkeit, Diagnosedaten an die übergeordnete Steuerung zu schicken. Zum Beispiel ist es möglich, eine verschmutze Linse eines optischen Sensors zu melden. Ebenfalls ist ein abgefallener Sondenstab bei einem geführten Mikrowellen-Sensor als Fehlerinformation zu detektieren. Durch die Auswertung des PQI-Bytes (Port Qualifier Information), hauptsächlich des „Process Data Valid“-Bits ist jederzeit die Meldung eines gültigen oder ungültigen Prozesswertes gegeben.

Durch eine kontinuierliche Übermittlung dieser Daten in die Cloud und die Auswertung in Echtzeit können Störungen rechtzeitig erkannt und Dienstleister mit Cloudzugriff können Fertigungsbetrieben entsprechende Services anbieten.

6.4.3 Wartung

Regelmäßige Wartung, besonders in kontinuierlichen, prozesstechnischen Anlagen, ist unumgänglich, um Stillstandszeiten zu minimieren. Hierbei kommt es zum vorsorglichen Tausch von Komponenten, um zu verhindern, dass diese in naher Zukunft ausfallen. Diese zeit- und kostenintensive Vorgehensweise gehört mit IO-Link an vielen Stellen der Vergangenheit an. Dank intelligenter Sensorik und Aktuatorik besteht die Option, permanent Service-, Verschleiß- und Wartungsinformationen zu übertragen. Integrierte Fehlerzähler und Trendauswertungen erlauben, die gezielte Abschätzung und Planung des nächsten Serviceeinsatzes. Der Trend geht also dahin, Komponenten zu überwachen und Wartungen vorausschauend zu planen, so dass unnötige Maschinenstillstände vermieden werden. An dieser Stelle ist das Schlagwort Condition Based Maintenance. Im Zusammenspiel mit einer Datenanbindung an das ERP-System, z.B. SAP, können Maschinen zukünftig selbständig Alarme generieren und Wartungsaufträge anstoßen. Das ist Industrie 4.0 in Reinkultur mit einer Machine-to-Machine-Kommunikation und Regelauswertung.

6.4.4 Troubleshooting

Ein wichtiger Schritt zur einfachen Suche und schnellen Behebung von Fehlern stellt die Information über aktuelle Anlagenzustände dar. Bisher ist es für die Elektrofachkraft zwar möglich, Zustände im SPS-Programm und den angeschlossenen Feldbuskomponenten zu analysieren und gegebenenfalls zu protokollieren, um daraus Schlüsse auf Fehlfunktionen zu ziehen. Meist endet diese Transparenz am binären oder analogen Ein- oder Ausgang, da diese Schnittstellen aber außer dem Schaltsignal oder Messwert keine weiteren Kommunikationsfähigkeiten haben.

Hier schafft IO-Link mehr Transparenz beim Troubleshooting. Selbst Geräte, die im normalen Betrieb im SIO-Modus sind, können bei Bedarf im kommunikativen Betrieb arbeiten und auf diese Weise Statusmeldungen, Fehler- und Eventspeicher an die Diagnosesoftware übertragen. Somit kann die erste Fehlerdiagnose von einem zentralen Ort erfolgen, bevor der zweite Schritt in der Anlage stattfindet. Im IO-Link-Modus sind Kabelbrüche und Kurzschlüsse zwischen Modul und Sensorik/Aktuatorik zu detektieren. Ebenso lassen sich defekte IO-Link-Devices und IO-Link-Ports sehr schnell lokalisieren und die defekten Komponenten gezielt tauschen.

6.5 Der Y-Weg für Planung, Inbetriebnahme und Service

Im Kontext von Industrial IoT ist das Sammeln und Auswerten von Daten aus einer Maschine zunehmend interessanter und notwendiger geworden. Um bereits vorhandene Sensorik nicht ein zweites Mal an die Maschine adaptieren zu müssen, besteht mit dem sogenannten Y-Weg die Möglichkeit, die Daten von IO-Link-Devices der Steuerung und zusätzlich einer steuerungsunabhängigen Instanz zur Verfügung zu stellen.

Der Y-Weg eignet sich auch als Nachrüstung in Bestandsanlagen, um zusätzlich Daten aus der Maschine zu bekommen und entsprechenden Auswertungen zu unterziehen. Dies kann ohne Programmänderungen in der Steuerung erfolgen. Jedoch stehen bei dem Anschluss von Sensoren ohne IO-Link weniger Daten zur Verfügung (in der Regel nur die Prozessdaten), als dies bei der Nutzung von IO-Link-Devices der Fall ist.

Der Y-Weg kann unterschiedliche Ausprägungen haben. Die Aufspaltung kann sowohl in einem IO-Link-, als auch in einem Edge-Gateway erfolgen.

Im Folgenden sind beispielhaft zwei prinzipielle Ausprägungen vorgestellt.

6.5.1 Der Y-Weg mit einer IP-Adresse auf einer Feldbusstrecke

Die erste Ausprägung des Y-Weges ist das sogenannte „weiche" Y; d. h. die Steuerung und auch die IT-Systeme einer Cloud bedienen sich bezüglich der Kommunikation der vorhandenen Feldbusinfrastruktur. Auf dem Feldbus liegen dabei alle aus den angeschlossenen Geräten generierten Daten genauso wie die Steuersignale der Steuerung. **Bild 6.26** zeigt den prinzipiellen Aufbau eines Netzwerkes mit einem Feldbus. Auf der Protokollebene werden zyklische, zeitsensible Signale mit azyklischen und zeitunkritischen Signalen kombiniert.

Sensoren & Aktuatoren

Der Vorteil dieser Topologie ist, dass nur eine Dateninfrastruktur in der Anlage vorhanden und zu verwalten ist. Dabei haben die Daten zur Steuerung immer Vorrang, um den Determinismus des Steuerns einer Maschine aufrecht zu erhalten. Dies funktioniert bis zu einer kritischen Datenmasse, bei der die hochprioren Feldbusgeräte die überwiegende Kommunikationsinfrastruktur belegen und die niederprioren IT-Daten für eine Echtzeitauswertung zu langsam übertragen werden.

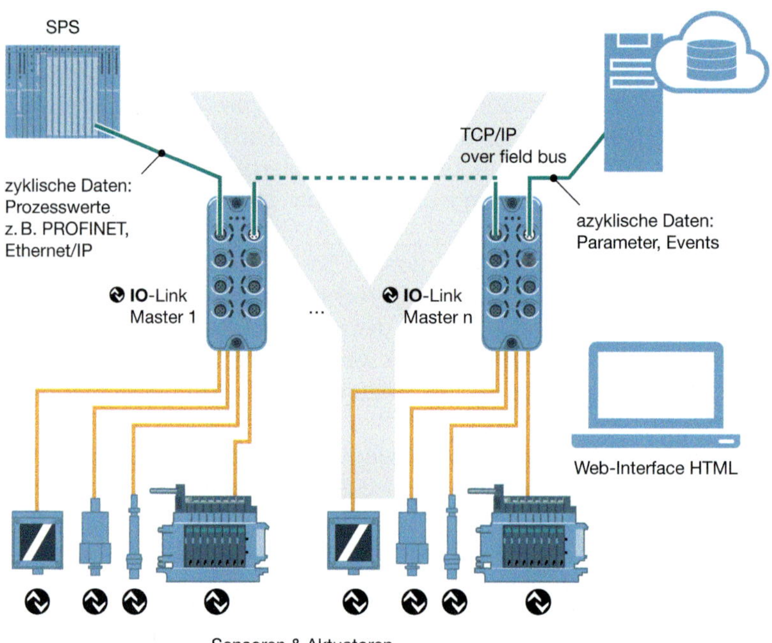

Bild 6.26: Typischer Aufbau eines Y–Weges mit einem Ethernet-basierten Feldbus (Quelle: ifm electronic)

Außerdem sind, je nach verwendeter Busphysik, nicht alle Feldbusse der Automatisierungstechnik für diese Art des Y-Weges geeignet. Es kann auch vorkommen, dass mit den zyklischen Daten einer Steuerung und den zugehörigen Automatisierungsbusknoten die Standard-IT-Infrastruktur überfordert ist und im schlimmsten Fall einen Shut-Down erfährt. Zudem besteht die Gefahr z. B. über Windows-basierende HMI/SCADA-Systeme den Feldbus für Zu- oder Angriffe von „Außen“ zu öffnen. Darüber könnte sich Schadsoftware über diese Automatisierungsebene ausbreiten.

6.5.2 Der Y-Weg mit getrennten IP-Adressen für Feldbus und Infrastruktur

Eine zweite Ausprägung des Y-Weges ist das sogenannte „harte“ Y. Dieses trennt die Automatisierungsinfrastruktur des Feldbusses hart von der IT-Infrastruktur.

Feldbusknoten, die einen solchen Y-Weg unterstützen, haben in der Regel zwei Ethernet-Anschlüsse in separaten IP-Adressräumen, einen für den Automatisierungsteil in Form eines in der Automatisierungstechnik üblichen Feldbusses und einen weiteren Ethernet-Anschluss (TCP IP) für die Standard IT-Welt. Das Prinzip bleibt jedoch das gleiche. Alle Daten, die der Steuerung zur Verfügung stehen, stehen der IT-Welt ebenfalls zur Verfügung, wobei die Steuerung nur einen Bruchteil aller generierten Daten zum Steuern einer Anlage benötigt. **Bild 6.27** zeigt den prinzipiellen Aufbau eines „harten“ Y-Weges mit den beiden getrennten Ethernet-Verbindungen.

Der Vorteil dieser Topologie ist, dass die Infrastruktur der Automatisierungstechnik klar von der IT-Infrastruktur getrennt ist. Zusätzlich bleibt für die Implementierung des Automatisierungsteils das heutige Regelwerk gültig. Es ist nicht auf IT-Belange bezüglich Slots oder additivem Datenverkehr Rücksicht zu nehmen.

Nachteil bei dieser Ausprägung ist, dass eine Anlage mit entsprechend mehr Ethernet-Leitungen auszustatten ist. Meistens haben Ethernet-Feldbusse einen integrierten 2-Port-Switch in jedem Teilnehmer, der ein Durchschleifen des Busses ohne weitere

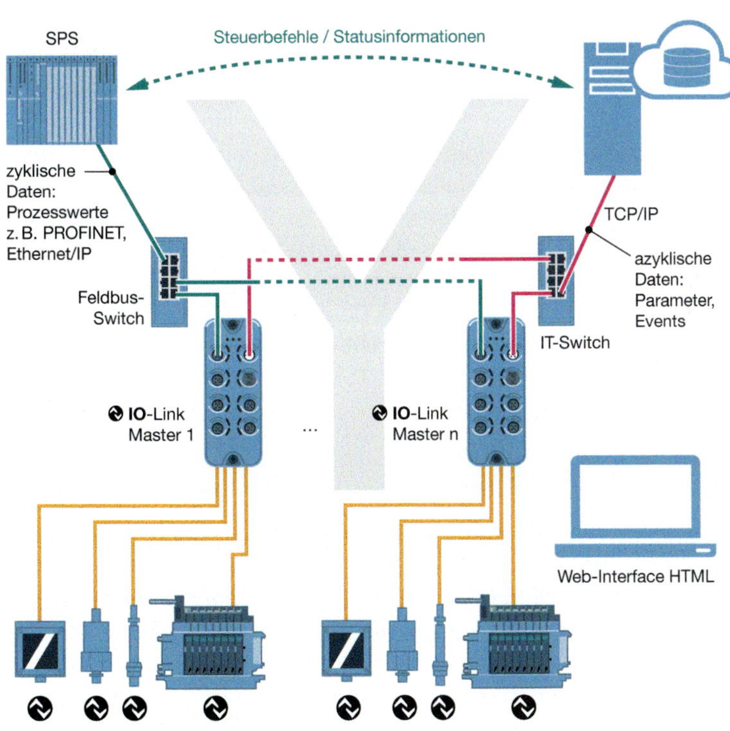

Bild 6.27: Typischer Aufbau eines Y-Weges mit getrenntem Ethernet-basierten Verbindungen (Quelle: ifm electronic)

Infrastruktur-Komponenten ermöglicht. Auf der IT-Seite hingegen erfolgt traditionell der Teilnehmeranschluss über zentrale Switches, die von der Unternehmens-IT gemanaged werden.

In der Praxis werden Kommunikationslösungen mit zwei getrennten IP-Adressen bevorzugt. Dies ist besonders den restriktiven Anforderungen aus der Informationstechnik geschuldet, die Gesamtverantwortung für die IT-Infrastruktur des Unternehmens trägt und daher ein hohes Sicherheitsbedürfnis hat. So werden entsprechend Netze und Subnetze definiert, die über Managed-Switches und Router verbunden sind. Getrennte IT- und OT-Netzwerke sorgen zudem für weniger Konflikte zwischen Automatisierern und Netzwerktechnikern.

6.5.3 Der rechte Pfad: Daten vom Sensor in die Cloud

IO-Link- oder Edge-Gateways, die bereits mit einer meist auf dem Internetprotokoll TCP/IP basierenden Schnittstelle ausgestattet sind, erlauben die reine Nutzung als Datensammler im IT-Netz ohne Einbindung der SPS. Damit werden sehr einfach IO-Link-Identifikations-, Parameter-, Prozess- und Diagnoseinformationen über interne (LAN) oder externe (WAN) Netzwerke in einer Datenbank zusammengeführt. In der Vergangenheit stand dafür meist nur der mehr- oder weniger komfortable Zugang zur Steuerung zur Verfügung und erforderte eine Rangierung der IO-Link-Daten aus dem Prozessdatenspeicher in einen Datenbaustein. Dies bedeutete extra Programmieraufwand und erhöhte Performanceanforderungen an die SPS. Über den rechten Zweig im Y-Pfad ist quasi eine plug-and-play-Möglichkeit entstanden, IO-Link-Daten ohne Umweg direkt auf einem lokalen Server oder in einer Cloud-Datenbank zu speichern. Natürlich müssen bei WAN-Anbindungen über das Internet entsprechende Security-Lösungen zur Datensicherheit, sowohl auf der Strecke, als auch in der Datenbank umgesetzt werden.

6.5.4 Aspekte des Y-Weges

Beide aufgezeigten Y-Wege nutzen als Datenquelle ein oder mehrere IO-Link-Gateways. Für die IT-Seite stehen über z. B. die IO-Link-Indices 0x0028 und 0x0029 (siehe Kapitel 2.3, Tabelle 2.10 in Band 2) azyklisch die Input- und Output-Prozessdaten aller IO-Link-Master-Ports auf einem IO-Link-Gateway zur Verfügung, z. B. für Analysen der Anlage. Darüber hinaus stehen die Diagnosedaten (siehe Kapitel 3, Band 2) und die gesamten Parameterdaten (siehe Kapitel 2, Band 2) pro IO-Link-Master-Port zur Verfügung. Aus diesen gesamten Daten lassen sich die unterschiedlichsten Analyseinformationen erstellen, die von vorbeugender Wartung, über Qualität der produzierten Produkte bis hin zu Energieaufwand pro produziertem Teil reichen.

Theoretisch lässt der Y-Weg das Schreiben von Parametern aus der IT-Seite heraus zu. Dies ist bei Anwendungen, die keiner Steuerungsanwendung unterliegen, unproblematisch. Bei Anwendungen, die am zweiten Y-Abgang eine Steuerung haben, kann eine Umparametrierung, die nicht über die Steuerung erfolgt, problematisch sein, da unter Umständen die Wertebereiche von Prozessdaten beeinflusst sind und so zu einer falschen Reaktion der Steuerung hin bis zur Zerstörung der Anlage führen.

In der Regel ist der Zugriff seitens der IT-Seite auf lesende Zugriffe beschränkt, wenn eine Steuerung auf dem für die Automatisierungstechnik vorgesehenen Teil zyklisch Daten austauscht. Diese Trennung ist bei einem physikalisch getrennten Y-Weg („harter" Y-Weg) einfacher zu realisieren als bei dem gemischten Protokoll des „weichen" Y-Weges.

6.5.5 Der Y-Weg zu Industrie 4.0

Die vielfältigen Ideen im Rahmen von Industrie 4.0 zielen allesamt auf eine effizientere Produktion bei schonenderem Ressourceneinsatz. Beides fußt auf einer ausreichenden Datenbasis zur Regelgenerierung (Stichwort „Künstliche Intelligenz") und der Fähigkeit, das Industrial Internet of Things zu betreiben (Stichwort „Machine-to-Machine-Kommunikation"). Dies setzt smarte Sensoren als Sinnesorgane der Maschine voraus und eine intelligente Verbindung, um diese Informationen gewinnbringend zu nutzen der kombinierte Einsatz von IO-Link und Y-Weg als Brückenschlag zwischen Automatisierung und Informationstechnologie. Daher widmen wir uns besonders in Kapitel 9 der Anbindung der IO-Link Daten an moderne Datenbank-Serversysteme (Edge Computing).

7 IO-Link Wireless – der industrielle Funk für kurze Distanzen

Drahtlos oder „wireless" stammt als Ausdruck aus dem Bereich der Telekommunikation. Er beschreibt, dass elektromagnetische Wellen und kein Kabel ein Signal über einen Kommunikationspfad übertragen. Die ersten drahtlosen Sender wurden im frühen 20. Jahrhundert bei der Funktelegrafie (Morsezeichen) eingesetzt. Später ließen sich dank Modulation auch Sprache, Musik und Bilder mit Medien wie Radio und Fernsehen drahtlos übertragen.

Drahtlose Technologie spielt für das IoT (Internet of Things/Internet der Dinge) und somit auch für das „Industrial Internet of Things" (IIoT) in der Industrie 4.0 eine große Rolle. Funk-Netzwerke z. B. auf Basis von Ethernet-Protokollen sind eine Alternative und drastische Vereinfachung der Informationsübertragung. Die klassische Automatisierungspyramide wird mit Wireless-Schnittstellen genauso wie mit dem Y-Weg umgangen. IO-Link Wireless könnte also IO-Link 2.0 sein. Wireless-IO-Link kann z. B. Kosten in Gerätedesign (z. B. durch Wegfall eines mechanischen Zugangs), -produktion und -lagerung sparen. Wenn eine Smartphone-kompatible Wireless-Schnittstelle zum IO-Link-Master besteht, hat der Kunde des Device-Herstellers darüber hinaus die Möglichkeit, gemessene IO-Link-Werte mit dem mobilen Gerät auszulesen und neue Bus-Adressen oder Parameter zu verändern. Ein Update der Firmware kann ebenfalls vorgenommen werden.

Aus der Consumer-Welt kommt folgende Unterteilung der Drahtlos- oder Wireless-Netzwerke:

- Fixed Wireless (Drahtloses Festnetz): Auf bestimmten Raum eingeschränkte Netzwerke, z. B. WLAN (Wireless Local Area Network)
- Mobile Wireless (Mobilfunknetzwerk), z. B. für mobile Anwendungen, um die Drahtlosnetzwerke überall nutzen zu können.
- Portable Wireless: Der Betrieb von autonomen drahtlosen Geräten, die mit einem Akku arbeiten, wenn auch die Energieversorgung nicht kabelgebunden erfolgen kann.
- Short Distance Wireless (Infrarot oder RFID): Die Verwendung von Geräten, die Daten mithilfe von IR-Strahlung (Infrarot) oder induktiver Kopplung übertragen. Übertragung mit dieser Kommunikationstechnologie ist auf „Sichtweite" (IR) oder Funkreichweite (RFID) eingeschränkt.

Trotz der wachsenden Bedeutung von Software und damit auch von Firmware wird diesem Thema und der damit verbundenen Einsparung von Produktions- und Fehlerkosten in der Automatisierungsindustrie ohnehin noch zu wenig Beachtung geschenkt. Auch die einfache kundenspezifische Adressierung und Parametrierung eines IO-Link Wireless-Gerätes wird kaum beachtet. Dabei kann sie nicht nur durch den Kunden mit seinem Smartphone, sondern bereits im Lager des Device-Herstellers automatisiert bei Aufruf der Seriennummer vorgenommen werden.

IO-Link Wireless-Sensoren können insbesondere dann ihr ganzes Potenzial ausspielen, wenn sie durch benutzerfreundliche, plattformunabhängige Kundenschnittstellen mit den Services des Device-Herstellers verbunden sind (vgl. [Mattern 2005, S. 63], [Pantförder et al. 2014, S. 147], [Wießler 2015, S. 15]), so wie innerhalb des produzierenden Unternehmens zur automatischen Datenerfassung und Auftragsverfolgung.

Es entsteht ein „Internet of Sensors“, ein Industrie 4.0-Geschäftsmodell, das für den Devicehersteller den Schritt vom Produkt- zum Lösungsanbieter erlaubt.

Wenn man für die industrielle Fertigung Wireless nutzt, ergeben sich viele Vorteile. Kabelreduktion in der Industrie-Automation ist seit jeher ein wichtiges Thema für Maschinen- und Anlagenbauer und deren Endkunden. Vorteile bieten sich auch, weil der Installationsaufwand verringert und Datenströme an kritischen Punkten teilweise sicherer übertragen werden als mit herkömmlichen Lösungen. Laut Machina Research, einer M2M (Machine-to-Machine)-Beratungsgruppe, werden somit bereits 40 % der Maschinendaten wireless übertragen. Dabei werden allerdings nicht nur industrielle Anwendungen im engeren Sinne, sondern auch genauso Kaffeemaschinen, Kühlschränke und andere B2C-Güter als Maschinen gezählt wie alle Arten von Fahrzeugen.

7.1 Warum noch ein Funksystem

Oft ist es schwierig, stationäre Verdrahtung für Kommunikation zu verwenden, da

- sich die Applikationen in abgelegenen Regionen befinden,
- nur temporär genutzt werden sollen wie bei mobilen Erfassungstools,
- keine Stromversorgung vorhanden
- oder die Einbindung in bestehende Firmennetze schwierig mit den IT-Regelungen vereinbar ist.

Daher entsteht der Wunsch nach Funk-basierter, drahtloser (Wireless-) Datenübertragung. Je nach Einsatzbereich werden bestehende Technologien aus dem alltäglichen Bereich wie Mobilfunk, WLAN oder Bluetooth in leicht modifizierter Form verwendet oder spezialisierte Systeme für den Einsatz in Gebäuden, Fertigungsanlagen oder der Prozessindustrie. Hierbei besteht der Wunsch nach Kompatibilität auf Basis bestehender Chipsätze zur wirtschaftlichen Umsetzung und zu gängigen Handheld-Geräten wie Smartphones, Notebooks oder Tablet-Computern.

Ein weiterer Aspekt bei der Entscheidung für ein bestimmtes Funksystem sind die Kosten für die Infrastruktur. Bei Mobilfunk-Systemen stellt ein Drittanbieter wie eine Kommune oder ein Telekommunikationsanbieter die Funkmasten und die Anbindung an das Web zur Verfügung und lässt sich diesen Service mit Pay-per-Use- (Bezahlung pro Nutzung) Abrechnungsmodellen vergüten. Andere Systeme wie Mioty oder IO-Link Wireless benötigen eine eigene Infrastruktur und kommen ohne Datenabrechnungsmodelle aus.

Werden Geräte, sprich Sensoren, mobil eingesetzt oder ohne Anbindung an feste Infrastruktur nachgerüstet, spielt die Energieversorgung eine entscheidende Rolle. Hier gibt es die Möglichkeit, den Sensor mit einer Batterie auszustatten, die Energie über elektromagnetische Felder zuzuführen oder über Energy-Harvesting aus der Umgebung zu gewinnen. Letzteres wird meist in Gebäuden eingesetzt, bei mechanischen Schaltern, die die Bewegungsenergie durch die Betätigung in elektrische Energie umwandeln (Piezoelektrizität). Diese Energie reicht aus, um ein kurzes Telegramm zu senden. Weitere Möglichkeiten der autarken Energiegewinnung sind Wärmeunterschiede aus der Prozesswärme, Peltier-Elemente, kinetische Energie aus Vibration, Solar- oder Windenergie. Allerdings kann bei diesen Technologien meist nur eine zeitlich begrenzte Datenübertragung erfolgen, selbst wenn ein Akku die Energie zwischenspeichert.

Diese Einschränkung gilt auch bei Einsatz einer Batterie. Meist werden von Herstellern Batterielebensdauern von Monaten bis wenigen Jahren angegeben, abhängig von der Datenübertragungsrate und der Verbindungshäufigkeit. Diese Sensoren gehen während nicht genutzter Intervalle in den „Tiefschlaf“, um Energie zu sparen und können während dieser Zeit natürlich nicht von außen erreicht werden. Auch ist der Umweltaspekt beim Recyceln kritischer Batteriebestandteile nicht zu vernachlässigen.

Um mit einer Wireless-Technologie die Anlagen-Performance von fest verdrahteten Sensor-/Aktuator-Systemen zu erreichen, sind verschiedene Anforderungen zu realisieren. So wird z. B. eine Zykluszeit unterhalb von 10 ms für die Aktualisierung der E/A-Daten gefordert. Die Ansprüche an die Zuverlässigkeit sind mindestens ebenso hoch wie bei den kabelgebundenen Systemen, wenn nicht höher. Mehr als 30 Devices sollen über einen Funkkanal mit einem Master kommunizieren können. Für die Industrie muss eine Maschentopologie (Mesh) gefordert werden, die Skalierbarkeit, Redundanz und alternatives Routing sicherstellt.

Tabelle 7.1: Lokale Funk-Technologien im industriellen Einsatz (Auswahl)

	WiFi/ WLAN	Bluetooth	RFID	NFC	Zigbee	Enocean	Wireless-HART	IO-Link Induktiv-koppler	IO-Link Wireless
Datenmenge	Groß	mittel	Gering	gering	gering	gering	gering	Wie IO-Link	wie IO-Link
Geschwindigkeit	Mbit/s	Mbit/s	kBit/s	kBit/s	kBit/s	kBit/s	kBit/s	transparent	kBit/s
Entfernung (typ.)	100 m	10/50/ 100 m	1 cm/ 1 m/ 10 m	cm	10-75 m	30 m im Gebäude	bis 3 km	wenige mm	20 m
Teilnehmer	254 Theoretisch	2	2	2	65536 theoretisch	127	> 100	2	40 pro Master, 120 pro Funkzelle
Spezialität	kompatibel zu Ethernet-LAN	P2P-Verbindung, Audio-Übertragung	aktiver oder passiver Transponder	Transponder ohne Batterie	Erweiterung als Mesh-Netzwerk, stromsparend	Energy-Harvesting, Geräte ohne Stromversorgung	Erweiterung als Mesh-Netzwerk	Stromversorgung, limitierte Leistung	aus Softwaresicht kein Unterschied zu IO-Link
Applikationen (typ.)	Anbindung einzelner Geräte an Access Points	spontane Vernetzung	Identifikation von Werkstücken, beschreibbar	Micro-payment, Authentifizierung	Sensoren und Aktoren im Gebäude	Schalter-/Lampensteuerung, unidirektional, ohne Master	Sensoranbindung, Zykluszeit typ. 1 s bei 25 Geräten	Rundschalttische, Wechselwerkeuge	Montagezentren, Zykluszeit typ. 10 ms
Anmerkung	Technologie im Consumer-Bereich erprobt, nicht deterministisch		IoT, Consumer, Industrie	Technologie basierend auf RFID	SmartHome	Gebäude	Prozessindustrie	Fabrikautomation	

Betrachtet man die vorgenannten Aspekte Wirtschaftlichkeit, Umweltverträglichkeit, Lebensdauer, kleine Bauform und zyklischer Datenaustausch, so gab es bisher kein universell verwendbares System für die Automatisierungstechnik (**Tabelle 7.1**).

Als Frequenzband soll entweder Mobilfunk oder das lizenzfreie ISM (Industrial, Scientific und Medical)-Band genutzt werden, darunter in Europa das Frequenzband von 433,05 bis 434,79 MHz (ISM-Band Region 1) und von 863 bis 870 MHz (SRD-Band Europa). In Nordamerika ist das Frequenzband von 902 bis 928 MHz (ISM-Band Region 2) statt des europäischen SRD freigegeben. Weiterhin gehören das 13,56 MHz- und das 2,4 GHz-Band zu ISM. Die ISM-Bänder haben den großen Vorteil, dass sie sogar Gebäude durchdringen und damit auch Kellerräume erreichen können. Die Koexistenz mit anderen Systemen auf diesem Frequenzband ist Voraussetzung. Innerhalb eines RF (Radio Frequency)-Bereiches sollen bis zu drei Master mit insgesamt bis zu 120 Devices kommunizieren können.

Bisherige Wireless-Technologien erfüllen die Anforderungen bezüglich schneller (echtzeitfähiger), umfangreicher, ungestörter und abgesicherter Datenübertragung mit hohen Teilnehmerzahlen bisher also nur unzureichend. Daher war es fast zwangsläufig, die IO-Link Draht-Schnittstelle um eine drahtlose zu erweitern. Hierbei standen folgende Aspekte bei der Erstellung der IO-Link Wireless Spezifikation im Vordergrund:

7

- Kompatibilität mit Standard-IO-Link, gleicher Aufbau der Informationen,
- Einfache Integration in die Steuerung, Nutzung der bekannten IODD-Struktur,
- Ähnliches Echtzeitverhalten mit typischen Zykluszeiten kleiner 5 Millisekunden,
- Strikte Master-Slave-Kommunikation, wie bei Feldbussen und Industriesteuerungen üblich,
- Ersatz der klassischen IO-Link-Leitung, daher ähnliche Funk-Reichweite,
- Integration in kleine Sensoren, Aktuatoren und Geräte möglich,
- Weltweit einsetzbare Funkfrequenzen,
- Unempfindlichkeit gegen Störeinflüsse.

Da es sich auch bei IO-Link Wireless um eine zyklische Datenübertragung handelt, wird eine permanente Stromversorgung benötigt. Diese kann über klassische Anschlussklemmen, kapazitive Koppelung, Schleifringübertragung, Schleppketten o. ä. zugeführt werden.

Anmerkung: Einige Hersteller übertragen IO-Link Signale getunnelt über andere Drahtlos-Physiken. Dies wird manchmal mit „Wireless IO-Link“ benannt. Zu beachten ist, dass diese Drahtlosschnittstelle nicht interoperabel mit IO-Link Wireless™ ist. Letztere ist als Einzige von der IO-Link Community international standardisiert und geschützt.

7.1.1 Funknetzwerke im Einsatz

In einer immer komplexeren Welt versprechen Funk-Netzwerke eine drastische Vereinfachung der Informationsübertragung. Was im persönlichen Umfeld mit Smartphones gut funktioniert, stellt im industriellen Umfeld erhöhte Anforderungen an Störfestigkeit und Datenauthentizität. Mehrere parallel eingesetzte Netze dürfen sich nicht gegenseitig beeinflussen. In vielen Produktionsumgebungen wird daher stets eine Funknetzplanung durchgeführt, zusätzliche Drahtlos-Geräte, wie z. B. Smartphones dürfen dann in dieses statisch definierte System nicht mehr eingebracht werden. Ein weiterer zu überdenkender Faktor ist die Energieversorgung der Drahtlos-Teilnehmer.

Der ZVEI hat in einer Ausarbeitung bereits 2011 Systeme nach den Anwendungsfeldern unterschieden in anlagenübergreifende, anlagenweite und Sensor-/Aktor-Netzwerke

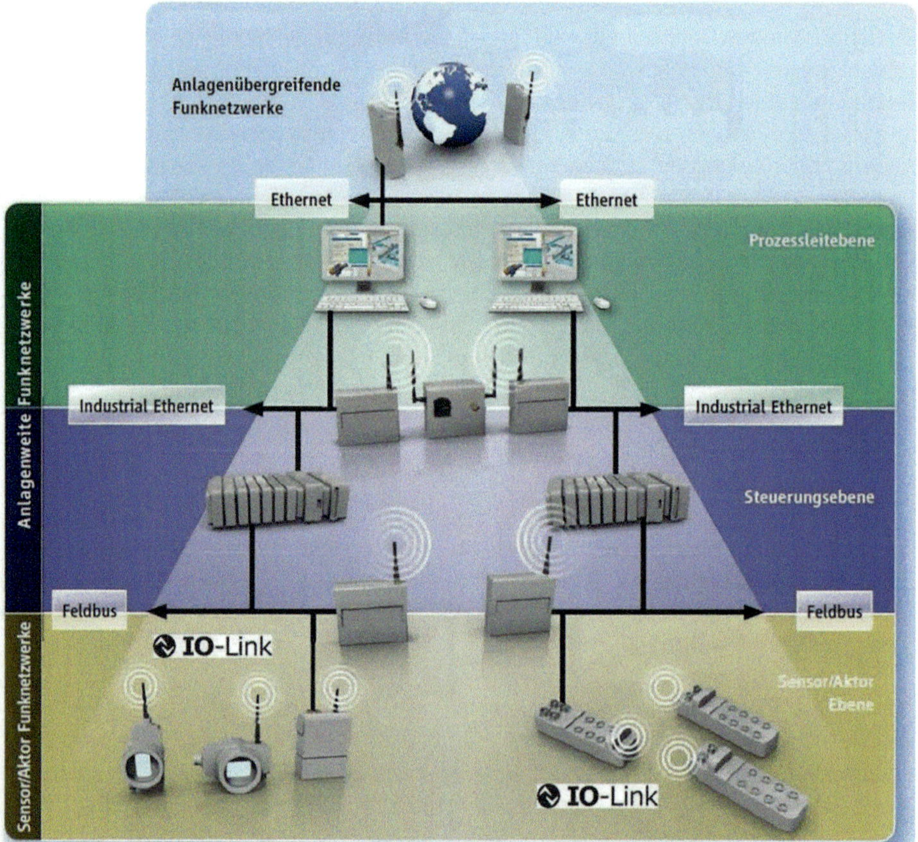

Bild 7.1: Anwendungsfelder von Funksystemen innerhalb der „Automatisierungspyramide“ (Quelle: [ZVEI 2011] mit eigenen IO-Link Ergänzungen)

[ZVEI 2011]. Diese unterscheiden sich fundamental in den erforderlichen Reichweiten, Datenmengen und Übertragungszeiten. Anhand der Analogie zur Automatisierungspyramide (**Bild 7.1**) wird der Einsatz von IO-Link Wireless sehr anschaulich.

Betrachten wir die Einsatzbereiche für Drahtlostechnologien im industriellen Umfeld, so sind folgende Anwendungsfälle für IO-Link Wireless festzuhalten:

- *Ersatz von Verkabelung/kontinuierliche Daten*

Die Feldbustechnologie hat bereits zu einer erheblichen Einsparung paralleler Sensor-/Aktuatorverkabelung geführt. Für die langen Strecken ersetzt eine Busverdrahtung mehrere hundert Einzelleitungen. Diese sind dann nur noch als kurze Verbindungen von den IP67-Modulen zu den Geräten erforderlich. Als folgerichtig nächsten Entwicklungsschritt kam der Wunsch auf, auch auf diesen letzten „Verkabelungsmeter" zu verzichten und eine Funkverbindung zum Sensor einzubauen. Bei der Auswahl der richtigen Funktechnologie ist hier zu berücksichtigen, dass die Prozesswerte, entsprechend der Dynamik der Maschine und der Zykluszeit der übergeordneten Steuerung, schnell, sicher und deterministisch übertragen werden müssen. Etwaige Störungen können zu einem sofortigen Abbruch der Maschinenfunktion führen.

- *Ersatz von Verkabelung/rotierende oder wechselnde Objekte*

7

Es gibt an vielen Maschinen Bauteile, die mit gewöhnlicher Verdrahtung nur schwer oder mit erheblichen Kosten erreichbar sind. Als Beispiele können hier angeführt werden: die Schleppkette mit wartungsintensiven Spezialleitungen, der Drehtisch mit teuren und verschleißbehafteten Schleifringen oder das Wechselwerkzeug, das automatisch von der Werkzeugmaschine getauscht wird und auf Korrektheit identifiziert werden soll. In allen diesen Fällen würde eine Funkstrecke die Kommunikation erleichtern, wobei die Frage „Wie bringe ich die Energie für die Geräte dorthin?" ebenfalls berücksichtigt werden muss.

- *Diagnoseschnittstelle für temporären Einsatz*

Moderne Smartphones oder Tablet-PCs werden auch bei der Anlagendiagnose immer beliebter. Da diese Geräte oft keine USB (Master)- oder andere bedrahtete Schnittstellen mehr haben, bietet sich hier eine Schnittstelle wie Bluetooth oder NFC an, um mit Messwerteaufnehmern zu kommunizieren und Daten über einen Zeitraum zu protokollieren, kurzzeitig Fehler zu finden oder Einstellungen zu optimieren. Ein Beispiel für diese Kategorie sind IO-Link-(Leitungs-)Sniffer, die in die Sensorleitung geschleift werden und die aufgenommenen Daten per Bluetooth an ein Mobilgerät übertragen.

Diese Geräte verbleiben sicherlich nicht permanent in der Anlage, sondern nur temporär zur Fehlereingrenzung. Damit der Installationsaufwand nicht bei jeder Diagnose getätigt werden muss, bei der ein potentielles „Sicherheitsleck" entsteht, ist für den Einsatz als Diagnoseschnittstelle wohl bereits ein Edge Computer besser geeignet.

IO-Link Wireless ist für die ersten beiden Use-Cases bestens geeignet, während der dritte eher nach einer Standard-Handy-Schnittstelle wie Bluetooth oder NFC ruft. Immer dann, wenn es gilt, relativ wenig Daten in kurzer Zeit und in einem begrenzten Radius sicher und konstant zu übertragen, spielt IO-Link Wireless seine Vorteile aus (vgl. auch die Gegenüberstellung in Tabelle 7.1).

Einer der wesentlichen Faktoren für den Erfolg von IO-Link ist die einfache Verdrahtung intelligenter, komplexer Sensoren und Aktuatoren mit Hilfe einer simplen, standardisierten, dreiadrigen Sensorleitung. Zukünftig kann sogar auf diese einfache Verdrahtung der Kommunikationsleitung im IO-Link System verzichtet werden, denn IO-Link wird jetzt Wireless.

7.1.2 Kurze Historie von IO-Link Wireless

Zunächst ist die Historie anderer Wireless-Lösungen für die Vereinfachung der Verkabelung vor dem Hintergrund der formulierten Anforderungen in der Automatisierungstechnik zu betrachten (vgl. dazu auch Tab. 7.1):

- WiFi HaLow, offener WiFi-Standard (1999, Wireless Ethernet Compatibility Alliance (WECA) bzw. ab 2002 WiFi Alliance, IEEE-802.11) ist im Konsumgüterbereich sicher die meist verwendete Lösung, benötigt aber, ein mit hohem Energieverbrauch zu betreibendes WLAN als Funknetzwerk und scheitert bei der Anforderung an Zuverlässigkeit und Determinismus durch den verwendeten „Listen before Talk"-Mechanismus. Außerdem ist die Sterntopologie im industriellen Umfeld ungeeignet, da sie keine Unterbrechungsfreiheit garantieren kann.
- Bluetooth (1990er Jahre, Bluetooth Special Interest Group (SIG)) ist ein Industriestandard für die Datenübertragung zwischen Geräten über kurze Distanz per Funktechnik (WPAN, Portable Wireless). Dabei sind verbindungslose und -behaftete Übertragungen von Punkt zu Punkt oder mit einem Ad-hoc-Netzwerk bei 2,4 GHz möglich. Um Robustheit gegenüber Störungen zu erreichen, wird meist ein Frequenzsprungverfahren (frequency hopping) eingesetzt, bei dem das Frequenzband in 79 Kanäle im 1-MHz-Abstand eingeteilt wird, die bis zu 1600 mal in der Sekunde gewechselt werden. Theoretisch kann eine Datenübertragungsrate von rund 2,1 Mbit/s bei gleichzeitig bis zu sieben Verbindungen mit von den Geräten geteilter Bandbreite erreicht werden. Allerdings können die meisten Geräte während der synchronen Übertragung lediglich drei Teilnehmer verwalten. Eine Verschlüsselung der übertragenen Daten ist zwar möglich, schränkt aber die Datenübertragung weiter ein. Mit Bluetooth können

also weder höhere Teilnehmerzahlen, noch Echtzeitanforderungen oder eine problemlose Koexistenz mit weiteren Technologien realisiert werden.

- Die Near Field Communication (NFC, nach ISO/IEC 14443 oder ISO/IEC 15693 bei 13,56 MHz, 2002 gemeinsam von NXP Semiconductors (vormals Philips) und Sony veröffentlicht) basiert auf RFID und ist ausgesprochen übertragungssicher mit geringster Fehlerrate für kurze Strecken von wenigen Zentimetern und einer Datenübertragungsrate von maximal 424 kBit/s. Bisher kommt diese Technik vor allem im Bereich kontaktloser Zahlungen mit Handy oder Kreditkarten oder für Ausweise zum Einsatz. Weitere Anwendungen sind beispielsweise die Übertragung von Bluetooth-Authentifizierungsdaten zum Aufbau einer Kommunikation, oder das Aufrufen von Weblinks, wenn im NFC-Chip eine URL im entsprechenden Format hinterlegt wurde. Ein weiterer Vorteil von RFID und NFC ist, dass die abzulesende Einheit, also z. B. ein Sensor, keine Energie zum Senden der Daten vorhalten muss, also passiv sein kann.
- ZigBee (2004, ZigBee-Allianz von 230 Unternehmen, IEEE-802.15.4) ist ein für drahtlose Netzwerke mit geringem Datenaufkommen spezifiziertes Kommunikationsprotokoll mit Schwerpunkt auf kurzreichweitigen Netzwerken bis zu 100 Metern (Portable Wireless). Eine gewisse Ausfallsicherheit und die Möglichkeit von Reichweiten von mehreren Kilometern wird durch die Kommunikation im Mesh-Netzwerk über alternative Pfade und Frequency Hopping sichergestellt. ZigBee verbraucht weniger Strom als WiFi, operiert aber ebenfalls im ISM-Band mit 2,4 GHz (16 Frequenzkanäle, 5 MHz-Bandbreite) und einer Übertragungsrate von 250 kbit/s und mit 868 (Europa) bzw. 916 (Amerika und Asien) MHz mit einer noch geringeren Übertragungs- und damit Aktualisierungsrate. Kollisionsvermeidung durch CSMA/CA, damit jedoch nicht echtzeitfähig.
- Enocean (2012 ISO/IEC 14543-3-10, erfunden 2001 von der EnOcean GmbH, Spin-off der Siemens AG, seit 2008 Enocean Alliance von mehr als 400 Unternehmen) bezeichnet einen vor allem in der Überwachung und Steuerung von Haus- und Gebäudetechnik genutzten herstellerübergreifenden, bidirektionalen Standard für batterielose Funksensorik und -aktorik auf Basis von 868,3 bzw. 928 MHz. Er unterscheidet sich von anderen in der Gebäudeautomation genutzten Funksensorik-Systemen wie z. B. Z-Wave vor allem durch einen sehr niedrigen Energieverbrauch. Die Funkreichweite liegt bei bis zu 300 m in freiem Gelände bzw. bis zu 30 m in Gebäuden und der Datendurchsatz beträgt 125 kbit/s. Mit der Amplitudenumtastung existiert kein Mechanismus zur Vermeidung von Kollisionen, da ja auch nur kleine Datenpakete gesendet und deren Empfang bestätigt werden sollen.
- Mioty, ein Standard des Fraunhofer-Instituts. Mioty (eigene Schreibweise MIOTY®) findet Anwendung im Bereich Industrie 4.0 und Smart City. Das vom Fraunhofer IIS entwickelte miniaturisierte IoT-Sensornetzwerk ist ein robustes Funksystem hinsichtlich Kosteneffizienz, Reichweite, Übertragungssicherheit und Batterielebensdauer. Der Lösungsansatz ist ein asymmetrisches Übertragungsverfahren mit vielen einfachen Sensorknoten und einem komplexen Empfänger als flexibel anpassbarer, stationärer oder mobiler Edge Computer mit digitalen Signalprozessoren. Die

robuste Datenübertragung mit geringer Eigenstörung und hoher Störresistenz von rund einer Million Sendern kann mit nur einem Empfänger sichergestellt werden. Durch die effiziente Kanalcodierung erhöht sich die Reichweite von Mioty gegenüber Standard-Funksystemen bei 868 MHz um bis zu Faktor 10 auf bis zu 15 km. Die Sender basieren auf kostengünstigen kommerziellen Funkchips von beispielsweise Texas Instruments und besitzen eine geringe Baugröße sowie lange Laufzeiten im Batteriebetrieb (bis zu 20 Jahre).
- Wireless Hart (basiert auf dem IEEE-802.15.4-Standard wie ZigBee) beschränkt sich auf die Kanäle 11-25 im 2,4 GHz-Band und erreicht eine ebenfalls geringe Aktualisierungsrate. Mit einigen 100 ms Zykluszeit ist dies nicht die geforderte Geschwindigkeit in der Fabrikautomation. Durch die Echtzeitfähigkeit (TDMA als Kollisionsverfahren) jedoch für die Prozessautomation geeignet.

IO-Link Wireless geht zurück auf das proprietäre WISA-Projekt von ABB mit den Entwicklungsanfängen in 1998. 2008 wurde es unter dem Namen WSAN ein öffentlicher Standard und kam 2012 unter das Dach von PI/IO-Link als IO-Link Wireless. Wie oben dargestellt, besteht gerade bei der Verkabelung der Sensorik und Aktuatorik ein immenses Einsparungspotenzial. Dass sich IO-Link, die Technologie, die schon seit Jahren par excellence die Reduzierung des Installationsaufwandes in der Feldgeräte-Verdrahtung adressiert, auch dem Thema Wireless widmet, ist daher ein logischer Schritt.

Seit 2016 wird innerhalb der IO-Link Community an der Erstellung einer Spezifikation für die IO-Link Wireless-Technologie gearbeitet. Im Arbeitskreis *Marketing* wurden die Anforderungsprofile und Use Cases hierzu ausformuliert und im korrespondierenden Arbeitskreis *Technik* hierauf basierend die technischen Anforderungen definiert und das Spezifikationsdokument erstellt. Seit 2018 ist die finale Spezifikation verfügbar und kann in marktfähige Geräte eingebaut werden.

7.1.3 Technologie-Anforderungen an IO-Link Wireless

Um die ambitionierten Anforderungen mit IO-Link Wireless[1] zu erfüllen, sind vom IO-Link Wireless-Arbeitskreis entsprechende Charakteristiken für die Technologie festgelegt worden. Eine der wichtigsten Festlegungen besteht darin, dass das Applikations-Interface für die zyklischen Daten (Prozess-Daten) und die azyklischen Daten (On Request-Daten) *kompatibel zu der existierenden IO-Link-Beschreibung* ist. Für den Anwender besteht kein Unterschied in der Verarbeitung von kabelgebundenen IO-Link-Informationen oder von IO-Link Wireless-Daten.

[1] Aus Gründen der besseren Lesbarkeit werden wir IO-Link Wireless im Folgenden oft mit IOLW und das drahtgebundene IO-Link mit IOL abkürzen

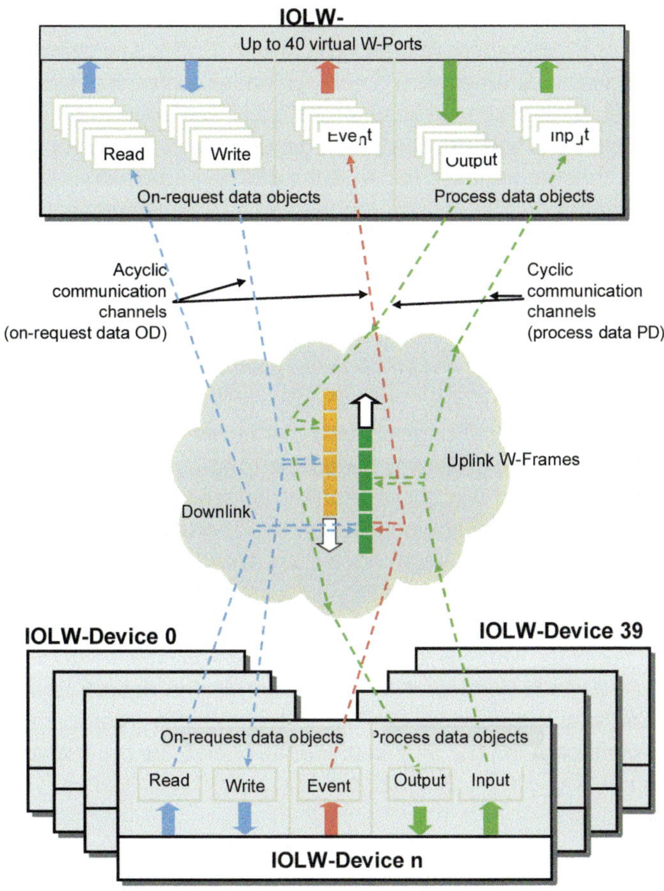

Bild 7.2: Systemübersicht IO-Link Wireless (Quelle: IO-Link Community)

Um die große Anzahl von IO-Link-Devices handzuhaben, wird ein IOLW-Master bis zu fünf Übertragungskanäle beinhalten, von denen jeder bis zu acht IO-Link-Devices unterstützt, also sind 40 Wireless-Devices pro IOLW-Master möglich (**Bild 7.2**). Drei IO-Link-Master können parallel in einer Funkzelle arbeiten. Somit wird eine maximale Anzahl von 120 IOLW-Devices in einer Zelle erreicht. Ein Pairing-Service weist die IO-Link-Devices den entsprechenden IO-Link-Mastern zu. Ein Scan-Service sorgt dafür, dass auch „un-gepairte“ IO-Link-Devices dem System hinzugefügt werden können („plug-and-play“). Für bewegte IO-Link-Devices wird es keine Limitierungen geben, mit welcher Geschwindigkeit sich diese innerhalb einer Zelle bewegen dürfen. Ein definierter Übergabe-Mechanismus sorgt für ein kontrolliertes Roaming von IO-Link-Devices zwischen verschiedenen IO-Link-Mastern.

IO-Link Wireless verwendet 2,4 GHz ISM-Band RF-Transceiver. Das 2,4 GHz-Band ist unterteilt in 80 Kanäle mit einem Abstand von jeweils 1 MHz. Die generelle Koexistenz mit anderen Wireless-Systemen wird durch den sogenannten Blacklisting-Mechanismus gewährleistet. Hierbei können bestimmte Kanäle, von denen man weiß, dass diese bereits umfangreich von anderen Systemen genutzt werden, von vorneherein ausgeblendet werden. Innerhalb dieses festen Rahmens kann das sogenannte Frequency Hopping angewendet werden. Hierdurch wird eine Bitfehler-Wahrscheinlichkeit von 10^{-9} erreicht, was ähnlichen kabelgebundenen Systemen entspricht. In Zukunft sollen auch Low-Power-Devices durch das System unterstützt werden und die Zykluszeit bei 5 ms liegen.

Um konform zu den gesetzlichen Vorgaben zu sein, ist die Übertragungsleistung auf 10 dBm (10 mW) EIRP (equivalent isotropically radiated power) limitiert. EIRP, also die äquivalente isotrope Strahlungsleistung gibt in der Antennentechnik die in eine Sendeantenne eingespeiste Leistung multipliziert mit deren Antennengewinn wider. Trotz der EIRP-Limitierung wird bei IO-Link Wireless eine Ausdehnung von 20 m innerhalb einer Master-Zelle mit einem Kommunikationskanal erreicht. Bei mehr als einem Kommunikationskanal können noch 10 m erreicht werden.

Die Spezifikationsarbeiten für IO-Link Wireless sind inzwischen abgeschlossen. Parallel wurden die notwendigen Test-Spezifikationen und Test-Szenarien für die ersten Anbieter definiert, die IO-Link Wireless-Komponenten für das neue System entwickeln. Diese Tests sind entscheidend für die bei IO-Link übliche Interoperabilität, sodass die einzelnen Komponenten der unterschiedlichen Hersteller problemlos miteinander kommunizieren.

Wir dürfen also gespannt sein auf die ersten realen Geräte mit IO-Link-Antennen anstelle einer Verbindungsleitung.

7.2 Praktische Unterschiede IO-Link Wireless vs. IO-Link

IO-Link hat sich als globaler Standard auf allen Kontinenten etabliert. Da es als Steuerungs- und Feldbus-unabhängige Kommunikations-Schnittstelle der Sensor-/Aktorebene konzipiert ist, stellt es keine Konkurrenz zu anderen Systemen dar.

Gleiches gilt für IO-Link Wireless. Da es dasselbe Ökosystem nutzt, also die gleichen Inbetriebnahmetools, IODD-Strukturen, Funktionsbausteine etc. merkt der Anwender auf Anhieb nicht, ob seine Daten von IO-Link oder IO-Link Wireless Geräten stammen. Diese Durchgängigkeit erleichtert den Einsatz und den etwaigen Wechsel zwischen beiden Technologien. Die Steuerungssoftware kann unverändert bleiben.

Trotzdem sind einige Unterschiede zu beachten, die in der Natur der Sache liegen und im folgenden Vergleich beider Technologien dargestellt werden sollen. Der wohl größte „mentale“ Unterschied für den Anwender ist, dass es keine physikalische Zuordnung des IO-Link Wireless-Devices zum Master in Form einer verbundenen Leitung gibt. Die Verbindung spielt sich drahtlos ab und ist somit bei der Fehlersuche und Inbetriebnahme etwas komplexer. Auch hat ein Master mehrere Drahtlosgeräte, mit denen er an einem Port sprechen kann. Es handelt sich hier genau genommen nicht mehr um eine reine Punkt-zu-Punkt-Verbindung, sondern um eine Punkt-zu-Multipunkt-Drahtlosanbindung. Und genau diese praktischen Unterschiede werden im Folgenden näher betrachtet.

7.2.1 Gerätescan

IOLW-Master können auf Anforderung die Umgebung scannen und feststellen, welche ungepairten IOLW-Devices vorhanden sind. Dies ermöglicht einen „Plug-and-play“-Modus, der allerdings mit Vorsicht benutzt werden sollte. Zunächst ist es nicht ersichtlich, welche Geräte sich tatsächlich gemeldet haben, speziell wenn es sich um baugleiche handelt. Darüberhinaus ist es nach dem Scan nicht ohne weiteres erkennbar, wo diese Geräte in der Maschine verbaut sind. Anders als bei drahtgebundenem IO-Link gibt es keine Möglichkeit, im Zweifel einem Kabel vom Sensor zum Master zu folgen, um den richtigen Port zu ermitteln. Auch das Ausschalten einzelner Devices gestaltet sich bei eventuellem Batteriebetrieb schwierig. Ein Ausweg wäre eine Funktion seitens der Hersteller, die eine Auswahl einzelner Geräte in der Konfigurationssoftware anbietet und diesen eine lokale Signalisierung, z. B. durch besonderes Blinken der LEDs, ermöglicht.

7.2.2 Das Pairing und Unpairing

Jedem IOLW-Master müssen drahtlose Devices zugeordnet werden. Das ist besonders wichtig, wenn mehrere Master in demselben „Einzugsbereich“ verwendet werden. Dieses Bekanntmachen der IOLW-Devices wird Pairing genannt. Es entspricht dem Anschluss eines Sensors an einen IO-Link-Masterport per Kabel. Viele Geräte haben einen Bedientaster, der die Pairing-Funktion einschaltet, ähnlich wie es bei WLAN oder anderen Drahtlossystemen erfolgt. Bei anderen Geräten wird das Pairing per Software oder anderen Bedienhandlungen enabled. Hierzu hilft ein Blick in die Bedienungsanleitung.

Natürlich muss es auch eine Unpairing-Funkion geben, um Devices wieder vom Master zu entfernen. Alle gepairten Geräte werden im Master in die Projektierungsliste eingetragen und können bei entsprechender Konfiguration bei Fehlen eine Fehlermeldung erzeugen.

Bei beweglichen Geräten, die in mehreren IOLW-Funkzellen, also mit unterschiedlichen Mastern, funken sollen, gibt es die Roaming-Funktion, die in Abschnitt 7.2.3 näher beschrieben wird.

Bei Aktivierung des Pairing-Buttons können Geräte bei Bedarf einfach und ohne weitere Tools getauscht werden.

7.2.3 Das Roaming

IO-Link Wireless bietet ein sogenanntes Roaming an. Dieses Verfahren kann, muss aber nicht konfiguriert werden. Kurz gesagt, bietet Roaming die Möglichkeit, dass Devices zwischen verschiedenen Mastern wandern und sich jeweils in das aktuelle Netzwerk einbuchen können. Natürlich ist hierbei sicherzustellen, dass sich die Roaming-Funkzellen nicht überlappen, um eine eindeutige Zuordnung zu den konfigurierten Mastern zu garantieren. Bei überlagerten Funkreichweiten stellen die beteiligten IOLW-Master über einen Handover-Mechanismus sicher, dass jeweils nur ein Master die aktive Kommunikation hat und mit dem Device gepairt ist.

Wenn ein Roaming konfiguriert ist, haben die beteiligten IOLW-Master logischerweise keine konstanten Teilnehmerlisten, sondern sind dynamisch. In diesem Falle müssen andere Mechanismen zur Erkennung fehlender IOLW-Devices im System greifen. Eine Möglichkeit wäre eine statische Gesamtliste aller bekannten und aktiven Teilnehmer im Host-System, also z. B. in der Steuerung (SPS).

7.2.4 40 Geräte pro Master/3 Master pro Funkzelle

An einem IOLW-Master können bis zu 40 IOLW-Geräte angeschlossen werden. Dies funktioniert auf der technischen Ebene über 5 Tracks mit jeweils 8 Slots. Die Belegung wird normalerweise automatisch vom Master geregelt. Es ist für Hersteller möglich, reduzierte Master mit weniger Kapazität anzubieten. Für mehr Drahtlosanschlüsse wird ein weiterer IOLW-Master benötigt. In ein und derselben Funkzelle können sich bis zu drei Master die verfügbare Bandbreite teilen, was in der Praxis bei bis zu 120 IOLW-Geräten in einer Funkzelle und einem möglichen Radius von 20 Metern fast immer ausreichend ist.

7.2.5 Übertragungs- und Bewegungsgeschwindigkeit

Die für manche Applikationen wichtige Bewegungsgeschwindigkeit von IO-Link-Geräten hängt natürlich von der Übertragungsrate der Daten ab. Bei IO-Link Wireless beträgt die Brutto-Datenrate 1 Mbit/s, was einer Netto-Zykluszeit von 5 ms entspricht. Nicht verstandene Telegramme werden vom Master automatisch wiederholt, so dass sich bei realen Anwendungen Zykluszeiten von 10 ms für 2 Byte zyklische Daten ergeben. Wie bei bedrahtetem IO-Link werden azyklische Daten sukzessive hinzugefügt und sind in dieser Kalkulation bereits berücksichtigt.

Die tatsächlich mögliche Bewegungsgeschwindigkeit der Objekte mit integrierten IOLW-Komponenten beträgt 4 Meter pro Sekunde bei linearen Bewegungen bzw. 2000 Umdrehungen pro Minute bei Rotationsbewegungen.

7.2.6 Übertragungssicherheit

Natürlich stellt sich bei kabellosen Datenübertragungen, insbesondere im industriellen Umfeld mit seinen natürlichen elektromagnetischen Störquellen, die Frage nach der Verfügbarkeit der Daten und der Übertragungssicherheit. IO-Link Wireless ist, im Gegensatz zu den klassischen Funksystemen aus dem Consumerbereich wie z. B. Bluetooth oder WLAN, von Beginn an für den industriellen Einsatz entwickelt worden. Die gesamte Entwicklung hat über 10 Jahre gedauert und ist von namhaften Konzernen getragen worden, daher ist IOLW ein sehr gut geprüftes und mit hoher Störsicherheit ausgestattetes System, das zudem komplett kompatibel zum bekannten IO-Link über Kabel ist. Wichtig ist natürlich auch die Kompatibilität mit anderen Geräten, wie z. B. Handys, die auf ähnlichen Frequenzbereichen arbeiten.

Als eine wichtige Kennziffer zur Übertragungssicherheit wird die Qualität der Datenübertragung in RFP (Remaining Failure Probability) angegeben, was bei 100 Prozent einer Fehlerrate von 10^{-9} entspricht, also einem möglichen Fehler auf 10^{9} Telegrammen.

7.3 Anwendervorteile: Ein einheitliches Ökosystem

Wie schon mehrfach gesagt: Eine der wichtigsten Anforderungen an IO-Link Wireless war und ist die vollständige Integration in das IO-Link-Ökosystem. Kurz gesagt: Der Anwender soll keinerlei Unterschiede bemerken, wo seine Daten herkommen, wie die Geräte angesprochen und Parameter gespeichert werden. Der Austausch einzelner Geräte soll ohne besondere Tools möglich sein und bestehende Softwaretools weiterverwendet werden können.

7.3.1 Einfacher Einstig in IO-Link Wireless mit Bridge

Um die Zeit bis zur Entwicklung vieler neuer IO-Link Wireless-Geräte zu überbrücken, haben es findige Entwickler geschafft, einen kleinen Zwischenstecker zu entwickeln, an den beliebige IO-Link-Port Class A-Geräte angeschlossen und die Kommunikation in IO-Link Wireless umgesetzt wird. Diese Konverterbox wird manchmal auch als IO-Link-Wireless-Bridge bezeichnet. Hierbei zeigt sich deutlich, wie einfach beide Technologien miteinander spielen.

Die IO-Link-Bridge wird einfach mit einer 24 V-Spannungsquelle versorgt und auf der anderen Seite erfolgt der Anschluss eines beliebigen IO-Link-Devices (Sensor, Aktuator oder Hybrid). Die Kommunikation findet dann drahtlos über das eingebaute Funkmodul mit dem IO-Link Wireless-Master statt (**Bild 7.3**).

Damit die Kommunikation vom Feldbus aus transparent funktioniert und sich das IO-Link-Device mit gleicher IODD über den Feldbus ansprechen lässt, findet in der Bridge ein lokales Mapping der IO-Link-Devicedaten statt. Dann wird die IODD in einen Wireless-Rahmen gepackt, der die Drahtlos-Kommunikationsparameter enthält.

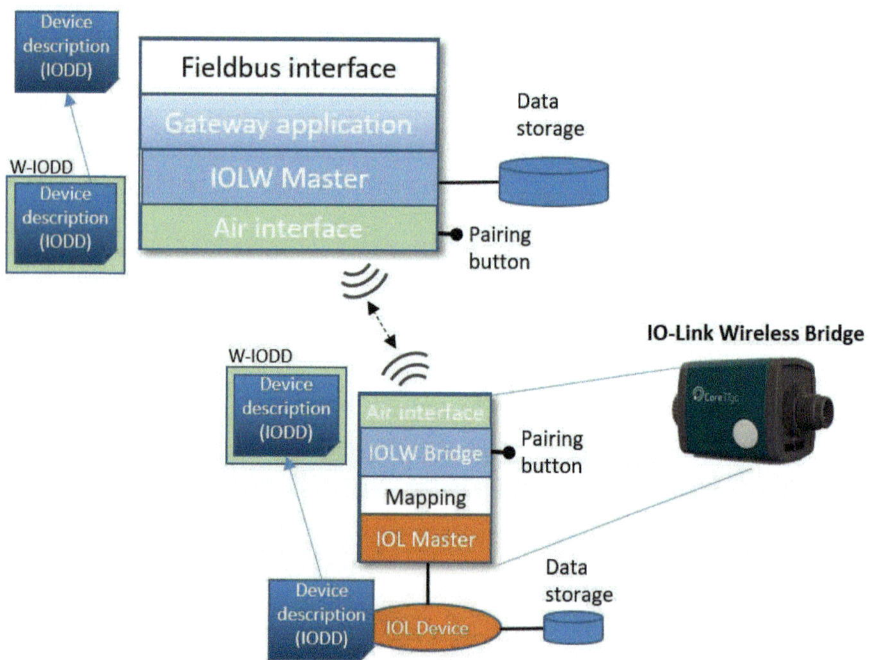

Bild 7.3 Prinzipschaltbild IO-Link Wireless-Bridge-Kommunikation (Quelle: IO-Link-Firmengemeinschaft, Fa. Coretigo)

Im Feldbus-Gateway erfolgt die Extrahierung in die Original-IODD. Damit sieht das Engineeringtool keinen Unterschied zwischen einem IO-Link Device, das klassisch per Draht angeschlossen ist, und dem an der Bridge betriebenen Gerät.

Somit lässt sich IO-Link Wireless sehr schnell und kostengünstig mit bestehenden Geräten verwenden.

7.3.2 Der IOLW-Master als Feldbusteilnehmer

Genau wie die Wireless-Bridge soll der Master die Daten der angeschlossenen IO-Link Wireless-Komponenten transparent in die Steuerung übertragen. Aus Sicht der Steuerung verhält sich der Master also ähnlich einem klassischen IO-Link-Master. Allerdings ist zu berücksichtigen, dass an einem IOLW-Master, je nach Ausbaustufe mehr oder weniger Geräte betrieben werden können.

Die Analogie zwischen beiden Masterbauformen wird in **Bild 7.4** deutlich. An die Stelle der verdrahteten Verbindungen treten drahtlose Verbindungen.

Ein IOLW-Master kann bis zu 40 Drahtlos-Verbindungen herstellen; es können also maximal 40 Teilnehmer an den virtuellen Ports angeschlossen werden. Da es auch Master mit weniger Ports gibt, hilft hier ein genauer Blick in das entsprechende Datenblatt. Wenn man weiter überlegt, dass ein IO-Link-Teilnehmer bis zu 32 Byte an zyklischen Daten übertragen kann, zusätzlich zu den azyklischen Diensten und

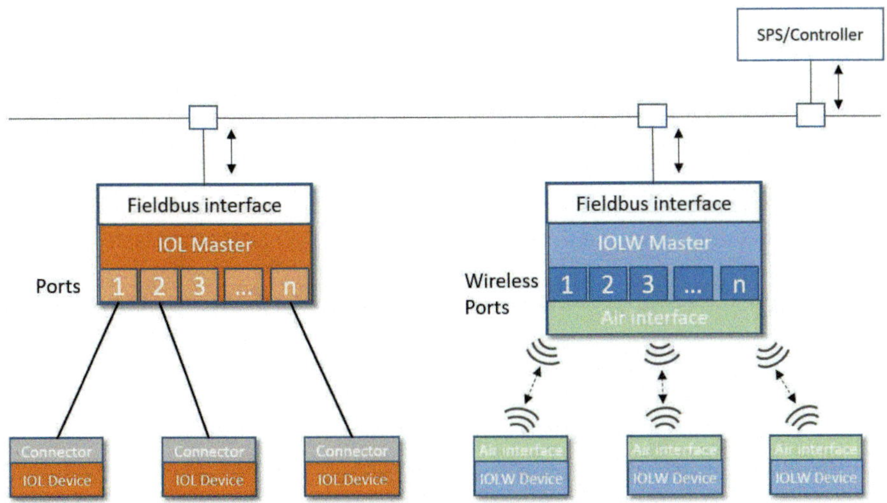

Bild 7.4 Analogie zwischen IOL- und IOLW-Master (Quelle: IO-Link Firmengemeinschaft)

Events, so kann der IOLW-Master hier im „worst case“ durch die Speichergröße des Feldbusknoten respektive des Peripheriespeicherbereiches der SPS limitiert werden. Dies ist bei der Planung der Applikation im Vorfeld zu berücksichtigen.

Tabelle 7.2 IO-Link Wireless in a Nutshell

Drahtlose Kommunikation, kompatibel zu Low Energy Devices	Bis zu 40 IOLW-Devices an einem IOLW-Master	Bis zu 3 Master in derselben Funkzelle,120 IOLW-Devices pro Funkzelle skalierbar
Batterieversorgung der Devices und Bridges möglich	Einfaches Pairing und Un-Pairing der Devices Roaming der Devices in unterschiedlichen Funkzellen	IOLW-Master für die meisten Feldbusse und Steuer-ungen, Echtzeitanwendun-gen, geringe Latenz, Robus-theit im industriellen Einsatz
20 Meter Radius um die Funkzelle (Antenne)	2 Byte...32 Byte zyklische Daten	Anschluss von Sensoren, Aktuatoren, hybriden Geräten und E/A-Modulen
2,4 GHz ISM-Band, Scan-Mode verfügbar	Zykluszeit typ. 5 ms bei 2 Bytes (Übertragungsrate 1 Mbit/s brutto)	Frequenzsprungverfahren für bessere Immunität gegen Störungen
Kommunikationsfeh-ler, Regelmäßige „I am alive“- Messages	Verifikation der Prozessda-ten (Validation)	Einheitliche Konfigurations-tools, wie bei IO-Link
IODD enthält die komplette Gerätefunktionalität, kompa-tibel zu IO-Link	Parameter, Events, Identifikation, Funkverbindungsqualität	Parameterspeicher (data storage) im Master und Device Einfacher Gerätetausch (backup and restore)
Weltweite Standardisierung IEC61139-9 in Ergänzung zu IO-Link	Ersatz der Sensor-/ Aktuatoranschlussleitung	Master mit IIoT-Software-In-terfaces möglich (OPC-UA, MQTT, Rest-API...)

7.3.3 Der IOLW-Master als Edge-Gateway

Ein Edge-Gateway steht thematisch am Rande der Automatisierungstechnik und verbindet die OT-Anlagenwelt mit der IT-Netzwerk- und Datenbanktechnik. Als sehr einfache Variante ist auch ein IO-Link-Master vorstellbar.

Genau wie in drahtgebundene IO-Link-Master kann in IO-Link Wireless-Master ein Y-Weg eingebaut werden, der die Prozess- und Diagnosedaten auf getrennte Wege verteilt. Hierzu gilt das bereits in Kapitel 6.5 Geschriebene. Besonders interessant wären dabei IOLW-Master, die sowohl auf der Sensor- wie auch auf der IoT-Seite Drahtlosschnittstellen besitzen.

7.4 IO-Link Wireless in a Nutshell

Die IO-Link Wireless Technologie fügt sich sehr elegant in das Gesamtsystem IO-Link ein. Ausführliche technische Informationen hierzu gibt es dazu in Band 2 dieses Buches.

Eine einfache Zusammenfassung der Eckdaten steht in **Tabelle 7.2**.

7.5 IO-Link Wireless Applikationen

Mit IO-Link Wireless können zusätzlich Applikationen gelöst werden, bei denen es schwierig ist, Sensoren und andere Devices über Kabel an den Master anzuschließen. Im Folgenden werden einige reale Beispiele aufgelistet.

7.5.1 Wechselwerkzeuge

Im Werkzeugmaschinenbau, bei Sondermaschinen, Robotik und Handlingsautomation werden Werkzeuge automatisch durch Greifvorrichtungen der Maschine getauscht, je nach Aufgabe. So werden Bohr- gegen Fräsvorrichtungen, unterschiedliche Spannvorrichtungen oder Teileaufnahmen vollautomatisch gewechselt. Je komplexer die Werkzeuge sind, desto mehr Sensorik und teilweise Pneumatik befindet sich auf dem Werkzeug. Dieses muss bei jedem Tausch mit der Maschinensteuerung neu verbunden werden. Hierzu sind Energieversorgungs- und Signalanschlüsse zu kontaktieren. Diese Kontakte sind teuer und wartungsanfällig; deshalb versuchen Maschinenbauer diese auf ein Minimum zu beschränken.

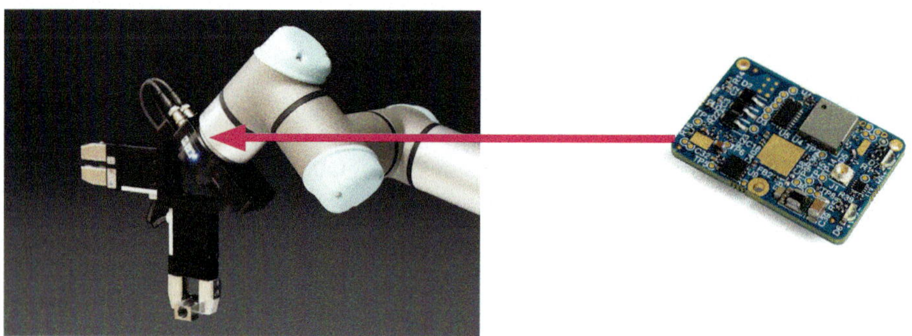

Bild 7.5: IO-Link Wireless im Roboter integriert (Quelle: Universal Robots/ Fa. Coretigo)

Der Ausweg heißt: Zwei Kontakte für die 24 V-Stromversorgung und alle binären und analogen Signale werden drahtlos über IO-Link Wireless übertragen. Somit reduziert sich der Aufwand für Hardware und Reparaturkosten enorm.

7.5.2 Montagestationen und Drehtische

Bei vielen Montagestationen und vor allem Rundschalttischen befinden sich Klemmwerkzeuge und Sensorik auf drehbaren oder beweglichen Einrichtungen. Zur elektrischen und pneumatischen Versorgung sind Schleifkontakte und Spezialverteiler vorhanden. Die elektrische Signalübertragung kann auch hier elegant mittels IO-Link Wireless erfolgen; lediglich zwei Schleifringe übernehmen die Energieversorgung, alle anderen Steuerungssignale werden von den Wireless-Devices drahtlos an die Steuerung übertragen. Der IOLW-Master kann optimal in einiger Höhe über dem Tisch angebracht werden und spart so ebenfalls Masse auf dem Drehteller ein.

7.5.3 Roboterarme und -greifer

Sowohl bei klassischen Montagerobotern wie auch bei modernen, kollaborativen Cobots wird großer Wert auf die Reduktion des Zusatzgewichts von Sensorik und Aktorik gelegt. Gewichtseinsparung erlaubt eine höhere Geschwindigkeit, mehr Dynamik und Energieeinsparung. Im Bereich der Sensorik hat man kleinere Bauformen eingesetzt oder Elementarsensoren direkt in die Gelenke und Greifer eingebaut. Wie bringt man nun aber die Vielzahl an Drehgebern, Positions- und Endschaltern effizient zur Robotersteuerung?

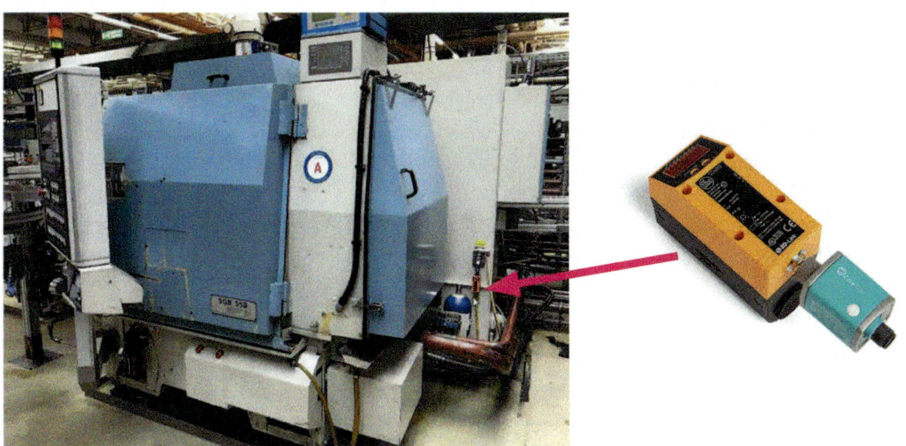

Bild 7.6: IO-Link Druckluftzähler mit IOLW-Bridge (Quelle: SKF/Coretigo)

Hier gibt es erste Hersteller, die nur noch die Energie per Kupferleitung verteilen und alle Positioniersignale per IO-Link Wireless übertragen. Ein Beispiel für die komplette Integration zeigt Universal Robots an seinem Roboter (**Bild 7.5**).

7.5.4 Dezentrale Energiemessung in einer Produktion

Die teuerste Energie in vielen Produktionsanlagen ist die Druckluftversorgung für die Pneumatik. Diese muss im zentralen Kompressor erzeugt, verteilt und permanent vorgehalten werden, unabhängig vom Auslastungsgrad der verteilten Maschinen. Nicht erkannte Lecks tun ein übriges für unnötig verschwendete Energie.

Aus diesem Grund hat der Lagerhersteller SKF in seinem französischen Werk alle Maschinen mit elektronischen Durchflusszählern mit IO-Link ausgestattet. Über IOLW-Bridges wurden diese Messaufnehmer drahtlos mit dem Rechner verbunden, ohne die SPS zu belasten. Durch diese vollkommene Transparenz der Maschinen wird eine erhebliche Einsparung elektrischer Energie und eine Optimierung der Wartungszyklen erwartet. Das Beispiel des Druckluftzählers an einer Maschine zeigt **Bild 7.6**.

7.5.5 Intelligente Fördertechnik und Smart Shuttles

Moderne Fördertechnik und Logistik arbeitet nicht mehr nur seriell mit statischen Förderelementen, sondern verwendet smarte Shuttles, die autark in gewissen Bereichen aktiv sind und autonom Ein- und Auslagerungsprozesse oder Produktionsanlagen bedienen. Auf diesen Shuttles befindet sich Sensorik und Aktuatorik zur Bewegungssteuerung, Produktaufnahme etc. Sind diese mobil eingesetzten Devices mit IO-Link Wireless ausgestattet, so können sie durch mehrere Funkzellen fahren, sich am Ziel mit der aktuellen Funkzelle verbinden (IOLW-Roaming) und die aktuellen Informationen an das MES-System schicken, z. B. „Auftrag ausgeführt, Zielposition erreicht“. Durch diese Echtzeitüberwachung erhöht sich der Materialdurchsatz erheblich. Auch können die Shuttles permanent auf Funktion geprüft werden, was eine gezielte Wartung und höhere Verfügbarkeit der Gesamtanlage sicherstellt.

7.5.6 Rotierende Objekte, Wälzlager, Spannvorrichtungen

Bei schnell rotierenden Objekten ist es extrem schwierig, Sensoren zu montieren und sie im laufenden Betrieb abzufragen. Hierfür bietet IOLW eine optimale Lösung, weil es für Geräte mit über 2000 Umdrehungen pro Minute und einer Zykluszeit von 5 bis 10 Millisekunden arbeiten kann. Auch die Versorgung der Elektronik über Batterien ist möglich. Anwendungsbeispiele sind Spannvorrichtungen oder Wälzlager. Bei ersteren kann die optimale Anpresskraft, angepasst an das jeweilige Werkstück, kontinuierlich überwacht werden. Dies sorgt für eine schnellere Werkzeugkalibrierung und eine gleichbleibende Produktionsqualität. Die Information kann auch für vorausschauende Wartung verwendet werden.

7.5.7 Linearroboter

Linearroboter mit mehreren linearen Achsen werden vielfältig in der Fertigungsautomatisierung, beim Sondermaschinen- und Automobilbau eingesetzt. Sie sind oft mit pneumatischen Saugvorrichtungen zur Aufnahme vielfältiger Objekte ausgestattet. Zusätzlich gibt es auf der Aufnahmevorrichtung elektrische Verkabelung zur Erfassung der Positionen, Vakuumüberwachung etc. Durch den Einsatz von IO-Link Wireless können hier eine Vielzahl an Leitungen eingespart werden, die Verschleiß unterliegen und regelmäßig getauscht werden müssen. IOLW erhöht also die Verfügbarkeit der Roboter und reduziert Reparaturkosten.

7.5.8 IIoT – vom drahtlosen Sensor in die Cloud

Das Thema des Sammelns von Informationen industrieller Sensoren und anderer Devices und der Verbringung dieser Informationen hin zu IT-Datenbanken zieht sich wie ein roter Faden durch dieses Buch. Und natürlich ist es auch möglich die Informationen von IO-Link Wireless Geräten drahtlos einzusammeln und dann drahtlos

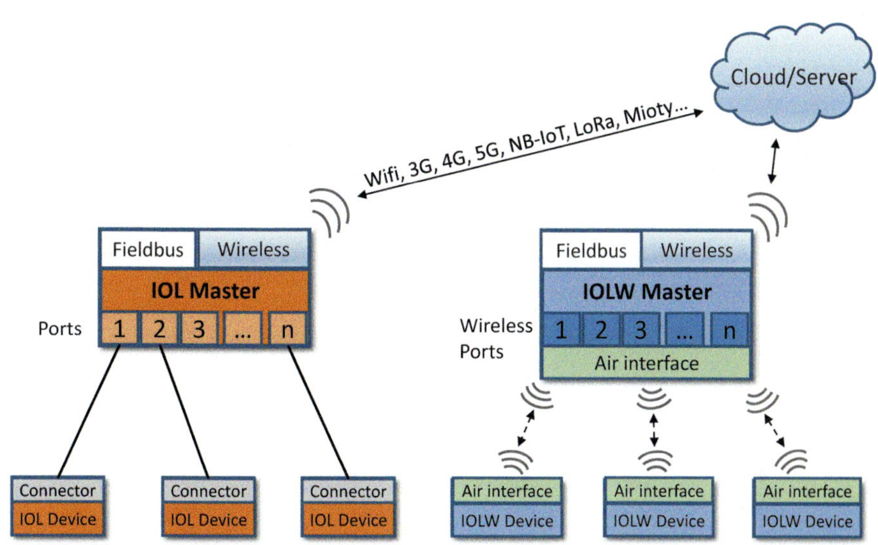

Bild 7.7 Drahtlose Datenübertragung in die Cloud

7

oder drahtgebunden weiterzureichen. Hierzu benötigt man, wie bereits dargestellt, lediglich IOLW-Master als Edge-Gateway, also mit einem integrierten Y-Weg zur Anbindung an Steuerung und IoT oder einen Master nur mit einem IoT-Anschluss. Dieser IoT-Anschluss kann sowohl kabelgebunden, als auch über mobile Netze an die IT oder die Cloud senden. Je nach Anwendungsfall sollte die praktikabelste Lösung gewählt werden. Bei drahtlosen IoT-Lösungen, wie z. B. 5G, entfällt die direkte Einbindung in das lokale Intranet, was den schnellen Einsatz und die Akzeptanz von IO-Link erreichen kann.

Beispiele für eine sinnvolle Applikation solcher IOLW-Master als Edge-Gateways sind durchaus gegeben. IO-Link-fähige Druck- und Temperatursensoren, die sensible Medien in Tanks überwachen, oder Vibrationssensoren zur Überwachung von Pumpen oder kritischen Lüftern könnten z. B. wireless auf einen IOLW-Master als Edge Gateway übertragen. All diese Signale gehen dann ebenso wireless oder auch kabelgebunden in die Cloud oder auf einen lokalen Server, um daraus vorausschauende Wartungsinformationen zu generieren und rechtzeitig Alarme auszulösen. Dank der Drahtlostechnologie auf der IoT-Schnittstelle können auch abseitsstehende Aggregate ohne Anbindung an klassische IT-Netzwerke in die werksweite Informationsgenerierung eingebunden werden.

Diese Anwendung wird im rechten Teil im **Bild 7.7** veranschaulicht.

8 IO-Link Safety: Sicher bis zum letzten Meter

In der deutschen Sprache gibt es die Unterscheidung zwischen Safety und Security nicht explizit wie im Englischen: Beide Begriffe werden im Deutschen mit „Sicherheit" übersetzt. Wegen der fehlenden Differenzierung wird deshalb häufig auf die angelsächsischen Begriffe zurückgegriffen. Safety und Security sind für Automatisierungs- und IT-Welt völlig getrennte Themen, die allerdings im Zuge von Industrie 4.0-Applikationen mit Anbindung an IT-Systeme beide relevant und damit abgestimmt werden müssen.

Bei **„Cyber Security"** handelt es sich um den Schutz der Anlage von außen, wie z. B. durch Hackerangriffe. Bei Cyber Security steht der Schutz der Maschine vor dem Menschen im Fokus. Hier greift die Normensammlung ISO/IEC 27000 (Information Security Management System) etwas zu kurz, da sie für reine Office-IT-Netzwerke ausgelegt ist. Die Verhältnisse in Automatisierungsnetzwerken sind grundsätzlich verschieden. Die IEC62443 beschreibt, wie Automatisierungstechnik zur IT-Security beitragen kann, wenn eine IT-Verbindung nach außen besteht. Dieser Punkt wird im Folgekapitel 9 weiter thematisiert.

Der Begriff Safety oder **„Funktionale Sicherheit"** spielt hauptsächlich in der Automatisierungstechnik eine Rolle bei der Risikobetrachtung komplexer Anlagen und Prozesse. Hier steht der Schutz des Menschen vor der Maschine im Vordergrund. Federführend ist hierbei die horizontale Norm DIN EN IEC 61508, die über viele Lebensbereiche hinweg die grundlegenden Mechanismen zur Risikobewertung festschreibt. Darunter finden sich detailliertere, maschinenbezogene Hinweise in den Normen DIN EN IEC 62061 und DIN EN ISO 13849[1)].

Bei **„IO-Link Safety"** geht es um den Bereich funktionale Sicherheit zum Schutz der Personen durch die Maschine bzw. durch die Automatisierungstechnik. Hierzu werden zunächst die Strukturen einer sicheren Kommunikation innerhalb der Steuerungspyramide betrachtet und danach die praktischen Beispiele des Einsatzes von IO-Link Safety Technologien in unterschiedlichen Produkten.

---

1) Vgl. VDE/DKE Informationen auf https://www.dke.de/de/arbeitsfelder/core-safety/funktionale-sicherheit, abgerufen am 22. 05. 2020

Hinweis:
Es geht in diesem Kapitel lediglich darum ein Grundverständnis von Funktionaler Sicherheit, insbesondere bei der Auswahl von sicheren IO-Link Komponenten, zu vermitteln. Es ersetzt natürlich in keiner Weise die Pflichten zur Beachtung der Maschinenrichtlinie und der Risikobetrachtung nach oben genannten und eventuell zusätzlich relevanten Normen, Gesetzen und Vorschriften.

8.1 Funktionale Sicherheit: Menschen vor Maschinen schützen

Kommen wir nun zum eigentlichen Thema „Funktionale Sicherheit der Maschine". Hierfür gilt laut VDE folgende Grundannahme: „Funktionale Sicherheit ist Teil der Gesamtsicherheit eines Geräts, einer Anlage, eines Zugs, Autos oder eines anderen komplexen automatisierten Systems. Funktionale Sicherheit zielt immer darauf ab, Menschen oder die Umwelt vor Fehlfunktionen zum Beispiel von Automatisierungssystemen zu schützen.[2]

Moderne Safety-Konzepte in der Automatisierungstechnik basieren auf Hardware- und Embedded-Softwaresicherheit, die sicherstellt, dass im Notfall alles funktioniert. Im Vordergrund steht diversitäre Redundanz, also Zweigleisigkeit „mit unterschiedlichen Gleisen", um eine erhöhte Verfügbarkeit zu erreichen. Die unterschiedlichen Gleise sollen sicherstellen, dass wenn z. B. der elektronische Weg einen Programmierfehler enthält, der mechanische Weg noch immer die Funktionsfähigkeit des Personenschutzes sicherstellt. Je nach anzuwendender Safety-Kategorie erhöht sich der elektronische Aufwand.

Das klassische Beispiel für Funktionale Sicherheit ist der Notaus-Schalter. Dieser farblich einfach zu identifizierende Schalter mit rotem Schaltbetätiger im gelben Gehäuse schaltet im einfachsten Falle die Energie ab und lässt die Maschine zum Stillstand kommen. Um einen Kabelbruch zu erkennen, wird das Ruhestromprinzip verwendet, dass, bei einem Kabelbruch, die Maschine in den sicheren Zustand bringt. Eine weitere Fehlermöglichkeit bestand im Verschweißen (= Dauerkontakt) des Schaltelementes, was den Notaus-Schalter außer Funktion setzte. Also setzte man ein zweites, unabhängiges Schaltelement ein, Stichwort Redundanz, also zwei Bauteile dienen derselben Sicherheitsfunktion. Um das ungewollte Wiedereinschalten der Maschine zu verhindern, ergänzte man die Konfiguration um ein Sicherheitsschaltrelais, das zusätzlich die Schaltfunktion der Abschaltrelais überprüfte. Auch hier spielte Redundanz der Sicherheitsrelais eine wichtige Designrolle. Weitere praktische Einsatzfälle von Sicherheitsschaltrelais sind Schalter zur Schutztürüberwachung,

---

[2] https://www.vde.com/topics-de/funktionale-sicherheit, abgerufen am 24. 05. 2020

Sicherheitslichtgitter, Schaltmatten, Zweihandbedienung z. B. bei Pressen oder zeitverzögerte Abschaltvorgänge.

In der Norm EN 60204-1 sind verschiedene Stoppkategorien 0, 1 und 2 definiert: Energie sofort trennen, Stillsetzen nach Zeit für gezieltes Herunterfahren und sicherer Zustand mit Erhalt der Energie. Moderne Sicherheitsschaltgeräte sind zudem programmierbar und erfordern daher natürlich Kommunikationsschnittstellen.

Man erkennt an diesen kurzen Beispielen anschaulich, dass die sicheren Abschaltfunktionen bei komplexen Anlagen ebenfalls an Komplexität zunehmen. Ein weiterer Anwendungsfall sind die Bildung von Abschaltgruppen und Diagnoseinformationen. Beides würde sehr aufwendig verdrahtet werden müssen. Bei Verwendung von elektronischen Signalgebern, wozu auch mechanische Schalter mit elektronischer Anschaltung zählen, stellt sich dann natürlich die Frage: Wie bekomme ich die Signale sicherheitsgerichtet und mit vertretbarem Aufwand in die Steuerung? Daher haben sich für diese Applikationen sichere Feldbussysteme und sicherheitsgerichtete Steuerungen etabliert. Für die sichere Datenübertragung im Sinne von Safety haben alle führenden Feldbusse sichere Protokolle definiert, die allein oder auch in Kombination mit „unsicheren" Signalen übertragen werden können.

8.1.1 Sichere Industrieprotokolle

Vor dem Einsatz sicherer Feldbusprotokolle waren die sicherheitsgerichteten Geräte komplett losgelöst von der Steuerung. Letztere bekam lediglich Statusinformationen über Hilfskontakte der Sicherheitsschaltrelais. Um beide Welten in einer zweiten Stufe besser miteinander zu verbinden, entwickelten alle Feldbuskonsortien sichere Protokolle auf Basis der „normalen" Protokolle und kompatibel zu diesen (**Tabelle 8.1**). Sichere Protokolle, wie z. B. das CIP safe Protokoll können auf unterschiedlichen Physiken oder Feldbussen implementiert werden.

Tabelle 8.1 Sichere Feldbusprotokolle (Auswahl)

Feldbus	Sicheres Protokoll	Bemerkung
AS-interface	AS-i Safety-at-work	Kann auch ohne Safety-SPS verwendet werden
Profinet	Profisafe	Erfordert sichere Steuerung
Ethernet/IP, Controlnet, Devicenet	CIP Safe (Common Industrial Protocol Safe)	Offenes Safety-Protokoll
Ethercat	FSoE (Fail-Safe over Ethercat)	
CC-Link IE, CC-Link	CC-Link IE Safety, CC-Link Safety	

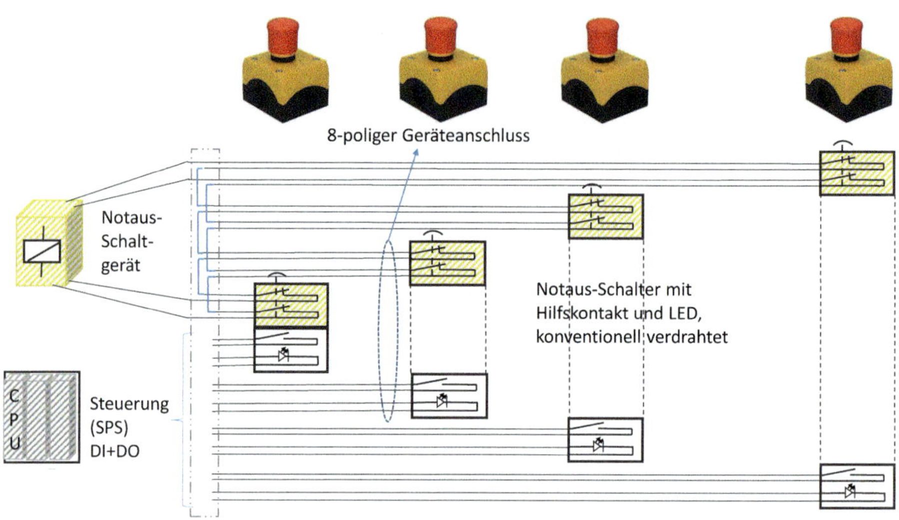

Bild 8.1: Klassische Verdrahtung von Notausgeräten mit Rückmeldung und LED

Als eines der ersten praxistauglichen Feldbussysteme zeigte das AS-interface eine einfache sichere Verdrahtung über das 2-adrige Flachkabel. Für einen kompletten Systemaufbau benötigt es einen (Standard-)Busmaster, einen Safety-Monitor, der die Funktion des Sicherheitsrelais übernimmt, und sichere Slaves. Letztere gibt es als Integration in Not-Aus-Geräte, Türschalter mit Zuhaltung oder sicherheitsgerichtete induktive oder optische Sensoren. Der AS-i-Bus wird mit einer normalen SPS verbunden und überträgt somit sichere Signale zwischen den Teilnehmern und nicht-sichere Statusinformationen an die SPS. Da er bidirektional arbeitet, können auch sichere Aktuatoren ausgelöst werden. Am Beispiel der konventionellen Verdrahtung (**Bild 8.1**) von Notaus-Schaltern mit Status-LEDs und Rückmeldung des Auslöseortes an die SPS veranschaulicht **Bild 8.2** den Effizienzgewinn mittels sicherheitsgerichteter Feldbusse.

Die dritte Stufe der Evolution bildet die Integration sicherer und nicht sicherer Geräte in ein gemeinsames Ökosystem. Beispielhaft wird in **Bild 8.3** eine Anlagenkonfiguration mit PROFINET und der Integration des sicheren Profisafe-Protokolls dargestellt. Alle gelb markierten Bauteile enthalten sichere Funktionen. Bei dieser Entwicklungsstufe werden benötigt:

- Sichere Steuerung (FS-PLC) mit sicherer Programmierumgebung
- Sichere Ein-/Ausgangsmodule (Profisafe), z. B. für Notaus-Geräte, sichere Lichtgitter etc.
- Geräte mit integrierter Sicherheitsfunktion, z. B. Motorstarter, Umrichter (Profisafe)
- Alle klassischen Geräte ohne Safety, die in der Anlage benötigt werden, z. B. Sensorik, Ventile, Greifer, digitale und analoge Ein-/ Ausgabemodule

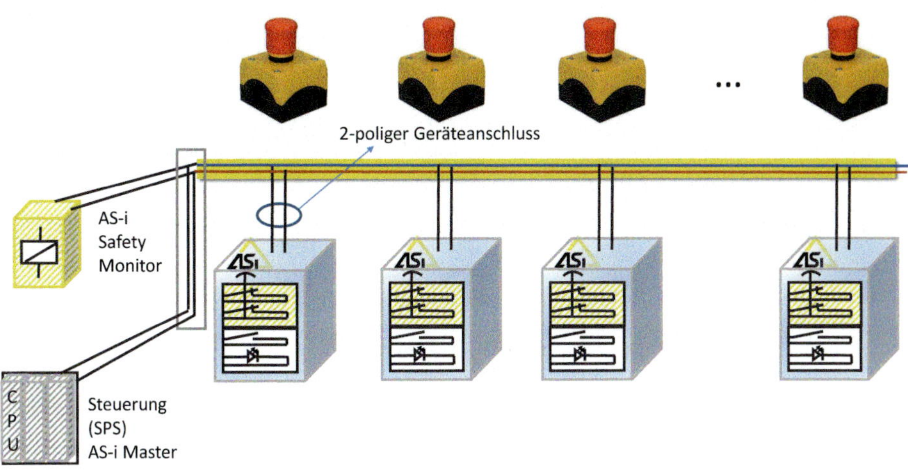

Bild 8.2: Verdrahtungseinsparung von Notaus-Geräten mit AS-interface

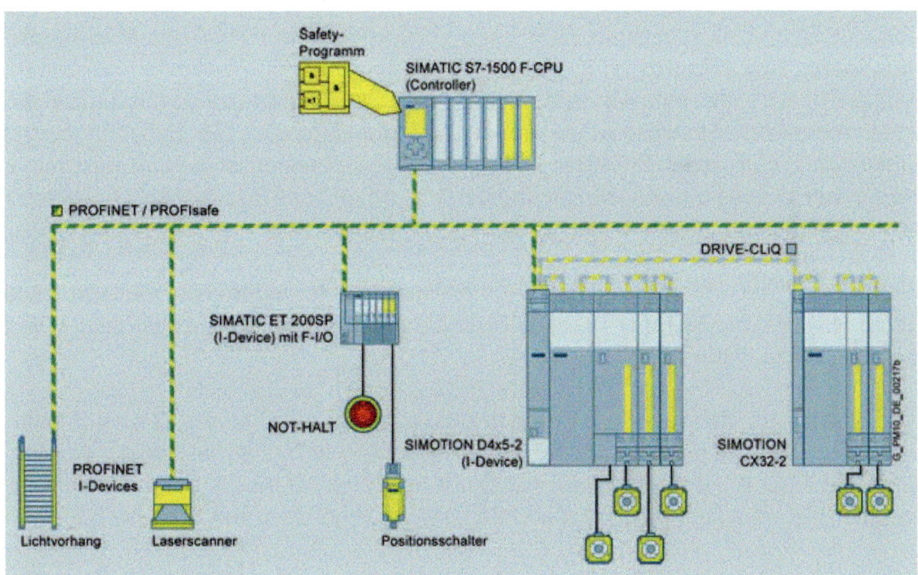

Bild 8.3: Profinet/Profisafe-Konfiguration mit sicherer Steuerung, sicheren Eingängen und Antriebssteuerungen (Quelle: Siemens)

Ob es hierbei sinnvoll und wirtschaftlich ist, eine sichere Feldbusschnittstelle in einfache Geräte wie einen Notaus- oder Tür-Schalter zu integrieren, wird der Markt entscheiden. Momentan sieht man Profisafe-Anschaltungen eher bei höherwertigen

Komponenten im mittleren bis hochpreisigen Segment. Auch für die entsprechenden numerischen Steuerungen im Werkzeugmaschinenbereich gibt es Profisafe-Integration.

Vorteile der kompletten Integration sind die komplette Maschinen- und Anlagensteuerung an einer Stelle, inklusive des Sicherheitskonzeptes. Dies erfordert etwas mehr Erfahrung und Schulung bei den Programmierern und später beim Wartungsteam. Auf der anderen Seite ist die Diagnose über alle Ebenen hinweg in Richtung IoT ebenfalls einfacher, da an einer Stelle konzentriert.

8.1.2 Warum sichere Sensoren mit IO-Link?

Wie oben beschrieben, kann man einfache Sensoren, wie Notaus-Taster oder Tür-Schalter mit redundanten mechanischen Kontakten sicher an entsprechende Eingangsmodule anschließen. Möchte man aber smarte, kommunikative und sicherheitsrelevante Sensoren am Feldbus betreiben, gibt es außer der AS-interface-Lösung aus Bild 8.2 nur wenige wirtschaftlich sinnvolle Alternativen.

Mit IO-Link Safety erfüllt auch IO-Link die Fail-Safe(FS)-Anforderungen. Wie bereits bekannt, ist IO-Link kein Bussystem, sondern eine preiswerte Punkt-zu-Punkt-Kommunikation. Des Weiteren ist IO-Link nicht an ein (sicheres) Bussystem gekoppelt, sondern in der Lage, mit allen sicherheitsgerichteten Busprotokollen aus Tabelle 8.1 zusammenzuarbeiten. Dies ist ein großer Vorteil für Hersteller, Maschinenbauer und Integratoren. Egal, welches Steuerungssystem ausgeschrieben ist, IO-Link wird immer dazu passen, da es busunabhängig arbeitet. Wie schon beim klassischen IO-Link lässt sich sagen: IO-Link passt immer, auch bei FS-Geräten.

Ein anderer Weg wäre gewesen, Sicherheitssensoren für jedes Sicherheitsprotokoll neu zu entwickeln, was aber zu unnötigen Kosten bei Entwicklung, Lagerhaltung und Service geführt hätte.

Also lag es nahe, die universelle und global akzeptierte und genormte IO-Link-Schnittstelle um ein sicheres Protokoll zu erweitern. Und analog zu IO-Link bestand der Wunsch, an diesen IO-Link Safety-Port auch klassische Sensoren mit mechanischen oder elektronischen Schaltausgängen anzuschließen. Die Analogie dazu zeigt **Tabelle 8.2**.

OSSDs (output signal switching devices) sind redundant ausgeführte elektronische Schaltausgänge an sicherheitsgerichteten Einrichtungen, die allerdings keinerlei Parametrierfunktion anbieten. Da Geräte mit gleichschaltenden OSSD-Ausgängen weit verbreitet sind, werden sie auch an IO-Link Safety-Masterports unterstützt. Allerdings gibt es hier unterschiedliche Ausprägungen von OSSDs; daher sollte die Kompatibilität vorher überprüft werden.

Tabelle 8.2 Analogie von IO-Link A-Ports zu IO-Link Safety Ports

M12-Anschluß Master		IO-Link Port A	IO-Link Safety Port
	Pin 1	L+ (24V)	L+ (24V)
	Pin 3	L- (0V)	L- (0V)
	Pin 4	IO-Link (COM1-3) / DI / DO	IO-Link (COM1-3) / IO-Link Safe / OSSD1 / DI / DO
	Pin 2	n.c. / DI / DO	n.c. / OSSD2 / DI / DO
	Pin 5	n.c.	n.c.
Beispiele für anschließbare Geräte		IO-Link Geräte, Sensoren/Aktuatoren mit Schaltsignal 24V	IO-Link Geräte, IO-Link Safety Geräte, Sicherheitsgeräte mit OSSD-Ausgängen, Sensoren/Aktuatoren mit Schaltsignal 24V

IO-Link Safety-Sensoren können in folgenden Varianten entwickelt werden:

- „Sichere Kommunikation über IO-Link Safety-Protokoll", was dem Standard-COM-Mode entspräche, oder
- mit zwei OSSD-Ausgängen und einem „IO-Link-Port zur Parametrierung des Sensors", was einer Kombination aus COM- und SIO-Port entspräche.

Bei der OSSD-Variante wäre die einfache Parametrierung z. B. über USB-Master und Software und die Kompatibilität mit anderen Sicherheitsschaltgeräten sichergestellt.

Der Austausch von IO-Link Safety-Sensoren ist, bei richtiger Konfiguration, genauso einfach wie bei Standard-IO-Link. Der Datenspeicher wird unterstützt und alle Parameter redundant im Master abgelegt. Somit werden die einmal eingestellten Sensor-Parameter automatisch auf das Nachfolgegerät übertragen. Allerdings kann es erforderlich sein, die individuelle Seriennummer beim Tausch entsprechend zu dokumentieren.

8.1.3 Sichere Aktuatoren – ein Paradigmenwechsel

Nach der Maschinenrichtlinie und den eingangs zitierten Sicherheitsnormen muss der Hersteller ein Sicherheitskonzept für die gesamte Maschine oder Anlage erstellen. Grundsätzlich gilt die Regel, dass bei Notaus-Betätigung die treibende Energie, meist die 400-Volt-Versorgung der Antriebe, abgeschaltet werden muss. Je nach geforderter Stopp-Kategorie kann dies auch zeitverzögert erfolgen.

Bisher wurden die meisten Aktuatoren, insbesondere Motoren, Pumpen, Antriebsaggregate, Ventile, Niederspannungsschaltgeräte usw., sicherheitsgerichtet abgeschaltet durch Sicherheitsschaltrelais und Schütze im zentralen Steuerschrank. Bei Frequenz-gesteuerten Antrieben wird die Sicherheitsfunktion meist vom Hersteller in der Umrichter-Elektronik integriert.

Allgemein gibt es einen Trend zur Dezentralisierung in der Automatisierung, der auch vor Aktuatoren nicht Halt macht. Leistungselektronik wandert, so denn vom Volumen möglich, vom Schaltschrank in den Antrieb. Zur Ansteuerung und vor allem Abschaltung werden sichere Kommunikationsschnittstellen benötigt. Hier können, je nach Aufwand, bei komplexeren Antrieben die in Tabelle 8.1 genannten sicheren Feldbusse, bei einfacheren Geräten aber auch IO-Link Safety zum Einsatz kommen.

Heruntergebrochen auf 24 Volt-Aktuatoren hat IO-Link immer schon eine Abschaltmöglichkeit der „treibenden" Energie über die zusätzliche Spannung am B Port. Viele Betreiber haben diese Spannung an den Pins 2 und 5 über konventionelle Sicherheitsrelais abgeschaltet. In diesem Falle erfolgte die Abschaltung quasi im IO-Link-Master. Mit den neuen IO-Link Safety-Class-B-Ports wird es möglich, ergänzend zu den Möglichkeiten des oben beschriebenen Class-A-Ports, eine zusätzliche Aktuator-Spannung mitzuführen und diese sicherheitsgerichtet abzuschalten. Des Weiteren kann auch die Systemspannung L+ abgeschaltet werden, um angeschlossene Geräte zurückzusetzen. Einen Überblick über die Möglichkeiten gibt **Tabelle 8.3**.

Tabelle 8.3 Analogie von IO-Link B-Ports zu IO-Link Safety B-Ports

M12-Anschluß Master		IO-Link Port B	IO-Link Safety Port B	optional
1 2 / 5 / 4 3	Pin 1	L+ (24V)	L+ (24V)	
	Pin 3	L– (0V)	L– (0V)	
	Pin 4	IO-Link (COM1-3) / DI / DO	IO-Link (COM1-3) / IO-Link Safe / DI / DO	OSSD1
	Pin 2	UA+ (24V)	UA+ (24V)	DI / OSSD2
	Pin 5	UA– (0V)	UA– (24V)	
Beispiele für anschließbare Geräte		IO-Link Geräte, Sensoren/Aktuatoren mit Schaltsignal 24V, Aktuatoren mit erhöhtem Energiebedarf	IO-Link Geräte, IO-Link Safety Geräte, Sensoren/Aktuatoren mit Schaltsignal 24V	Sicherheitsgeräte mit OSSD-Ausgängen
Besonderheiten		UA extern sicher abschaltbar	L+, UA+ und UA– intern sicher abschaltbar	

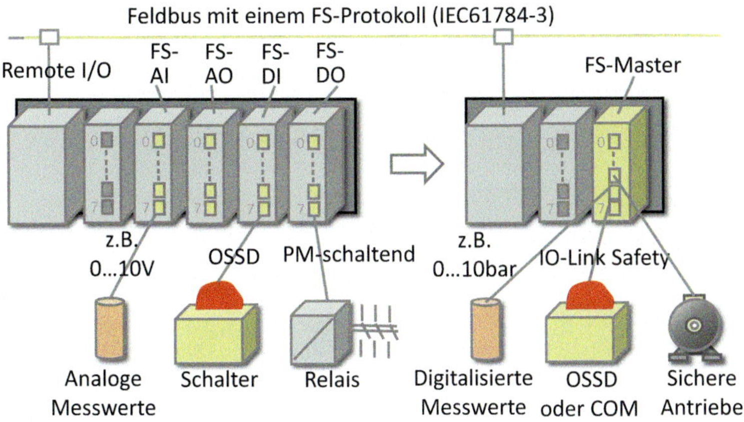

Bild 8.4: Einfacher Anschluss von fehlersicheren Geräten mit IO-Link Safety Master und einem sicheren Feldbusprotokoll an eine fehlersichere Steuerung (Quelle: IO-Link Community)

IO-Link-Safety bietet nun erstmalig die Möglichkeit, sicherheitsrelevante Aktuatoren direkt mit einer sicheren Abschalteinrichtung und sicherer Kommunikation zur Steuerung auszurüsten. **Bild 8.4** zeigt beispielhaft das Zusammenspiel der verschiedenen Komponenten im Gesamtsystem.

8.1.4 Sichere Ein-/Ausgabemodule

Wer IO-Link als Sub-Verdrahtungssystem unterhalb des Feldbusses nutzt, hatte bislang schon eine große Auswahl an digitalen und analogen Ein-/ Ausgabemodulen. Um in diesem Schema auch sichere, Nicht-IO-Link-fähige Geräte z. B. mit OSSD-Schnittstellen anzuschließen, wird ein entsprechendes IO-Link Safety-Modul benötigt.

Dieses FS-Modul stellt quasi einen „Umsetzer“ oder Gateway zwischen dem IO-Link-FS-Master und der traditionellen Peripherie dar. Natürlich haben Anwender auch die Möglichkeit andere proprietäre FS-Schnittstellen an diesen Modulen anzubieten.

Für den Anwender kann es verwirrend sein, IO-Link-Module zu sehen, an denen keine IO-Link-Devices angeschlossen werden können. Damit das etwas klarer wird, haben wir in **Bild 8.5** beide Anschlussvarianten mit FS-Master und daneben FS-Modul gegenübergestellt.

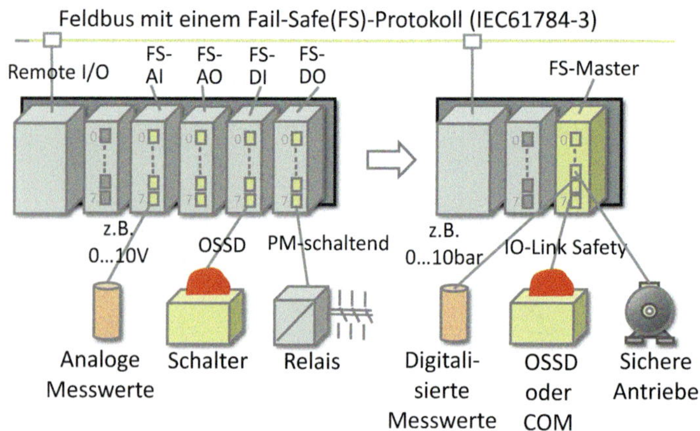

Bild 8.5 Anschluss von Nicht-IO-Link-FS-Geräten an FS-E/A-Module

Abschließend noch der Hinweis, dass es Hersteller gibt, die ihre Module „Safety-IO-Link-Module" nennen, also die ersten beiden Worte tauschen. Diese Bezeichnung ist verwirrend, da es sich meist nicht um „reine" IO-Link Safety-Module handelt und nicht das in diesem Kapitel verwendete IO-Link Safety-Protokoll verwendet wird. Stattdessen tunnelt man über die IO-Link-Schnittstelle ein sicheres Feldbusprotokoll; es müsste also genau genommen „Profinet-over-IO-Link"- oder „CIPsafe-over-IO-Link"-Module heißen. Bei dieser Variante wird das FS-Protokoll von der FS-SPS über den FS-Feldbus und einen „Standard-, weil Nicht-Fail-Safe-" IO-Link-Master hindurch getunnelt. Am Modul können dann, wie oben beschrieben, klassische FS-Endgeräte z. B. mit OSSD angeschlossen werden.

8.1.5 IO-Link Safety-Master

Zum besseren Verständnis der Funktionalität und des Aufbaus eines FS-Master ist in **Bild 8.6** ein Blockdiagramm dargestellt. Ein sicherheitsgerichteter IO-Link-Master besteht prinzipiell aus der Anschaltung an den FS-Rückwandbus in der SPS oder den fehlersicheren Feldbus; der Rest ähnelt sehr dem Standard-IO-Link-Master. Das fehlersichere IO-Link Safety-Protokoll wird durch den Master zum Device als sogenannter „black channel" hindurch getunnelt. Da das Protokoll alle notwendigen Absicherungsmechanismen zur Erfüllung der höchsten Sicherheitskategorien beinhaltet, spielt die Strecke dazwischen eine untergeordnete Rolle. Etwaige Fehler werden am Übergabepunkt sicher erkannt. Hierbei kommt es auf die bekannten Sicherungskriterien wie Authentizität der Daten, Aktualität und Datenintegrität nach IEC 61784-3 und Authentifizierung der Teilnehmer an.

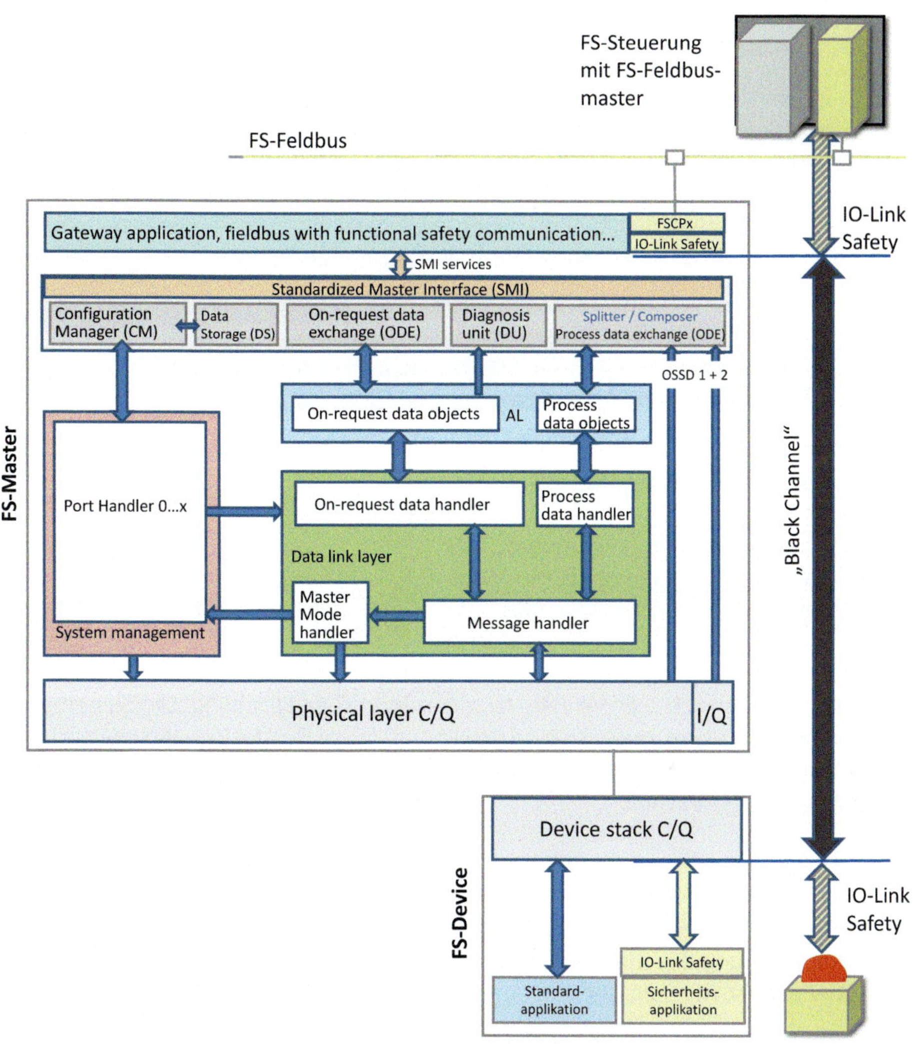

Bild 8.6 Rudimentäres Blockschaltbild mit "black channel" (Quelle: IO-Link Community Safety System Extensions V1.1 04/2018 mit eigenen Ergänzungen)

Ein IO-Link Safety-Master kann mit einem Safety-Controller kombiniert werden und bildet dann ein geschlossenes System oder einen FS-Master, wie in Bild 8.6 dargestellt, als Bindeglied zwischen IO-Link Safety-Device und dem sicheren Feldbus. IO-Link Safety-Master können sowohl Sensoren, als auch Aktoren bedienen. Auch die Kombination mit Nicht-FS-Geräten am Masterport ist möglich.

8

8.1.6 IODD für IO-Link Safety-Devices

Wie alle anderen IO-Link Geräte bekommen auch IO-Link Safety Devices eine IODD-Datei zur Einbindung in die Steuerung oder Konfigurations-Software. Spezielle FS-Device-Technologie-Parameter sollen das Präfix „FST_" tragen. Über eine zugehörige Parametriersoftware wird eine CRC-Signatur bestimmt, die ebenfalls in der IODD abgelegt wird, um eine ein-eindeutige Zuordnung der Einstellung zum FS-Gerät zu garantieren. Das allgemeine IODD-Handling erfolgt analog zu den Standard-IO-Link-Devices.

8.2 Sicherheitsziele und Risikobewertung

Die Restfehlerrate ist für drei Hauptmerkmale der sicheren Kommunikation zu bestimmen:

- Aktualität (Daten kommen rechtzeitig an),
- Authentizität (Daten vom richtigen Sender),
- Integrität (Daten aktuell und korrekt).

Zahlreiche Fehler können bei der Nachrichtenübertragung zwischen FS-Master und FS-Device auftreten wie z. B. Verlust, Verzögerung und Verfälschung. Die Sicherheitsmaßnahmen bei IO-Link Safety sind so gewählt, dass die Restfehlerwahrscheinlichkeit für die Übertragung auf das von relevanten Normen wie IEC 61784-3 geforderte Maß oder besser verringert wird.

Die für die Industrie gültigen Sicherheitslevel ergeben sich aus den relevanten Normen IEC 61508 (SIL, Sicherheitshalber-Integritätslevel oder Safety Integrity Level) und ISO 13849 (PL, Performance Level). Beide Normen beschreiben unterschiedliche Verfahren der Risikobewertung. Die IEC 61508 beschreibt in einem Risikografen die Berechnung eines SIL-Faktors, bei dem die

- Schwere der möglichen Verletzung,
- Häufigkeit und Dauer des gefährlichen Ereignisses,
- Möglichkeit zur Vermeidung und die
- Eintrittswahrscheinlichkeit

in die Bewertung einfließen. SIL werden angegeben in SIL 1 bis SIL 4, wobei SIL 4 den höchsten Sicherheitslevel darstellt.

In der ISO 13849 wird ein Performance Level (PL) definiert als „Diskreter Level, der die Fähigkeit von sicherheitsbezogenen Teilen einer Steuerung spezifiziert, eine Sicherheitsfunktion unter vorhersehbaren Bedingungen auszuführen". Hier geht in die

Bewertung die Wahrscheinlichkeit eines gefahrbringenden Ausfalls von sicherheitsgerichteten Teilen der Steuerung pro Stunde ein: Schwere der möglichen Verletzungen, Häufigkeit und Aufenthaltsdauer sowie Möglichkeiten zur Gefährdungsvermeidung. Performance Level werden angegeben in einem Bereich von PL a bis PL e, wobei PL e der höchsten erreichbaren Stufe und einer Wahrscheinlichkeit von unter 0.00001 % entspricht.

Wichtiges Statement zum Schluss dieses Kapitels: IO-Link Safety ist so konzipiert, dass es für die beiden höchsten in der Industrie geforderten Sicherheitslevel SIL 3 und PL e und somit in den meisten industriellen Applikationen einsetzbar ist. Eine tiefergehende technische Betrachtung finden Sie im Band 2 dieser Reihe.

9 IO-Link-Ausblick: Edge Computing

Mit mehr als 170 Firmen aus allen Bereichen, darunter die Marktführer bei Sensoren, Aktuatoren und Steuerungstechnik, der internationalen Normung nach IEC 61131-9 und der breiten Unterstützung der drei Kontinente Asien, Amerika und Europa steht einem erfolgreichen weltweiten Standard und der digitalen Ablösung der analogen Schnittstellen durch IO-Link nichts mehr im Wege. Allerdings wird IO-Link heute wegen seiner Verdrahtungsvorteile und schnellen Reaktionszeiten – fast ausschließlich in der Fabrikautomatisierung – genutzt, obwohl die standardisiert angelegten Daten über die IODD auch IT-Systemen zur Verfügung stehen und dort auch genutzt werden könnten. In der Fabrikautomation geht es mit dem bereits verbreiteten Einsatz von IO-Link um Werkstatt- oder Inselfertigung, Montagevorgänge und schnelle oder/und repetitive Vorgänge an einzelnen Maschinen mit Zykluszeiten im Millisekundenbereich nach langen Rüstzeiten.

In Transport und Logistik als Teil der in Zeiten des Internethandels und globalen Vernetzung immer wichtiger werdenden Supply Chain geht es bereits mehr um die Nutzung der IODD: Transport und Logistik sind permanent gefordert, die eigenen Prozesse schlanker zu machen und die Lieferkette zu optimieren. Industrie 4.0 spricht von den sich selbst steuernden und selbst überwachenden Containern. Diese benötigen Sensorik, Identifikation und Kommunikation. Alle diese drei Tugenden hat IO-Link bereits in den Genen.

Als weitere Zielbranche stehen die mobilen Arbeitsmaschinen auf der Agenda, wo die traditionelle 12 V-Technologie immer stärker durch 24 V ersetzt wird und vor allem der Nutzen von IO-Link für Industrie 4.0 im Vordergrund steht. Auch in der Land- und Forstwirtschaft werden mit IO-Link automatisierte, mobile Maschinen zum Einsatz kommen. Saatgut und Dünger werden mit IO-Link-Sensoren und GPS gesteuert so ausgebracht, dass der Boden optimale Erträge erwirtschaftet. Die Elektronik auf Sensor/Aktuator- und SPS-(Mobil- und Robuststeuerungs)-Seite mit IO-Link auszustatten, ist wohl nur ein kurzer Weg, sobald sie den hohen Anforderungen bezüglich Temperaturschwankungen und Schock- und Vibrationsfestigkeit standhält. Diagnose, Identifikation kritischer Bauteile und damit kostengünstiger Austausch, unabhängig vom derzeitigen Ort der mobilen Maschine, machen IO-Link zur überzeugenden Industrie 4.0-Alternative. Die Verbreitung wird dennoch einige Zeit in Anspruch nehmen.

Die Lebensmittelindustrie – mit ihren Brauereien, Molkereien, Brot- und Pizzafabriken traditionell zwischen Fabrik- und Prozessautomatisierung angesiedelt – setzt bereits verstärkt auf IO-Link, seit es mehr Geräte für diese speziellen Anforderungen nach hoher Schutzart, Hygienedesign und resistenten Leitungen gibt. Die Bestrebungen bei den entsprechenden großen Maschinenbauern wie GEA und Bühler sind groß, Industrie 4.0-Informationen „remote“ aus dem Betrieb ihrer Maschinen zu erhalten. Hier sind auch Verpackungsmittelhersteller wie TetraPak und SIG Combibloc hervorzuheben, die ihre Maschinen zum Teil vor Ort beim Kunden betreiben und die IO-Link-Informationen beim Betreiber nutzen wollen, um ihre Maschinen zu verbessern und eine höhere Verfügbarkeit zu gewährleisten.

Von der Lebensmittelindustrie ist es kein großer Schritt in die klassische Chemie- und Verfahrenstechnik, die meist sehr konservativ agiert. Hier sind Großanlagen kaum zu modularisieren und Altanlagen kaum mit Neuanlagen (Greenfield) zu vergleichen, weil sie oft mehr als 50 Jahre in Betrieb sind. Wenn die Anlage in Betrieb ist, können Optimierungen wie ein Austausch zugunsten IO-Link-Technologie nur noch während der meist jährlich geplanten Wartungsstillstände ausgeführt werden (Maintenance, Repair and Operations, MRO). Vorhandene Feldbusse und Protokolle lassen oft den Austausch nur weniger Informationen zu. Hohe Standards im Safety-Bereich würden kaum einen Zugriff auf Steuerungen zulassen. Dennoch erfasst gerade die Sensorik in der Prozessautomatisierung meist sehr viele Informationen, die mit einem Standard wie IO-Link und dessen Beschreibung durch die IODD manchmal sogar konfligierende Sichten auf den Prozess darstellen (und damit z. B. Stuxnet verhindern) könnten. Heute finden wir gerade in der Prozessindustrie Dateninseln, die durch den fehlenden Standard eben gerade nicht zentral zur Verfügung stehen. Um den Datenschatz dieser Inseln zu heben, wird nicht nur IO-Link erforderlich werden oder ein Umgang mit bereits vorhandenen anderen Protokollen (z.B. HART), sondern eine Datenerfassung und -verarbeitung vor Ort, die – bei weitläufigen Anlagen möglichst „wireless“ – die Daten einer zentralen Instanz, z. B. einer („private“ oder „public“) Cloud zur Verfügung stellt.

Auch die Informationen einer zentralen Instanz sollten im Feld jederzeit zur Verfügung stehen, wie ein kurzes Anwendungsbeispiel zeigt: Nach Anstecken eines unbekannten IO-Link-Devices wird dieses vom Master erkannt und anhand der Identifikationsdaten festgestellt, ob das Gerät bereits bekannt, d. h. konfiguriert ist. Falls das nicht der Fall ist und eine Internetverbindung besteht, kann über die firmenunabhängige Plattform IODD-Finder [Community IO-Link 2018] die entsprechende IODD des Geräteherstellers automatisch heruntergeladen werden. Diese Funktion wird bereits von diversen Software-Tools verwendet, somit entfällt das mühsame Suchen auf den Herstellerwebseiten. Meist sind diese Software-Tools in ihrer Vielfalt komplex und recht schwierig zu handhaben. Edge Computing, ausgestattet mit Wireless-Möglichkeiten wie 5G, ist die Lösung für die verbreiterte Nutzung von IO-Link im Zusammenhang mit Industrie 4.0.

9.1 IO-Link fordert Edge

Edge Computing ist die logische Fortsetzung des Y-Weges und Voraussetzung für die Nutzung von IO-Link als Datenquelle und weltweiter Standard weit über die Fabrikautomatisierung hinaus. Im Edge-Bereich (also onsite) muss sichergestellt werden, dass die Daten und ihre von der IODD vorgegebene Semantik so weit wie möglich auch nutzbar gemacht werden können. Immer kompliziertere und dynamischere Algorithmen bis hin zur Künstlichen Intelligenz (KI) oder Machine Learning wollen dabei mit möglichst vielen Rohdaten aus der IO-Link-Welt gefüttert werden. Die unterschiedlichen Digitalisierungsinteressen der Anwender in den Fabriken werden in **Tabelle 9.1** noch einmal zusammengefasst. Für die damit gestellten Aufgaben ist Edge Computing unerlässlich.

Der beschriebene Y-Weg und das IO-Link-Gateway sind der erste Schritt einer Datenverbindung vom Feld hin zur zentralen Instanz, unabhängig davon, ob diese eine Private oder Public Cloud ist. Denn die hohen Herausforderungen durch die großen Datenmengen auf dem Weg in die Cloud bleiben, trotz Gateway-Übersetzung von IO-Link in die IT-Welt, auf der Ethernet-Strecke bestehen:

- Latenzen: Die Datenmengen haben zu hohe Übertragungszeiten.
- Bandbreite: Die Datenmengen können nicht in der erforderlichen Bandbreite in die Cloud geschrieben und müssen zwischengespeichert werden. Als Beispiel sei die Protokollierung von Druckspitzen in einem Hydrauliksystem genannt, die zu einem frühen Verschleiß der Messzellen im systemimmanenten Sensor führen kann. Da aber Druckspitzen sehr steile Impulse haben können und nur sehr kurz im Hydrauliksystem anliegen, wäre die Cloud als zentrale Instanz ohne Zwischenspeicherung ebensowenig wie die SPS in der Lage, diese Information aufzunehmen.
- Security: Die Rohdaten sollten im geschützten Raum der einzelnen Fertigung verbleiben, um Datenhoheit zu gewährleisten („vor der Firewall“).
- Kosten: Cloud-Speicherplatz ist teuer und sollte nur für die jeweilige Fragestellung sinnvoll nutzbaren Daten reserviert werden.

Dabei steht zu erwarten, dass die von Maschinen erzeugten Datenmengen durch die breitere Nutzung von IO-Link in Zukunft noch größer werden:

- Durch die durch Industrie 4.0 immens gestiegenen Bedürfnisse der IT-Welt wird (zusätzliche) Sensorik benötigt, die eine standardisierte und zentrale Datenerfassung haben sollte, wie sie IO-Link durch die IODD erlaubt.
- Industrial Internet of Things (IIoT)-Anwendungen werden durch IO-Link Wireless möglich, da, wo die Kabelgebundenheit der Sensoren bisher keine Messung erlaubte (z. B. Walzen, Drehtische u. ä.).

Tabelle 9.1: Anforderungen an eine durchgehende Industrie 4.0-Lösung von Schlüsselanwendern in der Fabrik, Quelle: in Anlehnung an Open Industry 4.0 Alliance Technical Solution Design Principles, S. 15.

Stakeholder	Applikation	Dashboards	Asset Management/ Condition Monitoring	Remote	Predictive Analysis, KI	Simulation
Produzierende Unternehmen insgesamt und Maschinenbau	Einfaches und schnelles Onboarding Edge Computer		+		+	
	Selektive und sichere Datenübergabe an andere Stakeholder		+	+		
Instandhaltung	Transparenz und Entscheidungsunterstützung (Instandhaltung 4.0)	+	+		+	
	Unterstützung durch Maschinenbauer			+		
	Einfache und schnelle Updates und Upgrades			+		
Qualitätsmanagement	Benchmark und Ursachenanalyse	+	+		+	+
	Abbildung Produktqualität, Produkt-Lifecycle und Garantiefälle (Digitaler Schatten)	+		+	+	+
	Fabriksimulation				+	+
	Korrelationsanalyse und KI durch Zusammenfassung aller Daten				+	
Top Management	Transparenz, zusammenfassend und detailliert	+				
	Risikomanagement		+	+	+	
	Langfristige Kapazitätsplanung				+	+

- Eine zunehmende Sensor-Integration (mehrere Messprinzipien zusammengefasst) und der Trend zu hybriden Geräten, wie in Kapitel 3 beschrieben, kombiniert mit der Kommunikationsschnittstelle IO-Link, erzeugt ebenfalls höhere Datenmengen. Einige Beispiele hierfür sind: Greifermodule, Ventilinseln mit Rückmeldung, Aggregate an Werkzeugmaschinen, intelligente Ventilköpfe mit Zusatzlogik oder Proportionalregel-Ventile.

- Der zunehmende Einsatz von datenintensiverer Sensorik, wie z.B. Schwingungs- oder Bildsensorik, verknüpft mit IO-Link, vergrößert die Datenmengen bis hin zum kontinuierlichen Datenstrom.

Die Datenmengen erfordern also eine lokale Zwischenspeicherung, Aggregation und Anwendung weiterer Algorithmen, bevor sie, dann bereits schon zu Informationen aggregiert, zur Cloud geschickt werden. Beim Senden von z. B. Konfigurationen aus der zentralen Instanz heraus wird insbesondere die Anwendung von hohen Sicherheitsstandards (End2End-Verschlüsselung) und die sichere „Entpackung" der Informationen wichtig. Die Forderungen an Edge Computing im Einzelnen:

Echtzeitfähigkeit (Performance/Verfügbarkeit)
- Synchronität als Verarbeitung in Echtzeit: mindestens Sekundenbereich für die Darstellung an der Maschine, Millisekundenbereich für Aggregations- und Schreibfunktion bei Direktanbindung an die Automatisierungstechnik,
- Effizienz, durch gemeinsame Nutzung von Ressourcen oder Nebenläufigkeit (Multithreading) bei Datentransformation.

Offenheit (Integrationsfähigkeit/ Skalierbarkeit)
- vertikal bis ins ERP ohne Medienbrüche (Datendurchgängigkeit) mit Darstellung auf unterschiedlichen Aggregationsstufen (Transparenz),
- horizontal durch Skalierbarkeit, d. h. Offenheit gegenüber Wachstum bei weiterbestehender Leistungsfähigkeit.

Sicherheit (Robustheit)
- Fehlertoleranz: jederzeitige Funktionsfähigkeit bei gleichzeitiger Fehlerbehandlung und -filterung,
- Sicherheit im engeren Sinne: Schutz einzelner Systemkomponenten und übertragener Daten durch eine End-to-End (E2E)-Verschlüsselung.

IO-Link aus der Automatisierung wird häufig mit der weit verbreiteten USB-Schnittstelle aus der Computerwelt verglichen. Die Ähnlichkeiten sind frappierend: Plug-and-play, Stromversorgung und Daten, Verdrahtungseinsparung, universelle Nutzung und internationale Normung. Das Plug-and-play beruht bei IO-Link allerdings auf der Nutzung der Prozesswerte. Wird die gesamte IO-Link-Funktionalität gewünscht, so ist der Master mittels Konfigurationssoftware und IODD entsprechend zu konfigurieren. Einen Mittelweg stellen Profile, wie z. B. das SmartSensor-Profil dar, das beschränkte Interoperabilität und standardisierte Gerätefunktionalität beschreibt. Trotz eventuell im Gateway vorhandener Human Machine Interfaces (HMI) oder/und eines Web-Servers, die Konfigurationen und Statusanzeigen bis hin zur Prozessvisualisierung zulassen könnten, bleibt das Problem der Übertragung an eine zentrale Instanz bestehen, will man soviel ähnliche oder gut beschriebene Daten wie möglich z. B. für das Anlernen künstlicher Intelligenz nutzen.

Bei USB stecken diese Gerätetreiber zumeist bereits im Betriebssystem oder können aus dem Gerät geladen werden. Was würde eigentlich dagegen sprechen, dass auch IO-Link-Devices die zugehörigen IODDs bereits „im Bauch" haben und bei Bedarf automatisiert in den Master geladen werden können? Mit der schnellen COM3-Schnittstelle würde die IODD in wenigen Sekunden übertragen sein. Immerhin können intelligente Master und Konfigurationssoftware fehlende IODDs vom IODD-Finder-Portal nachladen. Dies erfordert allerdings einen Internetzugang, der in einer Fertigungsumgebung nur unter hohen Sicherheitsanforderungen zur Verfügung gestellt werden darf. Um diese Sicherheitsanforderungen abschließend zu erfüllen, bietet sich Edge Computing an. Da die USB-Schnittstelle bekanntermaßen die größte Sicherheitslücke in der IT-Welt ist, sollte IO-Link nicht eine ebenso ungeschützte, weil offene Flanke darstellen. Ist IO-Link mit seinem automatischen Konfigurationsmodus bereits eine Art „USB-Schnittstelle für die Automation", so benötigt IO-Link auch einen leistungsfähigen, End2End verschlüsselten Computer zur Auswertung und Konfiguration, der in Verbindung mit der zentralen Instanz steht.

9.2 Neue Geschäftsmodelle mit IO-Link und Edge Computing

Wie in diesem Buch an vielen Stellen beschrieben, ist IO-Link der industrielle IoT-Enabler. Mit den Augen und Ohren an der Maschine können im laufenden Betrieb Statusinformationen abgerufen und die datenhungrige KI mit Daten gefüttert werden, um einmalige Produktivitätsvorteile durch Gelerntes zu erzeugen. Dies wird Endkunden-übergreifend in einer zentralen Instanz, also einer Cloud geschehen müssen, da nur so ein genügend großer Datenpool zustande kommt. Die erzielbaren Produktivitätsvorteile werden konservativ mit 2 bis 10 Prozent geschätzt. Maschinenbauer mit Erfahrung in Betreibermodellen rechnen jedoch mit über 60 Prozent – denn so hoch sind die Rabatte in Betreibermodellen – durch Pooling und höhere Auslastung, höhere Verfügbarkeit und niedrigere Wartungs- und Schulungskosten. Zustandsdaten können während der Lebensdauer der Maschine aufgezeichnet werden, so dass langsam schlechter werdende Kalibration oder mechanische Abnutzung erkennbar oder der notwendige Austausch von Ersatzteilen rechtzeitig ermittel- oder ableitbar ist. Instandhaltung kann zum optimalen Zeitpunkt stattfinden. Dies erhöht Auslastung und Verfügbarkeit und senkt damit die Total Cost of Ownership (TCO). Der Maschinenbauer kann über die Vielfalt der Daten die Dokumentation, Bedienung und Bedienungsanleitungen verbessern. Software-Upgrades für die Maschine können entwickelt werden und per Fernübertragung der Steuerung zur Verfügung gestellt werden. Die aus dem Betrieb der Maschine erhaltenen Daten können ebenso genutzt werden, um nachfolgende Maschinengenerationen entscheidend zu verbessern.

Während eine Maschine in ihrem 15 bis 20 Jahre langen Lebenszyklus in einem Betreiber-Geschäftsmodell in der Fabrik steht, stetig optimiert und verändert wird, muss dem Maschinenbauer immer das spezifische Datenmodell bekannt sein, um das bis zu 60 %ige des Kaufpreises ausmachende Potenzial über den Lebenszyklus hinweg heben zu können. Das spezifische Datenmodell eines „digitalen Zwillings“ oder „digitalen Schattens“ ist nicht mehr und nicht weniger als die Semantik oder die Bedeutung aller in die Cloud fließenden Daten, also z. B. zu welchen Sensoren und Aktoren sie gehören und was wie durch sie gemessen oder betrieben wird. IO-Link kann dies durch Identifikations- und Parameterdaten sicherstellen, die an ein zentrales Register (Registry), das die IODD kennt, in der Cloud automatisiert weitergegeben und nicht manuell nachgepflegt werden müssen. Nur eine automatisierte Pflege stellt die Richtigkeit und Vollständigkeit der Maschinendaten sicher.

Über die wesentlich geringeren TCO eröffnen sich neue Geschäftsmodelle für Maschinenbauer (**Bild 9.1**), indem sie ihren Kunden Maschinenkapazität zu einem wesentlich geringeren Preis anbieten können.

Natürlich müssen beide Seiten, Maschinenbauer und Endkunde, eine entsprechende Vereinbarung abschließen, die den Datenzugriff ermöglicht und gleichzeitig die Vertraulichkeit sicherstellt. Auf der anderen Seite muss der OEM in eine Support-Infrastruktur investieren, die vom kompetenten Mitarbeiter bis hin zu eigenen customized Cloud-Services und Apps und flexibler Kapazitätsbereitstellung reichen kann. Auch die Abrechnungsmodelle für diesen Service wollen definiert und implementiert werden. Hier bleibt allerdings die Frage offen, ob nicht der hardwareunabhängige Cloud-Anbieter viel besser geeignet ist, diese Services zu entwickeln und dem Produzenten in Zukunft diese zur Verfügung stellt. Der Maschinenbauer wäre dann zum Lieferanten

9

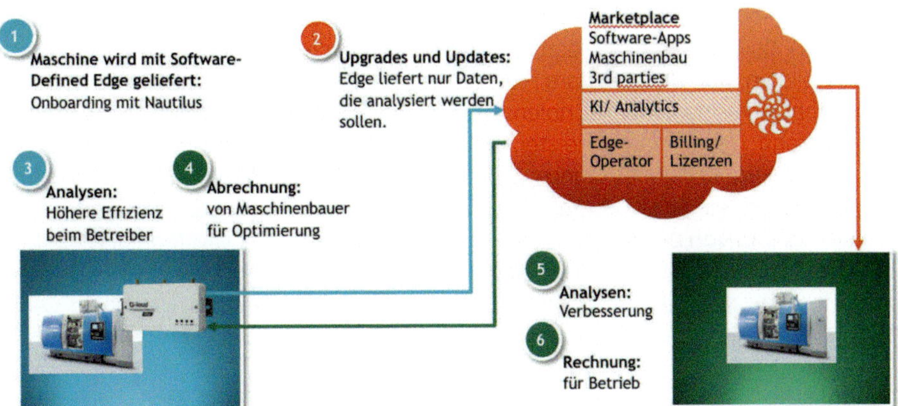

Bild 9.1: Beispiel Digitalisierungs-Geschäftsmodell für einen Maschinenbauer. (Quelle: Q.Beyond GmbH)

einer Hardware „degradiert“, der nur noch eine Maschine passend zur Cloud-Lösung liefern muss, vergleichbar mit der Situation eines PC- oder Handyherstellers heute (mit Ausnahme von Apple). Diese Entwicklung zum „Standardmaschinenanbieter“, vergleichbar zum Standard-PC-Anbieter, könnte sich exponentiell beschleunigen, wenn additive Fertigung immer mehr die klassische Fertigung verdrängt.

Das Rennen ist eröffnet: Wer wird schneller aus den zentralisierten IO-Link-Daten lernen können, der Cloud-Anbieter oder die vielen mittelständischen Maschinenanbieter? Wer wird die besser angelernte KI zur Maschine, wer die höheren Produktivitätsvorteile anbieten können? Die Digitalisierung im Konsumgüterbereich lehrt uns, dass es bisher fast immer die Software- und Cloud-Anbieter waren, die das Rennen gemacht haben. Ist die breite und zentralisierte Nutzung von IO-Link eine Chance für den Maschinenbau, sich den entscheidenden Vorsprung vor den Cloud-Anbietern zu sichern? Wenn der Maschinenanbieter in Zukunft auch noch MES- und ERP-Aufgaben mit IO-Link-Informationen füttern und verbessern kann, dann hat er die Nase vorn. Mit IO-Link kann der Maschinenbau nicht nur das Gold des 21. Jahrhunderts in bisher nicht gekanntem Umfang selbst „schürfen“, sondern sogar durch die durch IODDs vorgegebene Semantik zentral auswerten und die bearbeiteten Ergebnisse als Juwelen von hohem Wert nutzen. Zunächst muss jedoch die Architektur für die Auswertung von IO-Link bis in die Cloud stehen, in der eine Industrial IoT-Plattform die Daten der Maschinen in Empfang nimmt.

9.3 Industrial IoT-Plattformen oder Beginn der „Plattformkriege“?

Auch heute noch wird häufig davon ausgegangen, dass dasjenige Unternehmen am meisten von Industrie 4.0 und den Daten aus IO-Link profitieren wird, dass es schafft, am schnellsten, die erfolgreichste Plattform für die Daten zu etablieren und damit den Datenschatz in seine Cloud zu holen. Denn sicher ist: Wer die meisten Daten auf sich vereinen kann, der kann den meisten Wert auch wiederum für seine Kunden schaffen. Eine nachhaltige Kundenbindung („Vendor Lock-in“) wird erreicht, d. h. die Plattform wird zum Muss, wie im Bürobereich das Microsoft Office Paket. Das McKinsey Global Institute geht davon aus, dass das Wertschöpfungspotenzial von Industrie 4.0 oder dem „Industrial Internet of Things“ (IIoT) 2025 zwischen 1,2 und 3,7 Billionen Dollar liegt. Mehr als 400 IIoT-Plattformen versuchen laut The Boston Consulting Group (BCG) dieses Potenzial für sich zu heben.

Industrial IoT-Plattformen wurden – mit unterschiedlichem Erfolg - z. B. kreiert von:

- Herstellern mit diskreter oder kontinuierlicher Fertigung, also Fabrik- oder Prozessautomatisierung, z. B. Automobil-, Halbleiter- oder Chemie- und Pharmaunternehmen

- Maschinenbauern, z. B. ADAMOS, Axoom.
- Komponentenherstellern, insbesondere im Sensorik- und Aktorikbereich, meist durch ihre Expertise z. B. im Bereich IO-Link und seinen Applikationen
- Steuerungsherstellern, z. B. Siemens Mindsphere, Rockwell Factory Talk (beide gemeinsam mit Microsoft), Bosch, Schneider Electric
- MES-Anbietern, z. B. FORCAM, itac, GFOS, mpdv
- Cloud-Providern, z. B. Microsoft Azure, Google oder Amazon (AWS)

Die Vielfalt der Cloud-Plattformen verhindert jedoch gerade, dass der Datenschatz gehoben werden kann. Hersteller lassen die Maschinenbauer nicht an ihren Daten partizipieren. Komponentenhersteller und MES-Anbieter finden sich nicht zusammen, um ein größeres Gewicht in die Waagschale zu bringen. Maschinenbauer scheuen den bereits über Jahrzehnte erlebten Vendor Lock-in durch die Steuerungshersteller, jetzt auch in Form der Industrial IoT-Plattform. Der Vendor Lock-in wird auch bei den Cloud-Providern gefürchtet. Hinzu kommt, dass bei diesen ein regionales Ungleichgewicht wahrgenommen wird, wie es bei Steuerungen nie der Fall war, sowie die Befürchtung, dass China wohl nicht der einzige große Markt bleiben wird, der keinen „fremden“ Cloud-Anbieter zulässt. Dennoch haben die Plattformen der großen Cloud-Anbieter aus drei Gründen die höchste Anziehungskraft für mittelständische Maschinenbauer, Steuerungs- und Komponentenhersteller gleichermaßen:

- Das wahrgenommene IT-Know-how, das allen anderen, bis auf die MES-Anbieter, generisch fehlt, ist am größten.
- Zusätzlich sind für Hersteller und Maschinenbauer viele Arten der Kooperationen mit den Cloud-Anbietern möglich, die scheinbar die Gefahr des Vendor Lock-in verhindern.
- Die ersten Schritte, die ersten erfolgreichen Anbindungen wurden von den Cloud-Anbietern stark erleichtert und durch ihre Marktmacht preisgünstig gestaltet.

Zu hohe Latenzen, zu geringe Bandbreite, zu geringe Security, Datenhoheitsfragen und schließlich die exponentiell steigenden Kosten bei einer höheren Zahl von Anbindungen führen dazu, dass auch die Cloud-Anbieter nun Edge Computing als zusätzliches Muss erkennen. Edge Computing verkompliziert jedoch noch zusätzlich den Weg in die Digitalisierung, auch wenn MS Azure IoT Edge und AWS Greengrass dieses Problem auf der Softwareseite zum Teil mit Microservices heilen. Hinzu kommt, dass beim Thema Edge Computing weitere Player in den attraktiven Markt drängen: IPC-Hersteller wie z. B. Cisco, Advantech, Adlink, Fujitsu oder Dell.

Die Anforderungen von Herstellern und Maschinenbauern bleiben mit Edge Computing wie in Tab. 9.1 dargestellt bestehen:

- Einfaches, automatisiertes „Onboarding“ der Maschinen unterschiedlicher Hersteller

- Gemeinsame Semantik der Daten und gemeinsames Datenmodell („Digitaler Zwilling"), wie durch IO-Link vorgegeben, über Edge und IIoT-Plattformen hinweg
- Standardisiertes Maschinen-Management über den digitalen Zwilling in der Cloud während des gesamten Maschinen-Lebenszyklus'
- Offenes Anlernen und Nutzung von KI
- Bilaterale Kollaboration vertikal zwischen Maschine und Cloud und horizontal zwischen unterschiedlichen Maschinenbauern, Herstellern und Cloud-Anbietern, Softwareherstellern und Systemintegratoren auf Basis von Standards.

Die Koordination der Wege zwischen den unterschiedlichsten Modellen der Plattform-Anbieter trägt – je nach Marktmacht – entweder der Hersteller alleine oder aber der Maschinenbauer, der vom Hersteller in „sein System" gezwungen wird. Letztlich führen diese Vorgehensweisen mit der Anzahl der eigenen Anbindungen an multidimensionale Plattformen zu exponentiell steigenden Kosten, entweder bei Herstellern oder Maschinenbauern. Durch die Plattformvielfalt wird die Realisierung der Produktivitätspotenziale behindert. Es zeichnet sich ab, dass nur die Cloud-Anbieter über genügend Ressourcen verfügen, um diese exponentiell steigenden Kosten für ihre Kunden zu tragen. Dennoch muss sich auch für sie diese immense Investition in den IIoT-Markt irgendwann lohnen. Man kann somit davon ausgehen, dass nur die Stärksten die Plattformkriege überleben in diesem „The winner takes it all"-Markt, am ehesten vergleichbar mit Facebook oder Linkedin im Konsumentenbereich.

Die einzige andere Lösung ist ein Zusammenschluss vieler Player im Markt, die eine Standardisierung und Offenheit sicherstellen, also dem Vendor Lock-in eine gemeinschaftliche, starke und offene Lösung entgegenstellen, so wie es einerseits mit IO-Link gelungen ist und andererseits bei den Feldbussen nie erreicht wurde. Sie muss jedoch schnell entwickelt werden. Ansätze dazu entstanden bereits 2013 mit der Gründung der Plattform Industrie 4.0.

9.4 IO-Link, Edge und Cloud – Offene Architektur

Das von der deutschen Plattform Industrie 4.0 (vgl. dazu auch Kap. 3) entwickelte „Referenzarchitekturmodell Industrie 4.0" (RAMI 4.0) versucht die komplexen Zusammenhänge in einem kubischen, dreidimensionalen Modell einzuordnen (vgl. Bild 3.1). Auf der x-Achse befindet sich die bekannte, hierarchische Automatisierungspyramide aus Industrie 3.0, ergänzt um Sensoren und Aktuatoren und das Internet. Die y-Achse deckt den Produktlebenszyklus von der Entwicklung über die Produktion bis zur Wartung ab. Auf der z-Achse wird die Architektur, bzw. die IT- oder Software-Repräsentanz, beschrieben. Im RAMI 4.0-Modell können also Digitalisierungsprodukte und -Dienstleistungen ganzheitlich beschrieben werden, mit allen Informationen, die nötig sind, um z. B. von Maschine zu Maschine zu interagieren und selbstständig Daten auszutauschen.

Ähnliche Modelle gibt es auch in anderen Regionen. Das IIC (Industrial Internet Consortium) in den USA nennt das vergleichbare Modell IIRA, was für „Industrial Internet Reference Architecture" steht. Das IIC (Industrial Internet Consortium) hat dabei nicht nur die industrielle Fertigung, sondern den Investitionsgütermarkt als Ganzes im Blick. Es beschäftigt sich auch mit Smart Grids, Healthcare, Smart Buildings und Smart Mobility. Das IIC und die Plattform I4.0 kooperieren mit dem Ziel, eine Interoperabilität zwischen den Systemen zu gewährleisten.

Beide Referenzmodelle zeigen die Verzahnung von Hardware, Software und Services bei der industriellen Digitalisierung. Die technische Umsetzung gelingt allerdings nur mit durchgängiger Kommunikation und Software-Integration vom Sensor bis zur Cloud, vom Komponentenhersteller bis zum Maschinenbetreiber und vom Maschinenbediener bis zur Business-Logik. Die Verwaltungsschale des RAMI 4.0 ist ein guter Ansatz, um Geräte, Maschinen, Werke und Dienstleistungen in der Software abzubilden. Allerdings ist es zwingend notwendig, dass die Semantik genau definiert ist, so dass gleiche Begriffe von jedem Hersteller gleich benutzt werden, sonst ist ein Messwert manchmal ein „measuring value" oder ein „process value" oder ein „PV". Die Diskussion um die notwendige Standardisierung aller IoT-Ebenen hat die Anfänge von Industrie 4.0 beherrscht.

In unterschiedlichen Regionen der Welt und bei unterschiedlichen Anbietern wird aufgrund des Mangels an Standardisierung oft mit proprietären Protokollen gearbeitet. Dies ist zwar gut für den Vendor Lock-in, verteuert aber, wie dargestellt, die Zusammenarbeit mit Konkurrenzprodukten und macht die Vorteile der Digitalisierung zunichte, so lange im Industrieumfeld viele Lösungen bei langlebigen Maschinen, Feldbussen und Steuerungen vorherrschen („Brownfield"). Aus Sicht der Industrie weltweit ist es also dringend nötig, globale Standards auf allen Ebenen zu erreichen und aus den Fehlern der 1990er Jahre mit ihren Feldbuskriegen zu lernen. Die Technologien sind bereits da, jetzt müssen die entsprechenden Definitionen auf Basis des IO-Link-Standards als Datenquelle stattfinden.

Auf RAMI 4.0 aufbauend, hat es sich die Open Industry 4.0 Alliance (OI4) zur Aufgabe gemacht, eine technische Referenzarchitektur zu schaffen, die Grundlage für eine Standardisierung zur Vermeidung der Plattformkriege sein kann. Gründungsmitglieder der Allianz – mit jeweils gleichen Stimmrechten – sind Softwarehersteller (SAP AG), Komponentenhersteller (Endress & Hauser, ifm, Hilscher), Steuerungshersteller (Beckhoff) und Maschinen- und Anlagenbauer (TetraPak, Voith, Kuka und Multivac), so dass die Interessen aller Player im Markt für Industrie 4.0 vertreten sein sollten: „The charter of the Open Industry 4.0 Alliance is to institute an ecosystem of intelligent asset manufacturers that adopts standards-based common semantic data models to enable the immediate instrumentation of smart assets in the end-to-end production lifecycle." (Open Industry 4.0 Alliance Whitepaper, S. 5.).

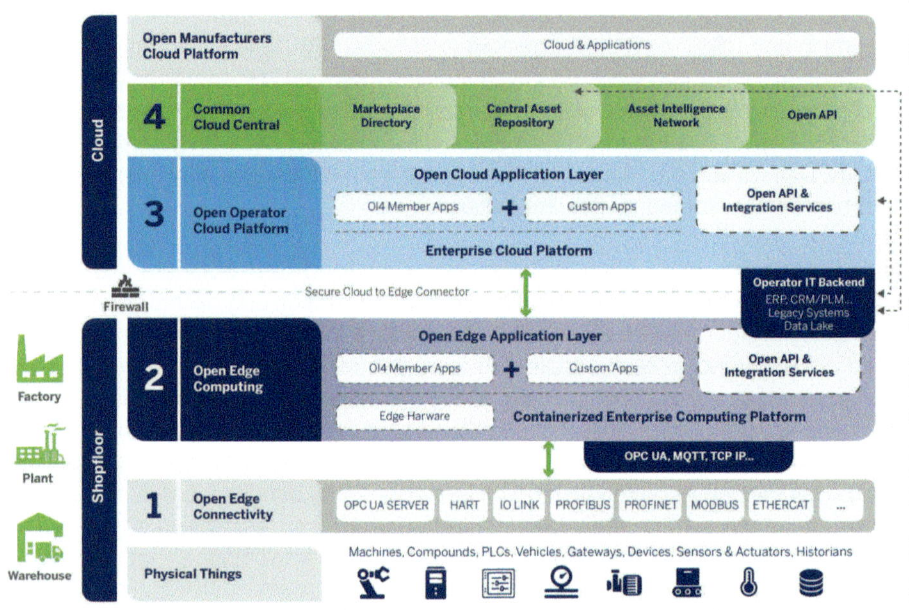

Bild 9.2: Referenzarchitektur der Open Industry 4.0 Allianz. (Quelle: Open Industry 4.0 Alliance Whitepaper, S. 12.)

Die Lösung der Open Industry 4.0 Alliance baut auf folgender grundlegender Architektur auf (**Bild 9.2**):

- Common Cloud Central: Zentrale Vorgabe des Datenmodells.
- Operator Cloud Platform: Gibt eine standardisierte, sichere Connectivity zwischen Edge und Cloud vor.
- Edge Computing: Die Referenzarchitektur soll während des langen Lebenszyklus der Maschine mittels Edge Computing unterschiedliche Fragestellungen bedienen, indem es offen und mit Containern arbeitet.
- Edge Connectivity: Die Allianz plant, viele Konnektivitätsstandards insbesondere für die unterschiedlichen Feldbusse und Steuerungen zu ermöglichen. Hier ist das Datenmodell von IO-Link natürlich integriert.

Diese Beschreibung wird im Folgenden beibehalten, da sie auf einfache Weise versucht, das Erfolgsrezept von IO-Link auf die für eine Industrie 4.0 Architektur notwendigen Stufen weiterzutragen und damit den Plattformkriegen eine kollaborative Lösung entgegenzustellen. Interoperabilität sollte auf jeder Stufe der Industrie 4.0 Architektur gewährleistet sein und nicht nur bei IO-Link: Das ist die Aufgabe, die sich die OI4 gestellt hat.

9.4.1 Open Edge Connectivity

„Netzkommunikation für Industrie 4.0 umfasst alle Technologien, Netze und Protokolle, die benötigt werden, um eine Kommunikationsbeziehung zwischen zwei oder mehreren Industrie 4.0-Komponenten zu ermöglichen." [Industrie 4.0-Plattform]. Der Kunde möchte die Daten vom IO-Link-Master 1 von der Firma AB an exakt der gleichen Stelle finden wie die Daten vom Master 2 von der Firma XY. Dies betrifft sowohl das Software-Handling in der Steuerung über beliebige Feldbusse, wie auch die Daten über Industrie 4.0-Netzwerke. Es gibt momentan für Industrie 4.0-Daten-Übertragung aus der Anlage (Edge Connectivity) keine allgemein standardisierte Architektur oder zumindest Standardprotokolle.

In einer Arbeitsgruppe der IO-Link-Community, wird bereits an Lösungen für IoT-Integrationsprotokolle gearbeitet. Für die IO-Link-Abbildung in OPC-UA ist bereits eine Companion Specification erarbeitet und auch für die JSON Integration gibt es eine neue Spezifikation (Stand: 03/2020). Diese umfasst sowohl die Definition einer API als REST-Schnittstelle als auch den Datentransport über MQTT, ein aus Nordamerika stammendes und bei Cloud-Anbietern beliebtes IoT-Kommunikationsverfahren. Weitere Informationen zeigt die Infobox in **Bild 9.3**.

Weitere mit IO-Link noch nicht verbundene IoT-Protokolle sind CoAP, DDS, AMQP oder der vom Fraunhofer Institut entwickelte IoT-Bus. Industrie 4.0-Protokolle müssen darüber hinaus, neben der IO-Link-Integration, viele weitere Szenarien abdecken (**Bild 9.4**).

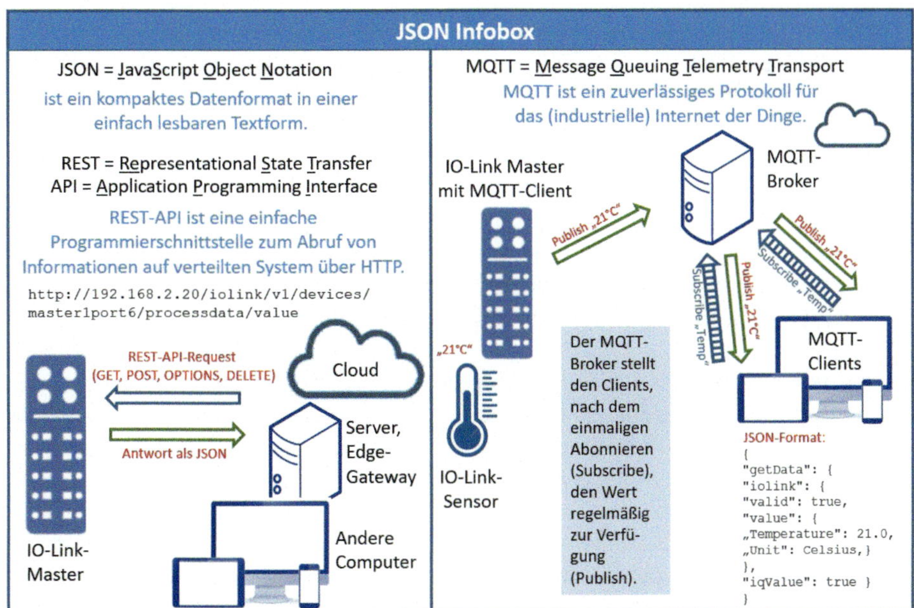

Bild 9.3: Infobox: MQTT und JSON im Vergleich. (Quelle: IO-Link Community, Peter Wienzek)

Fertig 23949-13_OI4-Technical_WP_r4_041519_final 2019-10-04 04_58_36 (4 von 21)

OPC UA	OPC UA	✓	✓
eClass	eCl@ss	✓	
Common Data Dictionary IEC 61987	IEC 61987-1	✓	
HART, Wireless HART, HART IP	WirelessHART HART HART-IP	✓	
Profibus, Profinet	PROFI BUS PROFI NET	✓	✓
Verwaltungschale	INDUSTRIE4.0	✓	✓
Namur	NAMUR	✓	
Foundation Fieldbus	Fieldbus	✓	
Automation ML	<AutomationML/>	✓	
IO Link	IO-Link	✓	✓
EtherNet IP	EtherNet/IP		✓
EtherCAT	EtherCAT		✓
MQTT	MQTT	✓	✓
umati	umati		✓

Bild 9.4: Liste der OI4 für zu bearbeitende Standardprotokolle. (Quelle: Open Industry 4.0 Alliance Technical Solution Design Principles, S. 8.)

Hier entstehen unterschiedliche *Kommunikationspfade* („connection paths"), die zwischen Industrie 4.0-Teilnehmern netzwerkübergreifend, z. B. von einem IO-Link-Device bis zum Server, aufgebaut werden können. Dies ist die Transformation von einer hierarchischen zu einer gleichberechtigten, kollaborativen Knotenstruktur.

Werden nun neue IO-Link-Geräte nach diesem Konzept entwickelt, so gehören zu dem Gerät natürlich das physische Gerät, die Hardware, und die sogenannte Verwaltungsschale, die die Informations-Abbildung, den sogenannten digitalen Zwilling, darstellt. Diese enthält im Falle von IO-Link auch die IODD, Kommunikationsparameter und die anlagenspezifischen Einstellungen des Gerätes. Ein Ort, an dem die Verwaltungsschale ansetzen könnte, wäre der IO-Link-Master, wo alle Informationen gebündelt werden und mit Hilfe des Y-Weges direkt mit dem Server oder anderen Geräten am Netzwerk ausgetauscht werden könnten. Im OI4-Modell ist dieser Ort in der Common Cloud Central, um einen Zugriff auf die Gesamtarchitektur aller vernetzten Maschinen jederzeit zu gewährleisten.

9.4.2 Open Edge Computing

Im Edge Computer laufen die Protokoll-Adapter aus der Edge Connectivity. Gleichzeitig gibt es hier eine flexible Datenvorbereitung im Sinne einer Zwischenspeicherung, Aggregation, Filterung und analytischen Verarbeitung mit Algorithmen und KI vor Ort. Auch Anwendungen mit lokaler HMI oder auf einem Handy dargestellt, können bereits ihren Platz auf dem Edge Computer finden. Konfigurationen und Ansichten werden zugelassen, die nur On-Site stattfinden dürfen oder in Echtzeit stattfinden müssen (**Bild 9.5**).

Maschinen und Anlagen laufen nicht selten über 15 oder 20 Jahre und benötigen natürlich über den gesamten Lebenszyklus hinweg unterschiedliche Auswertungsmöglichkeiten für die von ihnen generierten Daten. Über eigene und Docker-Container anderer Softwareanwendungs (App)-Anbieter, orchestriert von der Operator Cloud Platform, werden die Möglichkeiten der Vorverarbeitung im Edge Computer flexibilisiert. Hier leitet sich hauptsächlich die Notwendigkeit von Edge Computing ab. Auch für den Edge Computer selbst muss es ein grundlegendes Life-Cycle-Management geben. Die Edge Konfiguration und Administration findet über die Operator Cloud Platform statt.

Die nahezu untrennbare Verbindung zwischen Operator Cloud Platform und Edge Computer ist spezifisch und muss wahrscheinlich proprietär sein. Über diese Verbindung finden Upgrades und Updates von zentraler (Anwendungen, Algorithmen, Zertifikate im Sicherheitsbereich) genauso wie von dezentraler Seite (Austausch eines Sensors gegen einen anderen in der Maschine) statt. Bilaterale Kommunikation und End2End-Verschlüsselung sind zwingend notwendig. Physikalisch kann ein Edge Computer für eine einzige Maschine ein kleiner IPC mit der Leistungsfähigkeit eines Handys ebenso wie ein Mikro-Rechenzentrum für eine ganze Produktionslinie sein. Das bedeutet aber auch, dass die Leistungsanforderungen an den Edge Computer von der über die Operator Cloud orchestrierten Software möglichst gering gehalten oder

9

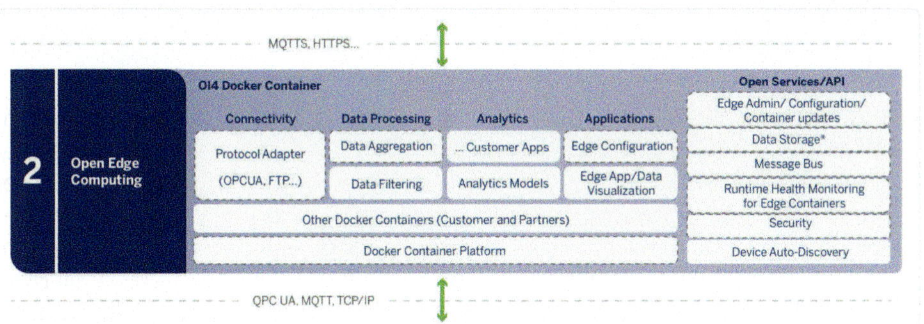

Bild 9.5: Definition des Open Edge Computing. (Quelle: Open Industry 4.0 Alliance Technical Solution Design Principles, S. 10)

skalierbar bleiben sollen. Die Anforderungen sollten somit möglichst Hardware-agnostisch (unabhängig von der eingesetzten Hardware, also z. B. von dem Hersteller eines IPCs) sein.

9.4.3 Open Operator Cloud Platform

Die Operator Cloud Platform (**Bild 9.6**) ist eine IIoT-Plattform, die ein sicheres Device Management bietet. Die End2End-Security wird von hier aus durch Zertifikatsmanagement und Verschlüsselung gewährleistet. Der digitale Zwilling oder Schatten wird hier über die Daten aus der Common Cloud Central bzw. über die beim automatisierten Onboarding eines neuen Edge Computers oder einer Maschine generierten Daten modelliert und mit den vorhandenen Daten abgeglichen bzw. in der Cloud Central upgedated. Wichtig ist auch die Multimandantenfähigkeit und das User- und Rechtemanagement, um neue Geschäftsmodelle wie das eines Maschinenbauers (vgl. Bild 9.1) unterstützen zu können. Dafür sollten Lizenzmanagement und Abrechnungsmodelle (Clearing und Billing) zur Verfügung stehen, sowie Verbindungen z. B. In die ERP-Systeme von Maschinenbauern.

Die Daten können hier von einer zentralen Analytik oder KI verarbeitet werden. Wichtig ist auch ein „Marketplace", in dem die Apps der Kunden selbst und von Dritten auf Basis der Maschinendaten vorgehalten werden können. Software Development Kits für diese Apps werden angeboten. Die Referenzarchitektur inklusive funktionaler Blöcke und der Verbindung in andere Clouds kann sich z. B. an die Vorgaben der Industrial Data Space Association (IDS) anlehnen, die 2016 gegründet wurde (**Tab. 9.2**).

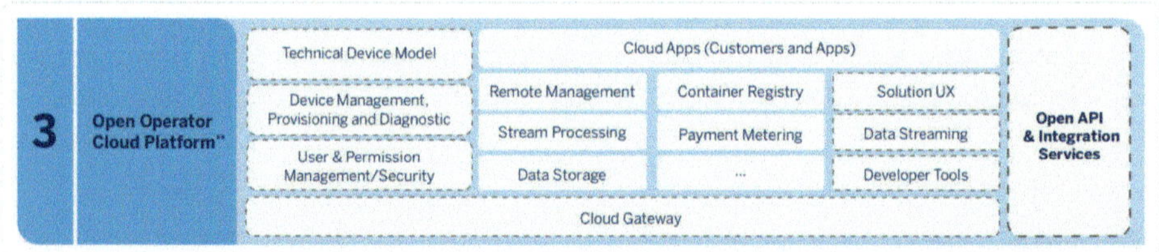

Bild 9.6: Definition der Open Operator Cloud Platform. (Quelle: Open Industry 4.0 Alliance Technical Solution Design Principles, S. 12)

Tabelle 9.2: Funktionale Blöcke, unterschiedliche Rollen in der Operator Cloud Platform und Interaktionen (X = zwingend, (X) = optional). (Quelle: nach IDS Reference Architecture Model.)

	Trust, Security und Datensouveränität				Daten-Interoperabilität			Daten-Wertschöpfung				Datennachfrage	
Rolle	Daten-besitzer	Zertifi-zierungs-stelle	Identi-täts-Provider	Daten-Clearing	Daten-Provider	Daten-Broker	Seman-tik-Pro-vider	Serice-Provider	App-Provider	App-Shop	Auswer-tungs-stelle	Daten-konsu-ment	Daten-nutzer
Daten-besitzer	-	-	-	(X)	X	-	(X)	(X)	(X)	(X)	(X)	-	-
Zertifi-zierung	-	-	-	-	-	-	-		-	-	X	-	-
Identität	-	-	Allianz	(X)	X	X	-	-	(X)?	(X)?	X	X	-
Daten-Clearing	-	-	(X)	-	(X)	-	(X)	-	(X)	(X)	X	(X)	-
Daten-Provider	X	-	X	(X)	-	X	(X)	(X)	(X)	(X)	X	X	-
Daten-Broker	-	-	X	-	(X)	-	?	(X)	-	-	X	(X)	-
Semantik	(X)	-	-	(X)	(X)	?	-	(X)	(X)	(X)	X	(X)	(X)
Service	(X)	-	-	-	(X)	(X)	(X)	-	(X)	(X)	X	(X)	(X)
App-Provider	(X)	-	(X)	(X)	(X)	-	-	(X)	-	(X)	(X)	(X)	(X)
App-Shop	(X)	-	(X)?	(X)	(X)	-	(X)	(X)	(X)	-	(X)	(X)	(X)
Auswer-tung	(X)	X	X	X	X	X	X	X	(X)	X	-	X	(X)
Daten-konsu-ment	-	-	X	(X)	X	(X)	(X)	(X)	(X)	(X)	X	-	X
Daten-nutzer	-	-	-	(X)	-	-	(X)	(X)	(X)	(X)	(X)	X	-

9

9.4.4 Common Cloud Central

Zentrale Aufgabe der Common Cloud Central ist die Vorgabe des Datenmodells im „Asset Repository“ für ein automatisiertes Onboarding (**Bild 9.7**). Endkunden, also die produzierenden Hersteller, können einfach und in Echtzeit auf das Asset Repository, seine Inhalte und Updates zugreifen, das von den Komponentenherstellern bspw. mit den IODDs zu IO-Link-Geräten gefüllt wird. Darüber hinaus wird und kann Datenhoheit je nach Bedarf geregelt werden. Durch die zentrale gemeinsame Common Data Semantik im „Asset Network“ gibt es die Möglichkeit für Dritte, seien es Maschinenbauer, Komponentenhersteller oder andere, Apps und Dockers im Marketplace der Operator Cloud zu schaffen, die in der Common Cloud Central im Katalog verzeichnet werden. Open APIs verbinden, wie auch auf den anderen Ebenen der Operator Cloud und des Edge Computing, in andere Systeme.

9.5 Wireless – wo in der Industrie 4.0-Architektur?

Nach **Bild 9.8** müssen zwei Stufen der Kommunikation unterschieden werden, bei der Wireless in der Produktion zum Einsatz kommen könnte:

1. Vom Physical Device (Sensor oder Aktuator) bis zur Edge, z. B. mit Hilfe von IO-Link Wireless
2. Vom Gateway bzw. Edge Computer bis zur Open Operator Cloud

Werden beide Stufen gleichzeitig genommen, ohne die Zwischenstation über die Edge, so kann dies nur bedeuten, dass entweder im Device Edge Computing möglich sein muss, oder aber kein großer Datenfluss erwartet wird, so dass Edge Computing obsolet ist. Wäre denn sogar eine Intelligenz wie im Edge Computer in jedem Sensor mit 5G denkbar und kann so der Y-Weg bis hin zur Cloud in jeder IO-Link-Komponente selbst realisiert werden?

Die Preise für leistungsfähige Chips sinken durch die immer noch exponentiell steigende Menge an von der Leistungsfähigkeit her ebenfalls exponentiell zunehmenden Mikroprozessoren (Moore’s Law) auf der Welt dramatisch. Wenn dieser Trend anhält, könnte es zu einem Punkt kommen, an dem Edge-Intelligenz in gewisser Form auch in günstigen Sensoren eingebaut werden könnte. Seit der Einführung des IPv6-Protokolls sollten mit 2^{128} möglichen Teilnehmern genügend Adressen zur Verfügung stehen. Allerdings stellt sich hier die Frage, ob tausende Sensoren mit eigener IP-Adresse in die Infrastruktur integriert und gemanaged werden sollen oder dies aus Komplexitätsgründen dem Edge-Gateway als Datenkonzentrator übertragen wird. Darüber hinaus benötigen einfache Sensoren und Aktoren nur eine geringe Bandbreite, da sie nur

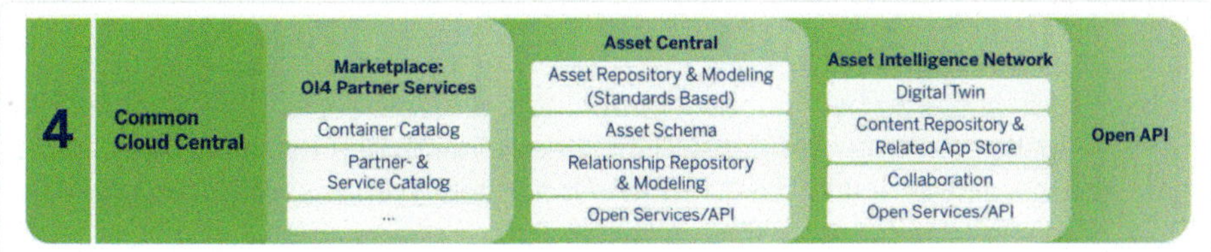

Bild 9.7: Definition des Common Cloud Central. (Quelle: Open Industry 4.0 Alliance Technical Solution Design Principles, S. 13)

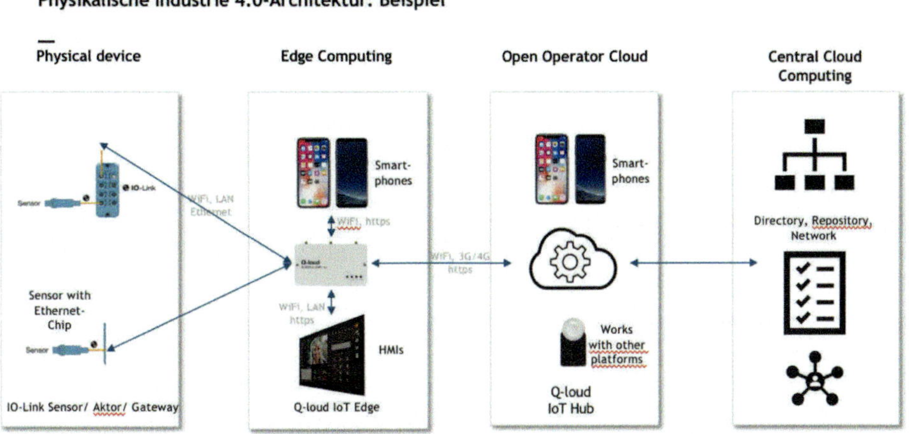

Bild 9.8: Beispiel einer physikalischen Industrie 4.0-Architektur nach OI4. (Quelle: Q.Beyond GmbH)

9

kleine Datenmengen übertragen können. Dies ist jedoch für IO-Link-Sensoren nicht der Fall. Die vielen Daten, die IO-Link-Sensoren zur Verfügung stellen können, sollten ja gerade genutzt werden!

Weitere enorm wichtige Punkte sind die Stromversorgung und die Schnelligkeit der Wireless-Verbindung in die Cloud. Während 5G in Zukunft durchaus die Schnelligkeit der Übertragung realisieren könnte (wenn die empfangende Plattform die übertragene Datenmasse auch entsprechend schnell annehmen kann), ist die Energieversorgung eine durchaus schwierig zu lösende Frage. Ohne Stromversorgung, nur mit Batterie wird eine weitere Instandhaltungsaufgabe als Sollbruchstelle – die nachlassende Batterie im Sensor – vordefiniert. Für IO-Link-Wireless Sensoren ohne massives Energy-Harvesting wird es die M2M vom Sensor direkt in die Cloud als Alternative zu der zusätzlichen Stufe des Edge Computing deswegen sobald wohl nicht geben, trotz 5G. Hier ist das Industrial IoT (noch) nicht mit dem Consumer IoT mit Smartphones (Sensorik und Edge Computer in einem Gerät) vergleichbar.

9.5.1 Wireless der 1. Stufe: Device bis Edge

IO-Link-Wireless wurde bereits beschrieben. Wie wird die Verbindungstechnik physikalisch auf der 1. Stufe von der IO-Link-Komponente aus auf die Edge-Computing-Ebene aussehen, wenn die 1. Stufe mit IO-Link (Wireless) realisiert wird? Das IO-Link Gateway, das den Y-Weg realisiert, indem es neben dem Weg zur Steuerung auf einem zweiten Weg auf Ethernet-Basis zum Edge Computer führt, kanalisiert die Daten. Somit läuft IO-Link weiterhin physikalisch auf der sehr robusten 24-Volt-Physik mit den bekannten Verdrahtungsvorteilen. IO-Link und das sich immer mehr auch in industriellen Bereichen etablierende Ethernet mit LAN/WLAN/Mobil-Technologien sind somit ein perfektes Team. IO-Link deckt kurze Strecken und geringe Datenmengen in Echtzeit ab, das Gateway kann über Ethernet wiederum verteilt die gesammelten IO-Link-Informationen über längere Netzwerkstrukturen bis hin zu Edge Computern leiten. Die Anforderungen auf den beiden Ebenen sind gänzlich unterschiedlich und es macht sicherlich keinen Sinn, den LAN- oder WAN-Protokoll-Overhead bis zum Sensorlevel herunterzubrechen. Die Edge Computing-Instanz kann bei IO-Link nur schwer ersetzt werden, da sie zur Vorverarbeitung der Daten für und von der Cloud dienen muss, wie oben erläutert.

9.5.2 Wireless der 2. Stufe: Edge bis Cloud

Auf dieser Stufe sind Edge Computer die Endgeräte (auch Nodes oder Motes genannt), die über eine Basisstation (Netzwerkgerät in der Funktion eines Gateways) mit dem Netzwerkserver der Cloud verbunden werden. Im industriellen Internet of Things gibt es für Wireless auch auf der 2. Stufe zwischen Edge Computer und Cloud erhöhte Anforderungen an Störfestigkeit und zeitlicher, mengenmäßiger und geographischer Datenauthentizität, -sicherheit und -hoheit. Mehrere parallel eingesetzte Netze dürfen sich nicht gegenseitig beeinflussen. Die Netzwerkgeräte steuern die Endgeräte, werten die empfangenen Daten aus und verändern Algorithmen auf dem Endgerät. Hier ist durch das Edge Computing die Echtzeitfähigkeit nicht mehr kritisch. Dafür sollten möglichst geringe Datentransfers zwischen End- und Netzgerät stattfinden, um Energie zu sparen, aber auch aus Kosten- und Sicherheitsgründen. Denn keines der Netze ist wirklich sicher.

Die Anwendungsfelder für Drahtlosgeräte im industriellen Umfeld auf der 2. Stufe vom Edge Computing in die Cloud insbesondere auch im Zusammenhang mit IO-Link und Industrie 4.0:

Prozess-/Diagnosedaten für Industrie 4.0

Natürlich ist es denkbar, zusätzlich zu der ersten prozess-optimierten Datenschnittstelle, eine zweite nicht-zyklische, bedarfsorientierte Schnittstelle aufzubauen (Y-Weg,

s. Kap. 3), die drahtlos an die I4.0-Welt angebunden ist. Diese Funkverbindung ist in der Regel zeitunkritisch, hat dafür aber mehr Daten zu übertragen („Dark Data"), die meist in einem ERP-System, einer externen Datenbank oder einem Cloud-Speicher landen. Hierfür ist ein Netzwerk wie WLAN sicherlich am besten geeignet. Ob die beiden Schnittstellen bereits im Sensor, im Gateway oder im Edge Computer integriert sind, ist eine Frage der Kosten und der Wirtschaftlichkeit. Grundsätzlich sollten bei drahtloser Datenübertragung, besonders auch bei Firmennetzwerken, die höchsten Anforderungen an Verschlüsselung, Authentifizierung und End2End-Security umgesetzt werden. Um ein Höchstmaß an Sicherheit zu erreichen, wäre sicherlich der Edge Computer der richtige Ort (vgl. Bild 9.11).

Fahrzeugdiagnose bei mobilen Arbeitsmaschinen

Bei mobilen Arbeitsmaschinen, wie Erntefahrzeugen, Traktoren, Reinigungs- und Müllfahrzeugen, Feuerwehrfahrzeugen, Hafenkrane und Baustellen- oder Flughafenequipment gibt es vielfach Industrie 4.0-Daten im Bereich Wartung, Ferndiagnose, Effizienzsteigerung, Auftragsdaten etc. Die Fahrzeugkommunikation zur Leitstelle benötigt je nach Fahrbereich WLAN, Mobilfunk oder Satellitenfunk über Edge Computing.

Ist Mobilfunk für diese Anwendungen geeignet? Mobilfunk, geschaffen für die drahtlose Telefonie, enthält statt Ethernet nur noch drahtlose Optionen, standardisiert von 3GPP (3rd Generation Partnership Project). Mobilfunknetze bestehen aus Funkzellen, den sogenannten Zellen, aus denen heraus Verbindungen aufgebaut werden. Wird ein Mobiltelefon oder ein anderes Gerät, wie zum Beispiel ein Laptop mit UMTS-Karte, eingeschaltet, so loggt sich dieses Gerät aufgrund der auf der SIM-Karte gespeicherten Daten über die lokale Netzdatenbank in das Mobilfunknetz ein. Ändert sich der Standort des Gerätes, so bemerkt dies die Software des mobilen Kommunikationsgerätes und loggt sich automatisch an der nächsten lokalen Vermittlungsstelle ein.

Die 3GPP wurde am 4. Dezember 1998 von fünf Standardisierungsgremien („Organizational Partners") gegründet, ist heute eine weltweite Kooperation von sieben Standardisierungsgremien und hat sich bisher hauptsächlich auf folgende, aufeinander aufbauende Mobilfunk-Standards geeinigt, die – vereinfacht gesprochen – über die gleichen Funkmasten übertragen werden:

- GERAN (GSM-Kommunikation, Global System for Mobile, 2G (2. Generation): Ein digitales und mobiles Telefonsystem, das in Europa und anderen Teilen der Welt genutzt wird. Es ist der De-facto-Standard für drahtlose Telefonie in Europa. GPRS (General Packet Radio Service, 2001) hatte Datenübertragungsraten von maximal 55 kbit/s. EDGE (Enhanced Data GSM Environment) war eine schnellere Version der mobilen GSM-Services mit bis zu 220 kbit/s.
- UMTS (Universal Mobile Telecommunications System, 3G, seit 2004 in Deutschland verfügbar): Standardisiertes, paketbasiertes Breitbandsystem, dass Anwendern von

Computern und Telefonen einen beständigen Service mit deutlich höhere Datenübertragungsraten (bis zu 42 Mbit/s mit HSPA+, sonst maximal 384 kbit/s) als mit dem Mobilfunkstandard der zweiten Generation (2G) bietet. Hacker haben bereits 2014 gezeigt, dass die Kommunikation über den als sicher geltenden Mobilfunkstandard UMTS ohne großen technischen Aufwand abgehört, mitgelesen und manipuliert werden kann. LTE (Long Term Evolution, auch 3.9G) ist eine Bezeichnung für den Mobilfunkstandard dieser dritten Generation mit geringeren Kosten pro Datenvolumen, 20 MHz Frequenzbandbreite und Latenzzeiten von etwa 10 ms.
- LTE-Advanced (seit 2010): Eine Erweiterung von UMTS heißt LTE-Advanced bzw. 4G, sie ist abwärtskompatibel zu LTE im Projekt Next Generation Mobile Networks (NGMN). Aus Marketing-Gründen wird bereits LTE als 4G und LTE-Advanced als 4G+ beworben, was sich bei Android-Geräten oftmals auch in der Display-Anzeige widerspiegelt. Technisch gesehen ist das aber so nicht korrekt. Mit bis zu 1200 Mbit/s sind je nach Empfangssituation deutlich höhere Downloadraten als bei älteren Standards möglich. Der von LTE-Mobilfunkanbietern dafür genutzte Frequenzbereich ist ausschließlich das UHF-Frequenzband (auch Dezimeter-Wellenbereich genannt). Dort werden mehrere Frequenzen verwendet, regional variierend im mittleren bzw. oberen UHF-Bereich von ca. 700 bis 2600 Megahertz.

Diese Mobilfunksysteme (Mobile Wireless) bis hin zu 4G zeigen sich der Forderung nach einfacher Administration, Datenverwaltung und Abrechnung auf der 2. Stufe nicht gewachsen. Deswegen sind 14 % der M2M-Netze einfacher zu administrierende, aber meist nicht flächendeckende und in den Datenvolumina beschränkte, sogenannte LPWAN (Low Power Wide Area Netzwerke, meist Fixed Wireless), die eine Klasse von Netzwerkprotokollen über lizenzfreie Frequenzen des Radiospektrums (ISM-Band, White Space) oder Mobilfunkfrequenzen zur Verbindung von Niedrigenergiegeräten wie batteriebetriebene Endgeräte mit einem Netzwerkserver bilden. Dieser Server verfügt über Schnittstellen für IoT Plattformen und Applikationen. Das Protokoll ist so ausgelegt, dass eine große Reichweite und ein niedriger Energieverbrauch der Endgeräte bei niedrigen Betriebskosten erreicht werden können.

Folgende LPWAN-Standards wurden außer dem bereits in Kapitel 7 beschriebenen WiFi veröffentlicht, die in unterschiedlichen Anwendungsszenarien optimal sein können:

- LoRaWAN (Long Range Wide Area Network von der LoRA-Alliance, Standard seit 2007), basierend auf der patentierten und proprietären Chirp Spread Spectrum Modulationstechnik der Firma Semtech Corporation. Angesichts der physikalischen Charakteristika - Senden im niedrigen Frequenzbereich mit geringem Energiebedarf - kann das „LoRa“ auch als „low radiation“ gelesen bzw. verstanden werden. LoRaWAN ist asymmetrisch und auf Energieeffizienz ausgerichtet für Reichweiten über 2-40 km für die Uplink-Kommunikation, also das Senden vom Endgerät an das Netz. Die Datenübertragungsrate reicht von 292 Bit/s bis 50 kbit/s. Verschiedene Betriebsabstufungen bis hin zu quasi-kontinuierlicher Downlink-Kommunikation

sind möglich; letzteres geht auf Kosten der Energieeffizienz. Die Frequenzspreizung ermöglicht eine hohe Effizienz bei Datentransfer und Energieverbrauch. Interferenzen werden dadurch minimiert. Die Datentransferrate zum Endgerät passt der Netzserver je nach Bedarf an (ADR = Adaptive Data Rate). Die Netz-Architektur ist sternförmig. Der Strombedarf in Endgeräten beträgt rund 10 mA und 100 nA im Ruhemodus. Das ermöglicht bei Vernachlässigung der Selbstentladung eine Batterielebensdauer von 2 bis 15 Jahren. Die Kommunikation im LoRaWAN ist zweifach mit 128 bit AES verschlüsselt, zum einen bis zum Netzserver und zum anderen bis zum Anwendungsserver. Die Niederlande, die Schweiz (Swisscom), Russland und Südkorea bieten als erste Länder nahezu flächendeckend eine LoRaWAN-Versorgung an.
- Symphony Link der Link Labs basiert auf LoRa-Modulation und ist 2014 entwickelt worden. Es erlaubt bidirektionale Kommunikation mit bis 250.000 Endgeräten pro Basisstation mit einer Reichweite von über 10 km. Firmware-Upgrades sind wireless möglich, genau wie komprimierte bidirektionale Sende- und Empfangsbestätigungen.
- LTE-M (MTC, Machine Type Communication), basiert auf LTE Advanced von 3GPP) und inkludiert eMTC (enhanced Machine Type Communication, LTE Advanced Pro, 2016), sowie NB-IoT (NarrowBand-IoT). LTE-M hat im Vergleich zu NB-IoT eine höhere Datenrate, eine höhere Mobilität und kann auch Stimme über das Netzwerk übertragen, braucht aber eine höhere Bandbreite, kostet mehr und kann nicht in einem Frequenzband überwacht werden. 2019 haben bereits über 100 Betreiber NB-IoT oder LTE-M ausgerollt. In Deutschland betreiben die Telekom und Telefonica ein solches Netzwerk.
- Weightless-W (Weightless SIG (Special Interest Group) 2012, UK) als offener, bidirektionaler, lizensierter oder unlizensierter, schmalbandiger Drahtlos-Standard zwischen einer Basisstation und mehreren Tausend Maschinen. Die dafür qualifizierte Hardware wurde zum ersten Mal im Juli 2017 von Ubiik Inc. und heute von mehr als 100 Unternehmen aus mehr als 40 Ländern produziert. Besonders ARM ist hierfür engagiert aufgetreten.

Folgende Technologien, die nicht als Standards veröffentlicht wurden, werden von LPWAN-Betreibern als öffentliche Netze angeboten:

- WavIoT NarrowBand Fidelity (WavIoT NB-Fi 2011), von der US-amerikanischen Firma WavIoT vor allem für Strom- und Wasserzähler betrieben. WavIOT hat eine Reichweite von 10 km in Städten und bis zu 30 km in ländlichen Regionen mit bis zu 10 Jahren Batterielebenszeit.
- SigFox des gleichnamigen, 2009 gegründeten Telekommunikationsunternehmens, das ein proprietäres, unabhängiges, globales Funknetzwerk aufbauen will. Die zugrundeliegende Ultra-Narrow-Band-Modulation ist eine Technologie, die bereits für die U-Boot-Kommunikation während des Ersten Weltkrieges verwendet wurde. Das Sigfox-Netzwerk und die Technologie des Unternehmens fokussiert sich auf die Verbindung vieler kostengünstiger, langlebiger Geräte, die eine breite Flächen-

abdeckung erfordern. Dazu gehören beispielsweise Stromzähler, Smartwatches, Heizungen und Waschmaschinen, aber auch Anwendungen im Bereich Landwirtschaft, Medizintechnik und Fertigungsindustrie in mehr als 60 Ländern. In Deutschland hat die Netzabdeckung von Sigfox 2019 bereits rund 85 Prozent u. a. mit Sendemasten von Telxius erreicht. Sigfox-Basisstationen können im Gegensatz zu Mobilfunk-Basisstationen bis zu einer Million Objekte mit einer Reichweite von 3 bis 50 km verwalten. Sigfox-Geräte werden nur für die Sendung einer Nachricht mit maximal 12 Bytes aktiv und dies nicht mehr als 140mal pro Gerät und Tag. Damit sind sie für Tracking und Geotargeting aber nicht für Edge-Computing geeignet.

- Random Phase Multiple Access (RPMA for the Machine Network in 2015) wird im 2,4-GHz-Frequenzbereich von Ingenu (früher On-Ramp Wireless, 2008 gegründet) gemeinsam mit der eigenen Hardware mit einer Reichweite von bis zu 50 km vertrieben. Es ist für Robustheit, Reichweite und Kapazität optimiert und wird vor allem im Öl- und Gasbereich von etwa 40 privaten, regionalen M2M-Netzwerken genutzt und hat in den USA eine breite Netzwerkabdeckung.
- Wirepas kann als Software auf jeder Funkgeräteserie und auf jedem Frequenzband verwendet werden. Es gibt keine zentrale Steuerung in einem wirepas-fähigen Netzwerk, die eine zuverlässige und skalierbare drahtlose Konnektivität gewährleistet. Ein Wirepas-Netzwerk kann Daten einschließlich Software-Updates in jede Richtung an und von der Cloud oder zwischen Geräten im Netzwerk weitergeben. Wirepas Mesh wurde von Grund auf neu (Clean-Sheet-Ansatz) entwickelt, um Leistung, Belastbarkeit und Skalierbarkeit zu bieten. Der Hauptvorteil der Verwendung von Wirepas ist die Reduzierung der Gesamtbetriebskosten in Anwendungsfällen, wo viele Sensoren und Aktoren an eine Geolokalisation angeschlossen werden müssen.

Neu hinzugekommen und in Deutschland auch mit dem Sonderweg „On-Campus“ diskutiert ist 5G.

9.5.3 Charakteristiken von 5G

Die bisherigen Mobilfunknetze waren eher für unkritische Daten und nicht für direkten Einsatz im industriellen Bereich oder Industrial IoT vorgesehen. Das ändert sich gerade mit dem neuesten Standard „5G“, also der fünften Generation Mobilfunk. Anfang Juli 2019 kündigten Telekom, Vodafone und O2 an, dass UMTS abgeschaltet wird (vgl. **Bild 9.9**), damit Frequenzen für 5G frei werden. 2013 hat die Europäische Kommission zusammen mit der 5G Infrastructure Association eine öffentlich-private Partnerschaft für 5G (5G PPP) gegründet. 2019 wurden in Österreich, Südkorea und in Chicago und Minneapolis in den USA die ersten kommerziellen 5G-Netze in Echtbetrieb genommen. Wesentliche Neuerungen von 5G werden erst bei der Nutzung von Frequenzen oberhalb von 6 GHz erwartet (Datenraten bis zu 20 Gbit/s, erhöhte Frequenzkapazität und Datendurchsatz, Echtzeitübertragung, weltweit 100 Milliarden Mobilfunkgeräte gleichzeitig ansprechbar, Latenzzeiten von unter 1 ms).

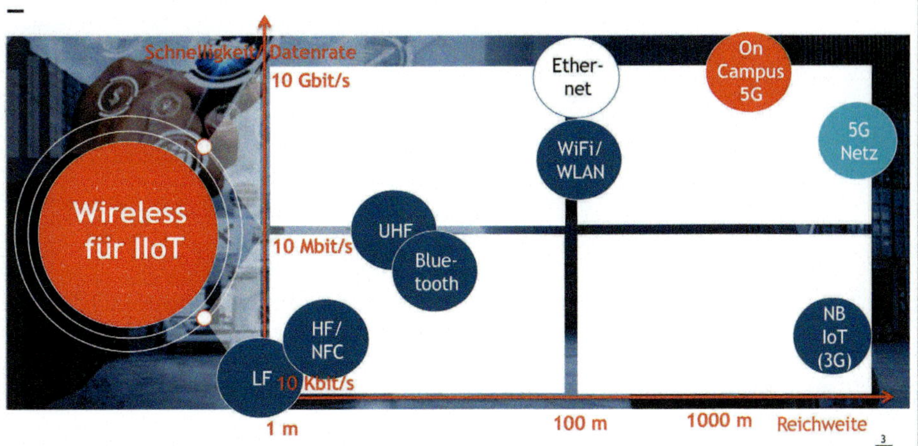

Bild 9.9: 5G im Vergleich

Mit seinen erwarteten Leistungswerten kann 5G zu anderen Wireless-Technologien bzgl. Schnelligkeit und Reichweite auch mit der drahtgebundenen Kommunikation in der industriellen Automatisierung konkurrieren. Somit ist die Kompatibilität von Maschinen und Geräten gegeben. Allerdings sind wesentlich mehr Funkmasten nötig, da die Radien kleiner werden. Noch ist die Spezifikation nicht final, die ersten Funknetze sind für 2020 angekündigt und werden in Deutschland auch „On Campus“ angeboten, d. h. begrenzt z. B. auf eine Fabrik. Dies könnte die technische Plattform für ein industrielles Internet-of-Things bilden. Auch hier wird der Edge Computer zunächst das Endgerät sein und somit 5G zunächst auf der 2. Stufe arbeiten. Die offene Frage ist, ob 5G die Leistungsfähigkeit, Störfestigkeit und Administrierbarkeit hat, um auch die erste Stufe zu bedienen. Sollte dies der Fall sein, könnte die industrielle Automation tatsächlich revolutioniert werden, indem auch IO-Link-Sensoren, wireless und 5G-geeignet, zu kleinen Edge Computern werden (vgl. **Bild 9.10**: Implementierung von 5G).

9.6 IO-Link und Industrie 4.0 Security

Sicherheitskonzepte und Risikobetrachtungen haben aufgrund von Standards wie IO-Link und der Auflösung der OT- und IT-Pyramide durch Industrie 4.0 an Bedeutung im Maschinenbau zugenommen. Zunächst sind dabei Safety- und Security-Anforderungen zu unterscheiden, wie in Kapitel 7 dargestellt. Dennoch können mit Safety-Konzepten heute auch Security-Anforderungen erfüllt werden.

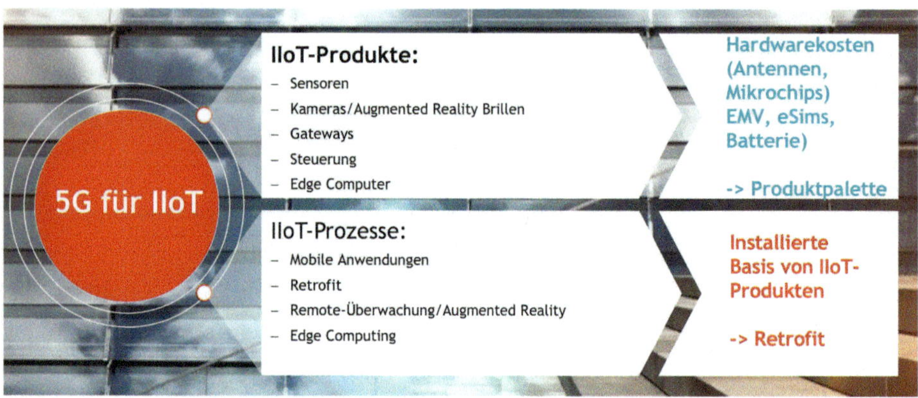

Bild 9.10: Implementierung von 5G

In Verbindung mit Industrie 4.0 sind Safety-Lösungen allerdings vom Sensor bis in die Cloud (End-to-End) bisher noch nicht in Sicht. Man kann sich gerade bei der Forderung nach diversitärer Redundanz leicht vorstellen, dass Safety in der IT-Welt z. B. auf der Cloud eine Herausforderung ist. Safety in der Cloud würde z. B. bedeuten, dass sichere Cloud-Anwendungen immer an zwei unterschiedliche zentrale Instanzen (also z. B. On-premis und in der Cloud) angebunden sein müssten. Würde man diese diversitären Redundanz-Konzepte jedoch anwenden, so könnte man gleichzeitig auch (Cyber-) Security von der Cloud bis zum IO-Link-Sensor (End-to-End, E2E) besser realisieren.

Der Begriff Security bezeichnet, wie in Kapitel 7 bereits erwähnt, die Sicherheit der Datenübertragung. In der klassischen Automatisierungspyramide der 90-er Jahre war der Sicherheitsaspekt gegenüber heute zweitrangig. Trotzdem war die Security sehr hoch, da Steuerungen, Ein-/Ausgabemodule und Antriebe über Feldbusse mit RS485-Physik kommunizierten, die nicht direkt mit IT-Netzwerken verbunden waren. Die IT-Sicherheit spielte sich zum überwiegenden Teil auf Ethernet basierten Netzwerken ab, die für die Automatisierung nicht eingesetzt wurden, weil in der Standard TCP-IP Ethernet-Welt der IT der Datenverkehr kollidieren kann. Diese theoretische Möglichkeit verhinderte den Einsatz für die Automatisierungswelt. Jeder Feldbus verfügt dagegen über einen Determinismus, d. h. einen garantierten Kommunikations-Slot. Viren konnten sich somit, wenn überhaupt, nur durch physikalische Medien wie USB-Sticks oder CDs und Programmiergeräte verbreiten.

Diese Zeiten sind Geschichte. Heutzutage basieren alle Feldbusse auf Ethernet-Physik, Steuerungen haben Webserver eingebaut und Ferndiagnosen funktionieren über das Internet. Internet- und Office-Technologien haben bereits in die Automatisierung Einzug gehalten. Dies bedeutet auch zunehmende Angriffsmöglichkeiten, neudeutsch „Vulnerability", auf Industrieanlagen, chemische Prozessse, Lebensmittelfabriken, Wasserwerke, Kraftwerke und andere kritische Infrastruktur. Dennoch haben die meisten Kommunikationsprotokolle in der OT bis heute keine Authentifizierung oder Verschlüsselung, auch, weil solche zusätzliche Last die Kommunikation verlangsamen würde. Das macht sie aber umso anfälliger für Hacker.

Die für Industrie 4.0 verlangte hardwarebasierte Sicherheit (vgl. Kap. 8) gibt es heute im realen Produktionsumfeld kaum: Im Vergleich zur klassischen IT-Infrastruktur haben industrielle Komponenten eine wesentlich längere Lebensdauer, die sie der Verbindung zwischen IT und OT nicht gewachsen erscheinen lassen. Speicherprogrammierbare Steuerungen (SPS) haben tatsächliche Einsatzzeiten, die 10 oder mehr Jahre betragen. Es ist bisher nicht üblich gewesen, diese Steuerungen regelmäßig mit Sicherheitsupdates zu versorgen, da sie nicht als Teil der IT-Infrastruktur gesehen wurden. Durch die Verbindung zwischen OT- und IT-System entstehen neue, komplexe Sicherheitslagen, die besonders über Techniken wie Virtual LANs, Firewalls, Security im Edge Gateway und VPN abgesichert werden.

Am berühmten Beispiel der Stuxnet-Virusattacke zeigten sich die Auswirkungen eines Cyber-physischen Angriffs und dessen Auswirkungen auch auf die Anlagen-Sicherheit (Safety). Ein über USB bzw. LAN verbreiteter Schadcode veränderte den Steuerungscode der SPS, um die Zentrifugen durch Schließen entsprechender Ventile zum falschen Zeitpunkt und daraus resultierendem Überdruck zu zerstören.[1)]

9

Auch IO-Link wurde ursprünglich nicht geschaffen, um eine sichere Verbindung zur IT-Welt herzustellen. Durch die bidirektionale Kommunikation zwischen IO-Link und IT-Welt entstehen so neue Sicherheitsrisiken im Safety- und Security-Bereich: der mögliche Missbrauch von Daten und Programmen. Wenn mit Industrie 4.0 Hardware und Software gekoppelt werden, so werden bisher streng getrennte Welten horizontal und vertikal vernetzt. Ein Wettbewerber, Hacker oder andere Angreifer mit z B. terroristischem Hintergrund könnten über IO-Link-Sensorik und -Aktorik

- abhören: z. B. innovative Produktionsverfahren durch das Abhören der Parametrierung von Sensoren und Aktoren und der durch sie generierten Daten ausspähen,
- sabotieren: z. B. eine die Produktion gefährdende Parametrierung von Sensoren vornehmen oder Aktoren in gefährlicher Weise manipulieren.

---

1) Ein ausführlicher Bericht zu dem Angriff: https://www.langner.com/wp-content/uploads/2017/08/Stuxnet-und-die-Folgen.pdf, abgerufen am 24.05.2020.

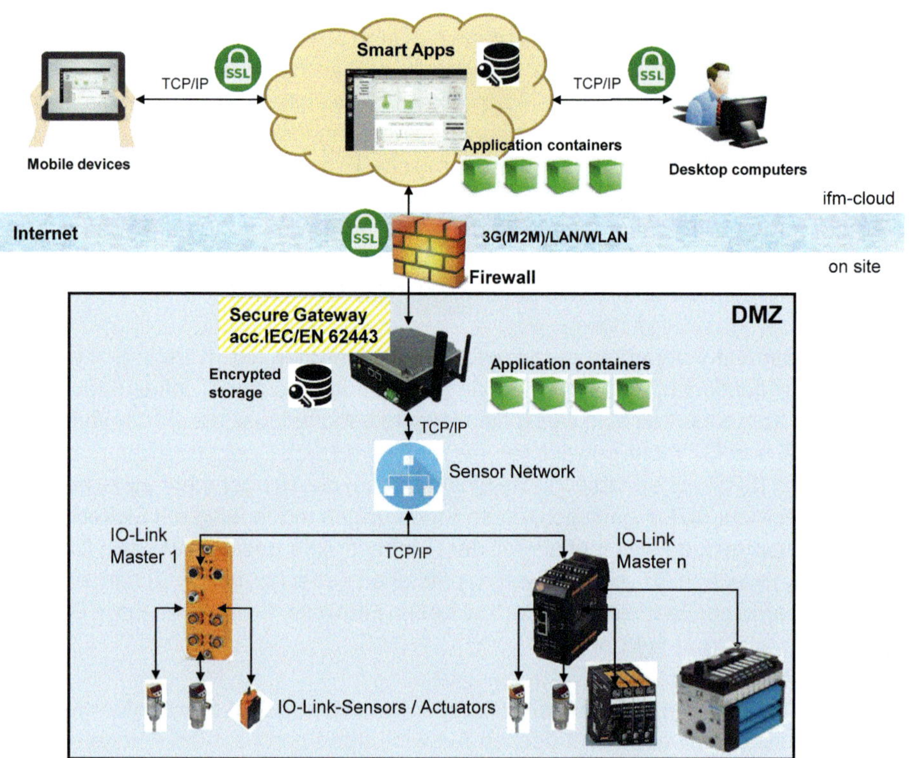

Bild 9.11: IO-Link Devices mit sicherer Verbindung zur Server-Datenbank

Nicht unterschätzen darf man dabei den „Ransom-Ware"-Ansatz, um für die Hacker gewinnbringend zu sabotieren: Die Drohung, eine ganze Produktion oder gar einen Energieerzeuger über den Zugriff auf Sensorik lahmzulegen, kann sicherlich zu erheblichem Erpressungspotenzial führen. Dies zeigt das Beispiel von Pilz, einem insbesondere im Safety-Bereich tätigen Automatisierungsunternehmen, das von sogenannter „Ransom-Ware" bedroht wurde. Die digitalisierte Produktion von Pilz musste stillgelegt werden, bis die Bedrohung durch die Hacker aufgehoben war.[2] Dies kann langfristig keine Lösung für die Nutzung von IO-Link-Daten in der IT-Welt sein.

Die Lösung der Securityfrage ist innerhalb der Produktion nicht trivial und muss zusätzlich noch benutzungsfreundlich sein.

[2] Ein ausführlicher Bericht zu diesem Angriff: https://www.vdi-nachrichten.com/technik/cyberangriff-legt-produktion-lahm/, abgerufen am 26.06.2020.

Der bisherige, pragmatische Lösungsansatz durch einen definierten, sicheren Bereich, in der sich die Produktion befindet (**Bild 9.11**), ist die DMZ (Demilitarisierte Zone):

- Die Maschine oder Anlage befindet sich in einem abgeschlossenen Bereich, der nur von autorisiertem Personal betreten werden darf, was direkte physische Angriffe auf die IO-Link-Verdrahtung, Master und Gateways, aber nicht den menschlichen Faktor ausschließt.
- Das Automatisierungsnetzwerk ist vom gewöhnlichen Office-LAN getrennt und von der IT in einer DMZ eingerichtet, hat also über Firewalls eingeschränkten und genau definierten Zugriff auf das Intranet oder Internet. Dies schränkt jedoch auch den ökonomischen Nutzen ein, den man aus IO-Link-Daten ziehen könnte.

In der DMZ sollten alle anderen einfachen Einfallstore geschlossen werden. Das bedeutet eigentlich, dass Wireless-Technologien nicht zur Anwendung kommen dürfen. Noch schlimmere Einfallstore sind die heute noch durchaus in der Produktion vorkommenden, von mehreren Mitarbeitern gemeinsam genutzten Windows-7-Rechner oder Steuerungen mit offenen USB-Schnittstellen. Computer in der Produktion und USB-Schnittstellen sollten stattdessen (weg-) geschlossen werden. Auch ein Handy, Lade- oder einfach ein anderes sendefähiges Gerät darf mit einer DMZ und Anwendung von Wireless-Technologie in der Produktion nicht mehr genutzt werden. Es ist leicht nachzuvollziehen, dass eine DMZ die Digitalisierung der Produktion ähnlich erschwert wie die Passworteingabe im Büro.

Die DMZ als Abgrenzung zur Office-IT folgt mit der Firewall-Logik den Regeln der Office-IT-Welt mit den Prioritäten:

- Vertraulichkeit
- Integrität
- Zugänglichkeit, Zuverlässigkeit und Safety (Verfügbarkeit)

In der Produktion und damit in der Automatisierung sind die Prioritäten jedoch anders geordnet:

- Zugänglichkeit, Zuverlässigkeit und Safety (Verfügbarkeit)
- Integrität
- Vertraulichkeit

Das Abschalten von Systemen, das z. B. in der Office-IT durchaus in Betracht kommt, um weiteren Schaden verhindern zu können, richtet in der Produktion so hohen Schaden direkt an der Wertschöpfung des Unternehmens an, dass es eigentlich

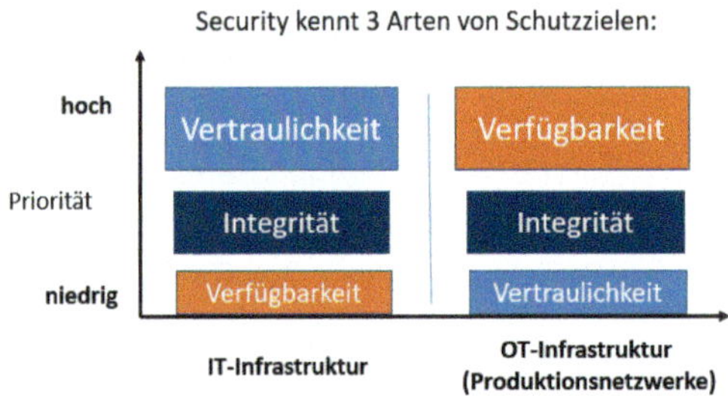

Bild 9.12 Unterschiedliche Security Schutzziele bei IT- und OT-Netzwerken

keine Option ist (vgl. [Kagermann, H., Wahlster, W., & Helbig, J., S. 53ff.]. Dennoch stellte es sich im Falle von Pilz als notwendig heraus. **Bild 9.12** veranschaulicht die unterschiedlichen Prioritäten in Büro und Produktion.

Der DMZ-Ansatz ist auf jeden Fall pragmatisch, um die ersten Gehversuche mit IO-Link-Daten in der IT-Welt zu machen. Die Risikobewertung und Definition der Schutzziele kann nach der vom BSI und VDMA empfohlenen Norm IEC/EN 62443 erfolgen, deren Anfänge im Jahr 2000 liegen. Das erste Kapitel dieser Norm beschäftigt sich mit den Grundlagen, wie Sicherheitsmessgrößen und -lebenszyklen. Das zweite definiert Sicherheitsmanagement-Systeme und das dritte behandelt Sicherheitstechnologien und Sicherheitslevel in unterschiedlichen Zonen. Hier werden – unter der Berücksichtigung der Hierarchielevel in der Automatisierungspyramide - auch die unterschiedlichen Anforderungen an eine DMZ definiert. Das letzte Kapitel der „Sicherheitsnorm“, das Sicherheitsanforderungen an Komponenten wie IO-Link-Devices betrifft, ist erst 2018 abgeschlossen worden (4-1, 4-2). Die ersten Anbieter bieten bereits entsprechende Edge Computer und Gateways mit IoT-Core und embedded bzw. hardwarebasierter Security an.

Professionelle Hackerangriffe nutzen ohnehin auch heute noch vor allem PCs und USB-Schnittstellen, also eigentlich den Faktor Mensch, um lokale Netzwerke zu infizieren. Um einen Datenangriff über den Edge Computer (ohne USB-Schnittstelle!) und damit das Standard-Ethernet hinaus durch ein IO-Link-Gateway hindurch und weiter über IO-Link bis zum einzelnen Sensor durchzuführen, ist sicherlich die kriminelle und noch mehr finanzielle Energie nötig, die Stuxnet oder dem Pilz-Angriff zugrunde lag.

Die hardwarebasierte Security und die DMZ greifen langfristig – bedenkt man vor allem die Lebenszeit der Automatisierungskomponenten – dennoch zu kurz, wenn die Automatisierungspyramide aufgelöst wird, die Daten auf ihrem Transportweg vielfach angegriffen werden können oder Virenscanner, Sicherheitssoftware-Updates und Firewalls die Verfügbarkeit der Daten in „Echtzeit“ zunichtemachen. Den Gefahren des Abhörens und Sabotierens von Daten kann man mit unsicheren Übertragungssystemen, insbesondere im Wireless-Bereich (Bluetooth, WLAN, GSM), praktisch nicht begegnen oder jeder Sensor würde seine eigene Firewall brauchen.

Benutzerfreundliche Sicherheitskonzepte, -strukturen und -standards werden gefordert, die die Produktion nicht verlangsamen, wie es die Sicherheitskonzepte der Office-IT im Büro tun, und die Daten trotzdem auch bei ihrem Transport vor Zugriffen schützen.

Dies führte zum Konzept der End-to-End (E2E)-Security vom Sensor bis in die Cloud und zurück, die auf einem konsequenten Zertifikats- und Verschlüsselungsmanagement aufbauen, was allerdings die zu transportierende Datenmenge stark erhöht. Gegen Abhören und Sabotage in der Übertragung ist man z. B. bei Wireless-Anwendungen besser gefeit, wenn

- die Authentizität der Geräte durch Schlüssel abgesichert wird,
- die Datenvertraulichkeit, -integrität (nicht manipulierbare Daten) und -einmaligkeit (nicht reproduzierbare, also kopierbare Daten) durch kryptografische Protokolle gewahrt wird.

Die Basis für eine E2E-Security (und der Plagiatschutz) ist bei IO-Link durch die Möglichkeit der Identifikation und Kennzeichnung mit Seriennummer besser als bei anderen Sensorlösungen. Bei Sicherheitsüberlegungen spielen IO-Link-Devices einen großen Vorteil aus: Sie identifizieren sich selbst ein-eindeutig. Damit ist ein erster Schritt zur Authentifizierung getan. Über die Einführung von Passwörtern bei IO-Link-Sensoren kann nachgedacht werden. Ein 128-bit-Passwort für eine IO-Link-Schnittstelle mit Zugriff auf alle Sektoren des Mikroprozessors würde mehr als vier Milliarden Kombinationen zulassen, die allerdings von einem normalen Rechner in weniger als einer Sekunde ermittelt werden können.

Der Y-Weg hat von IO-Link ausgehend im Hinblick auf Security sogar einen positiven Effekt: Stuxnet wäre mit dem Y-Weg erschwert worden. Da mit diesem Weg von der IT nicht direkt auf die Steuerung zugegriffen wird, können auch Handlungen – Aktorik – nicht beeinflusst werden. Die Zentrifugen bei Stuxnet hätten nicht überdreht. Über den Y-Weg ist eine höhere Sicherheitsstufe in der Anbindung an die virtuelle Welt zu erreichen.

Allerdings bedeutet der bidirektionale Y-Weg auch ein zusätzliches Safety- oder Security-Problem. Dies besteht umso mehr, wenn die IT durch die Nutzung eines Y-Gateways die Rolle eines zweiten (Steuerungs-)Masters übernimmt. Hier muss es eine klare Regelung der Prioritäten zwischen den Parametrierbefehlen der Steuerung und den Befehlen aus der IT-Welt an die IO-Link-Sensoren geben. Um die IO-Link-Daten ohne DMZ wireless und in einer gemeinsamen Datenbasis umfassend nutzen zu können, sollte bottom-up spätestens auf dem Edge Computer mit End2-End-Verschlüsselung und automatisierter Authentifizierung begonnen werden.

Wenn die Cloud als gemeinsame Datenbasis die Sicherheitskontrolle übernimmt, ist viel mehr denkbar: So z. B. eine Meta-ID (Masterschlüssel) oder eine symmetrische Authentifizierung (Zertifikatsmanagement) nach ISO/IEC 9798-2, bei der ein Passwort einen gemeinsamen geheimen Schlüssel enthält, den auch die Software in der Cloud kennt. Mit Hilfe dieses Schlüssels findet eine gegenseitige Identifikation des IO-Link-Devices über die Generierung von verschlüsselten Zufallszahlen statt.

Der geheime Schlüssel selbst wird nicht übertragen. Allerdings besteht gerade bei einer Software, die an eine große Zahl von Kunden verkauft werden soll, eine hohe Wahrscheinlichkeit, dass der Schlüssel bekannt und kopierbar und damit die Authentifizierung als Sicherheitsmaßnahme hinfällig wird.

Bei der asymmetrischen Authentifizierung erhält jeder Sensor oder Aktor einen anderen kryptographischen Schlüssel, um eine Sabotage durch die Bekanntheit des Schlüssels zu vermeiden. Für die asymmetrische Authentifizierung wird während der Produktion des Sensors oder Aktors die Seriennummer, die ohnehin ausgelesen wird, benutzt, um mit Hilfe einer Meta-ID einen abgeleiteten Schlüssel zu berechnen. Diese Meta-ID wird aus der Cloud genutzt, um das IO-Link-Device zu aktivieren (vgl. hier und im Folgenden [Finkenzeller 2012, S. 284ff., 297ff., 413f. und 434ff.]). Um die Aktivierung mit Hilfe der Meta-ID vorzunehmen, kann der Kunde beispielsweise Angaben auf dem Typenschild nutzen. Es muss also zunächst Sichtkontakt zum Gerät bestehen.

Eine geringere Einschränkung ist eine Lösung mit asymmetrischer Authentifizierung und öffentlichem Masterschlüssel, die ähnlich Pretty Good Privacy (PGP) bei der E-Mail-Verschlüsselung funktioniert. Hier muss ein gemeinsamer Masterschlüssel im Sensor oder Aktor als Passwort hinterlegt werden, was entsprechende Ansprüche an den Speicherplatz im IO-Link-Device stellt. Zusätzlich wird jedem Kunden ein individueller Schlüssel zugewiesen. Der gemeinsame Masterschlüssel kann die Nachricht chiffrieren, während der individuelle Kundenschlüssel dechiffriert. Ein passwortgeschützter Speicherbereich in z. B. einem EEPROM dient dann der Verschlüsselung einer Nachricht mit dem gemeinsamen Masterschlüssel, ein Speicherbereich dient der Entschlüsselung einer Nachricht des Kunden durch das IO-Link-Device, ein weiterer der Entschlüsselung einer Nachricht des Sensorherstellers durch das Device. Die Schlüssel des Kunden sind in einem für den Kunden sicheren Bereich in der gemeinsamen Datenbasis zu hinterlegen. Als Verschlüsselungsalgorithmen sind beispielsweise Blockchiffren nutzbar.

Bei einem solchen Passwortschutz sind die aufgezeigten Möglichkeiten als kryptographische Protokolle in die Firmware des IO-Link-Devices oder -Masters und die Software (z. B. Moneo configure) einzubinden, was zusätzliche Anforderungen an den Speicherplatz auf Device oder Master stellt. Im für den Sensor- oder Aktuatorhersteller verschlüsselten Speicherbereich werden alle nicht veränderbaren Herstellerangaben wie die Produktionsdaten hinterlegt. In einem zu definierenden Kundenbereich sind Informationen aus Sicht des Kunden zu hinterlegen. Das Passwort auf dem Device hätte als Masterschlüssel als einziges die Möglichkeit, den Schutz aller Speicherbereiche zu verändern. Das beschriebene Verschlüsselungsverfahren entspricht einem hierarchischen Schlüsselkonzept. Nachteilig bei der Anwendung eines solchen Schlüsselkonzeptes sind die fest segmentierten Speicher des Mikrochips, die dazu führen, dass wertvoller Speicherplatz verschenkt wird. Im Industrie 4.0-Umfeld wird eine Standardisierung in Bezug auf die Kryptographie gefordert (vgl. [Kagermann, H., Wahlster, W., & Helbig, J., S. 62ff.]).

Selbst eine Blockchain kann im Zusammenhang mit IO-Link-Devices angedacht werden. Da sich IT-Technologien wie Blockchain rasant weiterentwickeln, werden sie sicherlich auch die Entwicklung im Bereich der E2E-Security treiben und somit auch aus Security-Gesichtspunkten Wireless ermöglichen. Der Edge-Computer kann die Stelle sein, bei der auch NIDS (Network intrusion detection systems) und HIDS (Host intrusion detection systems) installiert werden. Hackerangriffe müssen dort aufgezeichnet und verifiziert werden. Hier sollten auch bestimmte Integritätslogiken als Algorithmen eingebaut werden, die keine auffälligen Befehle wie bei Stuxnet zulassen. Prioritäten können festgelegt werden, z. B. SPS-Befehle immer vor Befehlen anderer Hosts. Schließlich ist auch bei dem Thema diversitäre Redundanz ein gutes Mittel: So wie in der Cloud-Kommunikation oft unterschiedliche Programmier-Sprachen genutzt werden, z. B. JavaScript, C++/ Visual C und Python, können auch zwischen Edge Computer und OT-Welt unterschiedliche Protokolle oder gar Physiken zur Anwendung kommen.

Das größte Risiko für Unternehmen ist und bleibt jedoch, wegen fehlender Sicherheit in Bezug auf Industrie 4.0 und damit IO-Link gar nichts zu unternehmen. Hacker sind schnell und der Umbau eines Automatisierungssystems braucht viel länger, als ein Angriff kreiert ist. Kostet E2E-Security dann nicht zuviel? Mit zunehmendem Wert der IO-Link-Daten wird die End-2-End-Sicherheit mit Sicherheit bezahlbar.

Die gemeinsame Datenbasis in der Cloud und ihr Wert macht den Schutz der Daten, also die Security, aber über Abhören und Sabotieren hinaus wichtig. Durch eine gemeinsame Datenbasis und die Nutzung in unterschiedlichen Applikationen diverser Stakeholder ergeben sich neue datenschutzrechtliche und sicherheitstechnische Fragestellungen:

- Die erhobenen Daten selbst lassen Rückschlüsse auf Personen und die Auftragslage zu, sind also relevant für das Bundesdatenschutzgesetz bzw. wettbewerbsrelevant.
- Die Verfügbarkeit der Daten wird selbst zum Kapazitätsfaktor wie die Arbeitssysteme.

Der rechtliche Schutz der erhobenen Daten ist über das Gesetz nicht eindeutig. Eine Datenbank ist nur dann im Sinne des Urheberrechts- oder Bundesdatenschutzgesetzes geschützt, wenn sie eine wesentliche Investition erfordert bzw. personenbezogene Daten enthält. In einem Produktionsnetzwerk ist also ergänzend der Datenschutz einzelvertraglich über eine Geheimhaltungsvereinbarung oder innerhalb eines Netzwerkvertrages zu regeln, dessen Einhaltung durch Kontrollrechte und Beweislastanforderungen überprüft und mit Schadensersatz oder Vertragsstrafe belegt wird.

Bereits in Konstruktion und Entwicklung des Netzwerks berücksichtigtes, benutzungsfreundliches „Security by Design“ ist für Software-Applikation und Datenbasis bereits in der oben beschriebenen Referenzarchitektur der Open Industry 4.0 Allianz berücksichtigt worden und geht über E2E-Security hinaus:

- Berücksichtigung in einem gegenseitigen Vertragsverhältnis wie z. B. einem Non-Disclosure-Agreement (NDA),
- Granularität der Daten wird noch in einer Datenbank am Arbeitssystem durch Edge Computing erhöht und semantisch verkürzt, soweit die geforderten Daten es erlauben,
- Benutzungsrechte werden so weit wie möglich spezifiziert und in einer sicheren Cloud verwaltet, so dass sie nicht die Benutzung der Maschine beeinträchtigen,
- durchgängige Dokumentation der Benutzungsaktionen und schnelle Anomalieerkennung.

9.7 Ein Industrie 4.0 Anwendungsfall mit IO-Link

Die Wieland-Werke möchten Condition Monitoring[3] bei einer bestehenden Infrastruktur (Brownfield) aufbauen, um daraus Maßnahmen ableiten zu können, die beispielsweise Defekte detektiert oder sogar – mit Predictive Maintenance – verhindert. Dabei ist die Aufgabenstellung wie folgt detailliert:

- Condition Monitoring: Transparenz über Zustände und Defekte in Echtzeit durch eine nachhaltige digitale Erfassung folgender Zustandsdaten:
  - Energie- und Wasserverbräuche, einschließlich Leckagen an Druckluft- und Wasserleitungen, sowie andere Umweltmessungen wie Außen- und Innentemperatur, CO_2-Gehalt, Feinstaub und Luftfeuchtigkeit
  - Belegung der Park- und Stellplätze, aber nicht der Lagerflächen

- Predictive Maintenance: Aus den so erfassten Daten sollen zusätzliche Informationen entstehen, die die Vorhersage von Defekten möglich macht.

Für die weit verteilten Sensoren soll eine geeignete Industrial IoT-Plattform zur Erfassung und Verarbeitung der Zustände herangezogen werden, die über folgende Eigenschaften verfügt:

- Dashboards zur Darstellung der aktuellen Zustände und der Historiendaten
- Big Data Analytics zur Schaffung von Predictive Aussagen
- Verbindung zu vorhandenen Instandhaltungssystemen bzw. Schaffung von solchen Systemen auf der Plattform zur Einleitung von Folgeaktionen.

[3] Die Ausschreibung hierzu findet sich unter https://www.automatisierungstreff.com/?page_id=22821, abgerufen am 26.06.2020.

- Die Plattform kann mit entsprechenden User-Rechten nicht nur die Kommunikation zwischen Sensoren und Softwaresystemen, sondern auch Menschen ermöglichen.

Im vorliegenden Fall sollte die Erfassung der Zustandsdaten sowohl aus der Gebäude- als auch aus der Fabrikautomation durch IO-Link Wireless Sensoren möglich sein. Die Erfassungsorte sind weit verstreut und vielleicht ohne Energieversorgung, so dass sich Wireless Sensoren mit unabhängiger Energieversorgung zum Teil anbieten. Für die neu zu installierenden, kabelgebundenen Geräte wird ein IO-Link Master mit Y-Weg-Möglichkeit, also mit IoT-Ausgang gewählt. Neben kundenspezifischen Geräten und Sensorik anderer Anbieter wie z. B. IO-Link- Druckluftmesssysteme von ifm kommen auch bereits IoT Adapter und Wireless-Sensoren bzw. -Aktoren zum Plug&Play-Einsatz aus der Gebäudetechnik zum Einsatz, die besonders zur Erfassung von Zuständen einer Infrastruktur geeignet sind. Die Daten der Wireless-Sensoren können vier Edge Computer selbst empfangen, im vorliegenden, angenommenen Beispiel 5G-ready Edge Gateways der Q.Beyond GmbH, die auf dem Betriebsgelände eingesetzt werden. Die Edge Computer erfassen die Zustände sowohl Event- als auch regelbasiert, je nach Vorgaben aus der Operator Cloud Platform.

Für Predictive Maintenance ist es unumgänglich, verschiedene Zustände und Umweltfaktoren miteinander zu verknüpfen, zwischen zu speichern und sie vorverarbeitet an die Operator Cloud Platform zu übermitteln. Dafür bietet Q.Beyond als Mitglied der OI4 mit dem Edgizer Edge Computing an. Der Edgizer stellt eine sichere Verbindung zwischen drahtlos oder drahtgebunden angeschlossenen Geräten und der Operator Cloud Platform her. Er verbindet z. B. verschlüsselt per Funk verbundene Hardware im industriellen Umfeld mit einer frei wählbaren Cloud über eine gesicherte Internetverbindung, lässt die Zwischenspeicherung der Daten für eine Historienbetrachtung und ein Update der Algorithmen und Regeln zur Vorverarbeitung zu.

Die genutzte Operator Cloud Platform kann der Hersteller selbst in Auftrag geben und on-premis betreiben. Der Edgizer kann sowohl mit Q.Beyond IoT-Produkten, als auch mit bereits verbauten Komponenten des Auftraggebers (z. B. Standard-IO-Link-Sensorik) betrieben werden, da er über ein flexibles Device Management verfügt inklusive eines Dashboards für die Darstellung der verschiedenen Zustände. Der Edgizer setzt die Anbindung an bestehende IT-Systeme um: Eine weitere von der OI4 geforderte Funktion des Edgizers ist die Verfügbarkeit einer offenen Programmierschnittstelle (IoT-REST API), über die die Daten ausgelesen, verarbeitet und automatisiert in Drittsysteme übernommen werden. Der Edgizer ist geeignet für einen schnellen und kostengünstigen Einstieg (Public) und auch für den globalen, sicheren Betrieb mit hoher Verfügbarkeit von kundenindividuellen IoT Plattformen (Private) und bietet jederzeit Preistransparenz bei Installation und Betrieb. Sollte der Edgizer nicht nur für die ausgeschriebene Infrastruktur, sondern auch für andere Infrastrukturen von Wieland vorgesehen sein: Er kann auf einer beliebigen IT-Infrastruktur (auch von Hyperscalern wie AWS und Microsoft Azure genauso wie in Wieland- oder Q.Beyond-eigenen

Rechenzentren) betrieben werden. Hiermit lassen sich sowohl on-site Lösungen als auch globale multi-site Installationen darstellen.

Im Betrieb können neue Regeln und Events zur Erfassung an die Edge Computer übertragen werden. Eine (optionale) Ende-zu-Ende-Verschlüsselung ermöglicht die sichere Datenkommunikation zwischen Edge Computer und der Operator Cloud Platform über Publish/Subscribe Verfahren (auch OPC-UA/ MQTT). Wesentliches Leistungsmerkmal ist die Unterstützung der Ende-zu-Ende-Verschlüsselung der Daten im Industrial IoT-System der Q.Beyond: die Nutzdaten (pay-load) werden bereits im Edge Computer verschlüsselt, verschlüsselt übertragen und erst in der Operator Cloud Platform entschlüsselt. Hierfür werden u. a. die Identitäten der IO-Link-Geräte genutzt. Mit dieser Security-by-design-Architektur erfüllt das Industrial IoT-System von Q.Beyond die von der OI4 gestellten Sicherheitsanforderungen. Wichtig für die Transparenz nicht nur für einen zentralen Manager, sondern für die unterschiedlichsten bis hin zu externen Usern: Erstellung und Bereitstellung von CDR („Common Data Responsibilities") für die Unterstützung von nutzungsbasierten Geschäftsmodellen oder einem Multi-Mandanten-fähigen Rollen- und Rechtemodell (Authentifizierung) in der Operator Cloud Platform. Unerlässlich für Predictive Maintenance ist der Industrial Artificial Intelligence Service der Q.Beyond: Hier werden die großen Datenmengen, vorverarbeitet im Edge Computer, intelligent zum lernenden System verknüpft. Manuelle statistische Auswertungen, um Defekte vorherzusagen, sind nur zu Beginn notwendig.

Die Cloud Central, momentan noch von Q.Beyond selbst umgesetzt, hält die Informationen für weitere unterschiedliche Anbindungsvarianten bereit. Denn bei einer Aufgabenstellung im Brownfield ist es durchaus möglich, dass man mit den in der Gebäudeautomation gebräuchlichen Systemen (KNX, EIB, BacNet, M-Bus etc.) genauso konfrontiert wird, wie mit den verschiedenen Standards der Fabrikautomation wie z.B. IO-Link, Profinet und AS-i.

10 Rückblick und Ausblick

Seit der ersten Auflage dieses Buches ist es inzwischen zur Tradition geworden, einen Blick zurückzuwerfen auf die letzten Prognosen und sie mit der seit der letzten Ausgabe eingetretenen Realität abzugleichen. Aber wir geben auch neue Prognosen ab, die hoffentlich zukünftige Entwickler und Integratoren inspirieren. Die ersten Inspirationen des jeweiligen Zeitgeistes geben die Untertitel. Der erste Band von 2010 hieß „IO-Link – Intelligente Geräte brauchen einfache Schnittstellen", was auf die Kommunikationsfähigkeit hinwies. In der Folgeauflage 2018 „IO-Link – Die Brückentechnologie für Industrie 4.0" war die Fortführung der Informationen smarter Gerätedaten in Richtung Internet of Things (IoT) ein dominierendes Thema und in der hier vorliegenden Auflage mussten wir die Themenbereiche in Technik und Anwendung splitten, aufgrund des dramatisch gewachsenen Umfangs mit IoT-Cloud-Applikationen und IO-Link, IO-Link Safety und Wireless. Was fehlt also noch? Antworten folgen wie immer in diesem Kapitel.

10.1 Rückblick auf die vergangenen zwei Jahre

Mit dieser Neuauflage blicken wir auf die Prognosen zurück, die wir im Kapitel 6 der zweiten Auflage aufgestellt haben.

Das Thema IO-Link Wireless hat im Sommer 2020 bereits Fahrt aufgenommen. Daher haben wir es in diesem Band mit einem eigenen, ausführlichen Kapitel beschrieben. Es gibt Chip-Anbieter sowohl für Devices und Bridges als auch für IO-Link Wireless Master. Somit können Hersteller an die Entwicklung eigener Wireless-Produkte gehen. Interessante Anwendungsbeispiele wie die Druckluftverbrauchsmessung als einfache Nachrüstung an Produktionsmaschinen der Firma SKF zeigen die Vorteile eindrücklich. Mit einfachen Mitteln lassen sich Realtime-Maintenance und Energie-Informationen drahtlos einsammeln und an eine zentrale Datenbank zur Auswertung übertragen. Grundsätzliche Vorteile drahtloser Systeme sind die einfache Nachrüstbarkeit ohne aufwendige Kabelnetzwerke und bei IO-Link Wireless insbesondere die Ausrichtung auf Applikationen im industriellen Umfeld mit dem Vorteil der semantischen Standardisierung der Daten.

Bild 10.1 IO-Link Repeater in Bauform IP67 (Quelle: ifm Unternehmensgruppe)

Die Erhöhung der Leitungslängen von IO-Link ist ein weiterhin vieldiskutiertes Thema. Einzelne Anbieter haben inzwischen Repeater im Programm (**Bild 10.1**), die einfach in die IO-Link-Leitung geschleift werden, also zwischen Master und Device, und die die

Gesamtlänge auf bis zu 100 Meter erhöhen. Eine zusätzliche Stromversorgung ist nicht notwendig, die Energie wird aus dem A- oder B-Port entnommen. Eine Reihenschaltung mehrerer Repeater ist möglich; Details hierfür sind der Gerätedokumentation der Hersteller zu entnehmen.

Weitere Möglichkeiten der Leitungsverlängerung wird SPE bieten, aber dies gehört schon zu den (relativ sicheren) Prognosen für die nahe Zukunft (vgl. Abschnitt 10.2).

Der Einsatz von IO-Link in explosionsgefährdeten Bereichen ist natürlich weiterhin ein wichtiges Thema, da es den Einsatzbereich von IO-Link auf weitere Applikationen in der Prozesstechnik, bei Lackieranlagen, Mühlen, Getreidesilos, Zucker- und Futtermittelfabriken, der holzverarbeitenden Industrie oder der Chemie ausdehnt. Leider ist die Entwicklung einer neuen ATEX-konformen Schnittstelle sehr zeit- und kostenintensiv. Daher steht eine solche Schnittstelle wohl nicht so hoch auf der Agenda, wie im letzten Band gedacht. Als weitere Möglichkeit, mit IO-Link in den ATEX-Bereich vorzudringen und alternative Physik und damit APL, stellen wir bei den Prognosen in Abschnitt 10.2 vor.

Der Einsatz von IO-Link in weiteren Branchen hat dagegen bereits begonnen. Besonders in mobilen Maschinen, wie z. B. Portalkranen, Flughafenequipment und Bau- und Agrarfahrzeugen entstanden in den vergangenen Jahren erhöhte Bedarfe nach Serviceinformationen über die Anlage, getrieben durch die Betreiber z. B. von Häfen und dem Gedanken nach Optimierung der Logistik oder durch die Ausrüster wie DeLaval, die den kompletten Maschinenpark zur Milcherzeugung und Lagerung anbieten und diese über ihre Farming-Software zur Optimierung der landwirtschaftlichen Prozesse dem Landwirt anbieten. Die Sensorik liefert in beiden Bereichen wertvolle Zusatzinformationen über IO-Link quasi kostenfrei, wie beispielsweise Geräte-Identifikation, Einbauort, Events, Wartungsinformationen etc. Für den mobilen Einsatz gibt es besondere Umgebungsanforderungen wie hohe Schutzart IP69K, Schock- und Vibrationsfestigkeit, Resistenz gegen elektromagnetische Störungen. Diese Geräte gibt es bereits, allerdings oft noch ohne IO-Link. Die Nachrüstung ist aber ähnlich einfach wie bei allen anderen IO-Link Geräten. Natürlich gehören zum System auch Master, die ähnlichen Umweltbedingungen standhalten müssen. Und dann gibt es hier weitere Feldbusschnittstellen wie CANopen oder LIN, die ebenfalls integriert werden müssen. Zukünftig könnte eine Kombination von sicheren IO-Link Sensoren mit IO-Link Safety Schnittstelle z. B. bei Müllfahrzeugen die Gefahrenbereiche überwachen und Personen schützen.

Der Y-Weg vom IO-Link Master direkt in die Cloud, den wir ebenfalls in der letzten Auflage vorgestellt haben, hat sich inzwischen als Stand der Technik etabliert. Viele Hersteller bieten zusätzlich zu den Feldbusschnittstellen eine weitere IoT-Schnittstelle an. Dies kann die weitverbreitete M2M-Schnittstelle OPC-UA sein, die auch

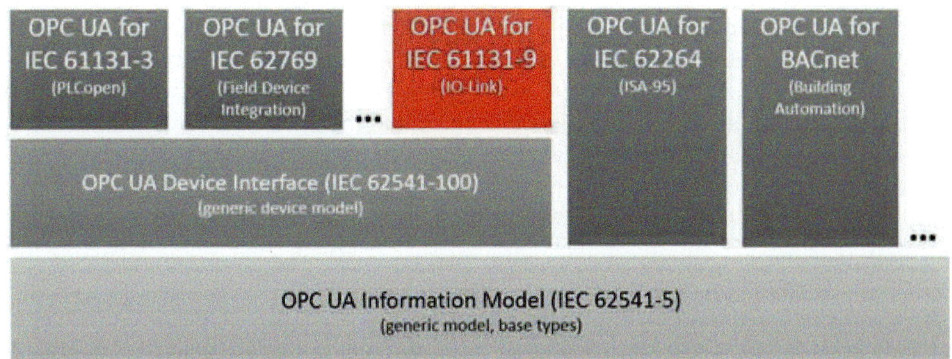

Bild 10.2 IO-Link Abbildung in OPC-UA (Quelle: IO-Link Community, 2018)

vom VDMA für seine Mitglieder favorisiert wird[1]. Die Vorteile dieses Y-Weges haben wir an verschiedenen Stellen in diesem Buch beschrieben. Eine Standardisierung der IO-Link-Daten in OPC-UA ist inzwischen ebenfalls vorhanden, so dass IO-Link Master unterschiedlicher Hersteller für den Anwender identisch im Hostsystem dargestellt werden können[2]. Die Vernetzung aller Geräte miteinander genügt nicht, um eine durchgängige Datenübertragung vom Sensor bis in die Cloud sicherzustellen. Dazu ist auch eine einheitliche Sprache notwendig: Sämtliche Teilnehmer im Netzwerk müssen sich gegenseitig verstehen, damit sie nahtlos kommunizieren können. Heute ist das oftmals noch nicht der Fall.

Denn in einer Maschine oder Anlage sind viele verschiedene Geräte installiert, die teils individuelle Ansprüche an den Datenaustausch stellen – von kleinen, zyklischen Datenpaketen in harter Echtzeit bis zur Weiterleitung großer Datenmengen in die Cloud. Derzeit werden dazu meist unterschiedliche, spezialisierte Protokolle genutzt, die die jeweiligen Anforderungen erfüllen. Eine Kommunikation zwischen den Systemen respektive Protokollen ist nicht oder lediglich mit Hilfe von Gateways möglich, die die einzelnen Sprachen übersetzen. Für eine systemübergreifende Datenübertragung aller Geräte bedarf es folglich einer gemeinsamen Sprache. Dies wird zukünftig OPC UA sein (**Bild 10.2**) bzw. spezielle Abwandlungen davon wie umati für den Maschinenbau.

umati wurde im Sommer 2018 durch 17 Partner aus der Werkzeugmaschinenindustrie unter dem Dach des VDW, dem Verein Deutscher Werkzeugmaschinenfabriken, gegründet und wird seit 2020 auch vom VDMA unterstützt.

---

[1] Quelle: Leitfaden Industrie 4.0 Kommunikation mit OPC UA, https://www.vdma.org/publikationen/-/publications/detail/26704663, abgerufen am 02.06.2020

[2] Quelle: IO-Link Companion Specification Release 1.0, 01.12.2018, https://io-link.com/share/Downloads/OPC_UA/OPC-UA_for_IO-Link_10212_V10_Dec18.pdf, abgerufen am 02.06.2020

Ein technisches Spezialkapitel zu IIoT-Schnittstellen und IO-Link mit OPC-UA, REST-API, JSON und MQTT findet sich in Kapitel 11 in Band 2 dieser Auflage

Über Neue Bauformen von IO-Link-Devices könnte man hier eine Menge schreiben. Immer mehr Hersteller haben die Möglichkeiten der bi-direktionalen und preiswert zu implementierenden IO-Link Schnittstelle erkannt und entwickeln hybride Geräte, die sowohl Aktor, als auch Sensor enthalten. IO-Link wandert in das Gerät und sorgt für eine Digitalisierung auf der ersten Automatisierungsebene. Hier einige Beispiele für hybride Geräte ohne Anspruch auf Vollständigkeit (**Tabelle 10.1**).

Neue Geschäftsmodelle für Anwender, Integratoren und Maschinenausrüster entwickeln sich im Umfeld von Industrie 4.0 und Machine-Learning-Applikationen, wie im vorangegangenen Abschnitt 9 ausführlich beschrieben. Die Datenbasis der Sensorik,

Tabelle 10.1: Beispiele für hybride Geräte, die sowohl Aktor als auch Sensor enthalten

Hybride IO-Link Devices	Geräteanforderungen	Vorteile mit IO-Link
Ventilkopf auf Hygieneventilen	Kompakte Bauform, bis zu 3 Pneumatikventile integriert, Kontinuierliche Positionsrückmeldung des Ventilhubs	Daten und Energie über 3-adriges Kabel, einfache Verdrahtung und Gerätetausch
Ventilkopf auf Schwenkantrieben	Kompakte Bauform, schnelle Montage, Sichtbarkeit des Gerätezustands von allen Seiten, Erkennung von Verschleiß	Anschluss über nur eine 3-adrige Leitung
IO-Link-Platine im Roboterarm (Cobot)	Kompakter Einbau, keine außenliegenden Kabel und Schläuche	Daten und Energie über 3-adriges Kabel, weniger Verschleiß
IO-Link im Greifer für die Handlingstechnik/ Robotik	Kontinuierliche Position der Greiferfinger erkennen; Anpresskraft per Software einstellbar; Spannung, Strom, Temperatur und Greiferdiagnose abrufbar, Vorparametrierung unterschiedlicher Greifteile	Leichte Bauweise, keine externen Sensoren mehr, Anschluss über nur einen M12-Stecker für Daten und Energie, Kein aufwendiges Einstellen der Schaltpunkte
IO-Link Leuchte mit Quittiertaste	Farbwahl, Leuchtenstatus und Rückmeldung	Daten und Energie über 3-adriges Kabel, weniger Verkabelung
Drehgeber mit Anzeigedisplay, inkremental, absolut	Kompakte Bauform, verschiedene Strichzahlen parametrierbar, Absolutwert auch nach Spannungsausfall	Motion Controller, Signalauswertung und Übertragung, Echtzeitübertragung
Vakuumerzeuger	Integrierter Drucksensor	Energie- und Prozesskontrolle, Leckageüberwachung, Parametrierung
Niederspannungsschaltgeräte mit Stromüberwachung	Selektiver Überstromschutz	Ansteuerung, Messwerte und Status über 3-adriges IO-Link

die dank IO-Link zu Informationen umgewandelt werden, können über Edge-Gateways einfach in die Cloud übertragen werden. Die technische Grundlage ist gelegt, jetzt geht es eher um die „mentale" Umsetzung in den Köpfen, was die größere Herausforderung ist. Ein Maschinenbauer ist eben kein IT-Unternehmen. Hier ist aber eine Transformation dringend notwendig, um im Wettbewerb bestehen zu können, wo es mehr um Total Costs of Ownership (TOC) als die reinen Maschinen- und Anlagenpreise als Entscheidungskriterium geht.

10.2 Ein Blick in die nahe Zukunft

Auf unserer Erfahrungsbasis der ersten beiden Auflagen dieses Buches, dem Ohr am Markt und den aktuellen Entwicklungen würden wir gerne erneut einige Prognosen vorstellen, die jeder selbst zur gegebenen Zeit überprüfen kann.

10.2.1 IO-Link auf anderen Physiken

Momentan läuft IO-Link physikalisch auf einer sehr robusten 24 V-Physik mit den bekannten Verdrahtungsvorteilen. Im Gegenzug etablieren sich Internet/LAN/WLAN/Mobil-Technologien in immer mehr Bereichen in der Industrie. Durch die Menge an Ethernet-Knoten auf der Welt sinken die Preise für die Chip-Sätze dramatisch. Wenn dieser Trend anhält, könnte es zu einem Punkt kommen, an dem Ethernet-Chips auch in günstigen Sensoren eingebaut werden könnten. Seit der Einführung des IPv6-Protokolls sollten mit 2^{128} möglichen Teilnehmern genügend Adressen zur Verfügung stehen. Den Knackpunkt bildet heute allerdings die aufwendige Ethernet-Verdrahtung mit vier- oder achtpoligen, verdrillten und geschirmten und daher teuren Spezialleitungen. Sollte es allerdings eine neue Physik schaffen, die Ethernet-Kommunikation ebenfalls auf einer gewöhnlichen, ungeschirmten 2-Draht-Leitung, inklusive Stromversorgung, hinzubekommen, könnte dies zum durchgängigen IoT-Maschinennetzwerk ohne Gateways führen. Siemens hat bereits 2013 eine durchgängige Ethernet-Kommunikation auf normaler 2-Draht-Basis beschrieben und in erste Produkte umgesetzt (vgl. [Siemens 2018]). Über die Idee von SPE/APL auf einer verdrillten Zweidrahtleitung wird in Abschnitt 10.2.2. berichtet.

10.2.2 Ethernet und IO-Link im Verbund

IO-Link versus Ethernet: IO-Link und Ethernet sind nach dem heutigen Stand der Technik keine Konkurrenten, sondern ein perfektes Team. IO-Link deckt kurze Strecken und geringe Datenmengen in Echtzeit ab, Ethernet wiederum verteilt die gesammelten IO-Link-Informationen über längere Netzwerkstrukturen bis zu Servern mit Big-Data-Datenbanken. Beide Anforderungen sind gänzlich unterschiedlich und es macht sicherlich keinen Sinn, den LAN- oder WAN-Protokoll-Overhead bis zum Sensorlevel herunterzubrechen. Es ist aber nicht nur im Hinblick auf Industrie 4.0 erforderlich, dass eine Vereinheitlichung der Datenstrukturen stattfindet. Der Kunde möchte die Daten vom IO-Link-Master 1 von der Firma AB an exakt der gleichen Stelle finden wie die Daten vom Master 2 von der Firma XY. Dies betrifft sowohl das Software-Handling in der Steuerung über beliebige Feldbusse, wie auch die Daten über Industrie 4.0-Netzwerke. Erste Ansätze findet man in den Abbildungen der IO-Link Community für Profinet, AS-Interface, OPC-UA und andere, abrufbar unter www.io-link.com.

Durch die Kombination der Protokolle OPC-UA und TSN (Time Sensitive Network) innerhalb der Ethernet-Netzwerkstruktur addiert sich die harte Echtzeitfähigkeit, die bisher ausschließlich den Feldbussen vorbehalten war. Allerdings steigen hierdurch der Implementationsaufwand und die Hardwarekosten, so dass es fraglich ist, ob diese beiden Protokolle jemals den Weg in simple IO-Link Geräte finden werden.

IO-Link und Ethernet: Nichtsdestotrotz stellt sich die Frage der Durchgängigkeit des TCP/IP Protokollstacks über die gesamte Automatisierungspyramide. Als Barriere auf der Sensor-/Aktuatorebene stehen die speziellen verdrillten und geschirmten 4- oder 8-Draht-Ethernetleitungen, die in einer Maschine schwierig zu konfektionieren sind und bei hoher Schutzart aufwendige Steckverbinder benötigen.

Wie wäre es, wenn man die TCP/IP Telegramme auf einer ungeschirmten 2-Drahtleitung transportieren und die Vorteile von IO-Link hinzufügen könnte? Dies könnte SPE/APL als neue Physik für IO-Link leisten. SPE (Single Pair Ethernet) umfasst verschiedene Standards für verschiedene Geschwindigkeiten: 802.3 cg (10 Mb/s), 802.3 bw (100 Mb/s), 802.3 bp (1000 Mb/s),) oder 802.3 ch (>1 Gb/s für Automotive Anwendungen). Hiermit lassen sich Ethernet-Verbindungen über Kupferkabel mit nur einem einzigen verdrillten Adernpaar herstellen, bei dem die Signale gleichzeitig in beiden Richtungen transportiert werden (vollduplex). Die Sende- und Empfangseinheiten kennen ja ihre eigenen, selbst gesendeten Signale und können daher die von ihnen geschickten Signale aus den transportierten Signalen isolieren. Mit dieser Zweidraht-Technologie wird das Ethernet-Kabel durch geringere Materialkosten und einfachere Verlegung auch industrietauglich.

Die Zweidraht-Technologie erlaubt nicht nur effiziente Ethernet-Verkabelungslösungen für den Schaltschrank, sondern lässt sich im M5-, M8- oder M12-Formfaktor gut in IP6x-Umgebungen einsetzen. Auch der Anschluss an gewöhnliche Klemmen bei Schaltschrankgeräten ist unkompliziert möglich. Speziell für SPE existieren bereits genormte Steckverbinder, die laut Herstellern eine zuverlässige Verriegelung und Industrieherausforderungen meistern. In der Ausführung „Advanced Physical Layer (APL)“ steht sie darüber hinaus für lange Übertragungsstrecken bis 1000 Meter und explosionsgefährdete Bereiche bis Zone 0 zur Verfügung. Hier wäre es einfach, das

IO-Link Telegramm durch den TCP/IP-Kanal zu tunneln und somit Ex-fähige Sensoren und Aktuatoren einzubinden.

Die Netzwerkankopplung einfacher IO-Link-Sensoren, Aktoren und Endgeräte wird also mit SPE erst möglich – eine wesentliche Voraussetzung für die Kommunikation vom Sensor bis in die Cloud. Bei aller Euphorie wird es wichtig bleiben die Vorteile von IO-Link wie einfacher Gerätetausch ohne Adressierung, IODD-Gerätebeschreibung und Identifikation in die Ethernet-Welt hinüber zu retten.

10.2.3 IO-Link Wireless zur Lokalisierung und mit Mobilfunk

Denkbar wäre, dass IO-Link Wireless, ergänzt um einen Standard wie Omlox und hardwaremäßig um einiges an Chip-Kapazität, die Lokalisierung mobiler Lösungen über WLAN, BLE, GPS, NBIoT oder 5G erledigen und den Standort eines Sensors genauer beschreiben kann. Insbesondere ist vorstellbar, dass IO-Link mit 5G eine größere Einheit bilden wird. Omlox heißt die neue und erste weltweit einheitliche Schnittstelle für die Ortung von Maschinen, Produkten und Betriebsmitteln in der Industrie (Hermes Award 2020) mit rund 60 Partnern aus der vornehmlich deutschen Industrie, darunter auch der Maschinenbauer Trumpf, T-Systems, Sick und Siemens. Dieselbe Profibus-Nutzerorganisation, die das Dach für den IO-Link-Standard bildet, hat von den Omlox-Organisatoren nun den Auftrag bekommen, die weltweite Koordination aufzunehmen. Da liegt die Kombination mit IO-Link Wireless fast auf der Hand, genauso wie bei 5G, unter der Voraussetzung, dass embedded SIM-Cards (eSims) und Antenne bezahlbar sind.

10.2.4 IO-Link Security für die Datensicherheit

Mit zunehmender Vernetzung über durchgängige Kommunikations-Standards wie TCP/IP und Ethernet-basierte Medien von IO-Link Geräten bis in IT-Netzwerke und Anbindung an Cloud-Server über öffentliche Infrastruktur nimmt die Bedeutung der Security zu. Auf der IO-Link-Schnittstelle ist es über den BLOB-Modus möglich, Software-Updates durchzuführen, die auch durch Malware verändert werden könnten.

Ebenso wie ein IO-Link Safety entstanden ist, ist auch ein IT-Security-Konzept für IO-Link denkbar und sinnvoll. So könnte z. B. IO-Link als Grundlage für einen Blockchain-Standard dienen, der für die Industrie spezifiziert wird. Auch, wenn die ein-eindeutige Bezeichnung eines IO-Link-Devices dafür ein guter Anfang ist, muss überlegt werden, wie eine solche Blockchain aussehen könnte, die zum Industriestandard erhoben wird. Zu gewinnen ist, dass das Thema „Datenhoheit“ mit solchen Devices kaum mehr ein Thema wäre. Aber hier muss sich die Industrie erst noch, wie bei Omlox, zusammenfinden.

10.2.5 IO-Link als Industrie 4.0-Standard und USB-Schnittstelle der Automation

In der Open Industry 4.0, aber auch in anderen Organisationen zeichnet sich nicht nur OPC-UA ab als ein Industrie-4.0-Standard, sondern vor allem IO-Link. Der Datenlieferant IO-Link mit durch die IODD konsistenter, im Internet verfügbarer Semantik ist in der Datenökonomie ein Muss. IO-Link wird häufig mit der in der PC-Welt weit verbreiteten USB-Schnittstelle verglichen. Die Ähnlichkeiten sind frappierend: Plug-and-play, Stromversorgung und Daten, Verdrahtungseinsparung, universelle Nutzung und internationale Normung. Das Plug-and-play beruht bei IO-Link allerdings auf der Nutzung der Prozesswerte. Wird die gesamte IO-Link-Funktionalität gewünscht, so ist der Master mittels Konfigurationssoftware und IODD entsprechend zu konfigurieren. Bei USB stecken diese Gerätetreiber zumeist bereits im Betriebssystem oder können aus dem Gerät geladen werden. Was würde eigentlich dagegen sprechen, dass auch IO-Link-Devices die zugehörige IODD bereits „im Bauch" haben und bei Bedarf automatisiert in den Master geladen werden können? Mit der schnellen COM3-Schnittstelle würde die IODD in wenigen Sekunden übertragen sein. Immerhin können intelligente Master und Konfigurationssoftware fehlende IODDs vom IODD-Finder-Portal nachladen. Dies erfordert allerdings einen Internetzugang, der in einer Fertigungsumgebung vielleicht eher weniger vorzufinden ist. Hat der IO-Link-Sensor dann noch einen Ethernet-Chip mit IO-Link over SPE, die entsprechende Physik, als Wireless einen Lokalisierungsstandard wie Omlox und 5G im Bauch und schließlich ein auf der ein-eindeutigen Kennung aufsetzendes Security-Konzept, spricht nichts mehr gegen IO-Link als „USB-Schnittstelle der Automation", die nicht nur Schlüsseltechnologie für Industrie 4.0, sondern, anders als USB (Universal Serial Bus) in der Version 1.0, nicht von amerikanischen Großunternehmen, sondern vom deutschen industriellen Mittelstand geschaffen wurde.

Literaturverzeichnis

Amberg, J. (2015): Cyber-physische Prozesse (CPS). Einordnung und Praxisbeispiel. In: Köhler-Schulte, C. (Hrsg.): Industrie 4.0. Ein praxisorientierter Ansatz. Berlin: KS-Energy-Verlag, S. 44–55.

Bauernhansl, T.; Emmrich, V.; Döbele, M.; Paulus-Rohmer, D.; Schatz, A.; Weskamp, M. (2015): Geschäftsmodell-Innovation durch Industrie 4.0. München: Dr. Wieselhuber & Partner GmbH.

Bauernhansl, T.; t. Hompel, M.; Vogel-Heuser, B. (Hrsg.) (2014): Industrie 4.0 in Produktion, Automatisierung und Logistik. Wiesbaden: Springer Vieweg.

Büttner, K.-H.; Brück, U. (2014): Use Case Industrie 4.0-Fertigung im Siemens Elektronikwerk Amberg. In: Bauernhansl, T.; t. Hompel, M. und Vogel-Heuser, B. (Hrsg.): Industrie 4.0 in Produktion, Automatisierung und Logistik. Wiesbaden: Springer Vieweg, S. 121–144.

Community IO-Link (2018): IOOD-Finder. Online verfügbar unter

https://ioddfinder.io-link.com/#/, zuletzt geprüft am 12.01.2018.

DIN 19226: Leittechnik; Regelungstechnik und Steuerungstechnik.

DIN EN ISO 9000 (2005): Qualitätsmanagementsysteme – Grundlagen und Begriffe.

Eigner, M.; Stelzer, R. (2009): Product Lifecycle Management. Ein Leitfaden für Product Development und Lifecycle Management. Berlin, Heidelberg: Springer-Verlag.

Faeste, L.; Gumsheimer, T.; Scherer, M. (2015): How to Jump-Start a Digital Transformation. Boston: bcg. perspectives.

Felsmann, D. (2006): Die Bedeutung der Losgröße in der betrieblichen Produktion. Norderstedt: GRIN-Verlag.

Finkenzeller, K. (2012): RFID-Handbuch. 6. Aufl. München: Carl Hanser Verlag.

Fleisch, E. (2005): Die betriebswirtschaftliche Vision des Internets der Dinge. In: Fleisch, E. und Mattern, F. (Hrsg.): Das Internet der Dinge. Berlin, Heidelberg: Springer-Verlag, S. 3–37.

Fleisch, E.; Mattern, F. (Hrsg.) (2005): Das Internet der Dinge. Berlin, Heidelberg: Springer-Verlag.

Frese, E. (2000): Grundlagen der Organisation. Konzept – Prinzipien – Strukturen. 8. Aufl. Wiesbaden.

Ganschar, O.; Gerlach, S.; Hämmerle, M.; Krause, T.; Schlund, S. (Hrsg.) (2013): Produktionsarbeit der Zukunft – Industrie 4.0. Fraunhofer-Institut für Arbeitswissenschaft und Organisation IAO. Stuttgart.

Gassmann, O.; Frankenberger, K.; Csik, M. (2013): Geschäftsmodelle entwickeln: 55 innovative Konzepte mit dem St. Galler Business Model Navigator. München: Carl Hanser Verlag.

Gengeswari, K. A. (2010): Integration of electronic data interchange: a review. In: Jurnal Kemanusiaan, S. 64–71.

Gerdes, K.-H. (2015): Industrie 4.0. Versuch einer pragmatischen Einordnung jenseits der Ideologie. In: Kirsch, A.; Kletti, J.; Wießler, J.; Meuser, D. und Felser, W. (Hrsg.): Industrie 4.0 Kompakt I. Systeme für die kollaborative Produktion im Netzwerk. Köln: NetSkill Solutions GmbH, S. 54–58.

Gevatter, H.-J.; Grünhaupt, U. (Hrsg.) (2006): Handbuch der Mess- und Automatisierungstechnik im Automobil. Fahrzeugelektronik, Fahrzeugmechatronik: Springer-Verlag.

Hanser (2018): Hanser Konstruktion. Online verfügbar unter https://www.hanser-konstruktion.de/.

Holland, M. (2016): Stuxnet angeblich Teil eines größeren Angriffs auf kritische Infrastruktur des Iran. Heise. Online verfügbar unter https://www.heise.de/security/meldung/Stuxnet-angeblich-Teil-eines- groesseren-Angriffs-auf-kritische-Infrastruktur-des-Iran-3104957.html, zuletzt geprüft am 31.01.2018.

Hornung, V. (1996): Aachener PPS-Modell. Das Prozeßmodell. Sonderdruck des FIR 10/95. 2. Aufl. Aachen.

Howald, J.; Kopp, R. (2015): Industrie 4.0 und die Zukunft der Arbeit. In: Frankfurter Allgemeine Zeitung, V6.

Industrie 4.0-Plattform: Netzkommunikation für Industrie 4.0. Hrsg. v. Plattform Industrie 4.0. Online verfügbar unter https://www.plattform-i40.de/I40/Redaktion/DE/Downloads/Publikation/ netzkommunikation-i40.pdf?__blob=publicationFile&v=9, zuletzt geprüft am 16.01.2018.

Innovabee (2020):

IO-Link Firmengemeinschaft (2018): IO-Link Kompetenzmatrix. Online verfügbar unter http://io-link.com/ de/WirUeberUns/kompetenzmatrix_neu.php?thisID=28, zuletzt geprüft am 04.01.2018.

Kagermann, H., Wahlster, W., & Helbig, J.: Umsetzungsempfehlungen für das Industrieprojekt Industrie 4.0. Online verfügbar unter

http://digital.bib-bvb.de/view/action/singleViewer.do?dvs=1446330779711~897&locale=de_DE&VIEWER_URL=/view/action/singleViewer.do?&DELIVERY_ RULE_ID=35&frameId=1&usePid1=true&usePid2=true, zuletzt geprüft am 31.10.2015.

Kaufmann, T. (2015): Geschäftsmodelle in Industrie 4.0 und dem Internet der Dinge. Wiesbaden: Springer Vieweg.

Keller, D.; Zosel, W. (2017): Alternativlose Technologie. Hydraulikzylinder-Montageanlage: Mit IO-Link einfach verkabelt, schnell in Betrieb und flexibel in der Produktion. Schweiz. Online verfügbar unter https:// zuletzt geprüft am 14.12.2017.

Kirsch, A.; Kletti, J.; Wießler, J.; Meuser, D.; Felser, W. et al. (Hrsg.) (2015): Industrie 4.0 Kompakt I. Systeme für die kollaborative Produktion im Netzwerk. Köln: NetSkill Solutions GmbH.

Kleinemeier, M. (2014): Von der Automatisierungspyramide zu Unternehmenssteuerungsnetzwerken. In: Bauernhansl, T.; t. Hompel, M. und Vogel-Heuser, B. (Hrsg.): Industrie 4.0 in Produktion, Automatisierung und Logistik. Wiesbaden: Springer Vieweg, S. 571–579.

Knolmayer, G.; Mertens, P.; Zeier, A. (2000): Supply Chain Management auf Basis von SAP-Systemen. Berlin.

Kriesel, W.; Madelung, O. (1994): ASI: Das Aktuator-Sensor-Interface für die Automation. München: Hanser.

Maskell, B. (1994): Software and the Agile Manufacturer. Portland.

Mattern, F. (2005): Die technische Basis für das Internet der Dinge. In: Fleisch, E. und Mattern, F. (Hrsg.): Das Internet der Dinge. Berlin, Heidelberg: Springer-Verlag, S. 39–66.

Mikus, B. (1998): Make-or-buy-Entscheidungen in der Produktion. Wiesbaden.

Much, D.; Nicolai, H.; Schotten, M.: Aachener PPS-Modell. Das Aufgabenmodell. Sonderdruck des FIR 6/94. 6. Aufl. Aachen.

Müller, S. (2015): Manufacturing Execution Systeme (MES). Norderstedt.

Pantförder, D.; Mayer, F.; Diedrich, C.; Göhner, P.; Weyrich, M.; Vogel-Heuser, B. (2014): Agentenbasierte dynamische Rekonfiguration von vernetzten intelligenten Produktionsanlagen. Evolution statt Revolution. In: Bauernhansl, T.; t. Hompel, M. und Vogel-Heuser, B. (Hrsg.): Industrie 4.0 in Produktion, Automatisierung und Logistik. Wiesbaden: Springer Vieweg, S. 145–158.

Picot, A. (1991): Ein neuer Ansatz zur Gestaltung der Leistungstiefe. In: ZfbF 43, S. 336–357.

Plattform Industrie 4.0 (2015): Industrie 4.0. Whitepaper FuE-Themen. Online verfügbar unter http://www.acatech.de/fileadmin/user_upload/Baumstruktur_nach_Website/Acatech/root/de/Aktuelles_Presse/Presseinfos_News/ab_2014/Whitepaper_Industrie_4.0.pdf, zuletzt geprüft am 24.04.2015.

Rögner, M. (2010): MES-Schulung. Garbsen.

Schallmo, D. (2013): Geschäftsmodell-Innovation. Grundlagen, bestehende Ansätze, methodisches Vorgehen und B2B-Geschäftsmodelle. Wiesbaden: Springer Gabler.

Schreiter, C. (2012): RFID Speicherchip. Ein standardisierter Datenzugang zu ifm-Geräten. Essen. Schuh, G. (2013): Industrie 4.0. Leipzig.

Schuh, G.; Kampker, A.; Odak, R. (2009): Verfügbarkeitsorientierte Instandhaltung. Aachen: Apprimus.

Schuh, G.; Kuhn, A.; Stahl, B. (2006): Nachhaltige Instandhaltung. Trends, Potenziale und Handlungsfelder nachhaltiger Instandhaltung. Frankfurt am Main: VDMA-Verlag.

Schürmeyer, M., Sontow, K. (2015): ERP/PPS im Kontext von Industrie 4.0. In: Kirsch, A.; Kletti, J.; Wießler, J.; Meuser, D. und Felser, W. (Hrsg.): Industrie 4.0 Kompakt I. Systeme für die kollaborative Produktion im Netzwerk. Köln: NetSkill Solutions GmbH, S. 102–105.

Siemens (2018): Ethernet Kommunikation über 2-Draht-Leitung. Online verfügbar unter http://w3.siemens. com/ mcms/industrial-communication/de/ie/industrial-ethernet-switches-medienkonverter/seiten/ medienmodul-vd.aspx#Anbindung_20_c3_bcber_20Medienmodul_20MM992_2VD, zuletzt geprüft am 16.01.2018.

Szyperski, N. (Hrsg.) (1989): Handwörterbuch der Planung. Stuttgart.

Szyperski, N. (1989): Zielplanung. In: Szyperski, N. (Hrsg.): Handwörterbuch der Planung. Stuttgart, S. 2302–2316.

t. Hompel, M. (2014): Logistik 4.0. In: Bauernhansl, T.; t. Hompel, M. und Vogel-Heuser, B. (Hrsg.): Industrie 4.0 in Produktion, Automatisierung und Logistik. Wiesbaden: Springer Vieweg, S. 615–624.

Vogel-Heuser, B. (2014): Herausforderungen und Anforderungen aus Sicht der IT und der Automatisierungstechnik. In: Bauernhansl, T.; t. Hompel, M. und Vogel-Heuser, B. (Hrsg.): Industrie 4.0 in Produktion, Automatisierung und Logistik. Wiesbaden: Springer Vieweg, S. 37–48.

Wießler, J. (2015): Neue Prozesse statt noch mehr IT und Sensorik. In: Kirsch, A.; Kletti, J.; Wießler, J.; Meuser, D. und Felser, W. (Hrsg.): Industrie 4.0 Kompakt I. Systeme für die kollaborative Produktion im Netzwerk. Köln: NetSkill Solutions GmbH, S. 15.

Wight, O. (1995): Manufacturing Ressource Planning: MRP II. Unlocking America's Productivity Potential. 2. Aufl. New York.

Wikipedia (2008): IO-Link. Online verfügbar unter https://de.wikipedia.org/wiki/IO-Link, zuletzt geprüft am 03.06.2017. www.aiXbrain.de

Zosel, W.: Powering Africa. Getting a hydroelectric power plant online quicker using intelligent cabling technology. Unter Mitarbeit von B. Wiesinger, M. Ober und B. Schneider. Hrsg. v. Balluff GmbH. Balluff. Online verfügbar unter https://www.balluff.com/fileadmin/user_upload/solutions/io-link/ Solution_Report-IO-Link_in_Hydro-Power_EN.pdf, zuletzt geprüft am 06.02.2018.

Zumann, M. (2017): Sicherer Nachschub dank IO-Link. In: PI Journal, S. 6–7.

ZVEI – Zentralverband Elektrotechnik- und Elektroindustrie e. V. (2009): Identifikation und Traceability in der Elektro- und Elektronikindustrie. Leitfaden für die gesamte Wertschöpfungskette. Frankfurt am Main.

ZVEI – Zentralverband Elektrotechnik- und Elektroindustrie e. V. (2011): Funklösungen in der Automation. Überblick und Entscheidungshilfen. Unter Mitarbeit von M. Bregulla, W. Feucht, J. Koch, G. de Mür, M. Schade, J. Weczerek und J. Wenzel. 1. Aufl. Frankfurt am Main.

ZVEI – Zentralverband Elektrotechnik- und Elektroindustrie e. V. (2015): Referenzarchitektur Industrie 4.0 (RAMI). Produktion (13).

ZVEI – Zentralverband Elektrotechnik- und Elektroindustrie e. V.: EMV leicht erreicht. Pocket-Guide.

Weitere Literatur

Kapitel 6:

IO-Link Community (2016): IO-Link Planungsrichtlinie Version 1.0. Karlsruhe: PROFIBUS Nutzerorganisation e. V.

Abkürzungs- und Akronym-Verzeichnis

Abkürzung	Bedeutung
µs	Mikrosekunde
3D	dreidimensional
A	
A	Ampère, Einheit für den elektrischen Strom
ABB	Asea Brown Boveri, Energie- und Automatisierungskonzern
AdSS	Adjustable Switching Sensor
AG	Aktiengesellschaft
AGV	Automated Guided Vehicle, automatisch gesteuerte Fahrzeuge
AL	Applikation Layer
AMQP	Advanced Message Queuing Protocol
API-Key	Application Programming Interface Key
APO	Advanced Planning and Optimization, Advanced Planner and Optimizer
ArgBlockID	ArgumentenID
ArgBlocks	Argumentenblöcke
AS-i	Actuator Sensor interface
ASIC	Application-Specific Integrated Circuit, anwendungsspezifische integrierte Schaltung
AS-Interface	Actuator-Sensor-Interface, Aktor-Sensor-Schnittstelle
ATEX	EU-Direktiven zum Explosionsschutz (ATmosphères EXplosibles)
B	
Baud	Einheit für die Symbolrate
BDC	BinaryDataChannel
Bit	Binary Digit
BLOB	Binary Large Object
BMW	Bayerische Motorenwerke
BSI	British Standards Institution
bspw.	beispielsweise
Byte	8 Bit
bzw.	beziehungsweise

Abkürzung	Bedeutung
C	
C/Q	Bezeichnung für den IO-Link Port, C-Communication, Q-Schaltport
CAN	Controller Area Network
CANopen	auf CAN basierendes Kommunikationsprotokoll
CC-Link	offenes Feldbussystem, ursprünglich von Mitsubishi entwickelt (Control and Communications Link)
CDID	konfigurierte IO-Link-DeviceID
CE	CE-Kennzeichnung gemäß EU-Verordnung 765/2008
CH	Channel, Kanal
CHKPDU	Checksummen-Byte
CIM	Computer Integrated Manufacturing
CIP	Common Industrial Protocol
CL	effektive Leitungskapazität
CM	Configuration Manager
CoAP	Constrained Application Protocol
COM	Kommunikationsmodus bei IO-Link
CPPS	Cyber Physical Production System, cyber-physikalisches Produktionssystem
CPU	Central Processing Unit, (Haupt-)Prozessor eines Computers
CR	Change Request
CRC	Cyclic Redundancy Check, zyklische Redundanzprüfung, ein Verfahren zur Bestimmung eines Prüfwerts für Daten
C-Teile	Einkaufsteile mit geringer Bedeutung (ca. 20 % des Gesamteinkaufswertes, 60 bis 80 % der Gesamteinkaufsteile)
CVID	konfigurierte IO-Link-VendorID
D	
dBm	Dezibel Milliwatt
DC	direct current, Gleichspannung bzw. -strom
Dev-Err	IO-Link-Device-Error
DFL	Drive for Leadership, Benchmarkingsystem in der Automobilindustrie
DFM	Design for Manufacturing
DFT	Design for Testability
DI	Digital Input
DID	DeviceID
DIN	Deutsches Institut für Normung e. V.
DL	Datalink Layer
DMS	Digital Measuring Sensors
DMZ	demilitarisierte Zone
DO	Digital Output
DP	Profibus DP

Abkürzung	Bedeutung
DS	Datastorage
DTI	Device Tool Interface, Software-Schnittstelle für das Navigieren zum und Aufrufen des „Dedicated Tools“ inklusive Parameterübertragung
DTM	Device Type Manager, Gerätetreiber für FDT
E	
E/A	Eingabe/Ausgabe
E2E	End-to-End
EAG	Emscher Aufbereitung GmbH
EAS	Elektro-Ausrüstungs-Service GmbH, Rheinberg
Ed.	Edition
EDI	Electronic Data Interchange
EDS	Electronic Data Sheet, elektronisches Datenblattformat
EEPROM	Electrically Erasable Programmable Read-Only Memory, elektrisch löschbarer programmierbarer Nur-Lese-Speicher
EIP	EtherNet Industrial Protocol
EIRP	Equivalent Isotropically Radiated Power, äquivalente isotrope Strahlungsleistung
EMV	elektromagnetische Verträglichkeit
EN	Europäische Norm
ENUM	Telephone Number Mapping
e-plan	EPLAN Software & Services GmbH & Co. KG, Monheim
E-Planung	Elektroplanung
ERP	Enterprise Ressource Planning
Eth	Ethernet
EtherCAT	Ethernet for Control Automation Technology
Ethernet/IP	EtherNet Industrial Protocol
F	
FDT	Field Device Tool, Spezifikation für eine Softwareschnittstelle zur Geräteparamatrierung
FF	Foundation-Fieldbus
FIP	Factory Implementation Protocol
FIR	Forschungsinstitut für Rationalisierung an der RWTH Aachen
FMEA	Failure Mode and Effects Analysis, Fehlermöglichkeits- und -einflussanalyse
FMS	Fieldbus Message Specification
FPY	First Pass Yield
FS	Functional Safety
FS-AE /AA	Functional Safety Analog Input/Output; FS-AE/AA-Modul in einem dezentralen (remote) I/O-Knoten

Abkürzung	Bedeutung
FSCP x	Functional Safety Communication Profile, FS-Kommunikationsprofil für einen bestimmten Feldbus „x“, spezifiziert in IEC 61784-3-x
FS-DE / DA	Functional Safety Digital Input/Output, FS-DE/DA-Modul in einem dezentralen (remote) I/O-Knoten
FSS	Fixed Switching Sensor
FST	technologiespezifische Parameter
FW	Firmware
FWUP	FirmwareUpdate
G	
Gbit	Gigabit
GHz	Gigahertz
GPS	Global Positioning System, Globales Positionsbestimmungssystem
GPS	Generic Profiled Sensor
GSD	General Station Description
GSDML	GSD Markup Language
GSM	Global System for Mobile Communications, Mobilfunkstandard
H	
H1	Foundation Fieldbus-H1
HART	Highly Addressable Remote Transducer
HMI	Human Interface
HTML	Hypertext Markup Language, Hypertext-Auszeichnungssprache
http	Hypertext Transfer Protocol
Hz	Hertz
I	
I	Input
I&D	Identification and Diagnosis
I/Q	Standard Input, meist am Pin 2 eines M12-Anschlusses
ID	Identifikation
IDLE	Leerlauf
IE	Industrial Ethernet
IEC	International Electrotechnical Commission
IIC	Industrial Internet Consortium
IIoT	Industrial Internet of Things
IIRA	Industrial Internet Reference Architecture
ILLM	Input Load Current At Input C/Q To V0 (measured in A) am IO-Link-Master
inkl.	inklusive
IO	Input/Output
IO/NIO	in Ordnung / nicht in Ordnung

Abkürzung	Bedeutung
IODD	IO-Link-Device-Description, elektronische Gerätebeschreibung
IO-Link-Safety	Kommunikationserweiterung für funktionale Sicherheit in IO-Link NSR
IOLW	IO-Link Wireless
IOMD	IO-Link-Master-Description
IOS	interorganisationales Informationssystem
IoT	Internet of Things
IP	Internetprotokoll
IP20	Schutzart, siehe DIN EN 60529
IPC	Industrie-PC
IQH	Driver Current On High-Side, Driver In Saturated Operating Status ON (measured in A)
IQL	Driver Current On Low-Side, Driver In Saturated Operating Status ON (measured in A)
ISDU	Index Service Data Unit
ISM-Band	Industrial, Scientific and Medical Band
IT	Informationstechnik
J	
JSON	JavaScript Object Notation
K	
k	Kilo (1.000)
kBit	Kilobit
kbps	Kilobit pro Sekunde
kByte	Kilobyte (1.000 Byte)
km	Kilometer
KPI	Key Performance Indicator
KVP2	kontinuierlicher Verbesserungsprozess, Benchmarkingsystem in der Automobilindustrie
L	
LAN	Local Area Network
LCoE	Levelized Cost of Energy, Stromerzeugungskosten
LEC	Liberia Electricity Corporation
LenIn	Länge der Eingangsprozessdaten, Prozessdaten-Input
LenOut	Länge der Ausgangsprozessdaten, Prozessdaten-Output
LKW	Lastkraftwagen
LMT	Grenzstandsensor
LR	Linerecorder

Abkürzung	Bedeutung
M	
M2M	Machine To Machine
mA	Milliampere
MAP	Manufacturing Automation Protocol
Mbyte	Megabyte (1.000.000 Byte)
MC	Master Control
MDC	Measurement Data Channel
MEMS	mikroelektromechanische Systeme
MES	Manufacturing Execution System
MHz	Megahertz
MQTT	Message Queuing Telemetry Transport
MRP	Materials Requirements Planning
MRPII	Manufacturing Resources Planning
ms	Millisekunde
M-Sequenz	Message-Sequenz
MSSQL	Microsoft Structured Query Language, eine Datenbanksprache mW
N	
NDA	Non-Disclosure-Agreement
nF	Nanofarad
NFC	Near Field Communication
NIO	nicht in Ordnung, fehlerhaft
O	
O	Output
OE	Output Enable
OEE	Overall Equipment Effectiveness, Gesamtanlageneffektivität
OEM	Overall Equipment Manufacturer, Erstausrüster
OLE	Object Linking and Embedding
OPC	OLE for Process Control
OPC UA	OPC Unified Architecture
OSSD	Output Switching Sensing Device
OSSDe	Output Switching Sensing Device; ausgangsschaltende und prüfende Geräteschnittstelle; in IO-Link-Safety standardisiert gemäß ZVEI-Empfehlungen
OT	Operational Technology
P	
p. a.	per annum, pro Jahr
PA	hydrostatischer Drucksensor
PB	Petabyte
PC	Personal Computer

Abkürzung	Bedeutung
PCo	Plant Connectivity
PCT	Port Configuration Tool
PD	Prozessdaten
PDV	ProcessDataVariables
PGP	Pretty Good Privacy
PHY3-W	3-Leiter-Physik
PL	Performance Level
PI	Drucksensor-Bauform
PICOS	Program for the Improvement and Cost Optimization
PLC	Programmable Logic Controller, Speicherprogrammierbare Steuerung (SPS)
PN	Drucksensor
PN IO	PROFINET IO
PNO	Profibus-Nutzerorganisation
POLE	Prozess-Optimierung durch Lieferanten-Einbindung
Port	IO-Link-Kommunikationskanal an einem Master/FS-Master
PosIn	Position der Eingangsprozessdaten
PosOut	Position der Ausgangsprozessdaten
POZ	Prozessoptimierung Zulieferteile
PPS	Produktionsplanung und -steuerung
PQ	Port Qualifier
PQI	Port Qualifier Information
PR	Public Relations
Profibus DP	Process Field Bus Dezentrale Peripherie
PROFINET	Process Field Network
PtP	Point-to-Point, Punkt-zu-Punkt
PV	Process Value
PVinD	PDInputDescriptor
PVoutD	PDOutputDescriptor
R	
RAMI 4.0	Referenzarchitekturmodell Industrie 4.0
RF	Radio Frequency
RFID	Radio Frequency Identification
S	
S	Sekunde
SaaS	Software as a Service
SAP	Systeme, Anwendungen, Produkte in der Datenverarbeitung, SAP R/3
SCL	Safety Communication Layer, sichere Protokollmaschinen-Schicht

Abkürzung	Bedeutung
SCM	Supply Chain Management
SCOREx	Supply Chain Optimization and Real-Time Extended Execution
SD	Durchflusssensor
SDCI	Single-Drop Digital Communication Interface for Small Sensors and Actuators
SERCOS	Serial Realtime Communication System
SI	Système international d'unités, Internationales Einheitensystem
SIO	Standard I/O, Standard Input/Output
SM	Durchflusssensor-Bauform, Produktbezeichnung
SMI	Standardized Master Interface, einheitliche Master-Schnittstelle zum Gateway zwecks Harmonisierung des Masterverhaltens und einheitlichem Zugriff von Master-Tools
SMT	Oberflächentechnik
SP	Switch Point/Schaltpunkt
Sp.	Spalte
SPDU	Safety Processing Data Unit, Protokolldateneinheit, bestehend aus Sicherheits-E/A-Prozessdaten und zugehörigem Sicherheitscode
SPS	speicherprogrammierbare Steuerungen
SR	Safety-Related, sicherheitsbezogen
SrcOffsetIn	SourceOffsetInput, Bitoffset
SrcOffsetOut	SourceOffsetOutput, Ausgangsprozessdaten
SRD	Short Range Device
SSC	Switching Signal Channel
SSL	Secure Sockets Layer
STS	Ship-to-Shore
T	
TAD	Temperatur-Sensor-Bauform
TB	Terabyte
TCO	Total Cost of Ownership
TCP	Transmission Control Protocol
THT	Durchstecktechnik
TI	Teach Channel
TKSE	ThyssenKrupp Steel Europe
TPM	Total Productive Maintenance
TSN	Time Sensitive Networking (realtime-fähiges Bussystem auf Ethernet-Basis)
U	
UART	Universal Asynchronous Receiver Transmitter
UID	eindeutige Identifikationsnummer
USA	United States of America

Abkürzung	Bedeutung
USB	Universal Serial Bus
V	
V	Volt
VDI	Verein Deutscher Ingenieure e. V.
VDI-Z	Integrierte Produktion, VDI-Zeitschrift
VDMA	Verband Deutscher Maschinen- und Anlagenbau e. V.
VendorID	Vendor Identification
VID	VendorID
W	
WAN	Wide Area Network
WCM	World Class Manufacturing
WiFi	Firmenkonsortium, das Funkschnittstellen (WLANs) zertifiziert
WinCC	Windows Control Center
WISA	Wireless Interface für Sensoren und Aktoren
WLAN	Wireless Local Area Network
WPAN	Wireless Personal Area Network
WSAN	Wireless Sensor-Aktor-Network
X	
XML	Extended Markup Language
Z	
ZfbF	Schmalenbachs Zeitschrift für betriebswirtschaftliche Forschung
ZVEI	Zentralverband Elektrotechnik und Elektronik e. V.

Inserentenverzeichnis

Balluff GmbH
Schurwaldstraße 9
73765 Neuhausen auf den Fildern
www.balluff.com XI

Endress+Hauser (Deutschland) GmbH+Co. KG
Colmarer Straße 6
79576 Weil am Rhein
www.de.endress.com XIX

ifm electronic gmbh
Friedrichstraße 1
45128 Essen
www.moneo.ifm 4. Umschlagseite

Pepperl + Fuchs SE
Lilienthalstraße 200
68307 Mannheim
www.pepperl-fuchs.com/pr-iot-master XV

WAGO Kontakttechnik GmbH & Co. KG
Hansastraße 27
32423 Minden
www.wago.com 2. Umschlagseite